高等职业教育系列教材

S7-200 PLC 原理及应用

第3版

主 编 田淑珍

机 械 工 业 出 版 社

本书作为高等职业教育可编程控制器课程的教材，充分体现了高等职业教育技能型人才培养的教学特色。

全书共分8章，第1章介绍PLC的基本知识与结构；第2章介绍编程软件的使用及实训；第3、第4章介绍PLC的基本指令及应用；第5章介绍PLC的特殊功能指令及指令向导的应用，常用指令后都配有例题、实训，由浅入深，培养兴趣；第6章通过综合实例和实训，介绍PLC应用系统的设计；第7章介绍S7-200 PLC的通信与网络，重点介绍了PPI通信、NETR/NETW指令及向导的应用；第8章介绍了PLC对变频器的控制及实训。每章后都有习题，既可作为课堂教学及书面练习，也可用于上机实训操作。

本书适合自动化类相关专业的S7-200 PLC课程教学使用，也可供S7-200 PLC用户参考，还可作为相关专业技术人员的自学或参考用书。

本书配有二维码微课视频、电子课件和习题答案，需要的教师可登录www.cmpedu.com进行免费注册，审核通过后可下载，或联系编辑索取（QQ：1239258369，电话：010-88379739）。

图书在版编目(CIP)数据

S7-200 PLC原理及应用/田淑珍主编．—3版．—北京：机械工业出版社，2020.12(2024.2重印)
高等职业教育系列教材
ISBN 978-7-111-67390-3

Ⅰ.①S…　Ⅱ.①田…　Ⅲ.①PLC技术-高等职业教育-教材　Ⅳ.①TM571.61

中国版本图书馆CIP数据核字(2021)第017691号

机械工业出版社(北京市百万庄大街22号　邮政编码　100037)
策划编辑：李文轶　　责任编辑：李文轶
责任校对：张艳霞　　责任印制：郜　敏

北京富资园科技发展有限公司印刷

2024年2月第3版·第4次印刷
184mm×260mm·18印张·449千字
标准书号：ISBN 978-7-111-67390-3
定价：65.00元

电话服务
客服电话：010-88361066
010-88379833
010-68326294

网络服务
机　工　官　网：www.cmpbook.com
机　工　官　博：weibo.com/cmp1952
金　书　网：www.golden-book.com
机工教育服务网：www.cmpedu.com

前　言

合理使用可编程控制器是从事自动控制及机电一体化专业工作的技术人员不可缺少的重要技能。许多高职院校已将其作为一门主要的实用性很强的专业课。西门子公司的可编程控制器在我国的应用市场中占有一定的份额，特别是S7-200系列已得到广泛的应用，因其结构紧凑、功能强、易于扩展以及性价比高等优点，被许多高职院校作为教学用机。本书是以培养综合性技能型兼顾应用型人才为目标的“讲、练、用”结合的教材，在理论够用的基础上，突出实训环节，力图做到便于教学，突出职业教育的特点。本书在第1版的基础上，强化了PID（比例-积分-微分）、高速计数器、高速脉冲输出和通信指令及其指令向导的应用，并结合职业院校高级电工证及“自动线装配与调试”国家技能大赛的需要，增加了PLC的位置控制、PLC对变频器的控制等相关内容。

本书重点介绍了S7-200系列PLC的组成、原理、指令和应用，详细介绍了PLC的编程方法，并列举了大量应用示例。为了突出职业教育的特点，常用指令后都配有例题、实训，由浅入深地培养读者的学习兴趣，并通过综合实例和实训，介绍PLC应用系统的设计，提高读者的技能。在编排形式上，讲练结合、工学结合，淡化了理论和实践的界限。在内容安排上，精练理论，突出实用技能，确保基本概念准确、基本原理简单易懂，并以有趣实用的例子和“看得见、摸得着”的实训介绍了S7-200 PLC的编程和调试，既简单实用，又培养兴趣；进一步通过综合实训和应用，让读者学会应用PLC实现一定的控制任务，提高读者的应用技能。

本书既可供少学时（如40~50学时）教学使用，也可供多学时（如70~80学时）教学使用。少学时教学时，可以将第1~5章作为重点详细介绍，如果有条件可多安排一些实训，对第6和8章可简单介绍，第7章则可有选择地讲解并安排实训，让读者完成一定的控制任务。

第2章是关于STEP-7编程软件的介绍，可以根据教学内容和实训内容的需要合理安排，最好是“现用现讲，用多少讲多少”，如果结合实训一起讲，通过上机练习，教学效果会更好。

本书是机械工业出版社组织出版的“高等职业教育系列教材”之一，由田淑珍担任主编并编写第5、6、8章，孙建东编写第7章，王延忠编写第1、2、4章，第3章相关电动机实训部分的内容由张洪星编写，第3章的其余部分由田淑珍编写。

由于编者水平有限，书中错漏在所难免，恳请广大读者批评指正。

编　者

目　　录

第1章　西门子 S7-200 PLC 基础

本章要点

- 可编程控制器的基本组成及各部分的作用
- 可编程控制器的工作原理及主要技术指标
- 可编程控制器的分类及应用
- 西门子 S7-200 CPU 224 型 PLC 外形、端子及接线
- 西门子 S7-200 PLC 内部元件、地址分配、编址和寻址方式
- PLC 的安装配线及配线

1.1　S7-200 PLC 概述

可编程控制器的应用已被广泛普及，成为自动化技术的重要组成。1969 年，美国数字设备公司（DEC）研制出了世界上第一台可编程序控制器，并应用于通用汽车公司的生产线上。当时被称为可编程逻辑控制器，即 PLC（Programmable Logic Controller），目的是用来取代继电器，以执行逻辑判断、计时和计数等顺序控制功能。

PLC 不仅仅是逻辑判断功能，还同时具有数据处理、PID 调节和数据通信功能，被称为可编程控制器（Programmable Controller）更为合适，简称为 PC，但为了与个人计算机（Personal Computer）的简称 PC 相区别，一般仍将它简称为 PLC（Programmable Logic Controller）。

1.1.1　PLC 的基本组成

PLC 主要由 CPU、存储器、基本 I/O 接口电路、外设接口、编程装置和电源等组成。如图 1-1 所示。编程装置将用户程序送入可编程控制器，在可编程控制器运行状态下，输入单元接收到外部元件发出的输入信号，可编程控制器执行程序，并根据程序运行后的结果，由输出单元驱动外部设备。

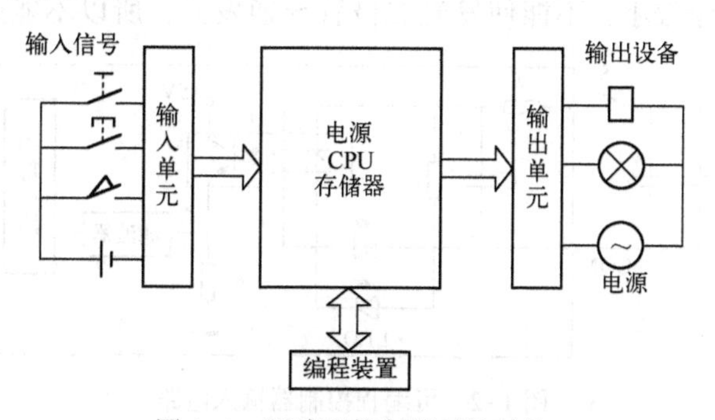

图 1-1　可编程控制器系统结构

1. CPU 单元

CPU 是可编程控制器的控制中枢。简单地说，CPU 的功能就是读输入、执行程序、写输出。

2. 存储器

PLC 的存储器由只读存储器 ROM、随机存储器 RAM 和电擦除可编程只读存储器 EEPROM 三大部分构成，主要用于存放系统程序、用户程序及工作数据。

只读存储器 ROM 用于存放系统程序，可编程控制器在生产过程中将系统程序固化在 ROM 中，用户是不可改变的。用户程序和中间运算数据存放在随机存储器 RAM 中，RAM 存储器是一种高密度、低功耗、价格便宜的半导体存储器，可用锂电池做备用电源。它存储的内容是易失的，掉电后内容会丢失；当系统掉电时，用户程序可以保存在电擦除可编程只读存储器 EEPROM 或由高能电池支持的 RAM 中。EEPROM 兼有 ROM 的非易失性和 RAM 的随机存取优点，用来存放需要长期保存的重要数据。

3. I/O 单元及 I/O 扩展接口

I/O 单元（输入/输出接口电路）。PLC 内部输入电路作用是将 PLC 外部电路（如行程开关、按钮和传感器等）提供的符合 PLC 输入电路要求的电压信号，通过光电耦合电路送至 PLC 内部电路。输入电路通常以光电隔离和阻容滤波的方式提高抗干扰能力，输入响应时间一般在 0.1~15 ms 之间。

根据输入信号形式的不同，可分为模拟量 I/O 单元、数字量 I/O 单元两大类。根据输入单元形式的不同，可分为基本 I/O 单元、扩展 I/O 单元两大类。PLC 内部输出电路的作用是将输出映像寄存器的结果通过输出接口电路驱动外部的负载（如接触器线圈、电磁阀和指示灯等）。

（1）I/O 单元（输入/输出接口电路）

1）输入接口电路。

二维码 1-1

由于生产过程中使用的各种开关、按钮和传感器等输入器件直接接到 PLC 输入接口电路上，为防止由于触点抖动或干扰脉冲引起错误的输入信号，输入接口电路必须具有很强的抗干扰能力。

如图 1-2 所示，输入接口电路提高抗干扰能力的方法主要有：

① 利用光电耦合器提高抗干扰能力。光电耦合器工作原理是，发光二极管有驱动电流流过时，导通发光，光敏晶体管接收到光线，由截止变为导通，将输入信号送入 PLC 内部。光电耦合器中的发光二极管是电流驱动元件，要有足够的能量才能驱动。而干扰信号虽然有的电压值很高，但能量较小，不能使发光二极管导通发光，所以不能进入 PLC 内，这样就

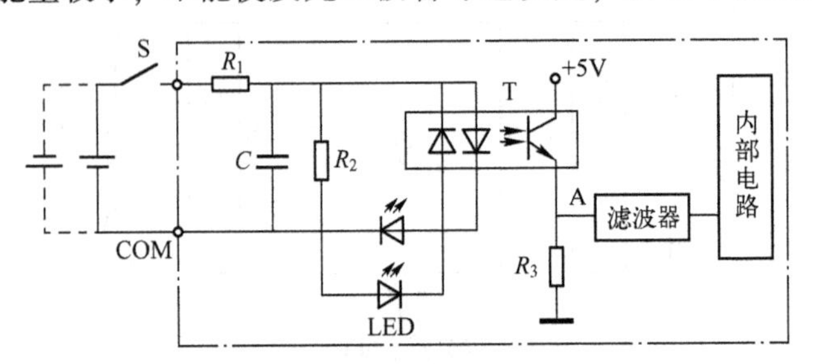

图 1-2　可编程控制器输入电路

实现了电隔离。

② 利用滤波电路提高抗干扰能力。最常用的滤波电路是电阻电容滤波，如图 1-2 中的 R_1、C。

图 1-2 中，S 为输入开关，当 S 闭合时，LED 点亮，显示输入开关 S 处于接通状态。光电耦合器导通，将高电平经滤波器送到 PLC 内部电路中。当 CPU 在循环的输入阶段锁入该信号时，将该输入点对应的映像寄存器状态置 1；当 S 断开时，则对应的映像寄存器状态置 0。

根据常用输入电路电压类型及电路形式不同，可以分为干接点式、直流输入式和交流输入式。输入电路的电源可由外部提供，有的也可由 PLC 内部提供。

2）输出接口电路。根据驱动负载元件不同可将输出接口电路分为三种。

二维码 1-2

① 小型继电器输出形式，如图 1-3 所示。

这种输出形式既可驱动交流负载，又可驱动直流负载。驱动负载的能力在 2A 左右。它的优点是适用电压范围比较宽，导通压降小，承受瞬时过电压和过电流的能力强。缺点是动作速度较慢，动作次数（寿命）有一定的限制。建议在输出量变化不频繁时优先选用，这种形式不能用于高速脉冲的输出。

图 1-3 所示电路工作原理是：当内部电路的状态为 1 时，使继电器 KM 的线圈通电，产生电磁吸力，触点闭合，则负载得电，同时点亮 LED，表示该路输出点有输出。当内部电路的状态为 0 时，使继电器 KM 的线圈无电流，触点断开，则负载断电，同时 LED 熄灭，表示该路输出点无输出。

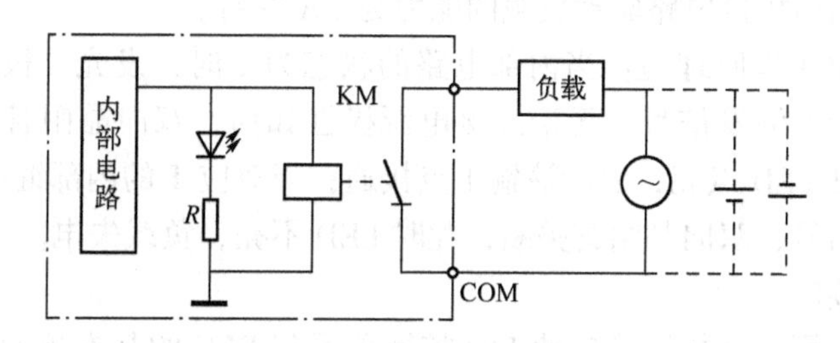

图 1-3　小型继电器输出形式电路

② 大功率晶体管或场效应管输出形式，如图 1-4 所示。

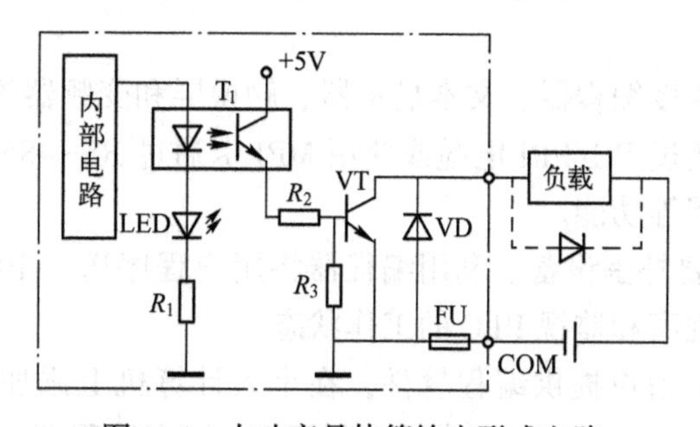

图 1-4　大功率晶体管输出形式电路

这种输出形式只可驱动直流负载。驱动负载的能力体现为每一个输出点的电流在零点几安培左右。它的优点是可靠性强，执行速度快，寿命长。缺点是过载能力差。适合在直流供电、输出量变化快的场合选用这种形式。

图 1-4 所示电路工作原理是：当内部电路的状态为 1 时，光电耦合器 T1 导通，使大功率晶体管 VT 饱和导通，负载得电，同时点亮 LED，表示该路输出点有输出。当内部电路的状态为 0 时，光电耦合器 T1 断开，大功率晶体管 VT 截止，则负载失电，LED 熄灭，表示该路输出点无输出。VD 为保护二极管，可防止负载电压极性接反或高电压、交流电压损坏晶体管。FU 的作用是：防止负载短路时损坏 PLC。当负载为电感性负载，VT 关断时会产生较高的反电势所以必须给负载并联续流二极管，为其提供放电回路，避免 VT 承受过电压。

③ 双向晶闸管输出形式，如图 1-5 所示。

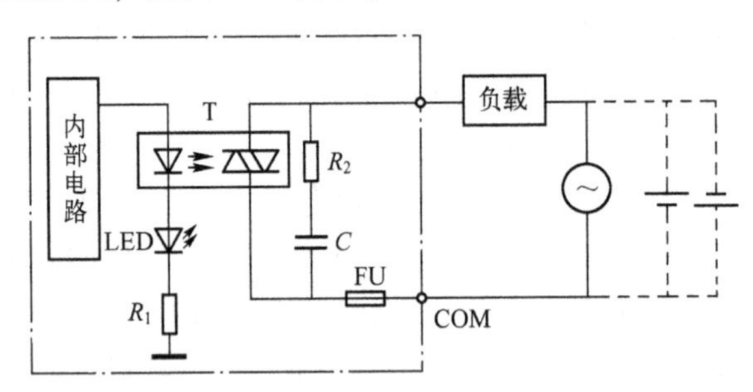

图 1-5　双向可控硅输出形式电路

这种输出形式适合驱动交流负载。由于双向可控硅和大功率晶体管同属于半导体材料器件，所以优缺点与大功率晶体管或场效应管输出形式相似，适合在交流供电、输出量变化快的场合选用。这种输出接口电路驱动负载的能力为 1 A 左右。

图 1-5 所示电路工作原理是：当内部电路的状态为 1 时，发光二极管导通发光，相当于向双向晶闸管施加了触发信号，无论外接电源极性如何，双向晶闸管 T 均导通，负载得电，同时输出指示灯 LED 点亮，表示该输出点接通；当对应 T 的内部继电器的状态为 0 时，双向晶闸管无触发信号，双向晶闸管关断，此时 LED 不亮，负载失电。

（2） I/O 扩展接口

可编程控制器利用 I/O 扩展接口使 I/O 扩展单元与 PLC 的基本单元实现连接，当基本 I/O 单元的输入或输出点数不够使用时，可以用 I/O 扩展单元来扩充开关量 I/O 点数和增加模拟量的 I/O 端子。

4. 外设接口

外设接口电路用于连接编程器、文本显示器、触摸屏和变频器等，它们与外设接口组成 PLC 的控制网络。PLC 通过 PC/PPI 电缆或使用 MPI 卡通过 RS-485 接口与计算机连接，可以实现编程、监控和连网等功能。

编程器是 PLC 的重要外围设备。利用编程器将用户程序送入 PLC 的存储器，还可以用编程器检查程序、修改程序和监视 PLC 的工作状态。

PLC 厂商或经销商向用户提供编程软件，在个人计算机上添加适当的硬件接口和软件包，即可用个人计算机（PC）对 PLC 编程。利用 PC 作为编程器，可以直接编制并显示梯形图，程序可以存盘、打印、调试，对于查找故障非常有利。

5. 电源

电源单元的作用是把外部电源（220 V 的交流电源）转换成内部工作电压。外部连接的电源，通过 PLC 内部配有的一个专用开关式稳压电源，将交流/直流电源转化为 PLC 内部电路需要的工作电源（直流 5 V、±12 V、24 V），并为外部输入元件（如接近开关）提供 24 V 直流电源（仅供输入端点使用），而驱动 PLC 负载的电源由用户提供。

1.1.2 PLC 的工作原理及主要技术指标

1. PLC 的工作原理

结合 PLC 的组成和结构分析 PLC 的工作原理更容易理解。PLC 是采用周期循环扫描的工作方式，CPU 连续执行用户程序和任务的循环序列称为扫描。CPU 对用户程序的执行过程是通过 CPU 的循环扫描，并用周期性地集中采样、集中输出的方式来完成的。一个扫描周期主要可分为：

1）读输入阶段。每次扫描周期的开始，先读取输入点的当前值，然后写到输入映像寄存器区域。在之后的用户程序执行的过程中，CPU 访问输入映像寄存器区域，而并非读取输入端口的状态，输入信号的变化并不会影响到输入映像寄存器的状态，通常要求输入信号有足够的脉冲宽度，才能被响应。

2）执行程序阶段。用户程序执行阶段，PLC 按照梯形图的顺序，自左向右、自上而下地逐行扫描。在这一阶段，CPU 从用户程序的第一条指令开始执行直到最后一条指令结束，程序运行结果放入输出映像寄存器区域。在此阶段，允许对数字量 I/O 指令和不设置数字滤波的模拟量 I/O 指令进行处理，在扫描周期的各个部分，均可对中断事件进行响应。

3）处理通信请求阶段。即扫描周期的信息处理阶段，CPU 处理从通信端口接收到的信息。

4）执行 CPU 自诊断测试阶段。在此阶段，CPU 检查其硬件、用户程序存储器和所有 I/O 模块的状态。

5）写输出阶段。每个扫描周期的结尾，CPU 把存在输出映像寄存器中的数据输出给数字量输出端点（写入输出锁存器中），更新输出状态。然后 PLC 进入下一个循环周期，重新执行输入采样阶段，周而复始。

如果程序中使用了中断，则中断事件出现，立即执行中断程序，中断程序可以在扫描周期的任意点被执行。

如果程序中使用了立即 I/O 指令，则可以直接存取 I/O 点。用立即 I/O 指令读输入点值时，相应的输入映像寄存器的值未被修改，用立即 I/O 指令写输出点值时，相应的输出映像寄存器的值被修改。

2. PLC 的主要技术指标

PLC 的种类很多，用户可以根据控制系统的具体要求选择不同技术性能指标的 PLC。PLC 的技术性能指标主要有以下几项：

1. 输入/输出（I/O）点数

PLC 的 I/O 点数是指外部输入、输出端子数量的总和，它是描述 PLC 大小的一个重要的参数。

2. 存储容量

PLC 的存储器由系统程序存储器、用户程序存储器和数据存储器 3 部分组成。PLC 存储容量通常指用户程序存储器和数据存储器容量之和，表征系统提供给用户的可用资源，是系统性能的一项重要技术指标。

3. 扫描速度

PLC 采用循环扫描方式工作，完成一次扫描所需的时间称为扫描周期。影响扫描速度的主要因素有用户程序的长度和 PLC 产品的类型。PLC 中 CPU 的类型、机器字长等直接影响 PLC 的运算精度和运行速度。

4. 指令系统

指令系统是指 PLC 所有指令的总和。PLC 的编程指令越多，软件功能就越强，但掌握应用也相对较复杂。用户应根据实际控制要求选择合适指令功能的 PLC。

5. 通信功能

通信包括 PLC 之间的通信和 PLC 与其他设备之间的通信。通信主要涉及通信模块、通信接口、通信协议和通信指令等内容。PLC 的组网和通信能力已成为衡量 PLC 产品水平的重要指标之一。

厂家的产品手册上还提供 PLC 的负载能力、外形尺寸、重量、保护等级、安装和使用环境（如温度、湿度）等性能指标，供用户参考。

1.1.3 PLC 的分类及应用

1. PLC 的分类

（1）按 I/O 点数和功能分类

PLC 用于对外部设备的控制，外部信号的输入、PLC 的运算结果的输出都要通过 PLC 的输入/输出端子来进行接线。输入/输出端子的数目之和被称作 PLC 的输入/输出点数，简称为I/O点数。

由 I/O 点数的多少可将 PLC 分成小型、中型和大型。

小型 PLC 的 I/O 点数小于 256 点，以开关量控制为主，具有体积小、价格低的优点。可用于开关量的控制、定时/计数的控制、顺序控制及少量模拟量的控制，代替继电器-接触器控制在单机或小规模生产过程中使用。

中型 PLC 的 I/O 点数在 256~1024，功能比较丰富，兼有开关量和模拟量的控制能力，适用于较复杂系统的逻辑控制和闭环过程的控制。

大型 PLC 的 I/O 点数在 1024 点以上，用于大规模过程控制、集散式控制和工厂自动化网络。

（2）按结构形式分类

PLC 可分为整体式结构和模块式结构两大类。

整体式 PLC 是将 CPU、存储器和 I/O 部件等组成部分集中于一体，安装在印制电路板上，并连同电源一起装在一个机壳内，形成一个整体，通常称为主机或基本单元。整体式结构的 PLC 具有结构紧凑、体积小、重量轻、价格低的优点。一般小型或超小型 PLC 多采用这种结构。

模块式 PLC 是把各个组成部分做成独立的模块，如 CPU 模块、输入模块、输出模块和电源模块等。各模块做成插件式，组装在一个具有标准尺寸并带有若干插槽的机架内。模块式结构的PLC配置灵活，装配和维修方便，易于扩展。一般大、中型的PLC都采用这种结构。

2. PLC的应用

目前，PLC已经广泛地应用在各个工业部门。随着其性能价格比的不断提高，应用范围还在不断扩大，主要有以下几个方面：

（1）逻辑控制

PLC具有“与”“或”“非”等逻辑运算的能力，可以实现逻辑运算，用触点和电路的串、并联代替继电器进行组合逻辑控制、定时控制与顺序逻辑控制。数字量逻辑控制可以用于单台设备，也可以用于自动化生产线，在微电子、家用电器行业也有广泛的应用。

（2）运动控制

PLC使用专用的运动控制模块，或灵活运用指令，使运动控制与顺序控制功能有机地结合在一起。随着变频器、电动机起动器的普遍使用，PLC可以与变频器结合，运动控制功能更为强大，并广泛地用于各种机械，如金属切削机床、装配机械、机器人和电梯等场合。

（3）过程控制

PLC可以接收温度、压力以及流量等连续变化的模拟量，通过模拟量I/O模块，实现模拟量和数字量之间的A/D转换和D/A转换，并对被控模拟量实行闭环PID（比例-积分-微分）控制。现代的大、中型PLC一般都有PID闭环控制功能，此功能已经广泛地应用于工业生产、加热炉、锅炉等设备，以及轻工、化工、机械、冶金、电力和建材等行业。

（4）数据处理

PLC具有数学运算，数据传送、转换、排序，查表和位操作等功能，可以完成数据的采集、分析和处理。这些数据可以是运算的中间参考值，也可以通过通信功能传送到别的智能装置，或者将它们保存、打印。数据处理一般用于大型控制系统，如柔性制造系统，也可以用于过程控制系统，如造纸、冶金和食品工业中的一些大型控制系统。

（5）构建网络控制

PLC的通信包括主机与远程I/O之间的通信、多台PLC之间的通信、PLC与其他智能控制设备（如计算机、变频器）之间的通信。PLC与其他智能控制设备一起，可以组成“集中管理、分散控制”的分布式控制系统。

不同的PLC都有各自的特点，用户可以根据系统的需要来选择，这样既能完成控制任务，又可节省资金。

1.2 S7-200 PLC的结构

1.2.1 S7-200 PLC特点和技术指标

西门子S7系列PLC分为S7-400、S7-300、S7-200、S7-1200和S7-1500三个系列，分别为S7系列的大、中、小型PLC系统。S7-200 PLC有CPU 21X系列和CPU 22X系列，其中CPU 22X型PLC提供了四个不同的基本型号，常见的有CPU 221，CPU 222，CPU 224和CPU 226四种基本型号。

小型 PLC 中，CPU 221 的价格低廉，能满足多种集成功能的需要。CPU 222 是 S7-200 家族中低成本的单元，通过可连接的扩展模块即可处理模拟量。CPU 224 具有更多的输入/输出点及更大的存储器。CPU 226 和 226XM 是功能最强的单元，可完全满足一些中小型复杂控制系统的要求。四种型号的 PLC 具有下列特点：

1）集成的 24 V 电源。可直接连接到传感器和变送器执行器，CPU 221 和 CPU 222 具有 180 mA 输出。CPU 224 输出 280 mA，CPU 226、CPU 226XM 输出 400 mA，可用做负载电源。

2）高速脉冲输出。具有两路高速脉冲输出端，输出脉冲频率可达 20 kHz，用于控制步进电动机或伺服电动机，实现定位任务。

3）通信口。CPU 221、CPU 222 和 CPU 224 具有 1 个 RS-485 通信口。CPU 226、CPU 226XM 具有 2 个 RS-485 通信口。支持 PPI、MPI 通信协议，有自由口通信能力。

4）模拟电位器。CPU 221/222 有 1 个模拟电位器，CPU 224/226/226XM 有两个模拟电位器。模拟电位器用来改变特殊寄存器（SMB28，SMB29）中的数值，以改变程序运行时的参数。如定时器、计数器的预置值，过程量的控制参数。

5）中断输入时允许以极快的速度对过程信号的上升沿进行响应。

6）EEPROM 存储器模块（选件）。可作为修改与复制程序的快速工具，无需编程器，并可进行辅助软件归档工作。

7）电池模块。用户数据（如标志位状态、数据块、定时器和计数器）可通过内部的超级电容存储大约 5 天。选用电池模块能延长存储时间到 200 天，电池模块使用寿命 10 年。电池模块插在存储器模块的卡槽中。

8）不同的设备类型。CPU 221~226 各有两种类型 CPU，具有不同的电源电压和控制电压。

9）数字量输入/输出点。CPU 221 具有 6 个输入点和 4 个输出点；CPU 222 具有 8 个输入点和 6 个输出点；CPU 224 具有 14 个输入点和 10 个输出点；CPU 226/226XM 具有 24 个输入点和 16 个输出点。CPU 22X 主机的输入点为 24 V 直流双向光电耦合输入电路，其输出有继电器和直流（MOS 型）两种类型。

10）高速计数器。CPU 221/222 有 4 个 30 kHz 高速计数器，CPU 224/226/226XM 有 6 个 30 kHz 的高速计数器，用于捕捉比 CPU 扫描频率更快的脉冲信号。

各型号 PLC 的功能见表 1-1。

表 1-1　CPU 22X 模块的主要技术指标

型　号	CPU 221	CPU 222	CPU 224	CPU 226	CPU 226MX
用户数据存储器类型	EEPROM	EEPROM	EEPROM	EEPROM	EEPROM
程序空间（永久保存）	2048 字	2048 字	4096	4096 字	8192 字
用户数据存储器	1024 字	1024 字	2560 字	2560 字	5120 字
数据后备（超级电容）典型值/H	50	50	190	190	190
主机 I/O 点数	6/4	8/6	14/10	24/16	24/16
可扩展模块	无	2	7	7	7
24 V 传感器电源最大电流/电流限制（mA）	180/600	180/600	280/600	400/约 1500	400/约 1500

（续）

型　号	CPU 221	CPU 222	CPU 224	CPU 226	CPU 226MX
最大模拟量输入/输出	无	16/16	28/7 或 14	32/32	32/32
240 V AC 电源 CPU 输入电流/最大负载电流（mA）	25/180	25/180	35/220	40/160	40/160
24 V DC 电源 CPU 输入电流/最大负载（mA）	70/600	70/600	120/900	150/1050	150/1050
为扩展模块提供的 DC 5 V 电源的输出电流	—	最大 340 mA	最大 660 mA	最大 1000 mA	最大 1000 mA
内置高速计数器	4（30 kHz）	4（30 kHz）	6（30 kHz）	6（30 kHz）	6（30 kHz）
高速脉冲输出	2（20 kHz）	2（20 kHz）	2（20 kHz）	2（20 kHz）	2（20 kHz）
模拟量调节电位器	1 个	1 个	2 个	2 个	2 个
实时时钟	有（时钟卡）	有（时钟卡）	有（内置）	有（内置）	有（内置）
RS-485 通信口	1	1	1	1	1
各组输入点数	4，2	4，4	8，6	13，11	13，11
各组输出点数	4(DC 电源) 1,3(AC 电源)	6(DC 电源) 3,3(AC 电源)	5,5(DC 电源) 4,3,3(AC 电源)	8,8(DC 电源) 4,5,7(AC 电源)	8,8(DC 电源) 4,5,7(AC 电源)

1.2.2 CPU 224 型 PLC 的外形、端子及接线

二维码 1-3

CPU 224 型 PLC 有两种：一种是 CPU 224 AC/DC/继电器，交流输入电源，提供 24 V 直流给外部器件（如传感器等），继电器方式输出，14 点输入，10 点输出；一种是 CPU 224 DC/DC/DC，直流 24 V 输入电源，提供 24 V 直流给外部元件（如传感器等），半导体器件直流方式输出，14 点输入，10 点输出。用户可根据需要选用。

1. CPU 224 型 PLC 的外形

CPU 224 型 PLC 的外形如图 1-6 所示，其输入、输出、CPU 和电源模块均装设在一个

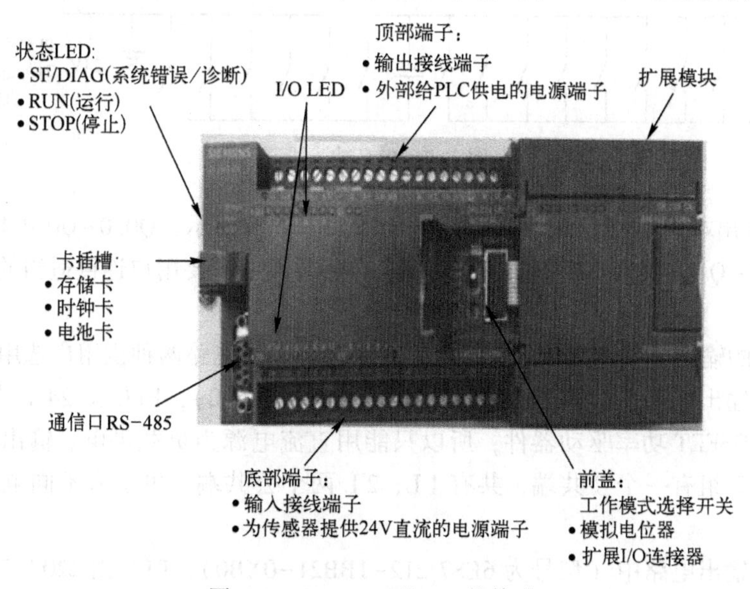

图 1-6　CPU 224 型 PLC 的外形

基本单元的机壳内，是典型的整体式结构。当系统需要扩展时，选用需要的扩展模块与基本单元连接。

底部端子盖下是输入量的接线端子和为传感器提供的 24 V 直流电源端子。

顶部端子盖下是输出端子和外部给 PLC 供电的电源接线端子。

基本单元前盖下有工作模式选择开关、电位器和扩展 I/O 连接器，通过扁平电缆可以连接扩展 I/O 模块。西门子整体式 PLC 配有许多扩展模块，如数字量的 I/O 扩展模块、模拟量的 I/O 扩展模块、热电偶模块和通信模块等，用户可以根据需要选用，让 PLC 的功能更强大。

2. CPU 224 型 PLC 端子及接线

1）基本输入端子。CPU 224 的主机共有 14 个输入点（I0.0~I0.7、I1.0~I1.5）和 10 个输出点（Q0.0~Q0.7，Q1.0~Q1.1），在编写端子代码时采用八进制，没有 0.8 和 0.9。CPU 224 的输入电路如图 1-7 所示，它采用了双向光电耦合器，24 V 直流极性可任意选择，系统设置 1M 为输入端子（I0.0~I0.7）的公共端，2M 为输入端子（I1.0~I1.5）的公共端。

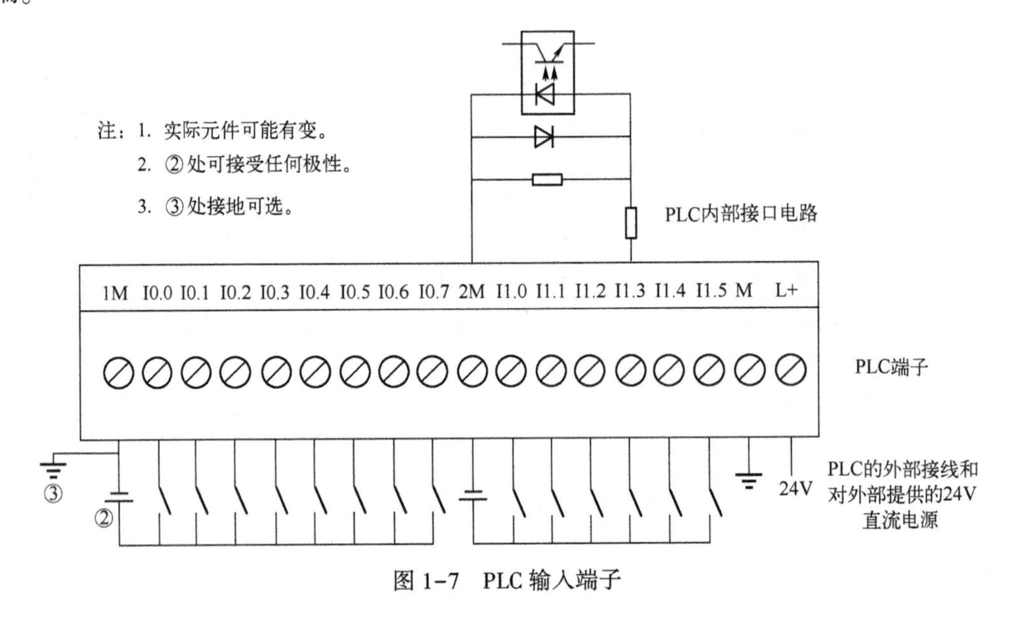

图 1-7　PLC 输入端子

2）基本输出端子。CPU 224 的 10 个输出端如图 1-8 所示，Q0.0~Q0.4 共用 1M 和 1L+公共端，Q0.5~Q1.1 共用 2M 和 2L+公共端，在公共端上需要用户连接适当的电源，为 PLC 的负载服务。

CPU 224 的输出电路有晶体管输出电路和继电器输出电路两种供用户选用。

在晶体管输出电路中（型号为 6ES7 214-1AD21-0XB0），PLC 由 24 V 直流电源供电，负载采用了 MOSFET 功率驱动器件，所以只能用直流电源为负载供电。输出端将数字量输出分为两组，每组有一个公共端，共有 1 L、2 L 两个公共端，可接入不同电压等级的负载电源。

在继电器输出电路中（型号为 6ES7 212-1BB21-0XB0），PLC 由 220 V 交流电源供电，负载采用了继电器驱动，所以既可以选用直流为负载供电，也可以采用交流为负载供电。在

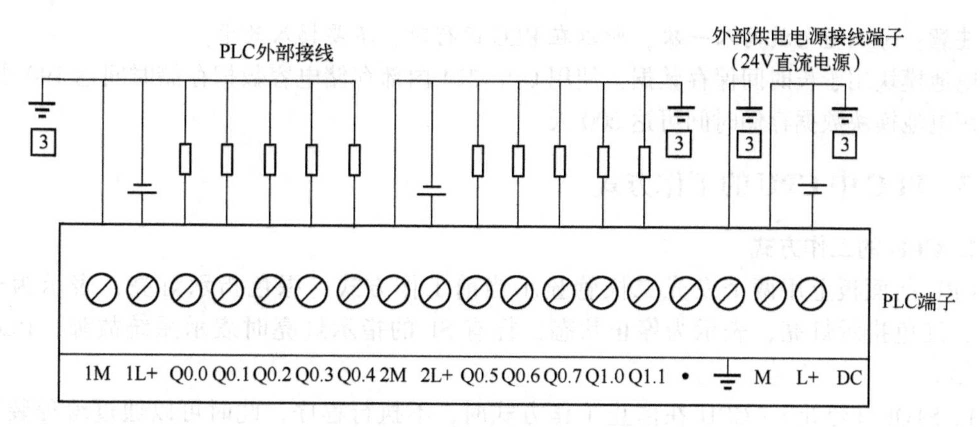

图 1-8 PLC 晶体管输出端子

继电器输出电路中，数字量输出分为三组，每组的公共端为本组的电源供给端，Q0.0~Q0.3 共用 1L，Q0.4~Q0.6 共用 2L，Q0.7~Q1.1 共用 3L，各组之间可接入不同电压等级、不同电压性质的负载电源，如图 1-9 所示。

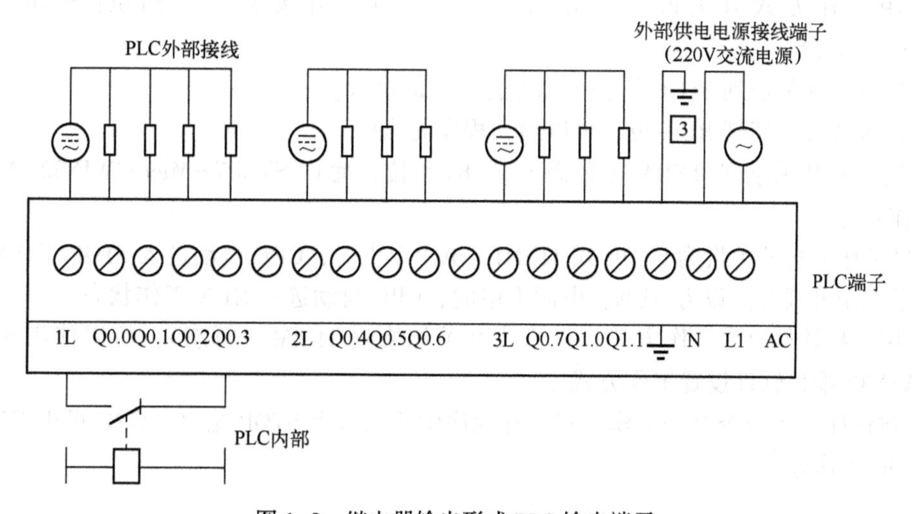

图 1-9 继电器输出形式 PLC 输出端子

3）高速反应性。CPU 224 PLC 有 6 个高速计数脉冲输入端（I0.0~I0.5），最快的响应速度为 30 kHz，用于捕捉比 CPU 扫描周期更短的脉冲信号。

CPU 224 PLC 有两个高速脉冲输出端（Q0.0，Q0.1），输出频率可达 20kHz，用于 PTO（高速脉冲束）和 PWM（宽度可变脉冲输出）高速脉冲输出。

4）模拟电位器。模拟电位器用来改变特殊寄存器（SMB28，SMB29）中的数值，以改变程序运行时的参数，如定时器、计数器的预置值，过程量的控制参数。

5）卡插槽。用以选择安装扩展卡。扩展卡有 EEPROM 存储卡、电池和时钟卡等模块。存储卡用于用户程序的复制。在 PLC 通电后插此卡，通过操作可将 PLC 中的程序装载到存储卡。当卡已经插在基本单元上，PLC 通电后不需任何操作，卡上的用户程序数据会自动复制在 PLC 中。利用这一功能，可对无数台实现同样控制功能的 CPU 22X 系列进行程序写入。

注意：每次通电就写入一次，所以在 PLC 运行时，不要插入此卡。

电池模块用于长时间保存数据，使用 CPU 224 内部存储电容数据存储时间达 190 小时，而使用电池模块数据存储时间可达 200 天。

1.2.3 PLC 中 CPU 的工作方式

1. CPU 的工作方式

CPU 前面板上用两个发光二极管显示当前工作方式，绿色指示灯亮，表示为运行状态，红色指示灯亮，表示为停止状态，标有 SF 的指示灯亮时表示系统故障，PLC 停止工作。

1）STOP（停止）。CPU 在停止工作方式时，不执行程序，此时可以通过编程装置向 PLC 装载程序或进行系统设置。在程序编辑、上和下载等处理过程中，必须把 CPU 置于 STOP 方式。

2）RUN（运行）。CPU 在 RUN 工作方式下，PLC 按照自己的工作方式运行用户程序。

2. 改变工作方式的方法

1）用工作方式开关改变工作方式。工作方式开关有三个档位：STOP、TERM（Terminal）、RUN。

① 把方式开关切到 STOP 位，可以停止程序的执行。

② 把方式开关切到 RUN 位，可以启动程序的执行。

③ 把方式开关切到 TERM（暂态）或 RUN 位，允许 STEP7-Micro/WIN32 软件设置 CPU 工作状态。

如果工作方式开关设为 STOP 或 TERM，电源上电时，CPU 自动进入 STOP 工作状态。

如果工作方式开关设为 RUN，电源上电时，CPU 自动进入 RUN 工作状态。

2）用编程软件改变工作方式。把方式开关切换到 TERM（暂态），可以使用 STEP 7-Micro/WIN32 编程软件设置工作方式。

3）在程序中用指令改变工作方式。在程序中插入一个 STOP 指令，CPU 可由 RUN 方式进入 STOP 工作方式。

1.3 扩展功能模块

扩展单元没有 CPU，作为基本单元输入/输出点数的扩充，只能与基本单元连接使用。不能单独使用。S7-200 PLC 的扩展单元包括数字量扩展单元，模拟量扩展单元，热电偶、热电阻扩展模块，PROFIBUS-DP 通信模块。

用户选用具有不同功能的扩展模块，可以满足不同的控制需要，以节约投资费用。连接时 CPU 模块放在最左侧，扩展模块用扁平电缆与左侧的模块相连，如图 1-10 所示。CPU 222 最多可连接两个扩展模块，CPU 224/CPU 226 最多可连接 7 个扩展模块。

1. 数字量扩展模块

当需要本机集成的数字量输入/输出点以外更多的数字量输入/输出点时，可选用数字量扩展模块。用户选择具有不同输入/输出点数的数字量扩展模块，可以满足应用的实际要求，同时节约不必要的投资费用，可选择 8 点、16 点和 32 点输入/输出模块。

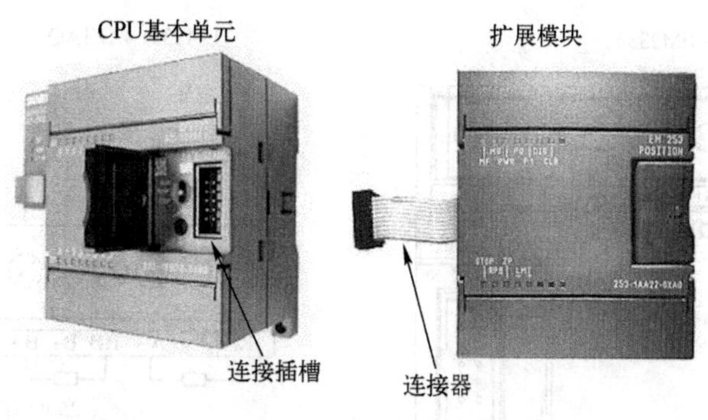

图 1-10　CPU 基本单元和扩展模块的连接

S7-200 PLC 系列目前总共可以提供 3 大类共 9 种数字量输入/输出扩展模块，见表 1-2。

表 1-2　数字量输入/输出扩展模块

类　型	型　号	各组输入点数	各组输出点数
输入扩展模块 EM221	EM221 DC 24 V 输入	4，4	—
	EM221 AC 230 V 输入	8 点相互独立	—
输出扩展模块 EM222	EM222 DC 24 V 输出	—	4，4
	EM222 继电器输出	—	4，4
	EM222 AC 230 V 双向晶闸管输出	—	8 点相互独立
输入/输出扩展模块 EM223	EM223 DC 24 V 输入/继电器输出	4	4
	EM223 DC 24 V 输入/DC 24 V 输出	4，4	4，4
	EM223 DC 24 V 输入/DC 24 V 输出	8，8	4，4，8
	EM223 DC 24 V 输入/继电器输出	8，8	4，4，4，4

2. 模拟量扩展模块

模拟量扩展模块提供了模拟量输入/输出的功能。在工业控制中，被控对象常常是模拟量，如温度、压力和流量等。PLC 内部执行的是数字量，模拟量扩展模块可以将 PLC 外部的模拟量转换为数字量送入 PLC 内，经 PLC 处理后，再由模拟量扩展模块将 PLC 输出的数字量转换为模拟量送给控制对象。模拟量扩展模块的优点如下：

1）最佳适应性。可适用于复杂的控制场合，直接与传感器和执行器相连，例如 EM235 模块可直接与 PT100 热电阻相连。

2）灵活性。当实际应用变化时，PLC 可以相应地进行扩展，并可非常容易地调整用户程序。

模拟量扩展模块的数据见表 1-3。EM235 模块的面板及接线如图 1-11 所示。

表 1-3　模拟量扩展模块的数据

模块	EM231	EM232	EM235
点数	4 路模拟量输入	2 路模拟量输出	4 路输入，1 路输出

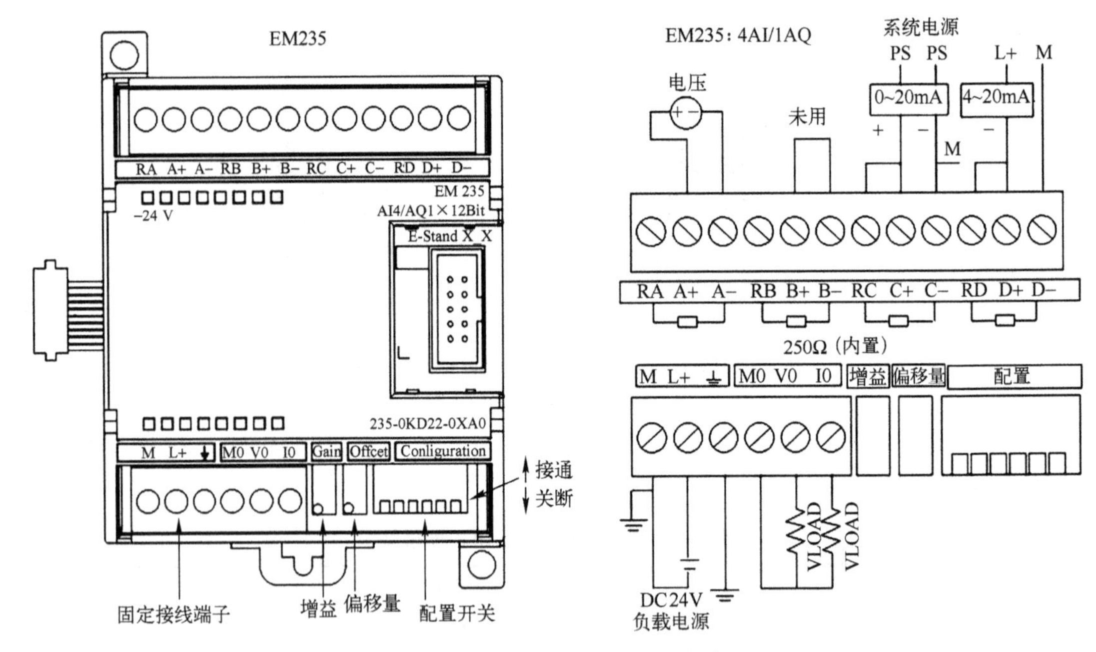

图 1-11　EM235 模块的面板及接线图

3. 热电偶、热电阻扩展模块

EM231 热电偶、热电阻扩展模块是为 S7-200 CPU 222、CPU 224 和 CPU 226/226XM 设计的模拟量扩展模块。EM231 热电偶模块具有特殊的冷端补偿电路，该电路测量模块连接器上的温度，并适当改变测量值，以补偿参考温度与模块温度之间的温度差。如果在 EM231 热电偶模块安装区域的环境温度迅速变化，则会产生额外的误差。要想达到最大的精度和重复性，热电阻和热电偶模块应安装在稳定的环境温度中。

EM231 热电偶模块用于 7 种热电偶类型：J 型、K 型、E 型、N 型、S 型、T 型和 R 型。用户必须用 DIP 开关来选择热电偶的类型，连到同模块上的热电偶必须是相同类型。其外形如图 1-12 所示。

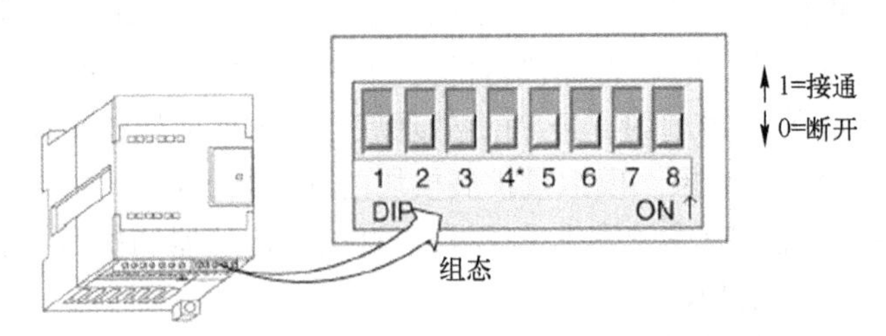

图 1-12　热电偶、热电阻扩展模块外形

4. PROFIBUS-DP 通信模块

通过 EM 277 PROFIBUS-DP 从站扩展模块，可将 S7-200 CPU 作为 DP 从站连接到 RO-FIBUS-DP 网络，如图 1-13 所示。EM 277 经过串行 I/O 总线连接到 S7-200 CPU，PROFI-BUS 网络经过其 DP 通信端口，连接到 EM 277 PROFIBUS-DP 模块。EM 277 PROFIBUS-DP 模块的 DP 端口可连接到网络上的一个 DP 主站上，但仍能作为一个 MPI 从站，与同一网络上如 SIMATIC 编程器或 S7-300/S7-400 CPU 等其他主站进行通信。

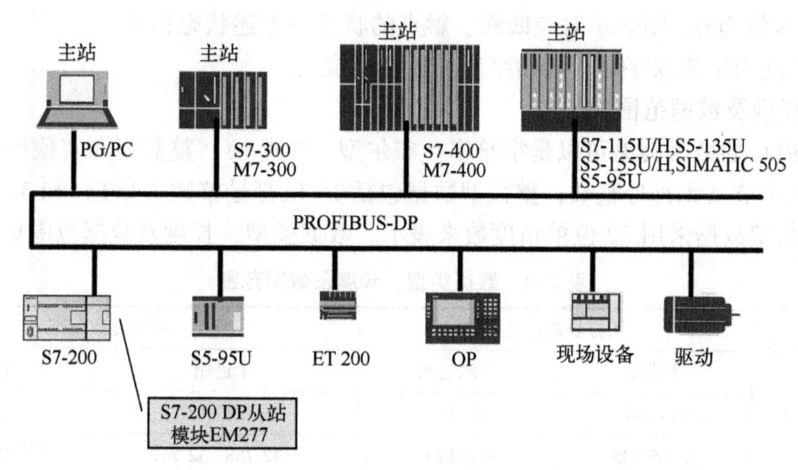

图 1-13　通过 EM 277 PROFIBUS-DP 从站扩展模块可将 S7-200CPU 作为 DP 连接到 ROFIBUS-DP 网络

1.4　S7-200 PLC 内部元件

1.4.1　数据存储类型

1. 数据的长度

在计算机中使用的都是二进制数，其最基本的存储单位是位（bit），8 位二进制数组成 1 个字节（Byte），其中的第 0 位为最低位（LSB），第 7 位为最高位（MSB），如图 1-14 所示。两个字节（16 位）组成 1 个字（Word），两个字（32 位）组成 1 个双字（Double Word），如图 1-14 所示。把位、字节、字和双字占用的连续位数称为长度。

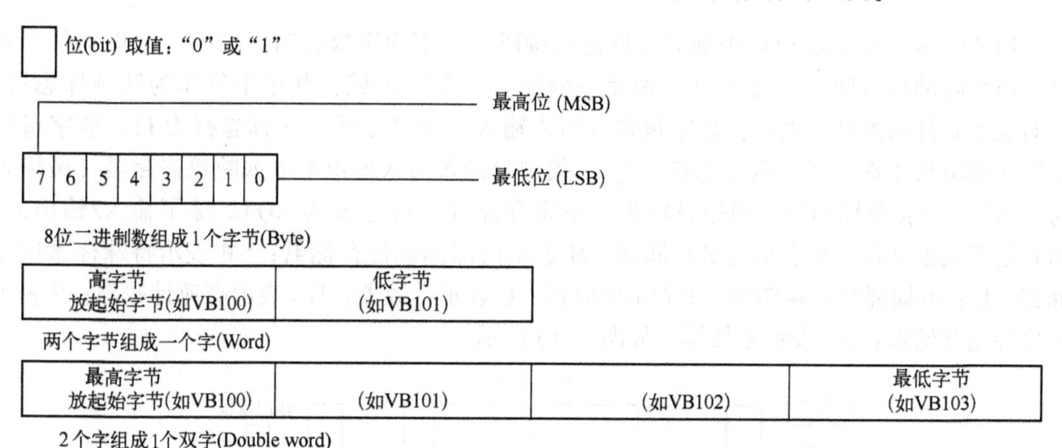

图 1-14　位、字节、字和双字

二进制数的“位”只有 0 和 1 两种取值，开关量（或数字量）也只有两种不同的状态，如触点的断开和接通，线圈的失电和得电等。在 S7-200 梯形图中，可用“位”描述它们。如果该位为 1，则表示对应的线圈为得电状态，触点为转换状态（常开触点闭合、常闭触点断开)；如果该位为0，则表示对应线圈、触点的状态与上述状态相反。

在数据长度为字或双字时，起始字节均放在高位上。

2. 数据类型及数据范围

S7-200 PLC 的数据类型可以是字符串、布尔型（0或1）、整数型和实数型（浮点数）。布尔型数据指字节型无符号整数；整数型数据包括16位符号整数（INT）和32位符号整数(DINT)。实数型数据采用32位单精度数来表示。数据类型、长度及数据范围见表1-4。

表1-4 数据类型、长度及数据范围

数据的长度、类型	无符号整数范围		符号整数范围	
	十进制	十六进制	十进制	十六进制
字节/B（8位）	0~255	0~FF	-128~127	80~7F
字/W（16位）	0~65 535	0~FFFF	-32 768~32 767	8000~7FFF
双字/D（32位）	0~4 294 967 295	0~FFFFFFFF	-2 147 483 648~2 147 483 647	80000000~7FFFFFFF
位（BOOL)	0、1			
实数	$-10^{38}\sim10^{38}$			
字符串	每个字符串以字节形式存储，最大长度为255个字节，第一个字节中定义该字符串的长度			

3. 常数

S7-200 PLC 的许多指令中常会使用常数。常数的数据长度可以是字节、字和双字。CPU 以二进制的形式存储常数，书写常数可以用二进制、十进制、十六进制、ASCII 码或实数等多种形式。书写格式示例如下。

十进制常数：1234；十六进制常数：16#3AC6；二进制常数：2#1010 0001 1110 0000 ASCII 码："Show"；实数（浮点数）：+1. 175495E-38（正数），-1. 175495E-38（负数）。

1.4.2 编址方式

PLC 的编址就是对 PLC 内部的元件进行编码，以便程序执行时可以唯一地识别每个元件。PLC 内部在数据存储区为每一种元件分配一个存储区域，并用字母作为区域标志符，同时表示元件的类型。例如：数字量输入写入输入映象寄存器（区标志符为I)，数字量输出写入输出映象寄存器（区标志符为Q)，模拟量输入写入模拟量输入映象寄存器（区标志符为AI)，模拟量输出写入模拟量输出映象寄存器（区标志符为AQ)。除了输入/输出外，PLC 还有其他元件，V表示变量存储器；M表示内部标志位存储器；SM表示特殊标志位存储器；L表示局部变量存储器；T表示定时器；C表示计数器；HC表示高速计数器；S表示顺序控制存储器；AC表示累加器，如图1-15所示。

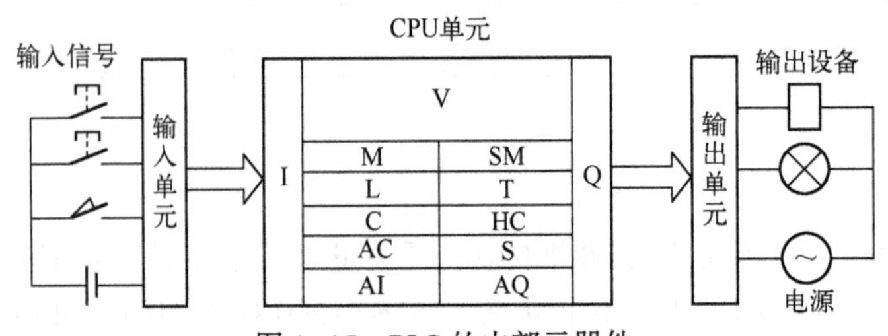

图1-15 PLC的内部元器件

掌握各元件的功能和使用方法是编程的基础。下面介绍元件的编址方式。

存储器的单位可以是位（bit）、字节（Byte）、字（Word）、双字（Double Word），那么编址方式也可以分为位、字节、字、双字编址。

1. 位编址

位编址的指定方式为：(区域标志符）字节号。位号，如I0.0，Q0.0，I1.2。

2. 字节编址

字节编址的指定方式为：(区域标志符）B（字节号），如IB0表示由I0.0~I0.7这8位组成的字节。

3. 字编址

字编址的指定方式为：(区域标志符）W（起始字节号），且最高有效字节为起始字节。例如VW0表示由VB0和VB1这2字节组成的字。

4. 双字编址

双字编址的指定方式为：(区域标志符）D（起始字节号），且最高有效字节为起始字节。例如VD0表示由VB0~VB3这4字节组成的双字。

1.4.3 寻址方式

1. 直接寻址

直接寻址是在指令中直接使用存储器或寄存器的元件名称（区域标志）和地址编号，直接到指定的区域读取或写入数据。有按位、字节、字、双字的寻址方式，如图1-16所示。

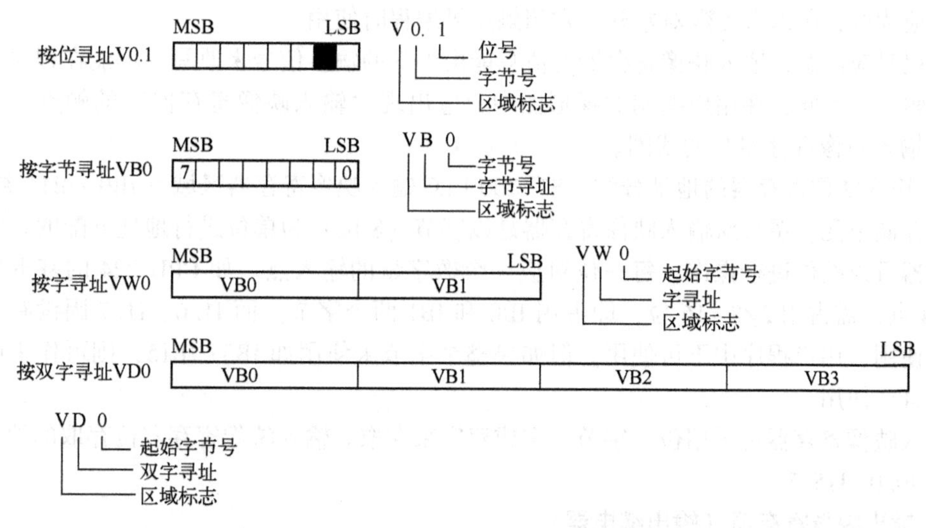

图1-16　按位、字节、字、双字的寻址方式

2. 间接寻址

间接寻址时，操作数并不提供直接数据位置，而是通过使用地址指针来存取存储器中的数据。在S7-200 PLC中，允许使用指针对I、Q、M、V、S、T、C（仅当前值）存储区进行间接寻址。

1）使用间接寻址前，要先创建一个指向该位置的指针。指针为双字（32位），存放的是另一个存储器的地址，只能用 V、L 或 AC 作为指针。生成指针时，要使用双字传送指令（MOVD），将数据所在单元的内存地址送入指针，双字传送指令的输入操作数开始处加 & 符号，表示某存储器的地址，而不是存储器内部的值。指令的输出操作数是指针地址。例如“MOVD &VB200，AC1”指令就是将 VB200 的地址送入累加器 AC1 中。

2）指针建立好后，利用指针存取数据。在使用地址指针存取数据的指令中，操作数前加“ * ”号表示该操作数为地址指针。例如“MOVW * AC1 AC0 //MOVW”表示字传送指令，指令将 AC1 中的内容作为起始地址的一个字长的数据（即 VB200、VB201 内部数据）送入 AC0 内，如图 1-17 所示。

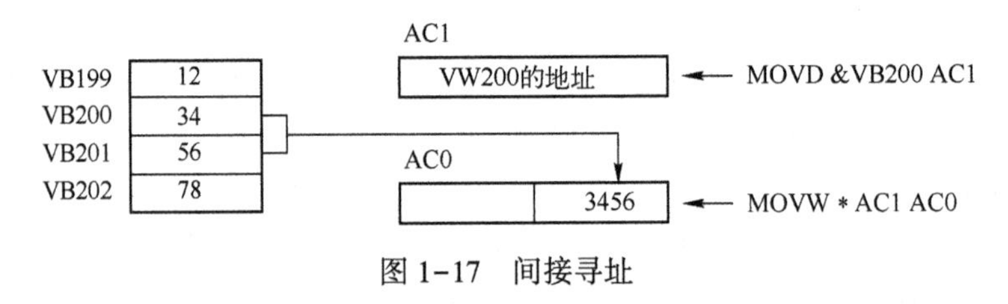

图 1-17　间接寻址

1.4.4　元件功能及地址分配

1. 输入映像寄存器（输入继电器）

1）输入映像寄存器的工作原理。在每次扫描周期的开始，CPU 对 PLC 的实际输入端进行采样，并将采样值写入输入映象寄存器中。当外部开关信号闭合，则将“1”写入对应的输入映像寄存器的位，在程序中其对应的常开触点闭合，常闭触点断开。由于存储单元可以无限次地读取，所以有无数对常开、常闭触点供编程时使用。

编程时应注意，输入映像寄存器的值只能由外部的输入信号来改写，不能在程序内部用指令来驱动，因此，在用户编制的梯形图中只应出现“输入映像寄存器”的触点，而不应出现“输入映像寄存器”的线圈。

2）输入映像寄存器的地址分配。S7-200 PLC 输入映像寄存器区域有 IB0~IB15 共 16 个字节的存储单元。系统对输入映像寄存器是以字节（8 位）为单位进行地址分配的。输入映像寄存器可以按位进行操作，每一位对应一个数字量的输入点。如 CPU 224 的基本单元输入为 14 点，需占用 2×8=16 位，即占用 IB0 和 IB1 两个字节。而 I1.6、I1.7 因没有实际输入而未使用，用户程序中不可使用。但如果整个字节未使用如 IB3~IB15，则可作为内部标志位（M）使用。

输入映像寄存器可采用位、字节、字或双字来存取。输入映像寄存器位存取的地址编号范围为 I0.0~I15.7。

2. 输出映像寄存器（输出继电器）

1）输出映像寄存器的工作原理。在每次扫描周期的结尾，CPU 用输出映象寄存器中的数值驱动 PLC 输出点上的负载。输出映像寄存器的值只能在程序内部用指令改写。

2）输出映像寄存器的地址分配。S7-200 PLC 输出映像寄存器区域有 QB0~QB15 共 16 个字节的存储单元。系统对输出映像寄存器也是以字节（8 位）为单位进行地址分配的。输出映像寄存器可以按位进行操作，每一位对应一个数字量的输出点。如 CPU224 的基本单元输出为 10 点，需占用 2×8=16 位，即占用 QB0 和 QB1 两个字节。但未使用的位和字节均可在用户程序中作为内部标志位使用。

输出映像寄存器可采用位、字节、字或双字来存取。输出映像寄存器位存取的地址编号范围为Q0.0~Q15.7。

以上介绍的输入映像寄存器、输出映像寄存器与输入、输出设备是有联系的，因而是PLC与外部联系的窗口。下面要介绍的存储器则是与外部设备没有联系的，它们既不能用来接收输入信号，也不能用来驱动外部负载，只是在编程时使用。

3. 变量存储器V

变量存储器主要用于存储变量，可以存放数据运算的中间运算结果或设置参数，在进行数据处理时，变量存储器会被经常使用。变量存储器可以是位寻址，也可按字节、字、双字为单位寻址，其位存取的编号范围根据CPU的型号有所不同，CPU 221/222为V0.0~V2047.7，共2KB存储容量；CPU 224/226为V0.0~V5119.7，共5KB存储容量。

4. 内部标志位存储器（中间继电器）M

内部标志位存储器用来保存中间操作状态和控制信息，其作用相当于继电器控制中的中间继电器。内部标志位存储器在PLC中没有输入/输出端与之对应，其线圈的通断状态只能在程序内部用指令驱动，其触点不能直接驱动外部负载，只能在程序内部驱动输出继电器的线圈，再用输出继电器的触点去驱动外部负载。

内部标志位存储器可采用位、字节、字或双字来存取。其位存取的地址编号范围为M0.0~M31.7共32个字节。

5. 特殊标志位存储器SM

PLC中还有若干特殊标志位存储器，特殊标志位存储器位提供大量的状态和控制功能，用来在CPU和用户程序之间交换信息，特殊标志位存储器能以位、字节、字或双字来存取，CPU 224的SM的位地址编号范围为SM0.0~SM179.7共180个字节，其中SM0.0~SM29.7的30个字节为只读型区域。

常用的特殊位存储器的用途如下所述。

- SM0.0：运行监视。SM0.0始终为“1”状态。当PLC运行时，可以利用其触点驱动输出继电器，在外部显示程序是否处于运行状态。
- SM0.1：初始化脉冲。每当PLC的程序开始运行时，SM0.1线圈接通一个扫描周期，因此SM0.1的触点常用于调用初始化程序等。
- SM0.3：开机进入RUN时，接通一个扫描周期，可用在启动操作之前，给设备提前预热。
- SM0.4、SM0.5：占空比为50%的时钟脉冲。当PLC处于运行状态时，SM0.4产生周期为1 min的时钟脉冲，SM0.5产生周期为1 s的时钟脉冲。若将时钟脉冲信号送入计数器作为计数信号，可起到定时器的作用。
- SM0.6：扫描时钟，1个扫描周期闭合，另一个为OFF，循环交替。
- SM0.7：工作方式开关位置指示，开关放置在RUN位置时为1。
- SM1.0：零标志位，运算结果=0时，该位置1。
- SM1.1：溢出标志位，结果溢出或非法值时，该位置1。
- SM1.2：负数标志位，运算结果为负数时，该位置1。
- SM1.3：被0除标志位。

其他特殊存储器的用途可查阅相关手册。

6. 局部变量存储器 L

局部变量存储器 L 用来存放局部变量。局部变量存储器 L 和变量存储器 V 十分相似，主要区别在于全局变量是全局有效，即同一个变量可以被任何程序（主程序、子程序和中断程序）访问。而局部变量只是局部有效，即变量只和特定的程序相关联。L 也可以作为地址指针。

S7-200 PLC 有 64 个字节的局部变量存储器，其中 60 个字节可以作为暂时存储器，或给子程序传递参数。后 4 个字节作为系统的保留字节。PLC 在运行时，根据需要动态地分配局部变量存储器，在执行主程序时，64 个字节的局部变量存储器分配给主程序，当调用子程序或出现中断时，局部变量存储器分配给子程序或中断程序。

局部变量存储器可以按位、字节、字和双字直接寻址，其位存取的地址编号范围为 L0.0~L63.7。

7. 定时器 T

PLC 所提供的定时器的作用相当于继电器控制系统中的时间继电器。每个定时器可提供无数对常开和常闭触点供编程使用。其设定时间由程序设置。

每个定时器有一个 16 位的当前值寄存器，用于存储定时器累计的时基增量值（1~32 767），另有一个状态位表示定时器的状态。若当前值寄存器累计的时基增量值大于等于设定值时，定时器的状态位被置“1”，该定时器的常开触点闭合。

定时器的定时精度分别为 1 ms 、10 ms 和 100 ms 共三种，CPU 222、CPU 224 及 CPU 226 的定时器地址编号范围为 T0~T255，它们分辨率、定时范围并不相同，用户应根据所用 CPU 型号及时基，正确选用定时器的编号。

8. 计数器 C

计数器用于累计计数输入端接收到的由断开到接通的脉冲个数。计数器可提供无数对常开和常闭触点供编程使用，其设定值由程序赋予。

计数器的结构与定时器基本相同，每个计数器有一个 16 位的当前值寄存器用于存储计数器累计的脉冲数，另有一个状态位表示计数器的状态，若当前值寄存器累计的脉冲数大于等于设定值时，计数器的状态位被置“1”，该计数器的常开触点闭合。计数器的地址编号范围为C0~C255。

9. 高速计数器 HC

一般计数器的计数频率受扫描周期的影响，不能太高。而高速计数器可用来累计比 CPU 的扫描速度更快的事件。高速计数器的当前值是一个双字长（32 位）的整数，且为只读值。

高速计数器的地址编号范围根据 CPU 的型号有所不同，CPU 221/222 各有 4 个高速计数器编号为 HC0~HC3，CPU 224/226 各有 6 个高速计数器，编号为 HC0~HC5。

10. 累加器 AC

累加器是用来暂存数据的寄存器，它可以用来存放运算数据、中间数据和结果。CPU 提供了 4 个 32 位的累加器，其地址编号为 AC0~AC3。累加器的可用长度为 32 位，可采用字节、字、双字的存取方式，按字节、字只能存取累加器的低 8 位或低 16 位，双字可以存取累加器全部的 32 位。

11. 顺序控制继电器 S（状态元件）

顺序控制继电器是使用步进顺序控制指令编程时的重要状态元件，通常与步进指令一起使用以实现顺序功能流程图的编程。

顺序控制继电器的地址编号范围为 S0.0～S31.7。

12. 模拟量输入/输出映像寄存器（AI/AQ）

S7-200 PLC 的模拟量输入电路是将外部输入的模拟量信号转换成 1 个字长的数字量存入模拟量输入映像寄存器区域，区域标志符为 AI。

模拟量输出电路是将模拟量输出映像寄存器区域的 1 个字长（16 位）数值转换为模拟电流或电压输出，区域标志符为 AQ。

在 PLC 内的数字量字长为 16 位，即 2 个字节，故其地址均以偶数表示，如 AIW0、AIW2、…；AQW0、AQW2、…。

对模拟量输入/输出是以 2 个字（W）为单位分配地址，每路模拟量输入/输出占用 1 个字（2 个字节）。如有 3 路模拟量输入，需分配 4 个字（AIW0、AIW2、AIW4、AIW6），其中没有被使用的字 AIW6，不可被占用或分配给后续模块。如果有 1 路模拟量输出，需分配 2 个字（AQW0、AQW2），其中没有被使用的字 AQW2，不可被占用或分配给后续模块。

模拟量输入/输出的地址编号范围根据 CPU 的型号的不同有所不同，CPU 222 为 AIW0～AIW30/AQW0～AQW30；CPU 224/226 为 AIW0～AIW62/AQW0～AQW62。

【例 1-1】 给表 1-5 所示的硬件组态配置 I/O 地址。

表 1-5 硬件组态配置的 I/O 地址

基本 I/O		扩展 I/O							
主机 CPU 224		EM223 4DI/4DQ		EM221 8DI	EM235 4AI/1AQ		EM222 8DQ	EM235 4AI/1AQ	
I0.0	Q0.0	I2.0	Q2.0	I3.0	AIW0	AQW0	Q3.0	AIW8	AQW4
I0.1	Q0.1	I2.1	Q2.1	I3.1	AIW2		Q3.1	AIW10	
I0.2	Q0.2	I2.2	Q2.2	I3.2	AIW4		Q3.2	AIW12	
I0.3	Q0.3	I2.3	Q2.3	I3.3	AIW6		Q3.3	AIW14	
I0.4	Q0.4			I3.4			Q3.4		
I0.5	Q0.5			I3.5			Q3.5		
I0.5	Q0.6			I3.6			Q3.6		
I0.7	Q0.7			I3.7			Q3.7		
I1.0	Q1.0								
I1.1	Q1.1								
I1.2									
I1.3									
I1.4									
I1.5									

1.5 PLC 的安装与配线

1. PLC 安装

S7-200 PLC 的安装方法有两种：底板安装和 DIN 导轨安装。底板安装是利用 PLC 机体外壳四个角上的安装孔，用螺钉将其固定在底板上。DIN 导轨安装是利用模块上的 DIN 夹子，把模块固定在一个标准的 DIN 导轨上。导轨安装既可以水平安装，也可以垂直安装。

S7-200 PLC 适用于工业现场，为了保证其工作的可靠性，延长其使用寿命，安装时要注意周围环境条件：环境温度在0~55℃范围内；相对湿度在35%~85%范围内（无结霜）；周围无易燃或腐蚀性气体、过量的灰尘和金属颗粒；避免过度的震动和冲击；避免太阳光的直射和水的溅射。

除了环境因素，安装时还应注意：S7-200 PLC 的所有单元都应在断电时安装、拆卸；切勿将导线头、金属屑等杂物落入机体内；模块周围应留出一定的空间，以便于机体周围的通风和散热。此外，为了防止高电子噪声对模块的干扰，应尽可能将 PLC 与产生高电子噪声的设备（如变频器）分隔开。

2. PLC 的配线

S7-200 PLC 的配线主要包括电源接线、接地、I/O 接线及对扩展单元的接线等。

（1）电源接线与接地。

PLC 的工作电源分为120 V/230 V 单相交流电源和24 V 直流电源。系统的大多数干扰往往通过电源进入 PLC，在干扰强或可靠性要求高的场合，动力部分、控制部分、PLC 自身电源及 I/O 回路的电源应分开配线，用带屏蔽层的隔离变压器给 PLC 供电。隔离变压器的一次侧最好接380 V，这样可以避免接地电流的干扰。输入用的外接直流电源最好采用稳压电源，因为整流滤波电源有较大的波纹，容易引起误动作。

良好的接地是抑制噪声干扰和电压冲击以保证 PLC 可靠工作的重要条件。PLC 系统接地的基本原则是单点接地，一般用独自的接地装置进行单独接地，接地线应尽量短，一般不超过20 m，使接地点尽量靠近 PLC。

1）交流电源接线如图1-18 所示。说明如下：

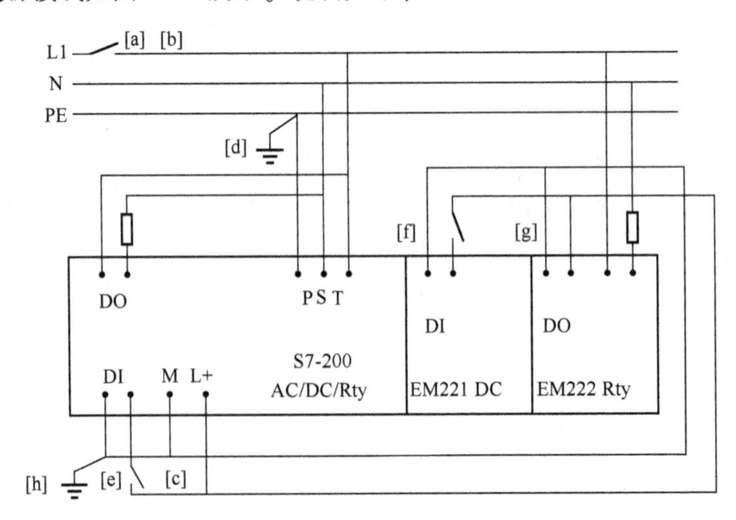

图1-18　120/230 V 交流电源接线

① 用一个单极开关 a 将电源与 CPU 所有的输入电路和输出（负载）电路隔开。

② 用一台过流保护设备 b 以保护 CPU 的电源输出点以及输入点，也可以为每个输出点加上保险丝。

③ 当使用 PLC DC 24 V 传感器电源 c 时，可以取消输入点的外部过流保护，因为该传感器电源具有短路保护功能。

④ 将 S7-200 PLC 的所有地线端子同接地点 d 连接以提高抗干扰能力。所有的接地端子都使用 14 AWG（美国线规）或 1.5 mm^2的电线连接到独立接地点上（也称一点接地）。

⑤ 本机单元的直流传感器电源是为本机单元的直流输入 e、扩展模块 f 以及输出扩展模块 g 供电。传感器电源具有短路保护功能。

⑥ 在安装中如把传感器的供电端子 M 接到地线 h 上可以抑制噪声。

2）直流电源接线如图 1-19 所示。说明如下：

① 用一个单极开关 a，将电源同 CPU 所有的输入电路和输出（负载）电路隔开。

② 用过电流保护设备 b、c、d，分别来保护 CPU 电源、输出点以及输入点。或在每个输出点处加上保险丝进行过流保护。当使用 DC 24 V 传感器电源时不需要输入点的外部过流保护。因为传感器电源内部具有限流功能。

③ 用外部电容 e 来保证在负载突变时得到一个稳定的直流电压。

④ 在应用中把所有的直流电源接地 g 或浮地 f（即把全机浮空，整个系统与大地的绝缘电阻不能小于 50 MΩ）可以抑制噪声。因为在未接地直流电源的公共端与保护线 PE 之间串联电阻与电容的并联回路 g，电阻提供了静电释放通路，电容提供高频噪声通路。常取 $R=1\,M$，$C=4700\,pf$。

⑤ 将 S7-200 PLC 所有的接地端子同最近接地点 h 连接，采用一点接地，以提高抗干扰能力。

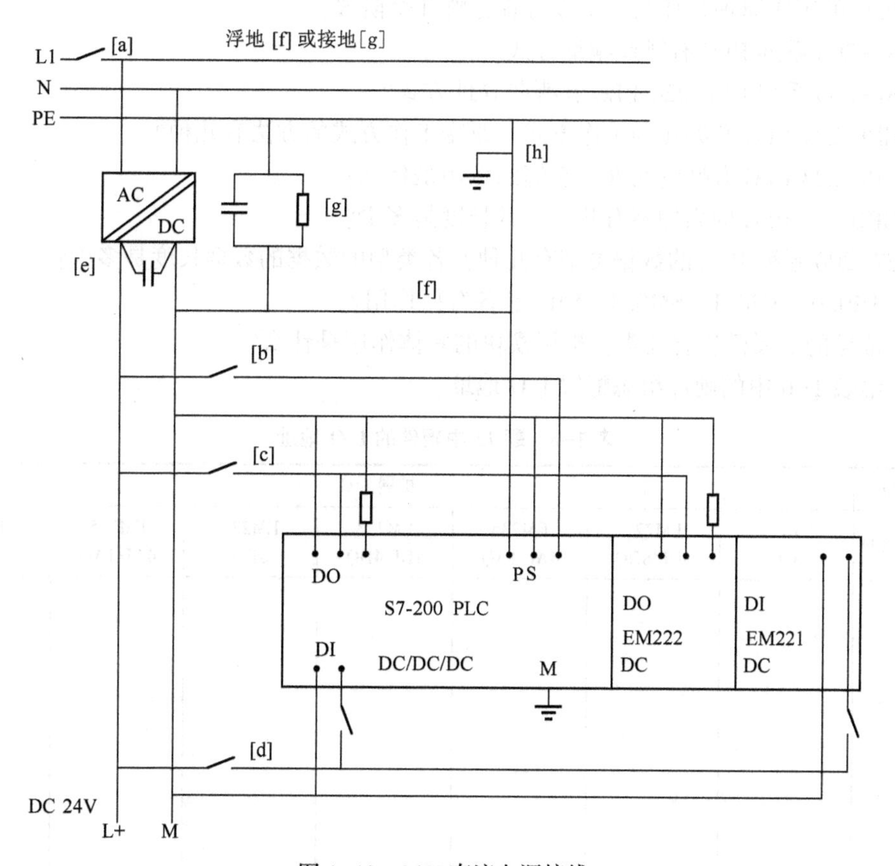

图 1-19　24 V 直流电源接线

⑥ 24 V 直流电源回路与设备之间，以及 120 V/230 V 交流电源与危险环境之间，必须进行电气隔离。

（2）I/O 接线和扩展单元的接线。

PLC 的输入接线是指外部开关设备与 PLC 的输入端口的连接线。输出接线是指将输出信号通过输出端子送到受控负载的外部接线。

I/O 接线时应注意：I/O 线与动力线、电源线应分开布线，并保持一定的距离，如需在一个线槽中布线时，应使用屏蔽电缆；I/O 线的距离一般不超过 300 m；交流线与直流线，输入线与输出线应分别使用不同的电缆；数字量和模拟量 I/O 线应分开走线，模拟量 I/O 线应使用屏蔽线，且屏蔽层应一端接地。

PLC 的基本单元与各扩展单元的连接比较简单，接线时，先断开电源，将扁平电缆的一端插入对应的插口即可。PLC 的基本单元与各扩展单元之间电缆传送的信号小、频率高、易受干扰，因此不能与其他连线敷设在同一线槽内。

1.6 习题

1. 可编程控制器的基本组成有哪些？
2. 输入接口电路有哪几种形式？输出接口电路有哪几种形式？各有何特点？
3. PLC 的工作原理是什么？工作过程分哪几个阶段？
4. S7-200 系列 PLC 有哪些编址方式？
5. S7-200 系列 CPU 224 PLC 有哪些寻址方式？
6. CPU 224 PLC 有哪几种工作方式？改变工作方式的方法有几种？
7. CPU 224 PLC 有哪些元件，它们的作用是什么？
8. CPU 224 PLC 的累加器有几个？其长度是多少？
9. S7-200 系列 PLC 的数据类型有几种？各类型的数据的数据长度是多少？
10. SM0.0、SM0.1、SM0.4、SM0.5 各有何作用？
11. 常见的扩展模块有几类？扩展模块的具体作用是什么？
12. 给表 1-6 中的硬件组态配置 I/O 地址。

表 1-6　题 12 中硬件的 I/O 地址

基本 I/O	扩展 I/O						
主机 CPU 224	EM221 8DI	EM223 8DI/8DQ	EM235 4AI/1AQ	EM223 4DI/4DQ	EM222 8DQ	EM235 4AI/1AQ	EM232 2AI

第2章　STEP7 V4.0编程软件的介绍及应用

本章要点

- STEP7-Micro/WIN V4.0 SP9编程软件的通信设置及窗口组件
- STEP7-Micro/WIN编程软件的主要编程功能
- 程序的调试与监控

2.1　STEP7 V4.0编程软件概述

S7-200 PLC使用STEP7-Micro/WIN V4.0 SP9编程软件（简称为STEP 7）进行编程。STEP7-Micro/WIN编程软件是基于Windows的应用软件，功能强大，主要用于开发程序，也可用于适时监控用户程序的执行状态。可在全汉化的操作界面下进行操作。

按下列操作将英文操作界面转换成中文操作界面。打开STEP7-Micro/WIN编程软件，在菜单栏中选择“Tools”→“Options”→“General”，在语言选择栏中选择“Chinese”，单击“确定”按钮，关闭软件，然后重新打开后，系统即为中文操作界面。对于CN的S7-200 PLC，STEP7编程软件必须设置为中文操作界面，才能下载PLC程序。

2.1.1　通信设置

1. 建立S7-200 CPU的通信

可以采用PC/PPI电缆建立PC（个人计算机）与PLC之间的通信。这是典型的单主机与PC的连接，不需要其他的硬件设备，如图2-1所示。PC/PPI电缆的两端分别为RS-232和RS-485接口，RS-232端连接到个人计算机RS-232通信口COM1或COM2上，RS-485端接到S7-200 CPU通信口上。PC/PPI电缆中间有通信模块，模块外部设有波特率设置开关，有5种支持PPI协议的波特率可以选择，分别为：1.2 kbit/s、2.4 kbit/s、9.6 kbit/s、19.2 kbit/s和38.4 kbit/s。系统的默认值为9.6 kbit/s。PC/PPI电缆波特率设置开关（DIP开关）的位置应与软件系统设置的通信波特率相一致，DIP开关如图2-2所示。DIP开关上有5个扳键，1号、2号、3号键用于设置波特率，4号和5号键用于设置通信方式。通信速率的默认值为9600 bit/s，如图2-2所示，1号、2号和3号键分别设置为010，未使用调制解调器时，4号和5号键均应设置为0。

2. 通信参数的设置

硬件设置好后，按下面的步骤设置通信参数。

1）在STEP7-Micro/WIN运行时单击“设置PG/PC接口”图标，则会出现“设置PG/PC接口”对话框，如图2-3所示。

二维码2-1

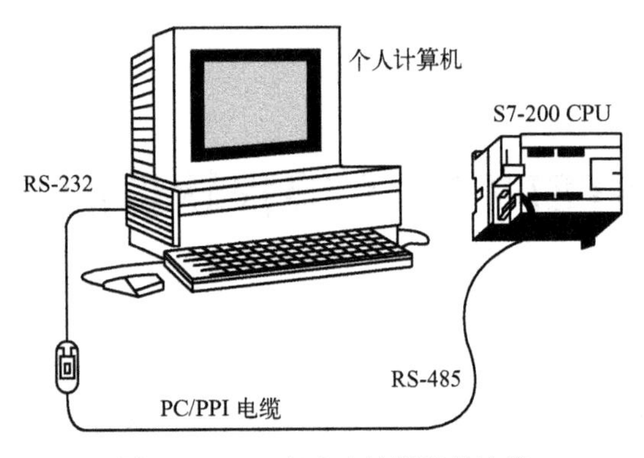

图 2-1　PLC 与个人计算机的连接

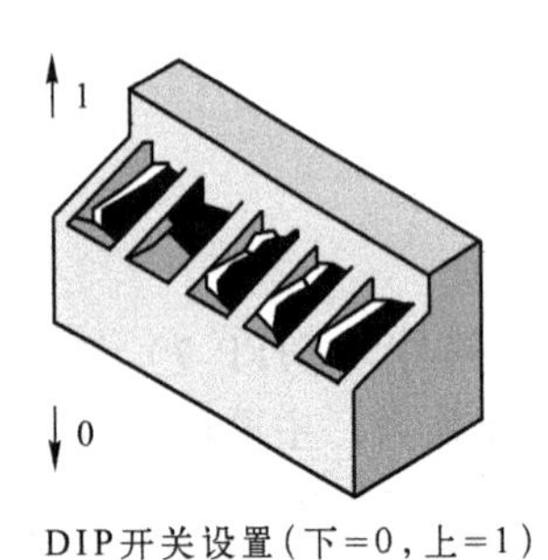

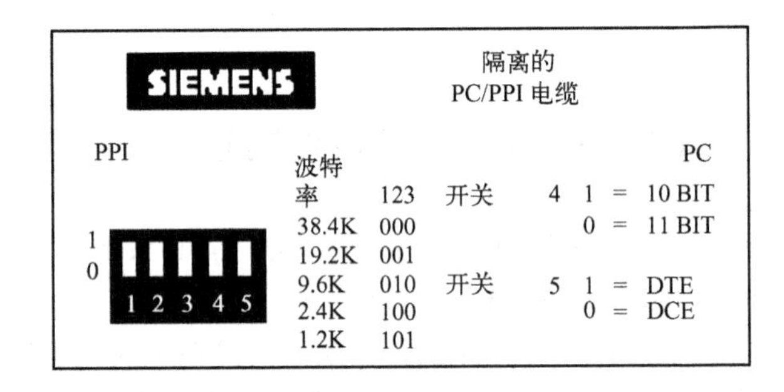

图 2-2　DIP 开关的设置

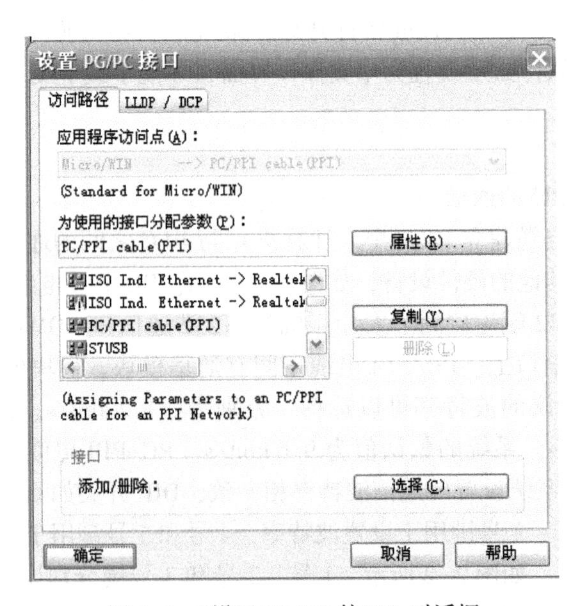

图 2-3　“设置 PG/PC 接口”对话框

2）在“为使用的接口分配参数”中选择“PC/PPI cable（PPI）”，然后单击“属性”按钮，出现图 2-4 所示的“属性”对话框。在传输率中选择系统默认值 9.6 kbit/s。然后单击“本地连接”选项卡，出现图 2-5 所示的对话框，如果使用的是 USB 接口的 PC/PPI 电缆，则选择连接到 USB；如果使用的是 COM 接口的 PC/PPI 电缆，则选择连接到 COM1。然后单击“确定”按钮回到初始操作界面。

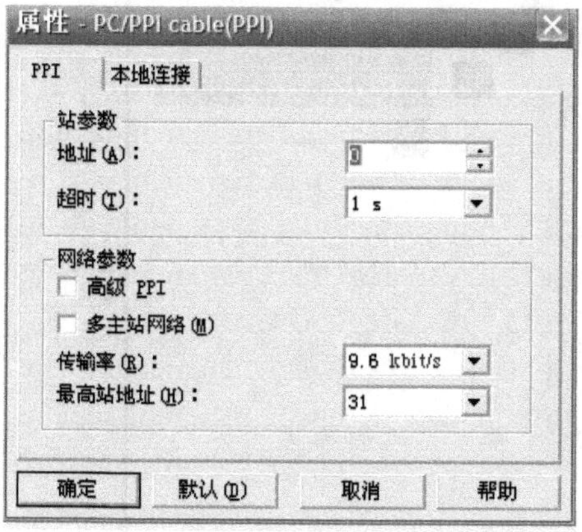

图 2-4 “属性”的 PPI 选项卡

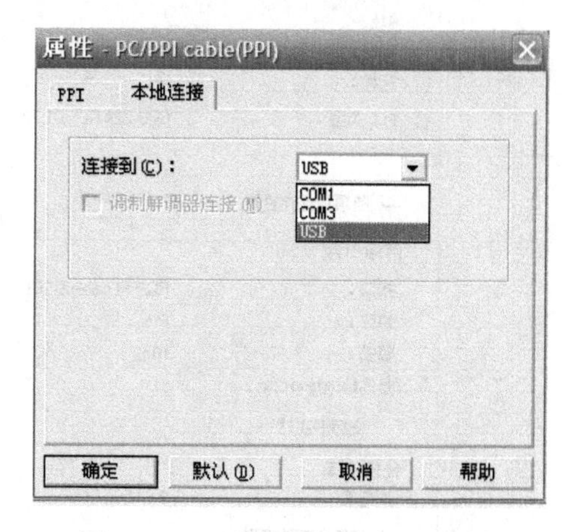

图 2-5 “属性”的本地连接选项卡

3. 建立在线连接

二维码 2-2

在前几步顺利完成后，可以建立与 S7-200 CPU 的在线联系，步骤如下：

在 STEP7-Micro/WIN 运行时单击“通信”图标，出现一个通信建立结果对话框，如图 2-6 所示。选中“搜索所有波特率”。双击对话框中的“双击刷新”图标，STEP7-Micro/WIN 编程软件将检查所连接的所有 S7-200 CPU 站。在对话框中显示已建立起连接的每个站的 CPU 图标、CPU 型号和站地址，如图 2-7 所示，能够刷新到 PLC 的地址，说明 PC 与 PLC 的通信连接成功。

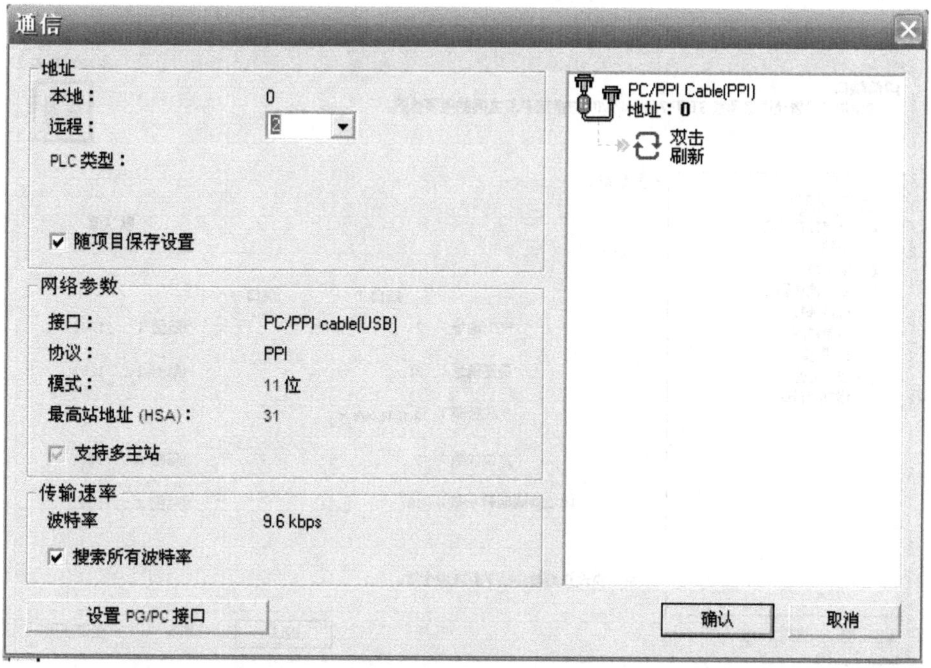

图 2-6 “通信”对话框

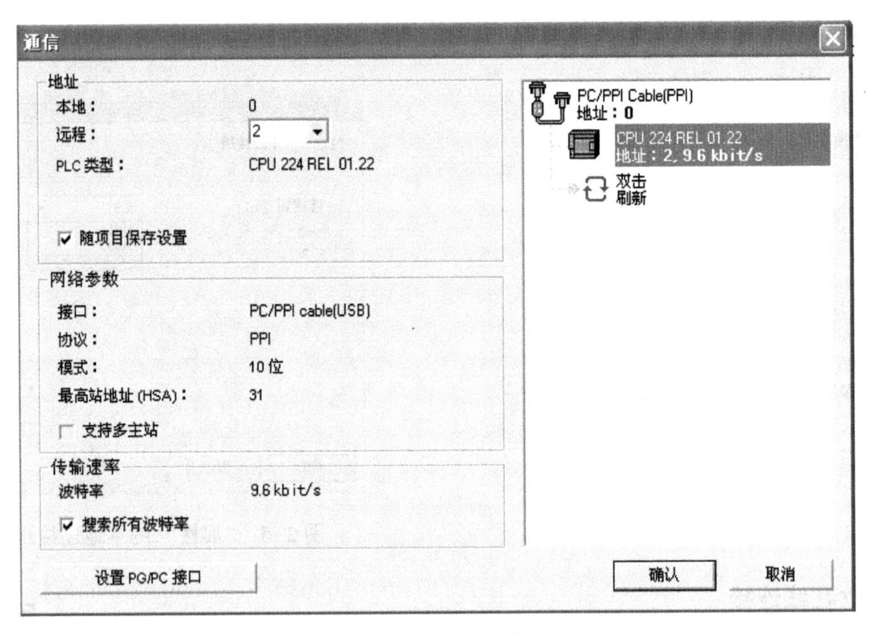

图 2-7　PC 与 PLC 的通信连接成功

4. 修改 PLC 的通信参数

计算机与 PLC 建立起在线连接后，即可以利用软件检查、设置和修改 PLC 的通信参数，步骤如下：

1）单击浏览条（见图 2-9）中的系统块图标，将出现“系统块”对话框，如图 2-8 所示。

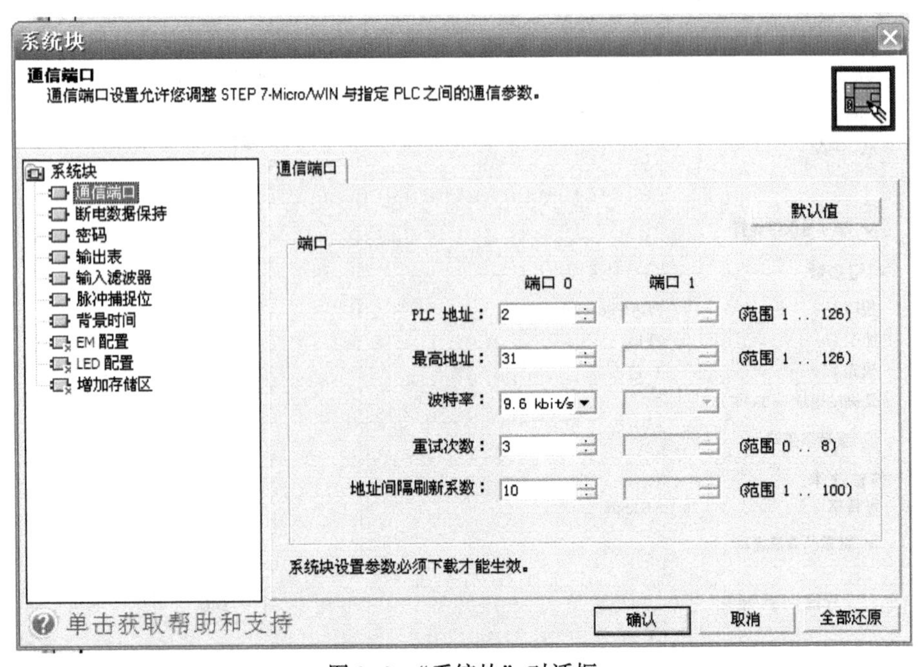

图 2-8　“系统块”对话框

2）单击“通信端口”选项卡，检查各参数，确认无误后单击“确认”按钮。若要修改某些参数，可以先进行有关的修改，再单击“确认”按钮。

3）单击标准工具栏中的下载按钮，将修改后的参数下载到可编程序控制器，设置的参数才会起作用。

5. PLC信息的读取

选择菜单命令“PLC”，单击“信息”，将显示出可编程序控制器RUN/STOP状态，扫描速率，CPU的型号错误的情况和各模块的信息。

2.1.2 STEP7-Micro/WIN V4.0 SP9窗口组件

STEP7-Micro/WIN V4.0 SP9的主操作界面如图2-9所示。

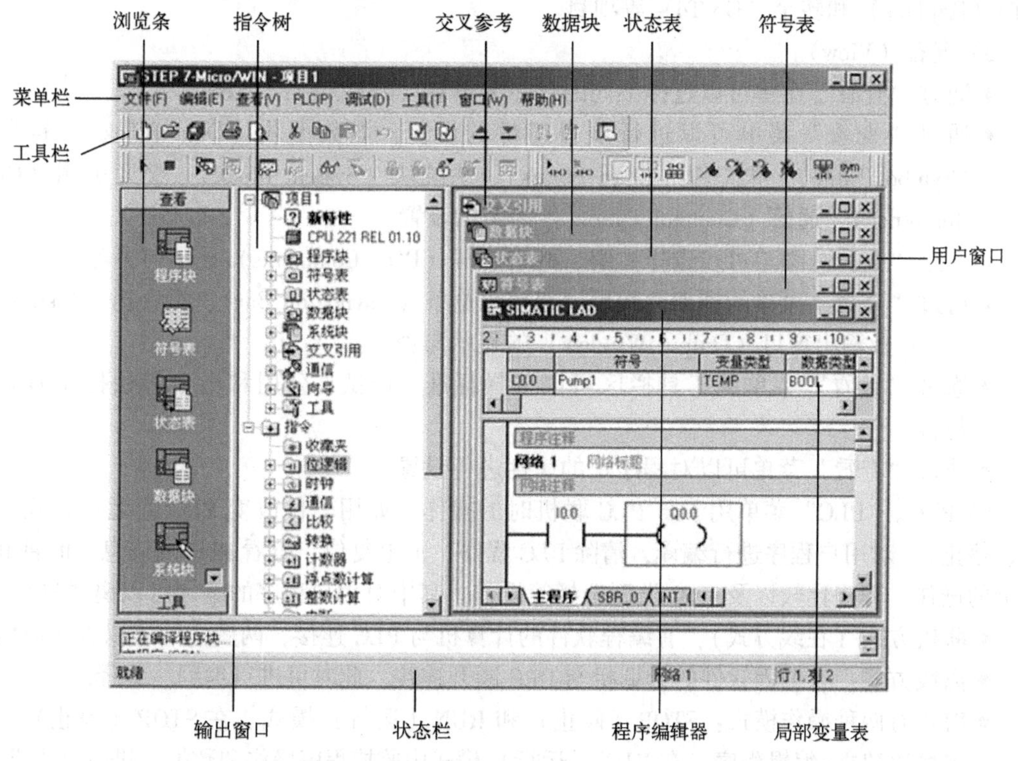

图2-9 STEP7-Micro/WIN V4.0S P9的主操作界面

主操作界面一般可以分为菜单栏、工具栏、浏览条、指令树、用户窗口、输出窗口和状态栏。除菜单栏外，用户可以根据需要通过“查看”菜单和“窗口”菜单决定其他窗口的取舍和样式的设置。

1. 菜单栏

菜单栏包括文件、编辑、查看、PLC、调试、工具、窗口和帮助8个主菜单项。各主菜单项的功能如下。

1）文件（File）。文件的操作有：新建（New）、打开（Open）、关闭（Close）、保存（Save）、另存（Save As）、导入（Import）、导出（Export）、上载（Upload）、下载（Download）、页面设置（Page Setup）、打印（Print）、预览、最近使用文件和退出。

- 导入：若从 STEP 7-Micro/WIN 编辑器之外导入程序，可使用“导入”命令导入 ASCII 文本文件。
- 导出：使用“导出”命令创建程序的 ASCII 文本文件，并导出至 STEP7-Micro/WIN 外部的编辑器。
- 上载：在运行 STEP 7-Micro/WIN 的 PC 和 PLC 之间建立通信后，从 PLC 将程序上载至运行 STEP 7-Micro/WIN 的个人计算机。
- 下载：在运行 STEP 7-Micro/WIN 的个人计算机和 PLC 之间建立通信后，将程序下载至该 PLC。下载之前，PLC 应处于“停止”模式。

2）编辑（Edit）。编辑菜单提供程序的编辑工具有：撤销（Undo）、剪切（Cut）、复制（Copy）、粘贴（Paste）、全选（Select All）、插入（Insert）、删除（Delete）、查找（Find）、替换（Replace）和转至（Go To）等项目。

3）查看（View）。

- 通过“查看”菜单可以选择不同的程序编辑器：LAD、STL、FBD。
- 通过“查看”菜单可以进行项目组件的设置，如数据块（Data Block）、符号表（Symbol Table）、状态表（Chart Status）、系统块（System Block）、交叉引用（Cross Reference）、通信（Communications）参数的设置。
- 通过“查看”菜单可以选择注解、网络注解（POU Comments）显示与否等。
- 通过“查看”菜单的框架栏区可以选择浏览条（Navigation Bar）、指令树（Instruction Tree）及输出窗口（Output Window）的显示与否。
- 通过“查看”菜单的工具栏区可以选择标准、调试、公用和指令等快捷工具显示与否。
- 通过“查看”菜单可以对程序块的属性进行设置。

4）PLC。“PLC”菜单用于与 PLC 联机时的操作。如用软件改变 PLC 的运行方式（运行、停止），对用户程序进行编译，清除 PLC 程序、上电复位、查看 PLC 的信息、时钟和存储卡的操作、程序比较以及 PLC 类型选择等操作。其中对用户程序的编译可以离线进行。

- 联机方式（在线方式）：有编程软件的计算机与 PLC 连接，两者之间可以直接通信。
- 离线方式：有编程软件的计算机与 PLC 断开连接。此时可进行编程、编译。
- PLC 有两种操作模式：STOP（停止）和 RUN（运行）模式。在 STOP（停止）模式中可以建立/编辑程序，在 RUN（运行）模式中监控程序操作和数据，进行动态调试。若使用 STEP 7-Micro/WIN 软件控制 RUN/STOP（运行/停止）模式，在 STEP 7-Micro/WIN 和 PLC 之间必须建立通信。另外，PLC 硬件模式开关必须设为 TERM（终端）或 RUN（运行）。
- 编译（Compile）：用来检查用户程序语法错误。用户程序编辑完成后通过编译，然后会在显示器下方的输出窗口显示编译结果，明确指出错误的网络段，可以根据错误提示对程序进行修改，然后再编译，直至无错误。
- 全部编译（Compile All）：编译全部项目元件（程序块、数据块和系统块）。
- 信息（Information）：可以查看 PLC 信息，例如 PLC 型号和版本号码、操作模式、扫描速率、I/O 模块配置以及 CPU 和 I/O 模块错误等。
- 上电复位（Power-Up Reset）：PLC 清除严重错误并返回 RUN（运行）模式。如果操作 PLC 存在严重错误，SF（系统错误）指示灯亮，程序停止执行。必须将 PLC 模式重设为 STOP（停止），然后再设置为 RUN（运行），才能清除错误，或执行“PLC”→“上电复位”命令。

5）调试（Debug）。“调试”菜单用于联机时的动态调试，有首次扫描（First Scan）、多次扫描（Multiple Scans）、开始程序状态监控（Start Program Status）、暂停程序状态监控（Pause Program Status）、状态表监控（Start Chart Status）、暂停趋势图监控（Pause Trend Chart）和用程序状态模拟运行条件（读取、强制、取消强制和全部取消强制）等功能。

调试时可以指定 PLC 对程序执行有限次数扫描（从 1 次扫描到 65 535 次扫描）。通过选择 PLC 运行的扫描次数，可以在程序改变过程变量时对其进行监控。第一次扫描时，SM0. 1 数值为 1（打开）。

- 首次扫描：可编程控制器从 STOP 方式进入 RUN 方式，执行一次扫描后，回到 STOP 方式，可以观察到首次扫描后的状态。

PLC 必须位于 STOP（停止）模式，通过执行菜单“调试”→“单次扫描”命令的操作。

- 多次扫描：调试时可以指定 PLC 对程序执行有限次数扫描（从 1~65 535 次）。通过选择 PLC 运行的扫描次数，可以在程序过程变量改变时对其进行监控。

PLC 必须位于 STOP（停止）模式时，通过执行菜单“调试”→“多次扫描”命令设置扫描次数。

6）工具。

- “工具”菜单提供复杂指令向导（PID、HSC、NETR/NETW 指令），使复杂指令编程时的工作简化。
- “工具”菜单提供文本显示器 TD200 设置向导。
- “工具”菜单的“定制”子菜单可以更改 STEP 7-Micro/WIN 工具栏的外观或内容，以及在“工具”菜单中增加常用工具。
- “工具”菜单的“选项”子菜单可以设置三种编辑器的风格，如字体、指令盒的大小等样式。

7）窗口。“窗口”菜单可以设置窗口的排放形式，如层叠、水平和垂直。

8）帮助。“帮助”菜单可以提供 S7-200 的指令系统及编程软件的所有信息，并提供在线帮助、网上查询和访问等功能。

2. 工具栏

1）标准工具栏，如图 2-10 所示。

图 2-10　标准工具栏

各快捷按钮从左到右分别为：新建项目、打开现有项目、保存当前项目、打印、打印预览、剪切选项并复制至剪贴板、将选项复制至剪贴板、在光标位置粘贴剪贴板内容、撤销最后一个条目、编译程序块或数据块（任意一个现用窗口）、全部编译（程序块、数据块和系统块）、将项目从 PLC 上载至 STEP 7-Micro/WIN、从 STEP 7-Micro/WIN 下载至 PLC、符号表名称列按照 A~Z 从小至大排序、符号表名称列按照 Z~A 从大至小排序、选项（配置程序编辑器窗口）。

2）调试工具栏，如图 2-11 所示。

各快捷按钮从左到右分别为：将 PLC 设为运行模式、将 PLC 设为停止模式、在程序状态打开/关闭之间切换、在触发暂停打开/停止之间切换（只用于语句表）、在状态表监控打开/关闭之间切换、状态表单次读取、状态表全部写入、强制 PLC 数据、取消强制 PLC 数据、状态表全部取消强制、状态表全部读取强制数值和趋势图。

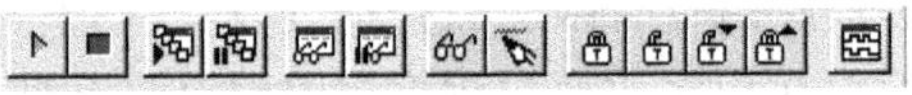

图 2-11　调试工具栏

3）公用工具栏，如图 2-12 所示。

图 2-12　公用工具栏

公用工具栏各快捷按钮从左到右如下所述。

- 插入网络：单击该按钮，在 LAD 或 FBD 程序中插入一个空网络。
- 删除网络：单击该按钮，删除 LAD 或 FBD 程序中的整个网络。
- 程序注释：单击该按钮在程序注释打开（可视）或关闭（隐藏）之间切换。可视时，程序注释始终位于第一个网络之前显示，如图 2-13 所示。
- 网络注释：单击该按钮，在光标所在的网络标号下方出现灰色方框中，输入网络注释。再单击该按钮，网络注释功能关闭，如图 2-14 所示。

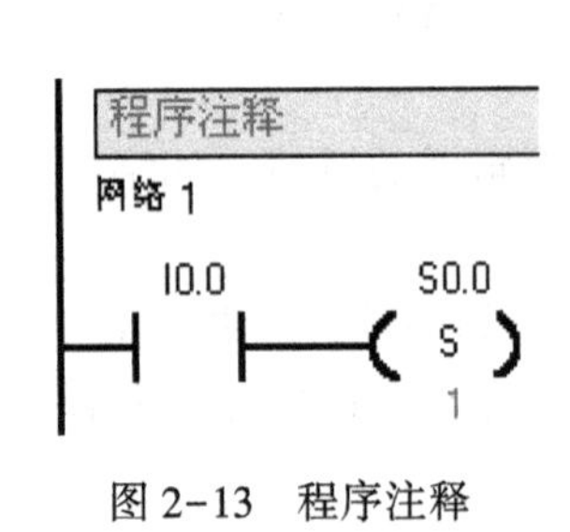

图 2-13　程序注释

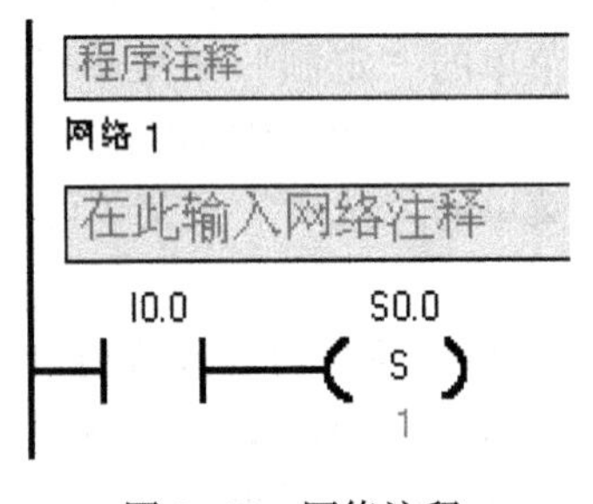

图 2-14　网络注释

查看/隐藏每个网络的符号信息表：单击该按钮，在符号信息表打开和关闭之间切换，如图 2-15 所示。

- 切换书签：设置或移除书签，如图 2-16 所示。
- 下一个书签：单击该按钮，向下移至程序的下一个带书签的网络。
- 前一个书签：单击该按钮，向上移至程序的前一个带书签的网络。
- 清除全部书签：单击该按钮，移除程序中的所有当前书签。
- 在项目中应用所有的符号：单击该按钮，用所有新、旧和修改的符号名更新项目，并在符号信息表打开和关闭之间切换。
- 建立表格未定义符号：单击该按钮，将不带指定地址的符号名从程序编辑器传输至指定地址的新符号表进行标记。

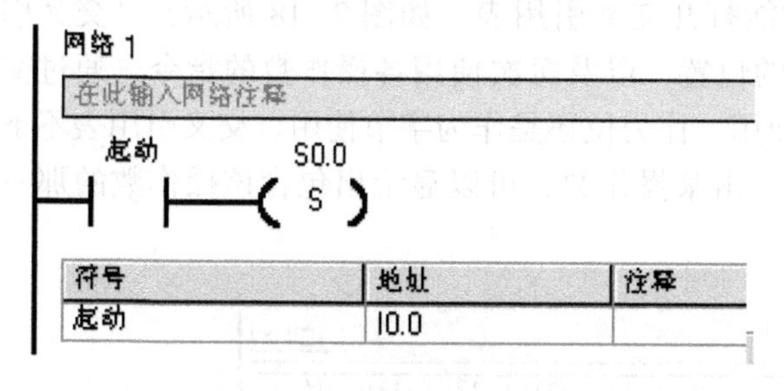

图 2-15　网络的符号信息表

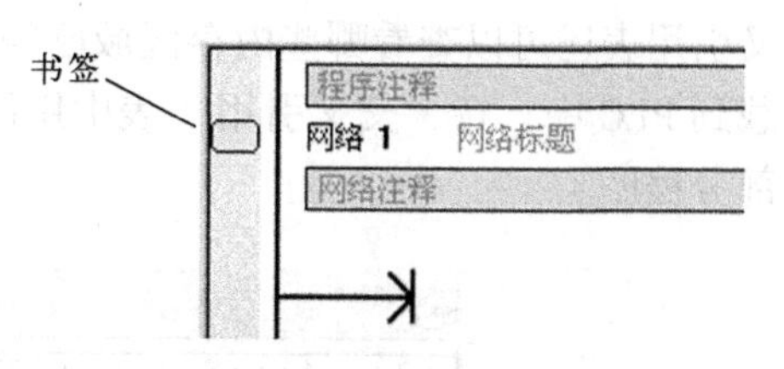

图 2-16　网络设置书签

- 常量说明符：在 SIMATIC 类型说明符打开/关闭之间切换，单击“常量描述符”按钮，使常量描述符可视或隐藏。对许多指令参数可直接输入常量。仅被指定为 100 的常量才具有不确定的大小，因为常量 100 可以表示为字节、字或双字大小。当输入常量参数时，程序编辑器根据每条指令的要求指定或更改常量描述符。

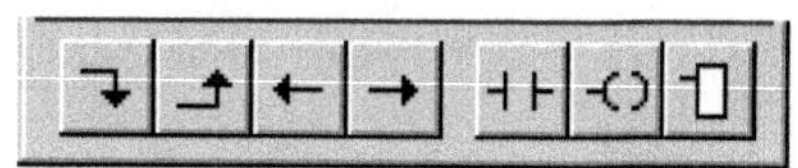
图 2-17　LAD 指令工具栏

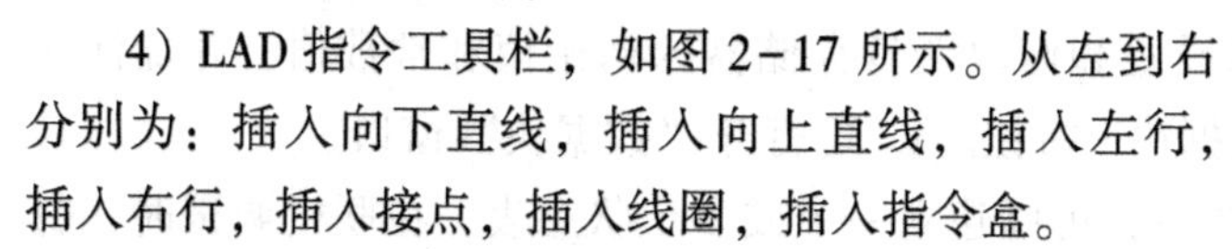

4）LAD 指令工具栏，如图 2-17 所示。从左到右分别为：插入向下直线，插入向上直线，插入左行，插入右行，插入接点，插入线圈，插入指令盒。

3. 浏览条（Navigation Bar）

浏览条为编程提供按钮控制，可以实现窗口的快速切换，即对编程工具执行按钮式操作，包括程序块（Program Block）、符号表（Symbol Table）、状态表（Status Chart）、数据块（Data Block）、系统块（System Block）、交叉引用（Cross Reference）、通信（Communication）和设置 PG/PC 接口。单击上述任意按钮，则主窗口将切换成此按钮对应的窗口。

4. 指令树（Instruction Tree）

指令树提供编程时用到的所有快捷操作命令和 PLC 指令。可分为项目分支和指令分支。

项目分支用于组织程序项目：

- 用鼠标右键单击“程序块”文件夹，插入新子程序和中断程序。
- 打开“程序块”文件夹，并用鼠标右键单击 POU 图标，可以打开 POU、编辑 POU 属性、用密码保护 POU 或为子程序和中断程序重新命名。
- 用鼠标右键单击“状态图”或“符号表”文件夹，插入新图或表。
- 打开“状态图”或“符号表”文件夹，在指令树中用鼠标右键单击图或表图标，或用鼠标双击适当的 POU 标记，执行打开、重新命名或删除操作。

指令分支用于输入程序，打开指令文件夹并选择指令：

- 拖放或双击指令，可在程序中插入指令。
- 用鼠标右键单击指令，并从弹出菜单中选择“帮助”，可获得有关该指令的信息。
- 可将常用指令拖放至“偏好项目”文件夹。
- 若项目指定了 PLC 类型，指令树中红色标记 x 是表示对该 PLC 无效的指令。

5. 用户窗口

可同时或分别打开图 2-9 中的 6 个用户窗口，分别为：交叉引用、数据块、状态表、符号表、局部变量表和程序编辑器。

1）交叉引用。在程序编译成功后，才能打开交叉引用表，如图 2-18 所示，“交叉引用”表列出在程序中使用的各操作数所在的位置，以及每次使用各操作数的指令。通过交叉引用表还可以查看哪些内存区域已经被使用，作为位还是作为字节使用。交叉引用表不下载到 PLC 中，在“交叉引用”表中用鼠标双击某操作数，可以显示出包含该操作数的那一部分程序。

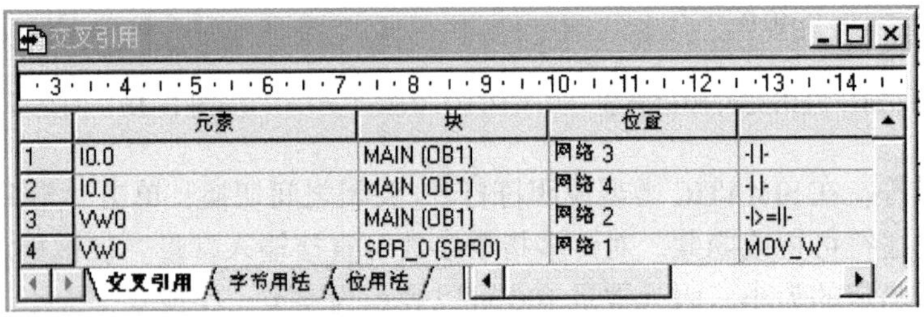

	元素	块	位置	
1	I0.0	MAIN (OB1)	网络 3	-||-
2	I0.0	MAIN (OB1)	网络 4	-||-
3	VW0	MAIN (OB1)	网络 2	-|>=I|-
4	VW0	SBR_0 (SBR0)	网络 1	MOV_W

图 2-18　交叉引用表

2）数据块。“数据块”窗口可以设置和修改变量存储器的初始值和常数值，并加注必要的注释说明。单击浏览条上的“数据块”按钮，可打开“数据块”窗口。

3）状态表。将程序下载至 PLC 之后，可以建立一个或多个状态表，在联机调试时，打开状态表，监视各变量的值和状态。状态表并不下载到可编程序控制器，只是监视用户程序运行的一种工具。单击浏览条上的“状态表”按钮，可打开状态表。

若在项目中有一个以上状态表，使用位于“状态表”窗口底部的“表”标签在状态表之间移动。

可在状态表的地址列输入需监视的程序变量地址，在 PLC 运行时，打开“状态表”窗口，在程序扫描执行时，连续、自动地更新状态表的数值。

4）符号表。用有实际含义的自定义符号名作为编程元件的操作数，这样可使程序更容易理解。符号表则建立了自定义符号名与直接地址编号之间的关系。单击浏览条中的“符号表”按钮，可打开符号表。

5）局部变量表。每个程序块都有自己的局部变量表，局部变量只在建立该局部变量的程序块中才有效。在带参数的子程序调用中，参数的传递就是通过局部变量表传递的。

6）程序编辑器。选择菜单命令“文件”→“新建”，选择“文件”→“打开”或选择“文件”→“导入”，可以打开一个项目。然后单击浏览条中的“程序块”按钮，打开“程序编辑器”窗口，建立或修改程序。可选择菜单命令“查看”→STL 或梯形图或 FBD，更改编辑器类型。

6. 输出窗口

输出窗口：用来显示程序编译的结果，如编译结果有无错误、错误编码和位置等。

7. 状态栏

状态栏：提供有关在 STEP 7-Micro/WIN 中操作的信息。

2.1.3 编程准备

二维码 2-3

1. 指令集和编辑器的选择

写程序之前，用户必须选择指令集和编辑器。

在 S7-200 系列 PLC 支持的指令集有 SIMATIC 和 IEC 61131-3 两种。SIMATIC 是专为 S7-200 PLC 设计的，专用性强，采用 SIMATIC 指令编写的程序执行时间短，可以使用 LAD、STL、FBD 三种编辑器。IEC 61131-3 指令集是按国际电工委员会（IEC）PLC 编程标准提供的指令系统，作为不同 PLC 厂商的指令标准，指令集中指令较少。有些 SIMATIC 所包含的指令，在 IEC 61131-3 中不是标准指令。IEC 61131-3 标准指令集适用于不同厂家 PLC，可以使用 LAD 和 FBD 两种编辑器。本书主要介绍 SIMATIC 编程模式，即：

选择菜单命令“工具”→“选项”→“常规”选项卡→“编程模式”→SIMATIC。

程序编辑器有 LAD、STL、FBD 三种，它们的比较在下一章介绍。本书主要使用 LAD 和 STL。选择编辑器的方法如下：

- 选择菜单命令“查看”→梯形图或 STL。
- 选择菜单命令“工具”→“选项”→“常规”选项卡→“梯形图编辑器”。

2. 根据 PLC 类型进行参数检查

在 PLC 和运行 STEP7-Micro/WIN 的 PC 连线后，应根据 PLC 的类型进行范围检查。必须保证 STEP7-Micro/WIN 中 PLC 类型选择与实际 PLC 类型相符。方法为：选择菜单命令“PLC”→“类型”→“读取 PLC”。“PLC 类型”对话框如图 2-19 所示。

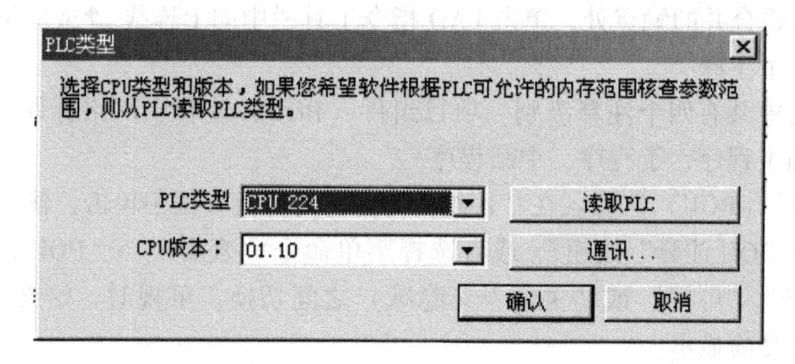

图 2-19 “PLC 类型”对话框

2.2 STEP7-Micro/WIN 主要编程功能

二维码 2-4

2.2.1 梯形图程序的输入

1. 建立项目

1）打开已有的项目文件。选择菜单命令“文件”→“打开”，在“打开文件”对话框中，选择项目的路径及名称，单击“确定”按钮，打开现有项目。

2）创建新项目。选择菜单命令“文件”→“新建”；或者单击浏览条中的程序块图标，新建一个项目。

2. 输入程序

打开项目后就可以进行编程，本书主要介绍绘制梯形图的相关操作。

（1）输入指令

梯形图的元素主要有接点、线圈和指令盒，梯形图的每个网络必须从接点开始，以线圈或没有ENO输出的指令盒结束。线圈不允许串联使用。

要输入梯形图指令首先要进入梯形图编辑器，即：

选择“查看”→单击“梯形图”选项。

接着在梯形图编辑器中输入指令。输入指令可以通过指令树、工具栏按钮和快捷键等方法实现。

- 在指令树中选择需要的指令，拖放到需要位置。
- 将光标放在需要的位置，在指令树中双击需要的指令。
- 将光标放到需要的位置，单击工具栏的指令按钮，打开一个通用指令窗口，选择需要的指令。
- 使用功能键F4表示接点，F6表示线圈，F9表示指令盒，打开一个通用指令窗口，选择需要的指令。

当编程元件图形出现在指定位置后，再单击编程元件符号的???，输入操作数。红色字样显示语法出错，当把不合法的地址或符号改变为合法值时，红色将消失。若数值下面出现红色的波浪线，表示输入的操作数超出范围或与指令的类型不匹配。

（2）上、下线的操作

将光标移到要合并的触点处，单击LAD指令工具栏中向上连线或向下连线按钮。

（3）输入程序注释

LAD编辑器中共有四个注释级别：项目组件（POU）注释、网络标题、网络注释和项目组件属性（如主程序、子程序、中断程序）。

1）项目组件（POU）注释：在“网络1”上方的灰色方框中单击，输入POU注释。

单击“切换POU注释”按钮或者选择菜单命令“查看”→“POU注释”选项，在POU注释“打开”（可视）或“关闭”（隐藏）之间切换。可视时，始终位于POU顶端，并在第一个网络之前显示。

2）网络标题：将光标放在网络标题行，输入一个便于识别该逻辑网络的标题。

3）网络注释：将光标移到网络标号下方的灰色方框中，可以输入网络注释。网络注释可对网络的内容进行简单的说明，以便于程序的理解和阅读。

单击“切换网络注释”按钮或者选择菜单命令“查看”→网络注释，可在网络注释“打开”（可视）和“关闭”（隐藏）之间切换。

（4）程序的编辑

① 剪切、复制、粘贴或删除多个网络。通过使用〈Shift〉键+单击，可以选择多个相邻的网络，进行剪切、复制、粘贴或删除等操作。

注意：不能选择部分网络，只能选择整个网络。

② 编辑单元格、指令、地址和网络。用光标选中需要进行编辑的单元，用鼠标右击（右击），弹出快捷菜单，选择相应选项，可以进行插入或删除行、列、垂直线或水平线

的操作。删除垂直线时把方框放在垂直线左边单元上，右击在弹出的快捷菜单中选择删除“行”，或按〈Delete〉键。进行插入编辑时，先将方框移至欲插入的位置，然后选“列”。

(5) 程序的编译

程序经过编译后，方可下载到PLC。编译的方法如下：

- 单击“编译”按钮☑或选择菜单命令“PLC”→“编译”（Compile），编译当前被激活的窗口中的程序块或数据块。
- 单击“全部编译”按钮☑或选择菜单命令“PLC”→“全部编译”（Compile All），编译全部项目元件（程序块、数据块和系统块）。使用“全部编译”，与哪一个窗口是活动窗口无关。

编译结束后，输出窗口显示编译结果。

2.2.2 数据块编辑

二维码 2-5

数据块用来对变量存储器（V）赋初值，可用字节、字或双字赋值。注释（前面带双斜线）是可选项目。如图 2-20 所示。编写的数据块，被编译后，下载到可编程控制器，注释被忽略。

```
数据块
VB0     248            //明确地址赋值：VB0数据值：248。

VB1     249, 250, 251  //单行中多个数据值。
                       //隐含地址赋值：
                       //VB2包含数据值250。
                       //VB3包含数据值251。

VB4     252            //不能使用先前指定的地址（VB0-VB3）。

        253, 254, 255  //无明确地址赋值的行。
                       //数据值隐含指定给VB5、VB6、VB7。

VW8     256, 257       //新数据类型（字）。隐含将数据值
                       //257指定给V内存VB10-VB11。

//地址赋值不能与先前的明确赋值发生冲突。
X       65536          //数据值65536要求双字数据类型（VD内存），
                       //但上一个明确地址赋值
                       //是字内存（VW8）。编辑器标志错误。
```

图 2-20 “数据块”对话框

数据块的第一行必须包含一个明确地址，以后的行可包含明确或隐含地址。在单地址后键入多个数据值或键入仅包含数据值的行时，由编辑器指定隐含地址。编辑器根据先前的地址分配及数据长度（字节、字或双字）指定适当的 V 内存数量。

键入的地址和数据之间留有空格。键入一行后，按〈Enter〉键，数据块编辑器对行格式化（对齐地址列、数据、注释；捕获 V 内存地址）并重新显示。

数据块需要下载至PLC后才起作用。

2.2.3　符号表操作

1. 在符号表中对符号赋值的方法

1）建立符号表：单击浏览条中的“符号表”按钮，符号表如图 2-21 所示。

			符号	地址	注释
1			起动	I0.0	起动按钮SB2
2			停止	I0.1	停止按钮SB1
3			M1	Q0.0	电动机
4					
5					

图 2-21　符号表

2）在“符号”列键入符号名（例如：起动）。

注意：在给符号指定地址之前，该符号下有绿色波浪下划线。在给符号指定地址后，绿色波浪下划线自动消失。

3）在“地址”列中键入地址（例如：I0.0）。

4）键入注释（此为可选项）。

5）符号表建立后，选择菜单命令“查看”→“符号寻址”，直接地址将转换成符号表中对应的符号名。并且可选择菜单命令“工具”→“选项”→“程序编辑器”选项卡→“符号寻址”选项，来选择操作数显示的形式。如选择“显示符号和地址”，则对应的梯形图如图 2-22 所示。

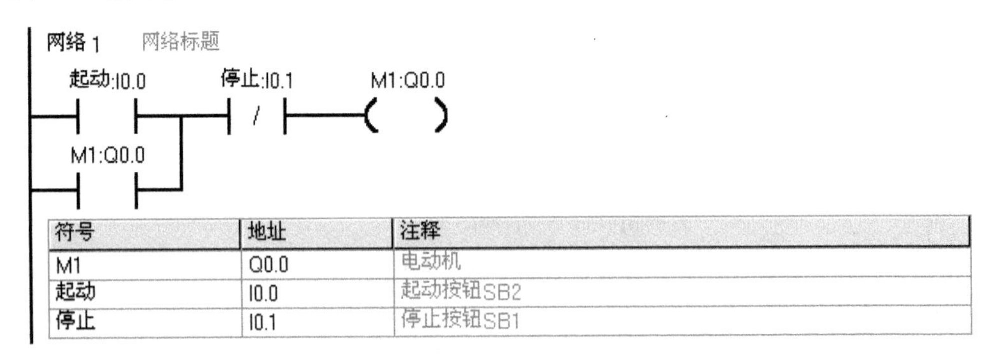

符号	地址	注释
M1	Q0.0	电动机
起动	I0.0	起动按钮SB2
停止	I0.1	停止按钮SB1

图 2-22　带符号表的梯形图

6）选择菜单命令“查看”→“符号信息表”，可选择符号表的显示与否。选择“查看”→“符号寻址”，可选择是否将直接地址转换成对应的符号名。

2. 在符号表中插入行

使用下列方法之一在符号表中插入行：

- 选择菜单命令“编辑”→“插入”→“行”，将在符号表光标的当前位置上方插入新行。
- 用鼠标右键单击符号表中的一个单元格，在弹出菜单中选择命令“插入”→“行”，将在光标的当前位置上方插入新行。
- 若在符号表底部插入新行，就将光标放在最后一行的任意一个单元格中，按

〈↓〉键。

3. 建立多个符号表

在默认情况下，符号表窗口显示一个符号名称（USR1）的选项卡。可用下列方法建立多个符号表。

- 在“指令树”中鼠标右键单击“符号表”文件夹，在弹出菜单命令中选择“插入符号表”。
- 打开符号表窗口，使用“编辑”菜单，或用鼠标右键单击，在弹出菜单中选择“插入”→“表格”。

插入新符号表后，新的符号表选项卡会出现在符号表窗口的底部。在打开符号表时，要选择正确的选项卡。用鼠标双击或用鼠标右键单击选项卡，可为选项卡重新命名。

2.3 程序的下载、上载

1. 下载

如果已经成功地在运行 STEP 7-Micro/WIN 的个人计算机与 PLC 之间建立了通信，就可以将编译好的程序下载至该 PLC。如果 PLC 中已经有内容将被覆盖。下载步骤如下。

1）下载之前，PLC 必须处于“停止”的工作方式。检查 PLC 上的工作方式指示灯，如果 PLC 没有“停止”，单击调试工具栏中的“停止”按钮，使 PLC 处于停止方式。

2）单击标准工具栏中的“下载”按钮，或选择菜单命令“文件”→“下载”，出现“下载”对话框。

3）根据默认值，在初次发出下载命令时，“程序块”、“数据块”和“系统块”复选框都被选中。如果不需要下载某个块，可以不勾选该复选框。

4）单击“确定”按钮，开始下载程序。如果下载成功，将出现一个确认框显示信息为：“下载成功”。

5）如果 STEP 7-Micro/WIN 中的 CPU 类型与实际的 PLC 不匹配，会显示的警告信息为：“为项目所选的 PLC 类型与远程 PLC 类型不匹配。继续下载吗?”

6）此时应纠正 PLC 类型选项，选择“否”，终止下载程序。

7）选择菜单命令“PLC”→“类型”，调出“PLC 类型”对话框。单击“读取 PLC”按钮，由 STEP 7-Micro/WIN 自动读取正确的数值。单击“确定”按钮，确认 PLC 类型。

8）单击标准工具栏中的“下载”按钮，重新开始下载程序，或选择菜单命令“文件”→“下载”。

下载成功后，单击调试工具栏中的“运行”按钮，或选择“PLC”→“运行”，PLC 进入 RUN（运行）工作方式。

2. 上载

用下面的方法从 PLC 将项目元件上载到 STEP 7-Micro/WIN 程序编辑器：

- 单击“上载”按钮。
- 选择菜单命令“文件”→“上载”。
- 按快捷组合键〈Ctrl+U〉。
- 执行的步骤与下载基本相同，选择需要上载的块（程序块、数据块或系统块），单击“上载”按钮，上载的程序将从PLC复制到当前打开的项目中，随后即可保存上载的程序。

2.4 程序的调试与监控

在运行STEP 7-Micro/WIN编程设备→与PLC之间建立通信→从PLC下载程序后，便可运行程序，进行监控和调试程序。

2.4.1 选择工作方式

PLC有运行和停止两种工作方式。在不同的工作方式下，PLC进行调试的操作方法不同。

单击调试工具栏中的“运行”按钮▶或“停止”按钮■可以进入相应的工作方式。

1. 选择停止工作方式

在STOP（停止）工作方式中，可以创建和编辑程序，PLC处于半空闲状态：停止用户程序执行；执行输入更新；用户中断条件被禁用。PLC操作系统继续监控PLC，将状态数据传递给STEP 7-Micro/WIN，并执行所有的“强制”或“取消强制”命令。当PLC处于STOP（停止）工作方式可以进行下列操作。

1）使用“状态表监控”或“程序状态监控”查看操作数的当前值。因为程序未执行，这一步骤等同于执行“单次读取”。

2）可以使用“状态表监控”或“程序状态监控”强制数值，使用“状态表监控”写入数值。

3）写入或强制输出。

4）执行有限次扫描，并通过“状态表监控”或“程序状态监控”观察结果。

2. 选择运行工作方式

当PLC位于RUN（运行）工作方式时，不能使用“首次扫描”或“多次扫描”功能。可以在“状态表”中写入和强制数值，或使用LAD或FBD程序编辑器强制数值，方法与在STOP（停止）工作方式中强制数值相同。还可以执行下列操作（不能在STOP工作方式下使用）：

1）使用“状态表监控”功能可收集PLC数据值的连续更新。如果希望使用单次更新，“状态表监控”必须关闭，才能使用“单次读取”命令。

2）使用“程序状态监控”功能可收集PLC数据值的连续更新。

2.4.2 程序状态显示

当程序下载至PLC后，可以用“程序状态监控”功能测试程序网络。

1. 启动程序状态

1）在程序编辑器窗口，显示希望操作和测试的程序部分。

2）PLC置于RUN工作方式，启动“程序状态监控”查看PLC数据值。方法如下：

单击“程序状态监控”按钮或选择菜单命令“调试”→“程序状态监控”，在梯形图中显示出各元件的状态。在进入“程序状态监控”的梯形图中，用彩色块表示位操作数的线圈得电或触点闭合状态。如，-|█|-表示触点闭合状态，-(█)表示位操作数的线圈得电。

运行中梯形图内的各元件的状态将随程序执行过程连续更新变换。

2. 用“程序状态监控”功能模拟进程条件（读取、强制、取消强制和全部取消强制）

在程序状态监控过程中从程序编辑器向操作数写入或强制新数值的方法，可以模拟进程条件。

单击“程序状态监控”按钮，开始监控数据状态，并启用调试工具。

1）写入操作数。

直接单击操作数（不要单击指令），然后右击操作数，并从弹出菜单选择“写入”。

2）强制单个操作数。

- 直接单击操作数（不是指令），然后在调试工具栏中单击“强制”图标。
- 直接用鼠标右键单击操作数（不是指令），并在弹出菜单中选择“强制”。

3）对单个操作数取消强制。

- 直接单击操作数（不是指令），然后在调试工具栏中单击“取消强制”图标。
- 直接用鼠标右键单击操作数（不是指令），并从弹出菜单中选择“取消强制”。

4）对全部强制数值取消强制。

在调试工具栏中单击“全部取消强制”图标。

注意：强制功能是调试程序的辅助工具，切勿为了弥补处理装置的故障而使用强制功能。仅限专业工程师使用强制功能。在不带负载的情况下调试程序时，可以使用强制功能。

3. 识别强制图标

被强制的数据处将显示一个图标。

1）黄色锁定图标表示显示强制：即该数值已经被直接强制为当前正在显示的数值。

2）灰色隐去锁定图标表示隐式：该数值已经被“隐含”强制，即不对地址进行直接强制，但内存区落入另一个被明确强制的较大区域中。例如，如果 VW0 被显示强制，则 VB0 和 VB1 被隐含强制，因为它们包含在 VW0 中。

3）半块图标表示部分强制。例如，VB1 被明确强制，则 VW0 被部分强制，因为其中的一个字节 VB1 被强制。

2.4.3 状态表显示

可以建立一个或多个状态表，用来监管和调试程序操作。

1. 打开状态表

打开状态表：单击浏览条上的“状态表”按钮。

如果在项目中有多个状态表，使用“状态表”窗口底部的“表”选项卡，可在状态表之间切换。

2. 状态表的创建和编辑

1）建立状态表。

如果打开一个空状态表，可以输入地址或定义符号名。按以下步骤定义状态表，如图 2-23 所示。

	地址	格式	当前值	新数值
1	I0.0	位		
2	VW0	带符号		
3	M0.0	位		
4	SMW70	带符号		

图 2-23　状态表举例

① 在“地址”列输入存储器的地址（或符号名）。

② 在“格式”列选择数值的显示方式。如果操作数是位（例如，I、Q 或 M），格式中被设为位。如果操作数是字节、字或双字，浏览有效格式并选择适当的格式。定时器或计数器数值可以显示为位或字。如果将定时器或计数器地址格式设置为位，则会显示输出状态（输出打开或关闭）。如果将定时器或计数器地址格式设置为字，则使用当前值。

还可以按下面的方法更快的建立状态表，如图 2-24 所示。

选中程序代码的一部分，右击则弹出菜单后选择“创建状态表”。新状态表包含选中程序中每个操作数的一个条目。

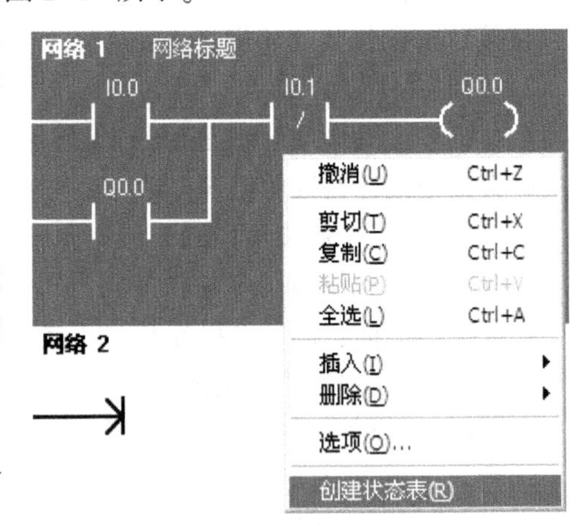

图 2-24　选中程序代码建立状态表

2）编辑状态表。

在状态表修改过程中，可采用下列方法。

① 插入新行：使用“编辑”菜单或右击状态表中的一个单元格，在弹出菜单中选择“插入”→“行”。

② 删除一个单元格或行：选中单元格或行，右击，在弹出菜单命令中选择“删除”→“选项”。

3）建立多个状态表。

用下面方法可以建立一个新状态表：

- 在指令树中，右击“状态表”文件夹→弹出菜单命令→选择“插入”→选择“状态表”。
- 打开状态表窗口，使用“编辑”菜单或右击，在弹出菜单中选择“插入”→“状态表”。

3. 状态表的启动与监视

1）状态表启动和关闭。

选择菜单命令“调试”→“开始状态表监控”或使用调试工具栏中按钮“状态表监控”，再操作一次可关闭状态表。

状态表启动后，便不能再编辑状态表。

2）单次读取与连续读取状态表监控。状态表被关闭时（未启动），可以使用“单次读取”功能，方法如下：

- 选择菜单命令“调试”→“单次读取”或使用“调试”工具栏中“单次读取”按钮。

单次读取时，是从 PLC 收集当前的数据，并在表中当前值列显示出来，且在执行用户程序时并不对其更新。

状态表被启动后，使用“状态表监控”功能，将连续收集状态表信息。

- 选择菜单命令“调试”→“状态表监控”或使用工具栏中“状态表监控”按钮。

3）写入与强制数值。

全部写入：对状态表内的新数值改动完成后，可利用“全部写入”功能将所有改动传送至可编程控制器。对物理输入点不能用此功能改动。

强制：在状态表的地址列中选中一个操作数，在新数值列写入模拟实际条件的数值，然后单击工具栏中的“强制”按钮。一旦使用“强制”，每次扫描都会将强制数值应用于该地址，直至对该地址“取消强制”。

取消强制：和2.4.2“程序状态显示”的操作方法相同。

2.5 编程软件使用实训

二维码2-6

1. 实训目的

1）认识S7-200系列PLC及其与PC的通信。

2）练习使用STEP 7-Micro/WIN V4.0编程软件。

3）学会程序的输入和编辑方法。

4）初步了解程序调试的方法。

2. 内容及指导

1）PLC认识。记录所使用PLC的型号，输入输出点数，观察主机面板的结构以及PLC和PC之间的连接。

2）开机（打开PC和PLC）并新建一个项目。

选择菜单命令“文件”→“新建”或用新建项目快捷按钮。

3）检查PLC和运行STEP7-Micro/WIN的PC连线后，设置与读取PLC的型号。

选择菜单命令“PLC”→“类型”→“读取PLC”或者在指令树选择“项目”名称→“类型”→“读取PLC”。

4）选择指令集和编辑器。

- 选择菜单命令“工具”→“选项”→“常规”选项卡→“编程模式”→SIMATIC；选择“助记符集”→“国际”。
- 选择菜单命令“查看”→“LAD”。或者选择菜单命令“工具”→“选项”→“一般”选项卡→“梯形图编辑器”。

5）输入、编辑如图2-25所示梯形图，并转换成语句表形式。

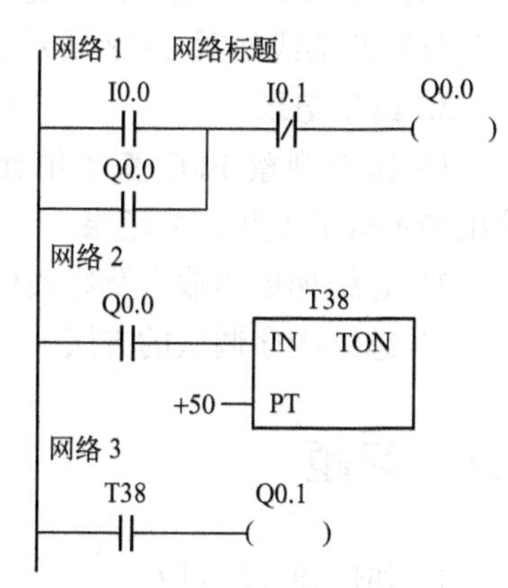

图2-25 梯形图程序

6）给梯形图加程序注释、网络标题、网络注释。

7）编写符号表，如图2-26所示。并选择操作数显示形式为符号和地址同时显示。

- 建立符号表：单击浏览条中的“符号表”按钮。
- 符号和地址同时显示：选择菜单命令“工具”→“选项”→“程序编辑器”。

8）编译程序。并观察编译结果，若提示错误，则修改，直到编译成功。

选择“PLC”→“编译”命令“全部编译”命令或用快捷按钮和。

9）将程序下载到PLC。下载之前，PLC必须处于“停止”的工作方式。如果PLC没有处于“停止”，单击标准工具栏中的“停止”按钮，将PLC置于停止方式。

单击标准工具栏中的“下载”按钮，或选择菜单命令“文件”→“下载”，出现“下载”对话框。可选择是否下载“程序块”“数据块”和“系统块”，单击“确定”按钮，开始下载程序。

10）建立状态表监视各元件的状态，如图 2-27 所示。

	符号	地址	注释
1	起动按钮	I0.0	
2	停止按钮	I0.1	
3	灯1	Q0.0	
4	灯2	Q0.1	
5			

图 2-26　符号表

	地址	格式	当前值	新数值
1	I0.0	位		
2	I0.1	位		
3	Q0.0	位		
4	Q0.1	位		
5	T38	位		

图 2-27　状态图表

选中程序代码的一部分，单击鼠标右键→弹出快捷菜单→选择“建立状态表”。

11）运行程序。

单击调试工具栏中的“运行”按钮。

12）启动“状态表监控”。

选择菜单命令“调试”→“状态表监控”或使用“调试”工具栏中“状态表监控”按钮。

13）输入强制操作。因为不带负载进行运行调试，所以采用强制功能模拟物理条件。对 I0.0 进行强制 ON，在对应 I0.0 的新数值列输入 1，对 I0.1 进行强制 OFF，在对应 I0.1 的新数值列输入 0。然后单击“调试”工具栏中的“强制”按钮。

14）在运行中显示梯形图的程序状态。

单击“程序状态打开/关闭”按钮或选择菜单命令“调试”→“程序状态”，在梯形图中显示出各元器件的状态。

15）取消全部强制。单击“调试”工具栏中的“全部取消强制”按钮，即在调试工具栏中单击“全部取消强制”按钮。

16）完成 PLC 的外部接线。输入/输出配置及外部接线如图 2-28 所示。

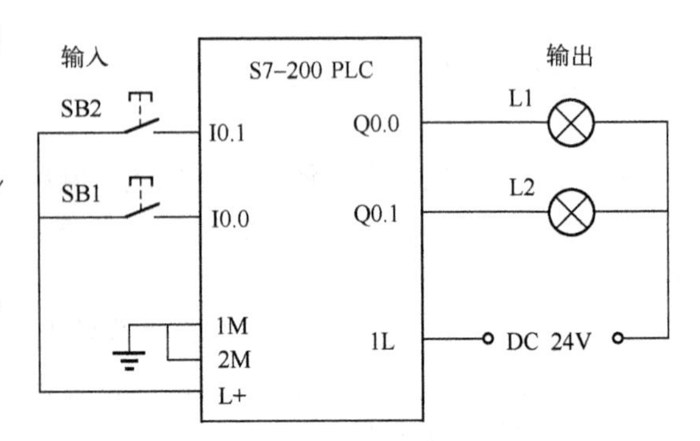

图 2-28　输入/输出配置及外部接线图

3. 结果记录

1）认真观察 PLC 基本单元上的输入/输出指示灯的变化，并记录。

2）总结梯形图输入及修改的操作过程。

3）总结程序调试的方法。

2.6　习题

1. 如何建立项目?
2. 如何在 LAD 中输入程序注解?
3. 如何下载程序?
4. 如何在程序编辑器中显示程序状态?
5. 如何建立状态表?

第3章　S7-200 PLC基本指令及实训

本章要点

- 梯形图、语句表、顺序功能流程图和功能块图等常用设计语言的简介
- 基本位操作指令的介绍、应用及实训
- 定时器指令、计数器指令的介绍、应用及实训
- 比较指令的介绍及应用
- 程序控制类指令的介绍、应用及实训

3.1　PLC程序设计语言

在PLC中有多种程序设计语言，包括梯形图、语句表、顺序功能流程图和功能块图等。

梯形图和语句表是基本程序设计语言，通常由一系列指令组成，用这些指令可以完成大多数简单的控制功能，例如代替继电器、计数器、计时器完成顺序控制和逻辑控制等，通过扩展或增强指令集，它们也能执行其他的基本操作。

供S7-200 PLC使用的STEP 7-Micro/Win32编程软件支持SIMATIC和IEC 61131-3两种基本类型的指令集。SIMATIC是PLC专用的指令集，执行速度快，可使用梯形图、语句表和功能块图编程语言。IEC 61131-3是PLC编程语言标准，IEC 61131-3指令集中指令较少，只能使用梯形图和功能块图两种编程语言。SIMATIC指令集的某些指令不是IEC 61131-3中的标准指令。SIMATIC指令和IEC 61131-3中的标准指令系统并不兼容。本书重点介绍SIMATIC指令。

1. 梯形图（Ladder Diagram）程序设计语言

梯形图程序设计语言是最常用的一种程序设计语言。它来源于继电器逻辑控制系统的描述。在工业过程控制领域，电气技术人员对继电器逻辑控制技术较为熟悉，因此，由这种逻辑控制技术发展而来的梯形图受到了欢迎，并得到了广泛的应用。梯形图与操作原理图相对应，具有直观性和对应性；与原有的继电器逻辑控制技术的不同点是，梯形图中的能流不是实际意义的电流，内部的继电器也不是实际存在的继电器，因此应用时需与原有继电器逻辑控制技术的有关概念加以区别。LAD图形指令有触点、线圈和指令盒三个基本形式。

1）触点。其基本符号如图3-1所示。图中的问号代表需要指定的操作数的存储器的地址。触点代表输入条件如外部开关、按钮及内部条件等。触点有常开触点和常闭触点。CPU运行中扫描到触点符号时，到触点操作数指定的存储器位进行访问（即CPU对存储器的读操作）。该位数据

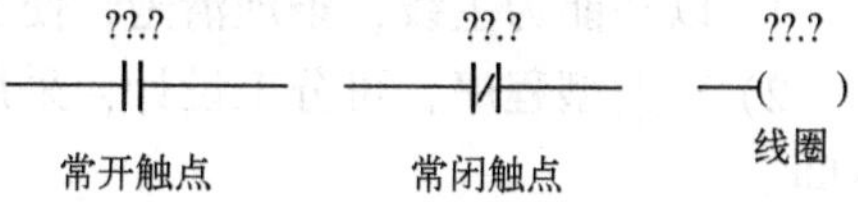

??.?　??.?　??.?

常开触点　常闭触点　线圈

图3-1　触点和线圈的基本符号

（状态）为 1 时，其对应的常开触点接通，其对应的常闭触点断开。可见常开触点和存储器的位的状态一致，常闭触点表示对存储器的位的状态取反。计算机读操作的次数不受限制，用户程序中，常开触点、常闭触点可以使用无数次。

2）线圈。其基本符号如图 3-1 所示。线圈表示输出结果，即 CPU 对存储器的赋值操作。线圈左侧接点组成的逻辑运算结果为 1 时，“能流”可以到达线圈，使线圈得电动作，CPU 将线圈的操作数指定的存储器的位置 1；逻辑运算结果为 0 时，线圈不通电，存储器的位置 0。即线圈代表 CPU 对存储器的写操作。PLC 采用循环扫描的工作方式，所以在用户程序中，每个线圈只能使用一次。

3）指令盒。指令盒代表一些较复杂的功能，如定时器、计数器或数学运算指令等。当“能流”通过指令盒时，执行指令盒所代表的功能。

梯形图按照逻辑关系可分成网络段，分段只是为了阅读和调试方便。在本书部分举例中，将网络段标记省去。图 3-2 是梯形图示例。

2. 语句表（Statement List）程序设计语言

语句表程序设计语言是用布尔助记符来描述程序的一种程序设计语言。语句表程序设计语言与计算机中的汇编语言非常相似。语句表程序设计语言是由助记符和操作数构成的。采用助记符来表示操作功能，操作数是指定的存储器的地址。用编程软件可以将语句表与梯形图相互转换。在梯形图编辑器下录入梯形图程序，打开“检视”菜单→选择“STL”，就可将梯形图转换成语句表。反之也可将语句表转化成梯形图。

例如，在图 3-2 中将梯形图转换为语句表程序如下：

```
网络 1
LD      I0. 0
O       Q0. 0
AN      T37
=       Q0. 0
TON     T37, +50
网络 2
LD      I0. 2
=       Q0. 1
```

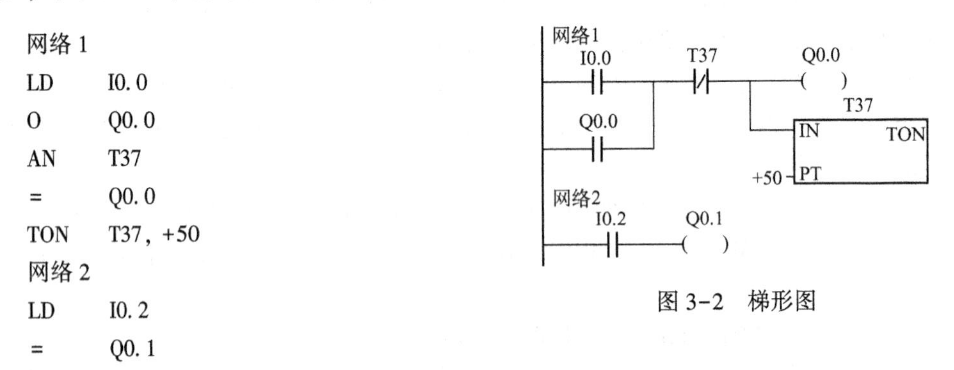

图 3-2　梯形图

3. 顺序功能流程图（Sequential Function Chart）程序设计

顺序功能流程图程序设计是近年来发展起来的一种程序设计。采用顺序功能流程图的描述，控制系统被分为若干个子系统，从功能入手，使系统的操作具有明确的含义，便于设计人员和操作人员设计思想的沟通，便于程序的分工设计和检查调试。顺序功能流程图的主要元素是步、转移、转移条件和动作，如图 3-3 所示。顺序功能流程图程序设计的特点是：

1）以功能为主线，条理清楚，便于对程序操作的理解和沟通。

2）对大型程序，可分工设计，采用较为灵活的程序结构，可节省程序设计时间和调试时间。

3）常用于系统规模校大、程序关系较复杂的场合。

4）只有在活动步的命令和操作被执行后，才对活动步后的转换进行扫描，因此整个程序的扫描时间大大缩短。

4. 功能块图（Function Block Diagram）程序设计语言

功能块图程序设计语言是采用逻辑门电路的编程语言，有数字电路基础的人很容易掌握。功能块图指令由输入、输出及逻辑关系函数组成。用 STEP 7-Micro/Win32 编程软件将图 3-2 所示的梯形图转换为 FBD 程序，如图 3-4 所示。方框的左侧为逻辑运算的输入变量，右侧为输出变量，输入/输出端的小圆圈表示“非”运算，信号自左向右流动。

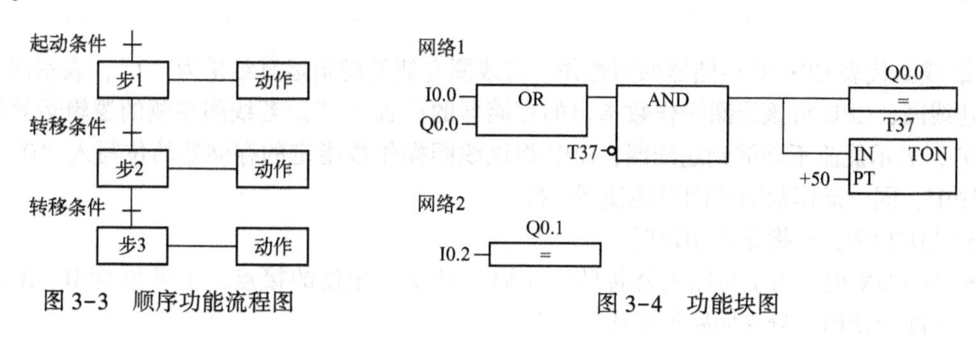

图 3-3　顺序功能流程图　　　　图 3-4　功能块图

3.2　基本位操作指令与应用

3.2.1　基本位操作指令介绍

位操作指令是以“位”为操作数地址的 PLC 常用的基本指令。梯形图指令有触点和线圈两大类，触点又分常开触点和常闭触点两种形式；语句表指令有与、或、输出等逻辑关系。位操作指令能够实现基本的位逻辑运算和控制。

1. 逻辑取（装载）及线圈驱动指令 LD/LDN，=

1）指令功能。

二维码 3-1

LD（load）：常开触点逻辑运算的开始。对应梯形图则为在左侧母线或线路分支点处初始装载一个常开触点。

LDN（load not）：常闭触点逻辑运算的开始（即对操作数的状态取反）。对应梯形图则为在左侧母线或线路分支点处初始装载一个常闭触点。

=(OUT)：输出指令，表示对存储器赋值的指令，对应梯形图则为线圈驱动。对同一元件只能使用一次。

2）指令格式（如图 3-5 所示）。

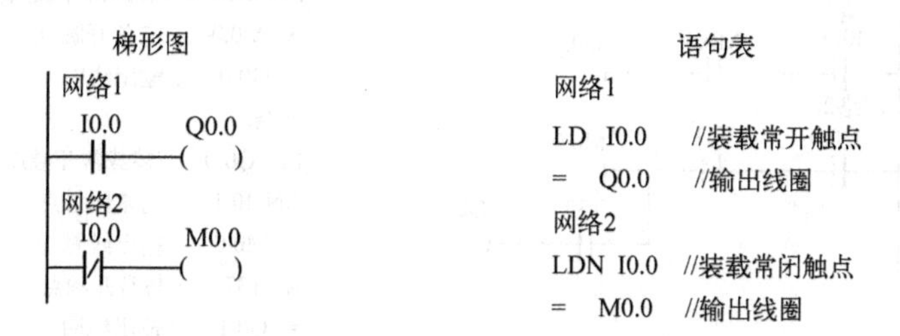

图 3-5　LD/LDN、OUT 指令格式

说明：

① 触点代表 CPU 对存储器的读操作，常开触点和存储器的位状态一致，常闭触点和存储器的位状态相反。用户程序中，同一触点可使用无数次。

例如，存储器 I0.0 的状态为 1，则对应的常开触点 I0.0 接通，表示能流可以通过；而对应的常闭触点 I0.0 断开，表示能流不能通过。存储器 I0.0 的状态为 0，则对应的常开触点 I0.0 断开，表示能流不能通过；而对应的常闭触点 I0.0 接通，表示能流可以通过。

② 线圈代表 CPU 对存储器的写操作。若线圈左侧的逻辑运算结果为“1”，表示能流能够到达线圈，CPU 将该线圈操作数指定的存储器的位置“1”。若线圈左侧的逻辑运算结果为“0”，表示能流不能够到达线圈，CPU 将该线圈操作数指定的存储器的位写入“0”。用户程序中，同一操作数的线圈只能使用一次。

3）LD/LDN，= 指令使用说明。

- LD/LDN 指令用于与输入公共母线（输入母线）相连的接点，也可与 OLD、ALD 指令配合使用于分支回路的开头。
- =指令用于 Q、M、SM、T、C、V、S。但不能用于输入映像寄存器 I。输出端不带负载时，控制线圈应尽量使用 M 或其他，而不用 Q。
- =可以并联使用任意次，但不能串联，如图 3-6 所示。

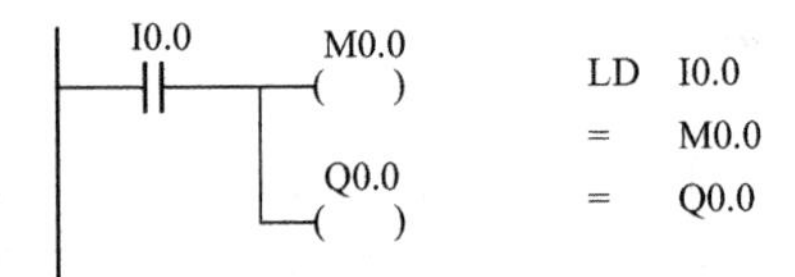

图 3-6 输出指令并联使用

- LD/LDN 的操作数为：I、Q、M、SM、T、C、V、S。
- =（OUT）的操作数为：Q、M、SM、T、C、V、S。

2. 触点串联指令 A/AN

1）指令功能。

A（And）：与操作，在梯形图中表示串联连接单个常开触点。

AN（And not）：与非操作，在梯形图中表示串联连接单个常闭触点。

2）指令格式（如图 3-7 所示）。

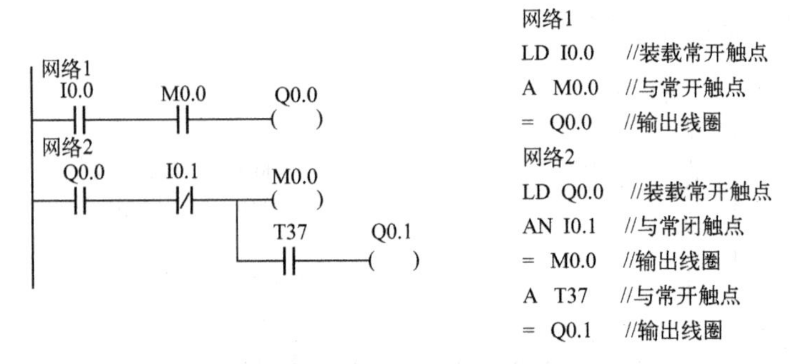

图 3-7 A/AN 指令格式

3）A/AN 指令使用说明。

- AN 是单个触点串联连接指令，可连续使用，如图 3-8 所示。
- 若要串联多个触点组合回路时，必须使用 ALD 指令，如图 3-9 所示。

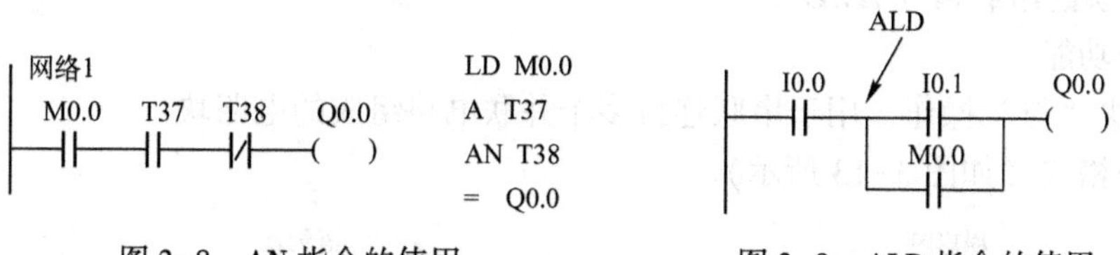

图 3-8　AN 指令的使用　　图 3-9　ALD 指令的使用

- 若按正确次序编程（即输入：左重右轻、上重下轻；输出：上轻下重），可以反复使用=指令，如图 3-10 所示。但若按图 3-11 所示的编程次序，就不能连续使用=指令。
- A/AN 的操作数：I、Q、M、SM、T、C、V、S。

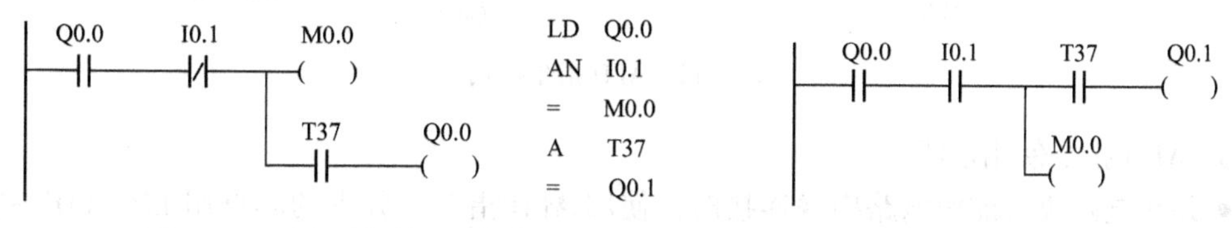

图 3-10　可以反复使用=指令　　图 3-11　不能连续使用=指令

3. 触点并联指令 O（Or）/ON（Or not）

1）指令功能。

O：或操作，在梯形图中表示并联连接一个常开触点。

ON：或非操作，在梯形图中表示并联连接一个常闭触点。

2）指令格式（如图 3-12 所示）。

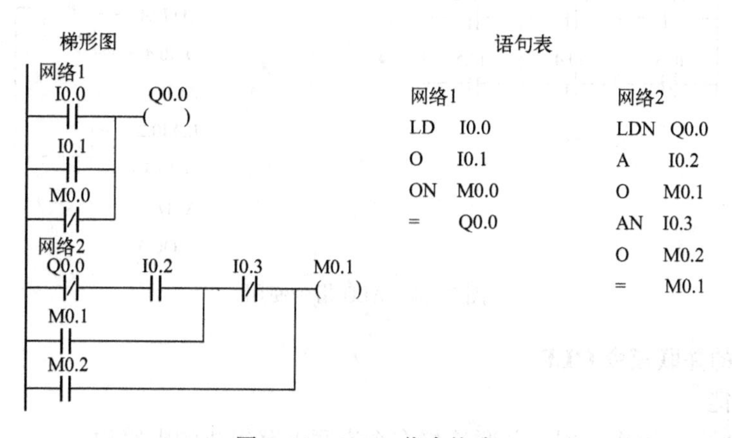

图 3-12　O/ON 指令格式

3）O/ON 指令使用说明。

- O/ON 指令表示并联一个触点指令，紧接在 LD/LDN 指令之后用，即对其前面的 LD/

LDN 指令所规定的触点并联一个触点，可以连续使用。

- 若要并联连接两个以上触点的串联回路时，应采用 OLD 指令。
- ON 操作数：I、Q、M、SM、V、S、T、C。

4. 电路块的串联指令 ALD

1）指令功能。

ALD：块“与”操作，用于串联连接多个并联电路组成的电路块。

2）指令格式（如图 3-13 所示）。

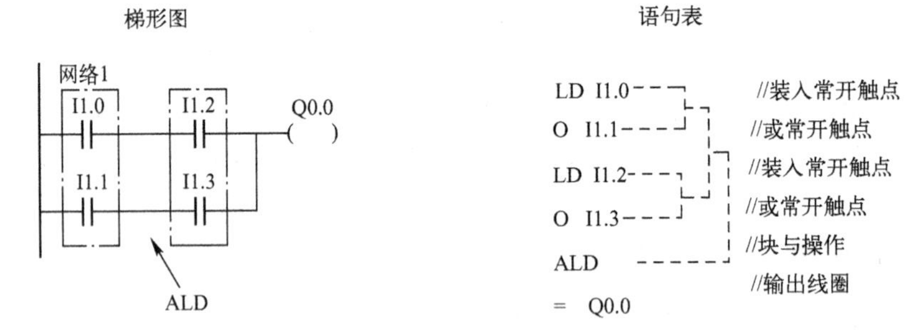

图 3-13 ALD 指令格式

3）ALD 指令使用说明。

- 并联电路块与前面电路串联连接时，使用 ALD 指令。分支的起点用 LD、LDN 指令，并联电路结束后使用 ALD 指令与前面电路串联。
- 可以顺次使用 ALD 指令串联多个并联电路块，支路数量没有限制，如图 3-14 所示。
- ALD 指令无操作数。

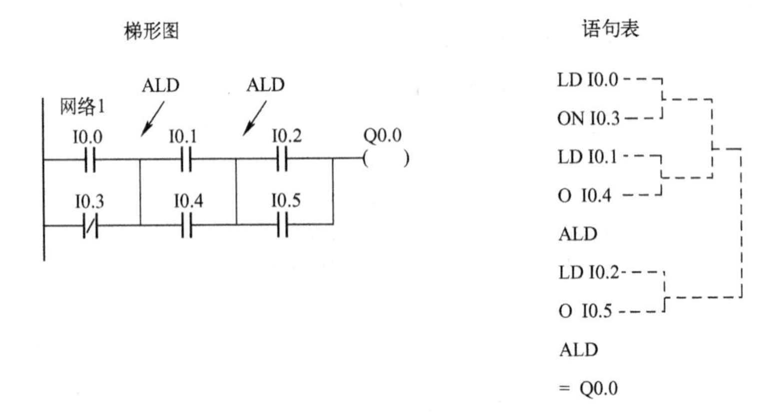

图 3-14 ALD 指令使用

5. 电路块的并联指令 OLD

1）指令功能。

OLD：块“或”操作，用于并联连接多个串联电路组成的电路块。

2）指令格式（如图 3-15 所示）。

3）OLD 指令使用说明。

- 并联连接几个串联支路时，其支路的起点以 LD 、LDN 开始，并联结束后用 OLD。

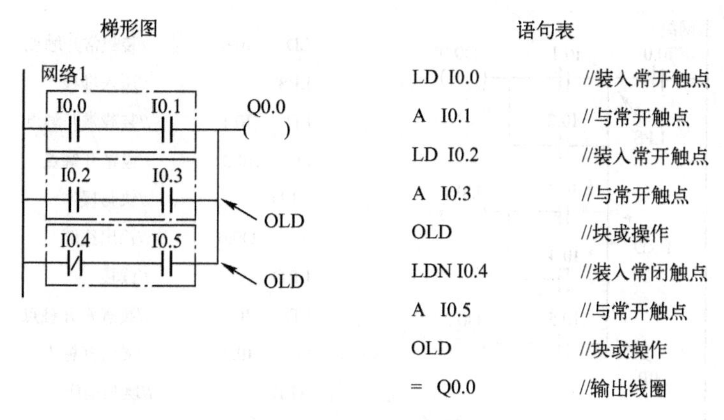

图 3-15　OLD 指令的使用

- 可以顺次使用 OLD 指令并联多个串联电路块，支路数量没有限制。
- ALD 指令无操作数。

【例 3-1】　根据图 3-16 所示梯形图，写出对应的语句表。

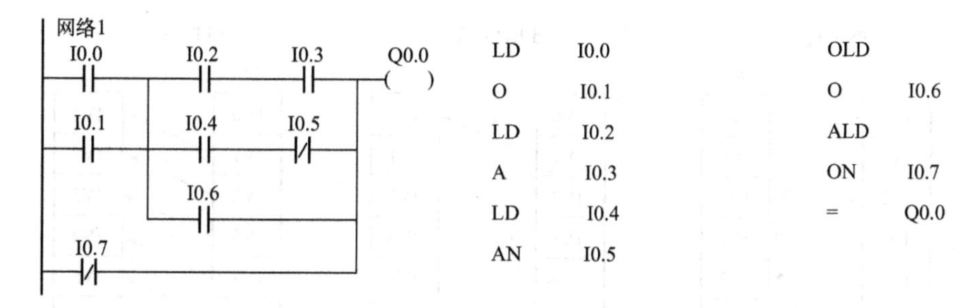

图 3-16　例 3-1 梯形图及对应的语句表

6. 逻辑堆栈的操作

S7-200 PLC 采用模拟栈的结构，用于保存逻辑运算结果及断点的地址，称为逻辑堆栈。S7-200 PLC 中有一个 9 层的堆栈。在此介绍断点保护功能的堆栈操作。

1）指令功能。

堆栈操作指令用于处理线路的分支点。在编制控制程序时，经常遇到多个分支电路同时受一个或一组触点控制的情况，如图 3-17 所示，若采用前述指令不容易编写程序，用堆栈操作指令则可方便地将图 3-17 所示梯形图转换为语句表。

- LPS（入栈）指令：LPS 指令把栈顶值复制后压入堆栈，栈中原来数据依次下移一层，栈底值压出后丢失。
- LRD（读栈）指令：LRD 指令把逻辑堆栈第 2 层的值复制到栈顶，2~9 层数据不变，堆栈没有压入和弹出。但原栈顶的值丢失。
- LPP（出栈）指令：LPP 指令把堆栈弹出一级，原第 2 层的值变为新的栈顶值，原栈顶数据从栈内丢失。
- LPS、LRD、LPP 指令的操作过程如图 3-18 所示。图中 IV. X 为存储在栈区的断点的地址。

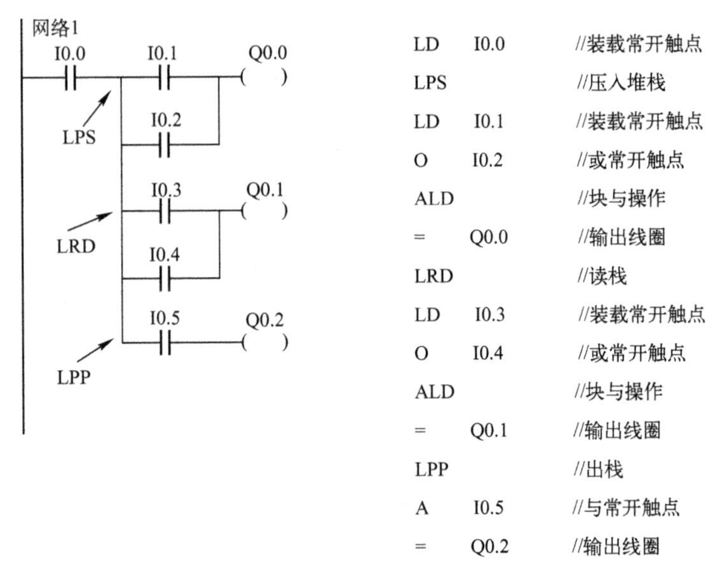

图 3-17　堆栈指令的使用

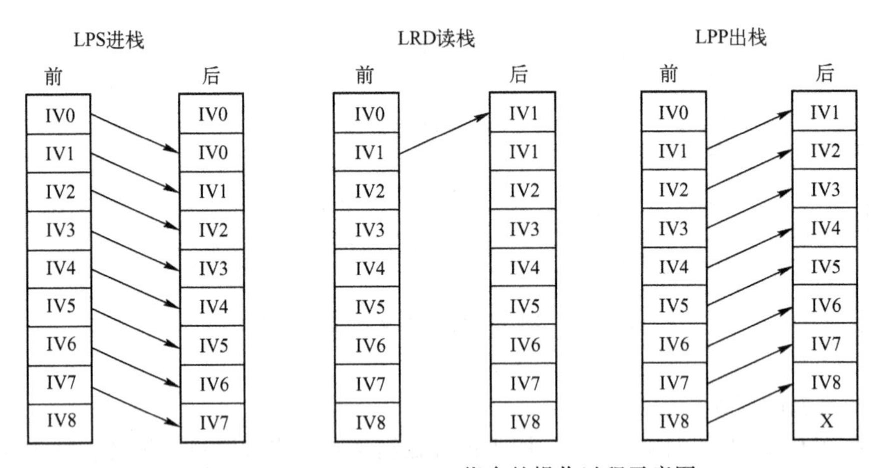

图 3-18　LPS、LRD、LPP 指令的操作过程示意图

2）指令格式（如图 3-17 所示）。

3）指令使用说明。

- 逻辑堆栈指令可以嵌套使用，最多为 9 层。
- 为保证程序地址指针不发生错误，入栈指令 LPS 和出栈指令 LPP 必须成对使用，最后一次读栈操作应使用出栈指令 LPP。
- 堆栈指令没有操作数。

【例 3-2】 逻辑堆栈的嵌套使用如图 3-19 所示。将图 3-19 所示梯形图转换成语句表。

7. 置位/复位指令 S/R

1）指令功能。

置位指令 S：使能输入有效后从起始位 S-bit 开始的 N 个位置“1”并保持。

复位指令 R：使能输入有效后从起始位 S-bit 开始的 N 个位清“0”并保持。

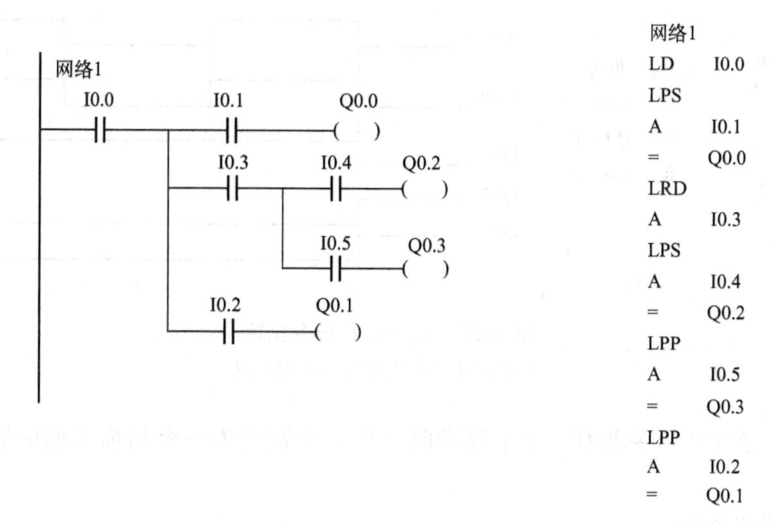

图 3-19 例 3-2 中逻辑堆栈的嵌套使用

2）指令格式及用法。

S/R 指令格式如表 3-1 所示，用法如图 3-20 所示。

表 3-1 S/R 指令格式

STL	LAD
S S-bit,N	S-bit —(S) N
R S-bit,N	S-bit —(R) N

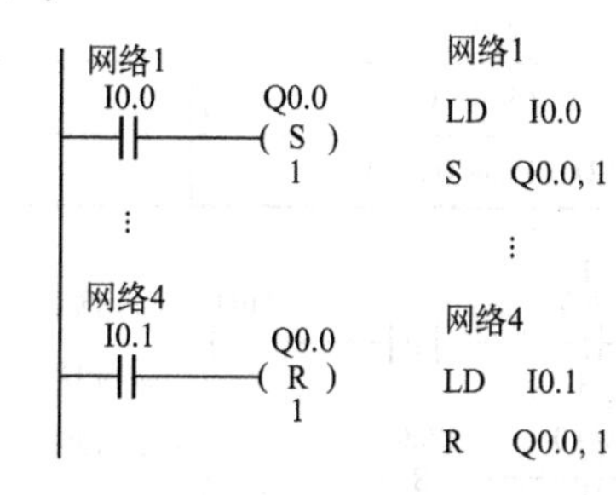

图 3-20 S/R 指令的使用

3）指令使用说明。

- 对同一元件（同一寄存器的位）可以多次使用 S/R 指令（与=指令不同）。
- 由于是扫描工作方式，当置位、复位指令同时有效时，写在后面的指令具有优先权。
- 操作数 N 为：VB，IB，QB，MB，SMB，SB，LB，AC，常量，＊VD，＊AC，＊LD。取值范围为：0~255。数据类型为：字节。
- 操作数 S-bit 为：Q，M，SM，T，C，V，S，L。数据类型为：布尔。
- 置位/复位指令通常成对使用，也可以单独使用或与指令盒配合使用。

【例 3-3】 图 3-20 所示的置位、复位指令应用举例对应的时序分析如图 3-21 所示。

图 3-21 S/R 指令的时序图

4）=、S、R 指令比较（如图 3-22 所示）。

8. 脉冲生成指令 EU/ED

1）指令功能。

EU 指令：在 EU 指令前的逻辑运算结果有一个上升沿时（由 OFF→ON）产生一个宽度为一个扫描周期的脉冲，驱动后面的输出线圈。

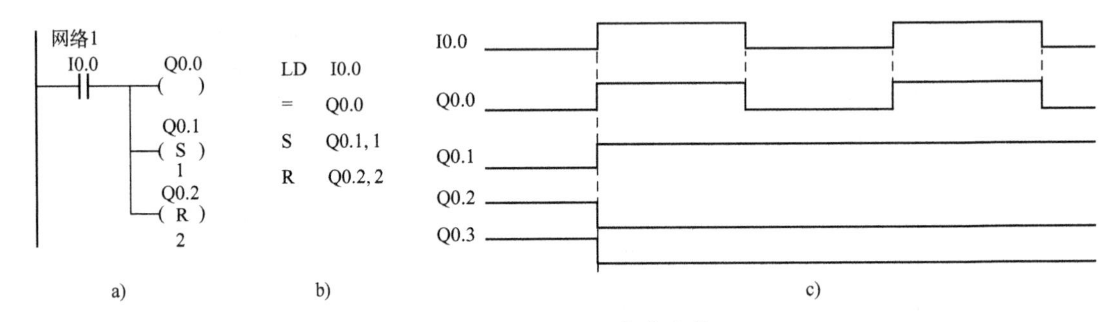

图 3-22　=、S、R 指令比较
a) 梯形图　b) 语句表　c) 时序图

ED 指令：在 ED 指令前有一个下降沿时产生一个宽度为一个扫描周期的脉冲，驱动其后的线圈。

2) 指令格式及用法。

EU/ED 指令格式如表 3-2 所示，用法如图 3-23 所示。

表 3-2　EU/ED 指令格式

STL	LAD	操　作　数
EU（Edge Up）	┤P├	无
ED（Edge Down）	┤N├	无

```
网络1
LD    I0.0      //装入
EU              //正跳变
=     M0.0      //输出
网络2
LD    M0.0      //装入
S     Q0.0, 1   //输出置位

网络3
LD    I0.1      //装入
ED              //负跳变
=     M0.1      //输出
网络4
LD    M0.1      //装入
R     Q0.0, 1   //输出复位
```

图 3-23　EU/ED 指令的使用

程序及运行结果分析如下：

I0.0 的上升沿，经触点（EU）产生一个扫描周期的时钟脉冲，驱动输出线圈 M0.0 导通一个扫描周期，M0.0 的常开触点闭合一个扫描周期，使输出线圈 Q0.0 置位为 1，并保持。

I0.1 的下降沿，经触点（ED）产生一个扫描周期的时钟脉冲，驱动输出线圈 M0.1 导通一个扫描周期，M0.1 的常开触点闭合一个扫描周期，使输出线圈 Q0.0 复位为 0，并保持。时序分析如图 3-24 所示。

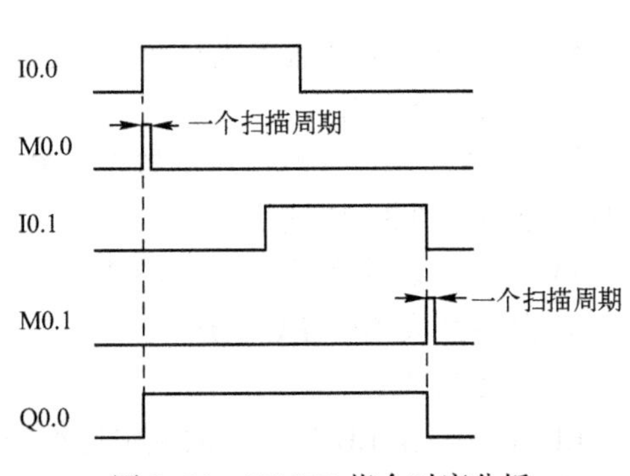

图 3-24　EU/ED 指令时序分析

3）指令使用说明。

- EU、ED 指令只在输入信号变化时有效，其输出信号的脉冲宽度为一个 PLC 扫描周期。
- 对开机时就为接通状态的输入条件，EU 指令不执行。
- EU、ED 指令无操作数。

9. 取反指令 NOT

取反指令用于对逻辑运算结果的取反操作。其梯形图指令格式是┤NOT├，用法如图 3-25 所示。

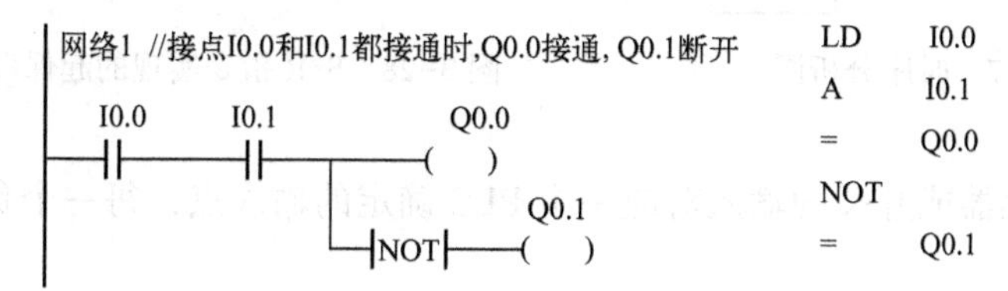

图 3-25　取反指令的应用

3.2.2　基本位操作指令应用举例

二维码 3-2

起动、保持和停止电路（简称为“起保停”电路），其梯形图和对应的 PLC 外部接线图如图 3-26所示。在外部接线图中，起动（常开按钮）SB1 和停止常开按钮 SB2 分别接在输入端 I0.0 和 I0.1 上，负载接在输出端 Q0.0 上。因此输入映像寄存器 I0.0 的状态与起动按钮 SB1（常开按钮）的状态相对应，输入映像寄存器 I0.1 的状态与停止按钮 SB2（常开按钮）的状态相对应。而程序运行结果写入输出映像寄存器 Q0.0，并通过输出电路控制负载。图中的起动信号 I0.0 和停止信号 I0.1 是由起动按钮和停止按钮提供的信号，持续为 ON 的时间一般都很短，这种信号称为短信号。

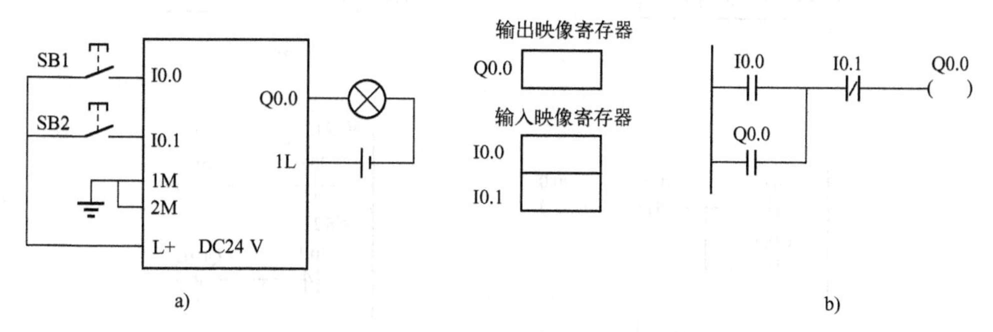

图 3-26　对应的 PLC 外部接线图和梯形图

a）外部电路接线图　b）起保停电路梯形图

起保停电路最主要的特点是具有“记忆”功能，按下起动按钮，I0.0 的常开触点接通，如果这时未按停止按钮，I0.1 的常闭触点接通，Q0.0 的线圈“通电”，它的常开触点同时接通。松开起动按钮，I0.0 的常开触点断开，“能流”经 Q0.0 的常开触点和 I0.1 的常闭触点流过 Q0.0 的线圈，Q0.0 仍为 ON，这就是所谓的“自锁”或“自保持”功能。按下停止按钮，I0.1 的常闭触点断开，使 Q0.0 的线圈断电，其常开触点断开，以后即使松开停止按钮，I0.1 的常闭触点恢复接通状态，Q0.0 的线圈仍然“断电”。

该电路的时序分析如图 3-27 所示，时序图中 I0.0、I0.1、Q0.0 分别为对应的存储器的状态。这种功能也可以用图 3-28 中的 S 和 R 指令来实现。在实际电路中，起动信号和停止信号可能由多个触点组成的串、并联电路提供。

图 3-27 时序分析图　　图 3-28 S/R 指令实现的起保停控制

小结：

1）每一个传感器或开关的输入对应一个 PLC 确定的输入点，每一个负载对应 PLC 一个确定的输出点。

2）为了使梯形图和继电器接触器控制的电路图中的触点的类型相同，外部按钮一般用常开按钮。

3）在工业现场，停止按钮、急停按钮、过载保护用热继电器的辅助触点往往用常闭触点，这时应注意，常闭触点在没有任何操作时，给对应的输入映像寄存器写入“1”。例如在起保停电路的控制中，若停止按钮改为常闭按钮，则对应的外部电路接线图、梯形图和对应存储器“位”状态的时序分析如图 3-29 所示。

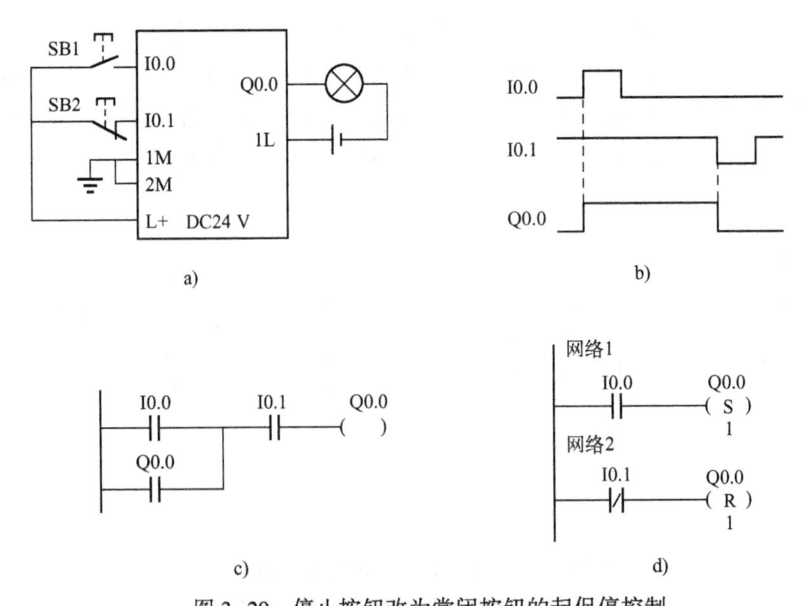

图 3-29 停止按钮改为常闭按钮的起保停控制

a）外部电路接线图　b）时序分析图　c）起保停电路梯形图　d）S/R 指令实现的起保停控制

3.2.3 电动机正、反转控制及安装接线

二维码 3-3

在实际生产中，三相异步电动机的正、反转控制是一种基本而且典型的控制。如机床工作台的左移和右移，摇臂钻床钻头的正、反转，数控机床的

进刀和退刀，均需要对电动机进行正、反转控制，用于有落差时搬运物品的卷扬机控制，就是一个典型的三相异步电动机的正、反转控制实例。

现有热电厂的存煤厂房，需设计安装一台卷扬机，通过卷扬机带动一个小车，把煤场里储存的煤运到锅炉车间，具体控制过程为：煤场工人按下上煤按钮，卷扬机带动装满煤的小车，把煤运到锅炉车间。到锅炉车间后，按下停止按钮，卷扬机停止运转、卸煤，按下返回按钮，小车返回到存煤厂房。按下停止按钮，卷扬机停止运转，继续装煤，如此循环工作。

1. 实训目的

1）应用 PLC 技术实现对三相异步电动机的正、反转控制。

2）熟悉基本位操作指令的使用，培养编程的思想和方法。

3）掌握在 PLC 控制中互锁的实现及采取的措施。

4）掌握三相交流异步电动机 PLC 控制电路的安装及接线。

2. 控制要求

1）实现三相异步电动机的正、反转、停止控制。

2）具有防止相间短路的措施。

3）具有过载保护环节。

3. 实训内容及指导

1）电路功能分析。

通过对设备的工作过程分析，可以知道小车只有两个不同的运行状态，分别是上行和下行，而带动卷扬机的三相异步电动机就有两个转向，实际上是控制一个三相异步电动机的正、反转。

整个电路的总控制环节可以采用保护特性优良、使用寿命长、安装方便的空气断路器（空气开关），电动机采用三相异步电动机，电动机实现正反转的换相采用交流接触器。用一个热继电器实现过载保护。用两组熔断器实现主电路和控制电路的短路保护。控制按钮需要三个，分别用于正、反转的起动及停止控制。总的控制器采用一台西门子 S7-200 PLC。

2）主电路设计与绘制。

根据功能分析，主电路需要两个交流接触器分别控制正、反转。按照电动机的工作原理可知，只要把通入三相异步电动机的三相交流电的相序调换其中两个，就可以改变电动机的转向。所以在主电路设计中要保证两个接触器分别动作时，使其中两相序对调就可以完成电动机的转向改变。主电路图如图 3-30 所示。

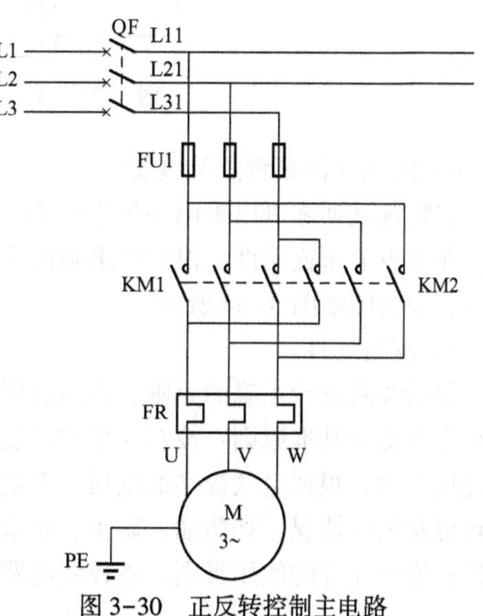

图 3-30　正反转控制主电路

3）控制电路设计与绘制。

首先需要确定 PLC 的输入/输出点数。

确定输入点数的依据为：根据项目任务的描述，需要 2 个起动按钮，1 个停止按钮及 1

个过载保护节点，所以共需要 4 个输入信号，即输入点数为 4 个，需要 PLC 的 4 个输入端子。

确定输出点数的依据为：由功能分析可知，只有 2 个交流接触器需要 PLC 驱动，所以只需要 PLC 的 2 个输出端子。根据输入/输出点数，可以选择对应的 PLC 的型号。根据确定的点数，输入/输出地址分配见表 3-3。

表 3-3　正、反转控制输入/输出地址分配表

输　入			输　出		
输入继电器	输入元件	作　用	输出继电器	输出元件	作　用
I0.0	FR	过载保护	Q0.0	KM1	电动机正转运行
I0.1	SB1	停止按钮	Q0.1	KM2	电动机反转运行
I0.2	SB2	正转按钮			
I0.3	SB3	反转按钮			

根据地址分配表，可以确定 PLC 的端口接线，但在实际工程中要考虑电路的安全，所以要充分考虑保护措施。本电路要考虑短路过载保护和联锁保护，用熔断器进行短路保护，用热继电器进行过载保护，用交流接触器的常闭触点进行联锁保护，根据这些要求设计的控制电路如图 3-31 所示。

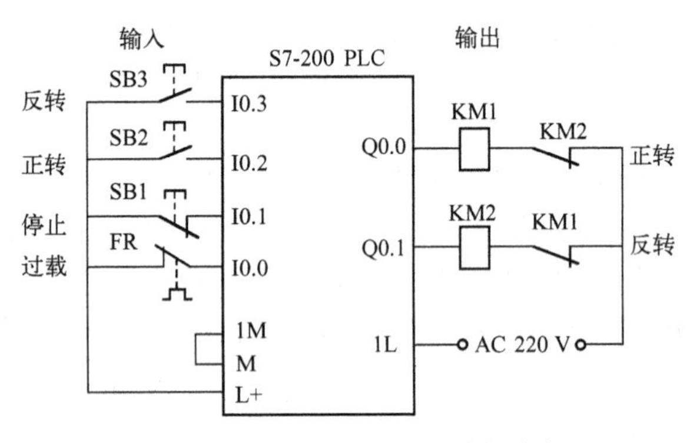

图 3-31　正、反转控制 PLC 外部接线图

4）绘制元件布置图及接线图。

安装调试训练可以采用一体化的 PLC 实训台，如果没有 PLC 实训台，也可采用配线木板，在木板上布置元件。根据要求画出采用此配线木板的模拟电气元件布置图，如图 3-32 所示，接线图如图 3-33 所示。

5）准备元件。

根据线路设计正确的原则，合理选用元件是电路安全、可靠工作的保证，正确选择元件必须严格遵守基本原则：按对元件的功能要求确定元件的类型；确定元件承载能力的临界值及使用寿命，根据电气控制的电压、电流及功率的大小确定元件的规格；确定元件预期的工作环境及供应情况，如防油、防尘、防水、防爆及货源情况；确定元件在应用中所要求的可靠性；确定元件的使用类别。本控制电路所需主要元件见表 3-4。

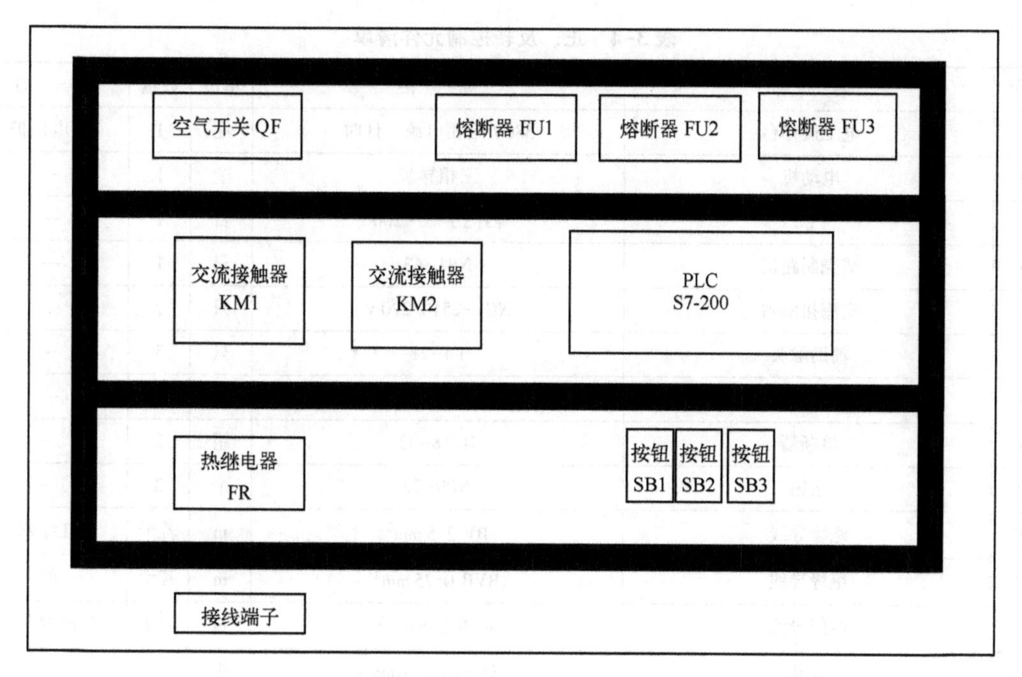

图 3-32　正、反转控制元件布置图

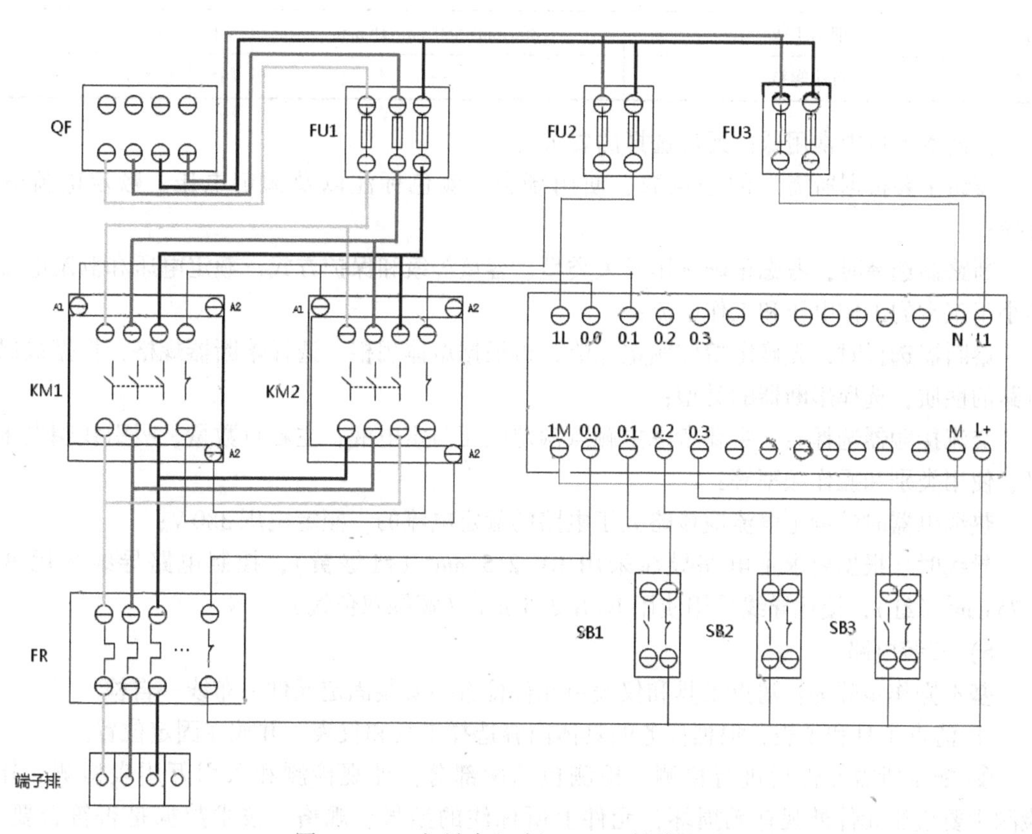

图 3-33　三相异步电动机正、反转接线图

表 3-4　正、反转控制元件清单

序号	名　称	规　格	单位	数量	备　注
1	电工操作台	380V 三相电源、计时	座	1	漏电保护
2	电动机	三相异步	个	1	—
3	PLC	西门子 S7-200	台	1	—
4	塑壳断路器	NB1-63	只	1	—
5	交流接触器	NC1-2510/220 V	只	2	—
6	辅助触头	F4-22	只	3	—
7	热继电器	NR4-63	只	1	—
8	熔断器	RT18-32	组	2	—
9	按钮	NP9-22	个	3	—
10	绝缘导线	BV 2.5 mm^2	m	若干	红绿黄
11	绝缘导线	BVR 0.75 mm^2	m	若干	红
12	绝缘导线	BVR 2.5 mm^2	m	若干	黄绿双色线
13	导轨	35 mm×500 mm	根	1	—
14	端子排	NC T3	个	若干	—
15	细木工板	800 mm×580 mm×15 mm	块	1	—
16	自攻螺钉	—	个	若干	—

根据本项目中常用低压元件选择的要求：

按钮主要根据所需要的触点数、使用场合、颜色标注以及额定电压、额定电流进行选择；

断路器选择时，考虑正确选用开关类型、容量等级和保护方式，额定电压和额定电流应不小于正常的工作电压和工作电流；

熔断器选择时，先确定熔体额定电流，再根据熔体规格，选择熔断器规格，根据被保护电路的性质，选择熔断器的类型；

交流接触器选择时，主要考虑主触点额定电压与定电液，主触点数量、吸引线圈电压等级、使用类别和操作频率等；

热继电器时的额定电流应该略大于电路的额定电流的，额定电压 380 V；

导线时，根据要求主电路导线采用 BV 2.5 mm^2（红绿黄），控制电路导线采用 BVR 0.75 mm^2（红），接地导线采用使用 BVR 2.5 mm^2（黄绿双色线）。

6）安装电路。

基本操作步骤为：清点工具和仪表→元件检查→安装固定元件→布线→自检。

① 清点工具和仪表，根据任务的具体内容选择工具和仪表，并放在固定位置。

② 配备所需元件后进行检测，检测包括两部分：外观检测和采用万用表检测。外观检测主要检测元件外观有无损坏，元件上所标注的型号、规格，技术数据是否符合要求，以及一些动作机构是否灵活，有无卡阻现象。万用表检查应在不通电的情况下进行，用万用表检查各触点的分、合情况是否良好，检验接触器时，要用力均匀地按下主触点，切

忌使用螺丝刀用力过猛，以防触点变形，同时应检查接触器线圈电压与电源电压是否相符。

③ 确定元件完好之后，需把元件固定在配线木板上。元件安装时应按布置图来安装，各个元件的安装位置应该整齐，均匀，间距合理；紧固元件时应该用力均匀，元件应该安装平稳，并且要注意元件的安装方向。安装完成后的元件应操作方便，操作时不受空间的妨碍，不能触及带电体；应维修容易，能够较方便地更换元件及维修装置的其他部位。

④ 元件固定好之后开始完成布线工作。主电路和控制电路是分开进行布线和连接的。布线的具体工艺要求：各电气元件作为接线端子引出导线的走向，以电气元件的水平中心线为限，在水平中心线以上的接线端子引出线的导线，必须进入电气元件上面的行线槽；在水平中心线以下的接线端子引出的导线，必进入电气元件下面的行线槽，任何导线都不允许从水平方向进入行线槽；各电气元件接线端子上引入或引出的导线，除间距很小和电气元件机械强度很差允许直接架空敷设外，其他导线必须经过行线槽进行连接；进入行线槽内的导线要完全置于行线槽内，并应尽可能避免交叉，装线不得超过其容量的 70%，以便能盖上行线槽盖和便于今后装配及维修；各电气元件与行线槽之间的外露导线，应走线合理，并应尽可能做到横平竖直，变换走向要垂直。同一个电气元件上位置一致的端子上引出或引入的导线，要敷设在同一平面上，并应做到高低一致或前后一致，不得交叉；所有接线端子、导线接头上都应套有与电路图上相应接点线号一致的编码套管，并按线号进行连接；一般一个接线端子只能连接一根导线，如果采用专门设计的箱子，按照连接工序可以连接两根或多根；线与接线端子或接线桩连接时，不得压绝缘层、不反圈、露铜不能过长。

⑤ 安装布线完成后，必须按要求进行自检。根据电路图检查是否存在掉线、错线，是否漏编、错编，接线是否牢固等；使用万用表 Rx1 档检测安装的电路。若检查的阻值与正确的阻值不符，应根据电路图检查是否有错线、掉线、错位、短路情况。

接线时注意：

① 外部联锁电路的设立。为了防止控制正反转的两个接触器同时动作造成三相电源短路，应在 PLC 外部设置硬件联锁电路。电动机在正反转切换时，因主电路电流过大，或因接触器质量不好，某一接触器的主触点被断电时产生电弧熔焊而被黏结，使其线圈断电后主触点仍然是接通的，这时如果另一接触器线圈通电，仍将造成三相电源短路事故。为了防止这种情况的出现，应在可编程控制器的外部设置由 KM1 和 KM2 的常闭触点组成的硬件互锁电路，假设 KM1 的主触点被电弧熔焊，这时其辅助常闭触点处于断开状态，因此 KM2 线圈不可能得电。

② 外部负载的额定电压。PLC 的继电器输出模块和双向晶闸管输出模块一般只能驱动额定电压 AC 220V 的负载，交流接触器的线圈应选用 220V 的。

7）程序设计。

三相异步电动机正、反转控制的梯形图、语句表如图 3-34 所示。图中利用 PLC I0.2 和 I0.3 的常闭接点，实现按钮互锁，方便操作，Q0.0 和 Q0.1 常闭触点实现电气互锁，以防止正、反转换接时的相间短路。

按下正转起动按钮 SB2 时，常开触点 I0.2 闭合，驱动线圈 Q0.0 接通并自锁，通过输出电路，接触器 KM1 得电吸合，电动机正向起动并稳定运行。按下反转起动按钮 SB3 时，常闭触点 I0.3 断开，Q0.0 的线圈断开，KM1 失电释放，同时 I0.3 的常开触点闭合接通，

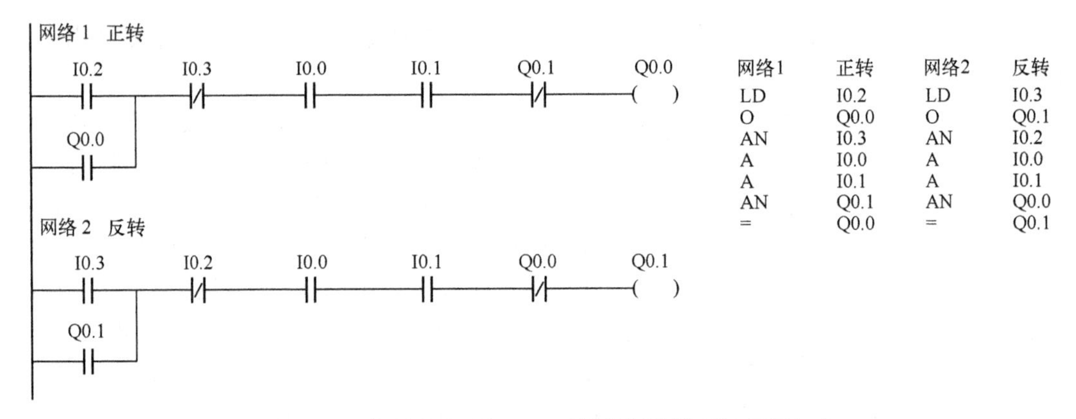

图 3-34 三相异步电动机正、反转控制的梯形图及语句表

Q0.1 线圈接通并自锁，通过输出电路，接触器 KM2 得电吸合，电动机反向起动，并稳定运行。按下停止按钮 SB1，或过载保护 FR 动作，都可使 KM1 或 KM2 失电释放，电动机停止运行。

8）系统调试。

通电调试以验证系统是否符合控制要求，调试过程分为两大步：程序输入 PLC 和功能调试。必须在指导教师的监护下进行通电调试。

使用计算机将程序下载程序文件到 PLC。

功能调试时，按照工作要求、模拟工作过程逐步检测功能是否达到要求：

①按下正转起动按钮 SB2 观察电动机是否能正转起动运行。如果能则说明正转起动程序正确；②按下停止按钮 SB1 观察电动机是否能够停车如果能，则说明停止程序正确；③在转动时按下热继电器 FR 复位按钮，观察电动机是否能够停车。如果能，则说明过载保护程序正确。④按此顺序测试 SB3 反转起动功能是否正常。填写调试情况记录表（见表 3-5）。

表 3-5 正、反转控制调试情况记录表

<table>
<tr><th rowspan="2">序号</th><th rowspan="2">项　　目</th><th colspan="3">完成情况记录</th><th>备　　注</th></tr>
<tr><th>第一次试车</th><th>第二次试车</th><th>第三次试车</th><th></th></tr>
<tr><td rowspan="2">1</td><td rowspan="2">按下正转起动按钮 SB2 观察电动机是否能正转起动运行</td><td>完成（ ）</td><td>完成（ ）</td><td>完成（ ）</td><td></td></tr>
<tr><td>无此功能</td><td>无此功能</td><td>无此功能</td><td></td></tr>
<tr><td rowspan="2">2</td><td rowspan="2">按下停止按钮 SB1 观察电动机是否能够停车</td><td>完成（ ）</td><td>完成（ ）</td><td>完成（ ）</td><td></td></tr>
<tr><td>无此功能</td><td>无此功能</td><td>无此功能</td><td></td></tr>
<tr><td rowspan="2">3</td><td rowspan="2">按下反转起动按钮 SB3 观察电动机是否能反转起动运行</td><td>完成（ ）</td><td>完成（ ）</td><td>完成（ ）</td><td></td></tr>
<tr><td>无此功能</td><td>无此功能</td><td>无此功能</td><td></td></tr>
<tr><td rowspan="2">4</td><td rowspan="2">按下停止按钮 SB1 观察电动机是否能够停车</td><td>完成（ ）</td><td>完成（ ）</td><td>完成（ ）</td><td></td></tr>
<tr><td>无此功能</td><td>无此功能</td><td>无此功能</td><td></td></tr>
<tr><td rowspan="2">5</td><td rowspan="2">过载保护功能是否实现</td><td>完成（ ）</td><td>完成（ ）</td><td>完成（ ）</td><td></td></tr>
<tr><td>无此功能</td><td>无此功能</td><td>无此功能</td><td></td></tr>
</table>

3.2.4 电动机顺序起动、逆序停止控制安装接线

二维码 3-4

在实际工作中，常常需要设计两台或者多台电动机顺序起动、逆序停止的控制方式。例如两台交流异步电动机 M1 和 M2，按下起动按钮 SB1，第一台电动机 M1 起动，再按下起动按钮 SB2 后，第二台电动机 M2 起动。完成相应的工作后按下停止按钮 SB3，先停止第二台电动机 M2，再按下停止按钮 SB4，停止第一台电动机 M1。电路的特点是：电路只有起动了 M1 之后才能起动 M2，否则无法直接起动 M2；同理只有当 M2 停止后才能停止 M1，否则无法直接停止 M1。

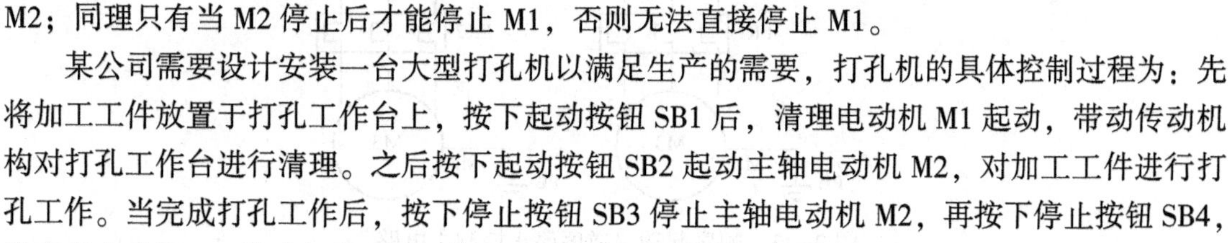

某公司需要设计安装一台大型打孔机以满足生产的需要，打孔机的具体控制过程为：先将加工工件放置于打孔工作台上，按下起动按钮 SB1 后，清理电动机 M1 起动，带动传动机构对打孔工作台进行清理。之后按下起动按钮 SB2 起动主轴电动机 M2，对加工工件进行打孔工作。当完成打孔工作后，按下停止按钮 SB3 停止主轴电动机 M2，再按下停止按钮 SB4，将清理电动机 M1 停止，最后取下加工工件，完成打孔机一个完整的加工过程。

1. 实训目的

1）应用 PLC 技术实现对多台三相异步电动机的顺序起动、逆序停止控制。

2）掌握大型打孔机控制电路的工程设计与安装。

2. 控制要求

1）实现两台三相异步电动机的顺序起动、逆序停止。

2）具有防止相间短路的措施。

3）具有过载保护环节。

3. 实训内容及指导

1）电路功能分析。

通过对设备的工作过程分析，可以将工作过程分为两部分：从起动到正常工作部分和从正常工作到完全停止部分，打孔机控制电路其实就是两台电动机的顺序起动、逆序停止的控制电路。

整个电路的总控制环节可以采用保护特性优良、使用寿命长、安装方便的空气断路器（空气开关），电动机采用三相异步电动机，采用交流接触器实现两台异步电动机的起动与停止。用两个热继电器实现主轴电动机的过载保护。用两组熔断器实现主电路和控制电路的短路保护。控制按钮需要四个，分别用于两台电动机的起动及停止控制。

2）主电路设计与绘制。

根据功能分析，主电路需要两个交流接触器来分别控制清理电动机 M1 和主轴电动机 M2 的转动和停止，热电器 FR2 完成主轴电动机 M2 的过载保护功能。由熔断器 FU1 和 FU2 完成主电路的短路保护功能。主电路图如图 3-35 所示。

3）控制电路设计与绘制。

根据项目任务的描述，需要 2 个起动按钮及 2 个停止按钮，2 个过载保护触点，所以一共有 6 输入信号，即输入点数为 6 个，需要 PLC 的 6 个输入端子。由功能分析可知，只有两个交流接触器需要驱动，所以只需要 PLC 的 2 个输出端子。根据输入/输出点数，可以选择对应的 PLC 的型号。输入/输出地址分配见表 3-6。

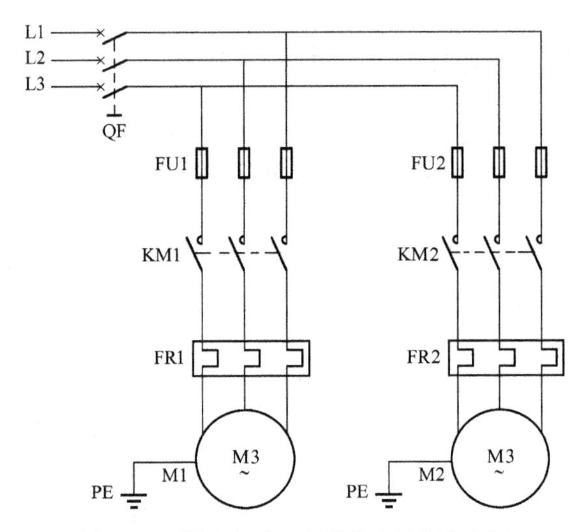

图 3-35　顺序起动、逆序停止控制主电路

表 3-6　顺序起动、逆序停止控制输入/输出地址分配表

输　入			输　出		
输入继电器	输 入 元 件	作　用	输出继电器	输 出 元 件	作　用
I0. 0	SB1	M1 起动按钮	Q0. 0	KM1	M1 清理电动机
I0. 1	SB2	M2 起动按钮	Q0. 1	KM2	M2 主轴电动机
I0. 2	SB3	M2 停止按钮			
I0. 3	SB4	M1 停止按钮			
I0. 4	FR1	M1 过载保护			
I0. 5	FR2	M2 过载保护			

根据地址分配表，已经可以确定 PLC 的端口接线，但在实际工程中要考虑电路的安全，所以要充分考虑保护措施，本电路中要考虑短路保护和过载保护，用熔断器进行短路保护，用热继电器进行过载保护，根据这些要求设计的控制电路如图 3-36 所示。

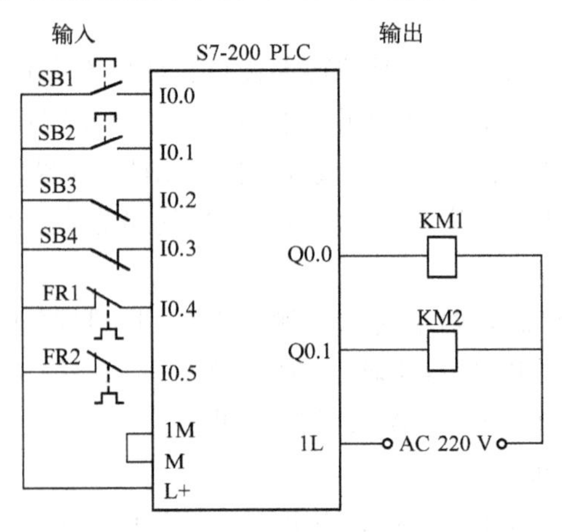

图 3-36　顺序起动、逆序停止控制 PLC 外部接线图

4）绘制元件布置图及接线图。

安装调试训练可以采用一体化的 PLC 实训台，如果没有 PLC 实训台，也可采用配线木

板，在木板上布置元件。根据要求画出采用此配线木板的模拟电气元件布置图，如图 3-37 所示，接线图如图 3-38 所示。

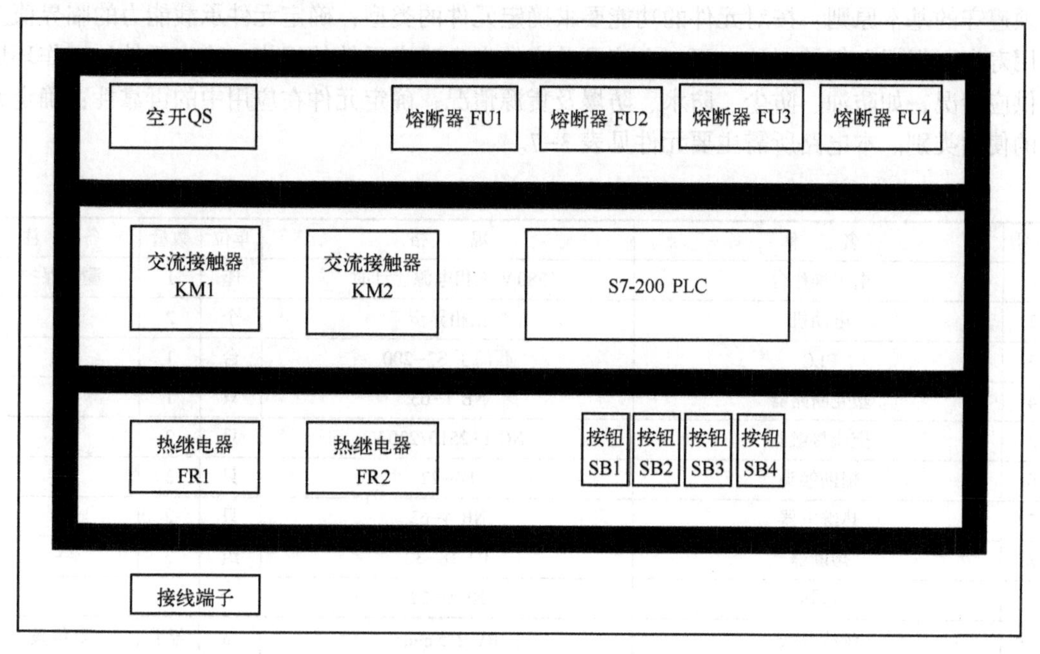

图 3-37　顺序起动、逆序停止控制元件布置图

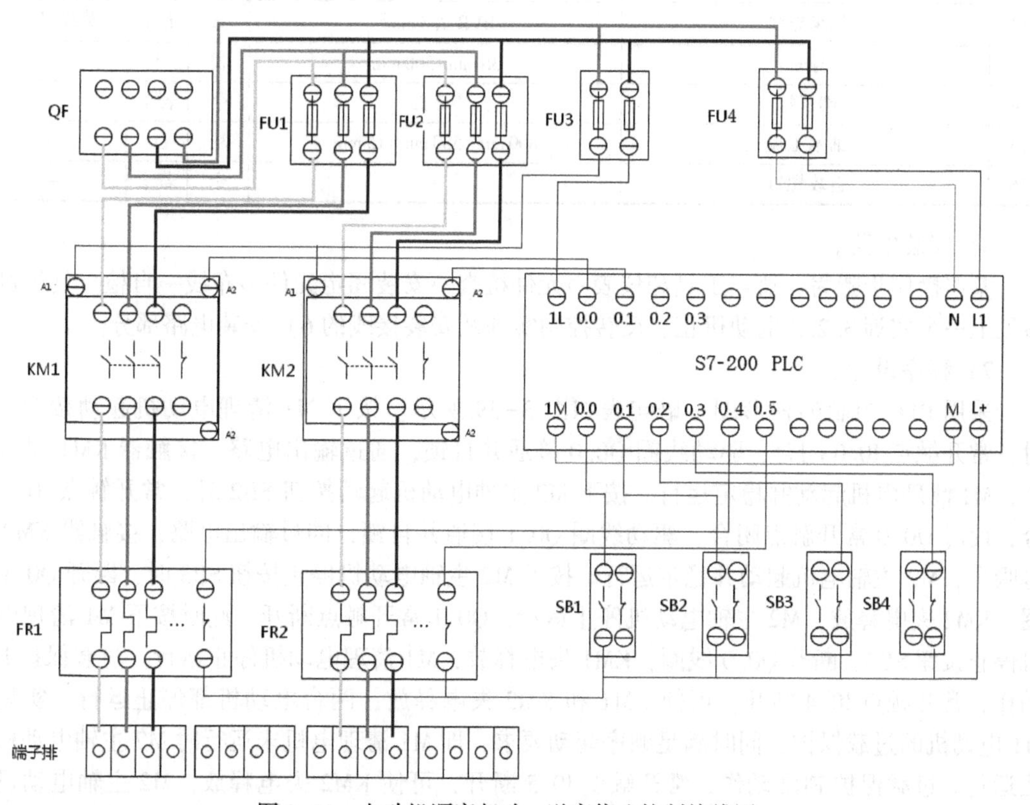

图 3-38　电动机顺序起动、逆序停止控制接线图

5）准备元件。

根据线路设计正确的原则，合理选用元件是电路安全、可靠工作的保证，正确选择元件必须遵守的基本原则：按对元件的功能要求确定元件的类型；确定元件承载能力的临界值及使用寿命；根据电气控制的电压、电流及功率的大小确定元件的规格；确定元件的工作环境及供应情况，如防油、防尘、防水、防爆及货源情况；确定元件在应用中的可靠性；确定元件的使用类别。本电路所需主要元件见表 3-7。

表 3-7　电动机顺序起动、逆序停止控制的元件清单

序号	名　称	规　格	单位	数量	备　注
1	电工操作台	380 V 三相电源、计时	座	1	漏电保护
2	电动机	三相异步	个	2	—
3	PLC	西门子 S7-200	台	1	—
4	塑壳断路器	NB 1-63	只	1	—
5	交流接触器	NC 1-2510/220 V	只	2	—
6	辅助触头	F4-22	只	3	—
7	热继电器	NR 4-63	只	2	—
8	熔断器	RT 18-32	组	3	—
9	按钮	NP 9-22	个	3	—
10	绝缘导线	BV 2.5 mm^2	m	若干	红绿黄
11	绝缘导线	BVR 0.75 mm^2	m	若干	红
12	绝缘导线	BVR 2.5 mm^2	m	若干	黄绿双色线
13	导轨	35 mm×500 mm	根	1	—
14	端子排	NC T3	个	若干	—
15	细木工板	800 mm×580 mm×15 mm	块	1	—
16	自攻螺钉	—	个	若干	—

6）安装电路。

基本操作步骤为：清点工具和仪表→元件检查→安装固定元件→布线→自检。具体过程参见上一个实训 3.2.3 电动机正、反转控制实训及安装接线的 6）安装电路部分。

7）程序设计。

采用 PLC 控制的梯形图、语句表如图 3-39 所示。按下 M1 清理电动机起动按钮 SB1 时，常开触点 I0.0 闭合，驱动线圈 Q0.0 接通并自锁，通过输出电路，接触器 KM1 得电吸合，M1 清理电机起动并稳定运行。按下 M2 主轴电动机起动按钮 SB2 时，常开触点 I0.1 闭合，此时 Q0.0 常开触点闭合，驱动线圈 Q0.1 接通并自锁，同过输出电路，接触器 KM2 得电吸合，M2 主轴电机起动并稳定运行。按下 M2 主轴电动机停止按钮 SB3 时，断开 Q0.1 线圈，KM2 失电释放，M2 主轴电动机停止运行，Q0.1 常开触点断开。此时按下 M1 清理电动机停止按钮 SB4，断开 Q0.0 线圈，KM1 失电释放，M1 清理电动机停止运行。过载保护 FR1 动作，常开触点 I0.4 断开，可使 KM1 和 KM2 失电释放，两台电动机都停止运行，实现对 M1 电动机的过载保护，同时满足顺序起动要求，即 M1 清理电机未运行时 M2 主轴电动机无法运行。过载保护 FR2 动作，常开触点 I0.5 断开，可使 KM2 失电释放，M2 主轴电动机停止运行。

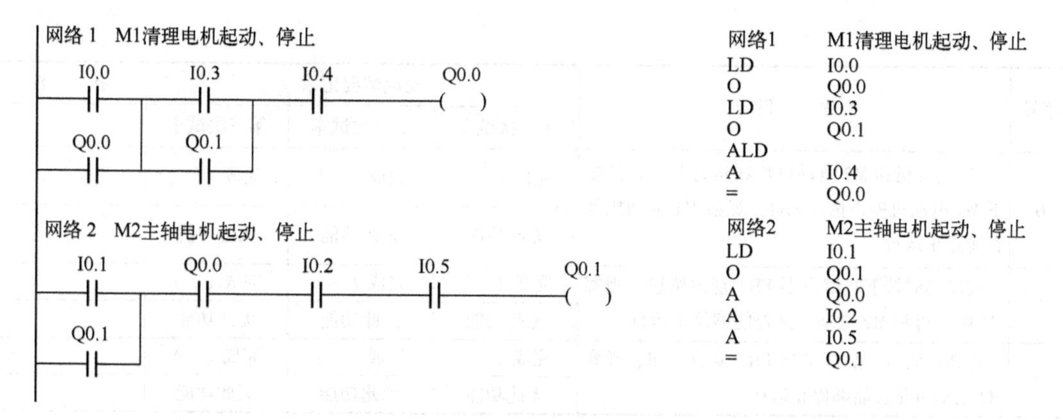

图 3-39 两台三相异步电动机顺序起动、逆序停止的梯形图及语句表

8）系统调试。

通电调试以验证系统是否符合控制要求，调试过程分为两大步：程序输入 PLC 和功能调试。必须在指导教师的监护下进行通电调试。

使用计算机将程序下载程序文件到 PLC。

功能调试按照工作要求、模拟工作过程逐步检测功能是否达到要求。

①按下起动按钮 SB1 观察 M1 电动机是否能起动运行。如果能则说明 M1 起动程序正确；②按下起动按钮 SB2 观察 M2 电动机是否能起动运行，如果能则说明 M2 起动程序正确；③按下停止按钮 SB3 观察 M2 电动机是否能停止运行，如果能则说明 M2 停止程序正确；④按下停止按钮 SB4 观察 M1 电动机是否能停止运行，如果能则说明 M1 停止程序正确；⑤未起动 M1 电动机时直接按下 M2 电动机起动按钮 SB2 观察 M2 电动机是否能起动运行，如果不能则说明顺序起动程序正确；⑥M1 电动机和 M2 电动机均在运行时，直接按下 M1 电动机停止按钮 SB4 观察 M1 电动机是否能停止运行，如果不能则说明逆序停止程序正确；⑦在转动时按下热继电器 FR1 复位按钮，观察 M1 电动机和 M2 电动机是否能够停止运行。如果能，则说明过保护程序正确。⑧在转动时按下热继电器 FR2 复位按钮，观察 M2 电动机是否能够停止运行。如果能，则说明过保护程序正确。填写调试情况记录表，见表 3-8。

表 3-8 顺序起动、逆序停止控制调试情况记录表

序号	项 目	完成情况记录			备 注
		第一次试车	第二次试车	第三次试车	
1	按下起动按钮 SB1 观察 M1 电动机是否能起动运行	完成（ ）	完成（ ）	完成（ ）	
		无此功能	无此功能	无此功能	
2	按下起动按钮 SB2 观察 M2 电动机是否能起动运行	完成（ ）	完成（ ）	完成（ ）	
		无此功能	无此功能	无此功能	
3	按下停止按钮 SB4 观察 M1 电动机是否能停止运行	完成（ ）	完成（ ）	完成（ ）	
		无此功能	无此功能	无此功能	
4	按下停止按钮 SB3 观察 M2 电动机是否能停止运行	完成（ ）	完成（ ）	完成（ ）	
		无此功能	无此功能	无此功能	
5	未起动 M1 电动机时直接按下 M2 电动机起动按钮 SB2，观察 M2 电动机是否能起动运行	完成（ ）	完成（ ）	完成（ ）	
		无此功能	无此功能	无此功能	

（续）

序号	项　　目	完成情况记录			备　　注
		第一次试车	第二次试车	第三次试车	
6	M1 电动机和 M2 电动机均在运行时，直接按下 M1 电动机停止按钮 SB4，观察 M1 电动机是否能停止运行	完成（　）	完成（　）	完成（　）	
		无此功能	无此功能	无此功能	
7	在转动时按下热继电器 FR1 复位按钮，观察 M1 电动机和 M2 电动机是否能够停止运行	完成（　）	完成（　）	完成（　）	
		无此功能	无此功能	无此功能	
8	在转动时按下热继电器 FR2 复位按钮，观察 M2 电动机是否能够停止运行	完成（　）	完成（　）	完成（　）	
		无此功能	无此功能	无此功能	

3.3 定时器指令

二维码 3-5

3.3.1 定时器指令介绍

S7-200 系列 PLC 的定时器是对内部时钟累计时间增量计时的。每个定时器均有：一个 16 位的当前值寄存器用以存放当前值（16 位符号整数）；一个 16 位的预置值寄存器用以存放时间的设定值；还有一位状态位，反映其触点的状态。

1. 工作方式

S7-200 系列 PLC 定时器按工作方式分三大类定时器。其指令格式见表 3-9。

表 3-9　定时器的指令格式

LAD	STL	说　　明
???? IN TON ????-PT ???ms	TON T××，PT	TON——通电延时型定时器 TONR——有记忆的通电延时型定时器 TOF——断电延时型定时器 IN 是使能输入端，指令盒上方（????）输入定时器的编号（T××），范围为 T0～T255；当定时器的编号选定后，??? ms 处将自动显示定时器的时基。 PT 是预置值输入端，最大预置值为 32 767；PT 的数据类型：INT； PT 操作数有：IW，QW，MW，SMW，T，C，VW，SW，AC，常数
???? IN TONR ????-PT ???ms	TONR T××，PT	
???? IN TOF ????-PT ???ms	TOF T××，PT	

2. 时基

按时基脉冲分，则有 1 ms、10 ms、100 ms 共三种定时器。不同的时基标准，定时精度、定时范围和定时器刷新的方式不同。在梯形图中录入定时器指令后将鼠标指针在定时器指令盒上停留一会儿，软件将自动提示不同时基所对应的定时器的编号，选择定时器的编号后，将自动显示该定时器的时基，如图 3-40 所示。

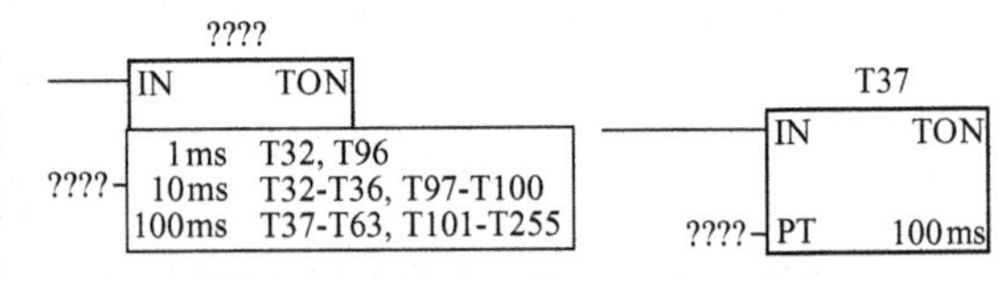

图 3-40　定时器指令编号的选择

(1) 定时精度和定时范围

定时器的工作原理是：使能输入有效后，当前值 PT 对 PLC 内部的时基脉冲增 1 计数，当计数值大于或等于定时器的预置值后，状态位置 1。其中，最小计时单位为时基脉冲的宽度，又为定时精度；从定时器输入有效到状态位输出有效，经过的时间为定时时间，即定时时间=预置值×时基。当前值寄存器为 16 bit，最大计数值为 32 767，由此可推算不同分辨率的定时器的设定时间范围。CPU 22X 系列 PLC 的 256 个定时器分属 TON（TOF）和 TONR 工作方式，以及各自所对应的 3 种时基标准，见表 3-10。可见，时基越大，定时时间越长，但精度越差。

表 3-10　定时器的类型

工 作 方 式	时基/ms	最大定时范围/s	定时器号
TONR	1	32.767	T0，T64
	10	327.67	T1~T4，T65~T68
	100	3276.7	T5~T31，T69~T95
TON/TOF	1	32.767	T32，T96
	10	327.67	T33~T36，T97~T100
	100	3276.7	T37~T63，T101~T255

(2) 1 ms、10 ms、100 ms 定时器的刷新方式不同

1 ms 定时器每隔 1 ms 刷新一次，与扫描周期和程序处理无关，即采用中断刷新方式。因此，当扫描周期较长时，在一个周期内可能被多次刷新，其当前值在一个扫描周期内不一定保持一致。

10 ms 定时器则由系统在每个扫描周期开始自动刷新。由于每个扫描周期内只刷新一次，因此每次程序处理期间，其当前值为常数。

100 ms 定时器则在该定时器指令执行时刷新。下一条执行的指令，即可使用刷新后的结果，非常符合正常的思路，使用方便可靠。但应当注意，如果该定时器的指令不是每个周期都执行，定时器就不能及时刷新，可能导致出错。

3. 定时器指令工作原理

下面将从原理和应用等方面分别介绍通电延时型、有记忆的通电延时型、断电延时型三种定时器的使用方法。

二维码 3-6

(1) 通电延时型定时器（TON）指令工作原理

程序及时序分析如图 3-41 所示。当 I0.0 接通时，使能端（IN）输入有效，驱动 T37 开始计时，当前值从 0 开始递增，计时到设定值 PT 时，T37 状态位置 1，其

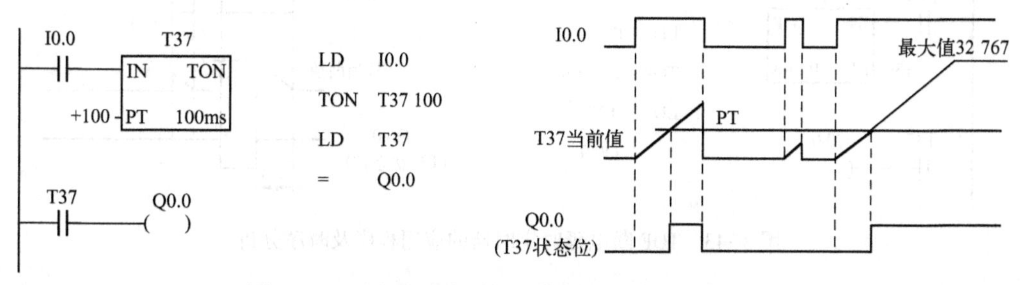

图 3-41　通电延时定时器工作原理程序及时序分析

常开触点 T37 接通，驱动 Q0.0 输出，其后当前值仍增加，但不影响状态位。当前值的最大值为 32 767。当 I0.0 分断时，使能端无效，T37 复位，当前值清 0，状态位也清 0，即回复原始状态。若 I0.0 接通时间未到设定值就断开，T37 则立即复位，Q0.0 不会有输出。

（2）有记忆的通电延时型定时器（TONR）指令工作原理

二维码 3-7

使能端（IN）输入有效时（接通），定时器开始计时，当前值递增，当前值大于或等于预置值（PT）时，输出状态位置 1。使能端输入无效（断开）时，当前值保持（记忆），使能端（IN）再次接通有效时，在原记忆值的基础上递增计时。

注意：TONR 有记忆的通电延时型定时器采用线圈复位指令 R 进行复位操作，当复位线圈有效时，定时器当前位清零，输出状态位置 0。

程序分析如图 3-42 所示。如 T3，当输入 IN 为 1 时，定时器计时；当 IN 为 0 时，其当前值保持并不复位；下次 IN 再为 1 时，T3 当前值从原保持值开始往上加，将当前值与设定值 PT 比较，当前值大于等于设定值时，T3 状态位置 1，驱动 Q0.0 有输出，以后即使 IN 再为 0，也不会使 T3 复位，要使 T3 复位，必须使用复位指令。

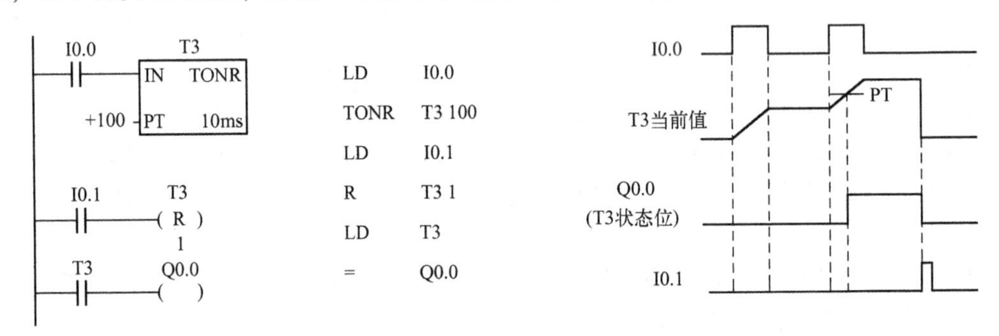

图 3-42　TONR 记忆型通电延时型定时器工作原理及程序分析

（3）断电延时型定时器（TOF）指令工作原理

二维码 3-8

断电延时型定时器用来在输入断开并延时一段时间后，才断开输出。使能端（IN）输入有效时，定时器输出状态位立即置 1，当前值复位为 0。使能端（IN）断开时，定时器开始计时，当前值从 0 递增，当前值达到预置值时，定时器状态位复位为 0，并停止计时，当前值保持。

如果输入断开的时间小于预定时间，定时器仍保持接通。IN 再次接通时，定时器当前值仍设为 0。断电延时定时器的应用程序及时序分析如图 3-43 所示。

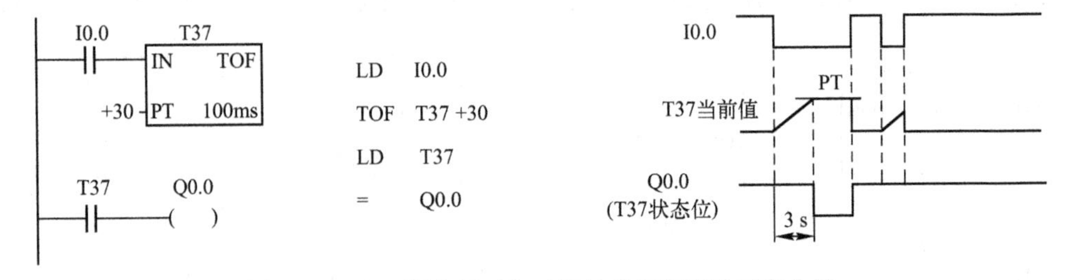

图 3-43　TOF 断电延时定时器的应用程序及时序分析

小结：

1）以上介绍的三种定时器具有不同的功能。接通延时定时器（TON）用于单一间隔的定时；有记忆的通电延时型定时器（TONR）用于累计时间间隔的定时；断电延时定时器（TOF）用于故障事件发生后的时间延时。

2）TOF 和 TON 共享同一组定时器，不能重复使用。即不能把一个定时器同时作为 TOF 和 TON。例如，不能既有 TON T32，又有 TOF T32。

3.3.2 定时器指令应用举例

1. 一个 PLC 扫描周期的时钟脉冲发生器

梯形图程序如图 3-44 所示，使用定时器本身的常闭触点作为定时器的使能输入。定时器的状态位置 1 时，依靠本身的常闭触点的断开使定时器复位，并重新开始定时，进行循环工作。采用不同时基标准的定时器时，会有不同的运行结果，具体分析如下：

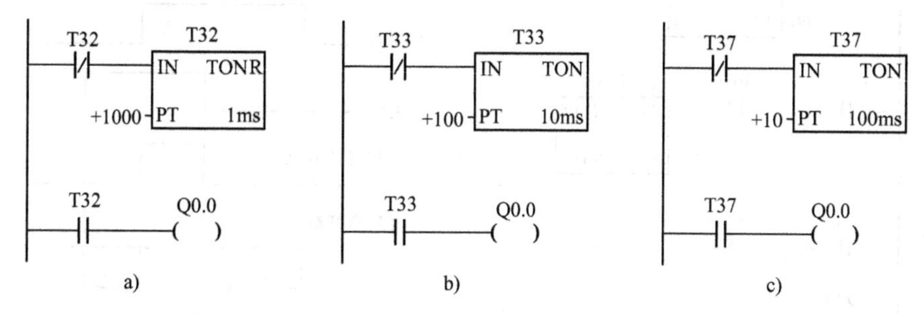

图 3-44　自身常闭触点作为使能输入的脉冲发生器

1）T32 为 1 ms 时基定时器，每隔 1 ms 定时器刷新一次当前值，CPU 当前值若恰好在处理常闭触点和常开触点之间被刷新，Q0.0 可以接通一个扫描周期，但这种情况出现的几率很小，一般情况下，不会正好在这时刷新。若在执行其他指令时，定时时间到则 1 ms 的定时刷新，使定时器输出状态位置位，常闭触点打开，立即将定时器当前值复位，定时器输出状态位复位，所以输出线圈 Q0.0 一般不会通电。

2）若将图 3-44 中的定时器 T32 换成 T33，时基变为 10 ms，当前值在每个扫描周期开始刷新，计时时间到时，扫描周期开始，定时器输出状态位置位，常闭触点断开，立即将定时器当前值清零，定时器输出状态位复位（为 0）。这样，输出线圈 Q0.0 永远不可能通电。

3）若用时基为 100 ms 的定时器，如 T37，当前指令执行时刷新，Q0.0 在 T37 计时时间到时准确地接通一个扫描周期。可以输出一个断开时间为延时时间，接通时间为一个扫描周期的时钟脉冲。

4）若将输出线圈的常闭触点作为定时器的使能输入，如图 3-45 所示，则无论何种时基都能正常工作。

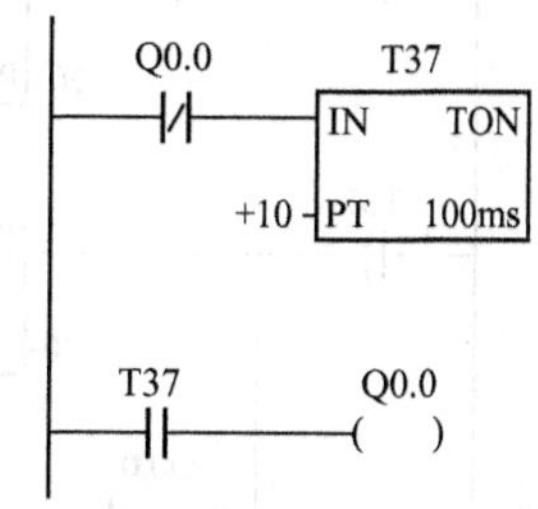

图 3-45　输出线圈的常闭触点作为定时器的使能输入

2. 延时断开电路

如图 3-46 所示，当 I0.0 接通时，Q0.0 接通并保持，当 I0.0 断开后，经 4 s 延时后，Q0.0 断开，T37 同时被复位。

3. 延时接通和断开电路

如图 3-47 所示，电路用 I0.0 控制 Q0.1，I0.0 的常开触

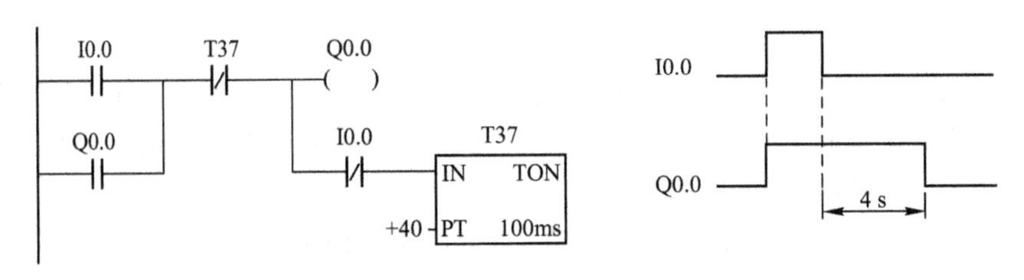

图 3-46　延时断开电路

点接通后，T37 开始定时，9 s 后 T37 的常开触点接通，使 Q0.1 变为 ON，I0.0 为 ON 时其常闭触点断开，使 T38 复位。I0.0 变为 OFF 后 T38 开始定时，7 s 后 T38 的常闭触点断开，使 Q0.1 变为 OFF，T38 也被复位。

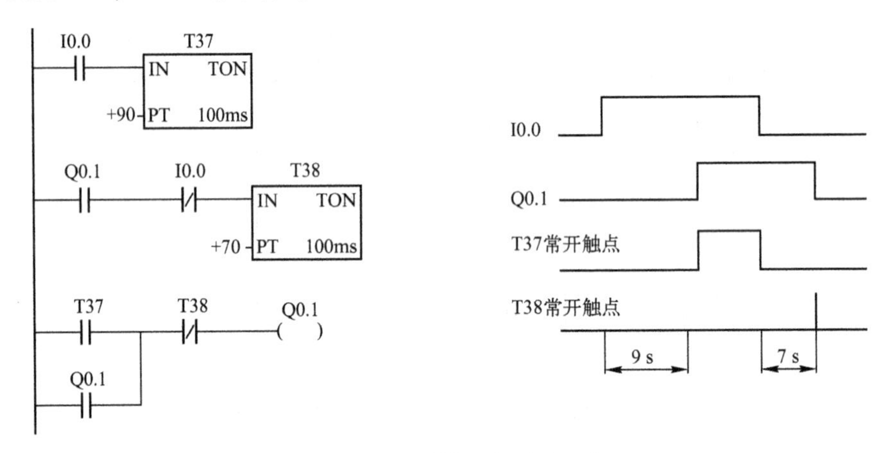

图 3-47　延时接通和断开电路

4. 闪烁电路

图 3-48 中 I0.0 的常开触点接通后，T37 的 IN 输入端为 1 状态，T37 开始定时。2 s 后定时时间到，T37 的常开触点接通，使 Q0.0 变为 ON，同时 T38 开始计时。3 s 后 T38 的定时时间到，它的常闭触点断开，使 T37 的 IN 输入端变为 0 状态，T37 的常开触点断开，Q0.0 变为 OFF，同时使 T38 的 IN 输入端变为 0 状态，其常闭触点接通，T37 又开始定时，以后 Q0.0 的线圈将这样周期性地“通电”和“断电”，直到 I0.0 变为 OFF，Q0.0 线圈“通电”时间等于 T38 的设定值，“断电”时间等于 T37 的设定值。

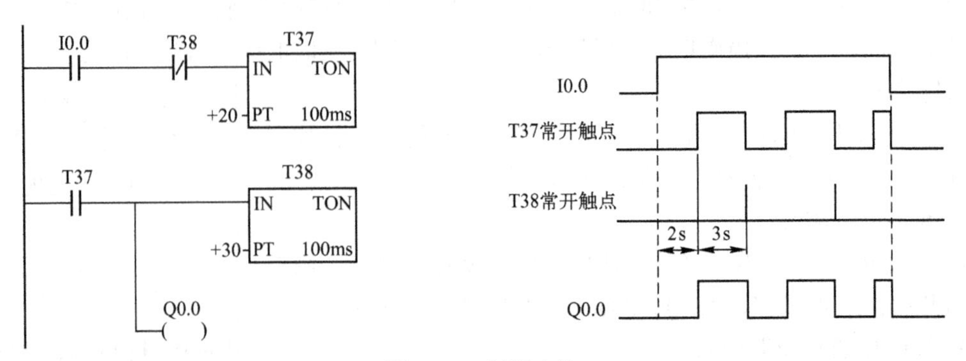

图 3-48　闪烁电路

【例 3-4】 用接在 I0.0 输入端的光电开关检测传送带上通过的产品，有产品通过时 I0.0 为 ON，如果在 10s 内没有产品通过，由 Q0.0 发出报警信号，用 I0.1 输入端外接的开关解除报警信号。对应的梯形图如图 4-49 所示。

图 3-49 例 3-4 图对应的梯形图

二维码 3-9 二维码 3-10

3.3.3 正/次品分拣机编程实训

1. 实训目的

1）加深对定时器的理解，掌握各类定时器的使用方法。

2）理解企业车间产品的分拣原理。

2. 实验器材

1）实验装置（含 S7-200 CPU 224）一台。

2）正次品分拣模拟控制板一块，如图 3-50 所示。

3）连接导线若干。

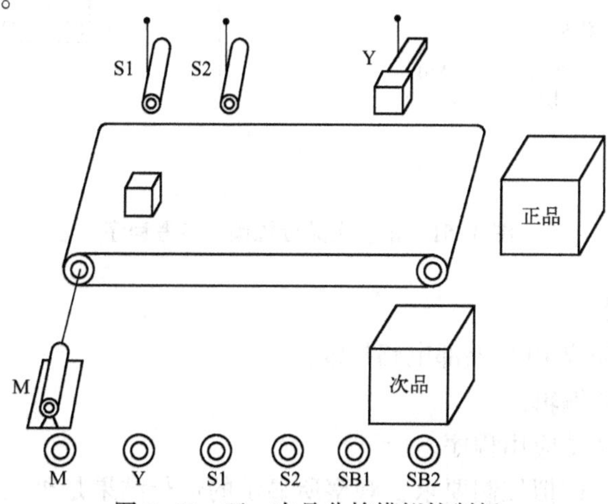

图 3-50 正、次品分拣模拟控制板

3. 控制要求

1）用起动和停止按钮控制电动机 M 运行和停止。在电动机运行时，被检测的产品（包括正、次品）在皮带上运行。

2）产品（包括正、次品）在皮带上运行时，S1（检测器）检测到的次品，经过 5 s 传送，到达次品剔除位置时，起动电磁铁 Y 驱动剔除装置，剔除次品（电磁铁通电 1 s），检测器 S2 检测到的次品，经过 3 s 传送，起动 Y，剔除次品；正品继续向前输送。

4. PLC I/O 端口分配及参考程序

1）I/O 分配（见表 3-11）。

表 3-11 I/O 分配

输入			输出		
SB1	I0.0	M 起动按钮	M	Q0.0	电动机（传送带驱动）
SB2	I0.1	M 停止按钮（常闭）	Y	Q0.1	次品剔除
S1	I0.2	检测站 1			
S2	I0.3	检测站 2			

2）参考程序如图 3-51 所示。

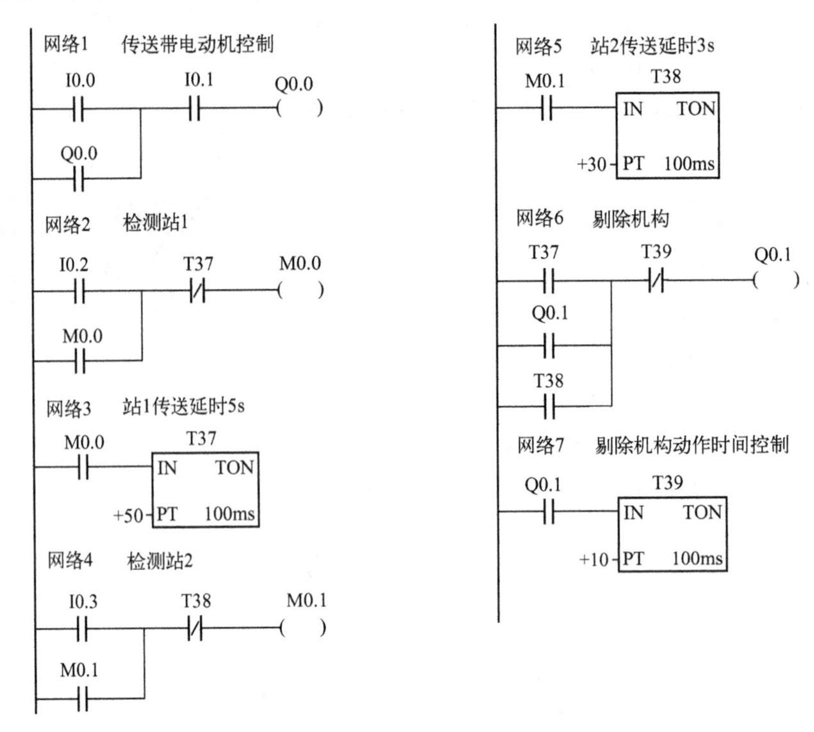

图 3-51 正、次品分拣操作参考程序

5. 实训内容及要求

1）按 I/O 分配表完成 PLC 外部电路接线。

2）输入参考程序并编辑。

3）编译、下载、调试应用程序。

4）通过实验模板，模拟控制要求，观察所显示的运行结果是否正确。

6. 思考练习

1）分析各种定时器的使用方法及不同之处。

2）总结程序输入、调试的方法和经验。

3）程序要求增加皮带传送机构不工作时，检测机构不允许工作（剔除机构不动作），试编写梯形图控制程序。

4）若 SB2 按钮改成常开按钮，试修改梯形图。

3.3.4 传送带的控制编程实训

1. 实训目的

1）掌握定时器的在延时启动和延时停止控制中的应用。

2）理解企业车间传送带的控制过程。

2. 实验器材

1）实验装置（含 S7-200 CPU 224）一台。

2）传送带控制模板一块。

3）连接导线若干。

3. 控制要求

落料漏斗 Y0 起动后，传送带 M1 立即起动，经 5 s 后起动传送带 M2；传送带 M2 起动 5 s 后应起动传送带 M3；传送带 M3 起动 5 s 后起动传送带 M4；落料漏斗 Y0 停止后过 5 s 停止 M1，M1 停止后，过 5 s 停止 M2，M2 停止后过 5 s 再停止 M3，M3 停止后过 5 s 在停止 M4。

4. PLC I/O 分配及参考程序（见表 3-12）

表 3-12　I/O 分配

输　　入	输　　出
起动按钮：I0.0	落料漏斗 Y0：Q0.0
停止按钮：I0.1	传送带 M1：Q0.1
	传送带 M2：Q0.2
	传送带 M3：Q0.3
	传送带 M4：Q0.4

分析：控制过程分为起动和停止两个过程，在程序中用 M0.0 控制起动过程，M0.1 控制停止过程。起动过程中有 3 个延时，用 3 个定时器完成，停止过程有 4 个延时，用 4 个定时器完成。最后分析各级传送带的起动和停止条件，集中完成写输出操作。参考程序如图 3-52 所示。

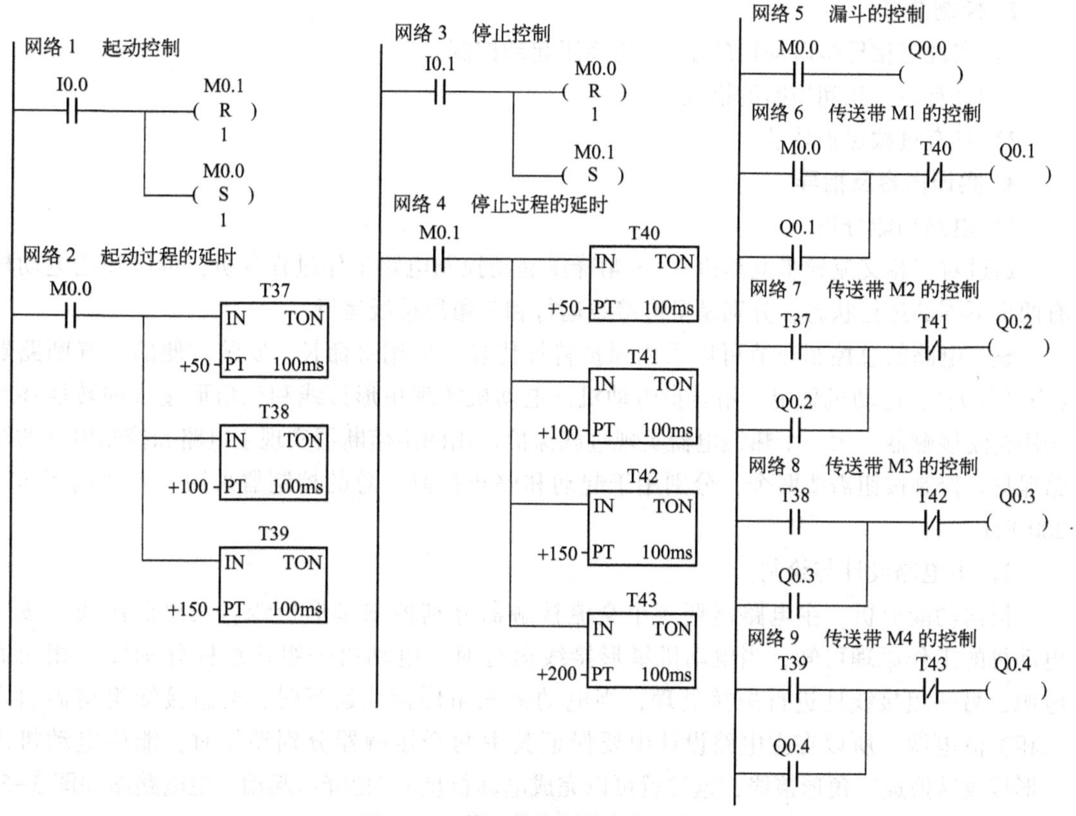

图 3-52　传送带控制的参考程序

3.3.5 电动机星-三角降压起动 PLC 控制系统设计及安装接线实训

二维码 3-11

在实际的生产过程中，三相交流异步电动机因其结构简单、价格便宜和可靠性高等优点被广泛应用。但在起动过程中起动电流较大，所以容量大的电动机必须采取一定的方式起动，Y-△（星-三角）换接起动就是一种简单方便的降压起动方式。对于正常运行的定子绕组为三角形接法的鼠笼型异步电动机来说，如果在起动时将定子绕接成星形，待起动完毕后再接成三角形，就可以降低起动电流，减轻它对电网的冲击。这样的起动方式称为星-三角降压起动，简称Y-△起动。完成各种工件加工的数控车床的主轴电动机控制电路，就是一个典型的Y-△降压起动电路。

数控车间内一个数控车床安装调试时，要求对其主轴电动机采用Y-△起动运行方式。具体的控制过程为：在给主轴电动机正确地通电后，按下起动按钮 SB1，主轴电动机的内部绕组组接成“Y”形，经过 3 s 的起动延时后，再将主轴电动机的内部绕组接成“△”形，这样就完成了Y-△起动过程。当加工完工件之后，按下停止按钮 SB2，主轴电动机停止工作。

1. 实训目的

1）熟悉 S7-200 PLC 基本逻辑指令和定时器指令的使用，培养编程的思想和方法。

2）应用 PLC 技术实现对三相异步电动机的星-三角降压起动控制。

3）掌握数控车床主轴电动机控制电路的工程设计与安装。

2. 控制要求

1）实现三相异步电动机的星-三角降压起动控制。

2）具有防止相间短路的措施。

3）具有过载保护环节。

3. 实训内容及指导

1）电路功能分析。

通过对三相交流异步电动机星-三角降压起动控制电路工作过程分析，可以知道电动机有两个不同的运行状态，分别是星形接线运行和三角形接线运行。

整个电路的总控制环节可以采用保护特性优良、使用寿命长、安装方便的空气断路器（空气开关），电动机采用三相异步电动机，电动机实现星形接线和三角形接线的转换环节采用交流接触器。用一个热继电器实现过载保护。用两组熔断器实现主电路和控制电路的短路保护。控制按钮需要两个，分别用于起动和停止控制。总的控制器采用一台西门子 S7-200 PLC。

2）主电路设计与绘制。

根据功能分析，主电路需要三个交流接触器分别控制星形接线、三角形接线。按照电动机的工作原理可知，当电动机星形接线运行时，电动机一组接线柱分别接三相交流电源，另一组接线柱进行短接处理，当电动机三角形接线运行时，两组接线组均需引入三相交流电源。所以在主电路设计中要保证其中两个接触器分别动作时，能使电动机由星形接线转换成三角形接线，这样就可以完成电动机星-三角降压起动。主电路图如图 3-53 所示。

3）控制电路设计与绘制。

首先需要确定PLC的输入/输出点数。确定输入点数的依据为：根据项目任务的描述，需要1个起动按钮，1个停止按钮及1个过载保护节点，所以共需要3个输入信号，即输入点数为3个，需要PLC的3个输入端子。确定输出点数的依据为：由功能分析可知，有3个交流接触器需要PLC驱动，所以需要PLC的3个输出端子。根据输入/输出点数，可以选择对应的PLC的型号。根据确定的点数，输入/输出地址分配见表3-13。

根据地址分配表，已经可以确定PLC的端口接线，但在实际工程中要考虑电路的安全，所以要充分考虑保护措施，本电路要考虑短路过载保护和联锁保护，用熔断器进行短路保护，用热继电器进行过载保护，用交流接触器的动断触点进行联锁保护，根据这些要求设计的控制电路如图3-54所示。

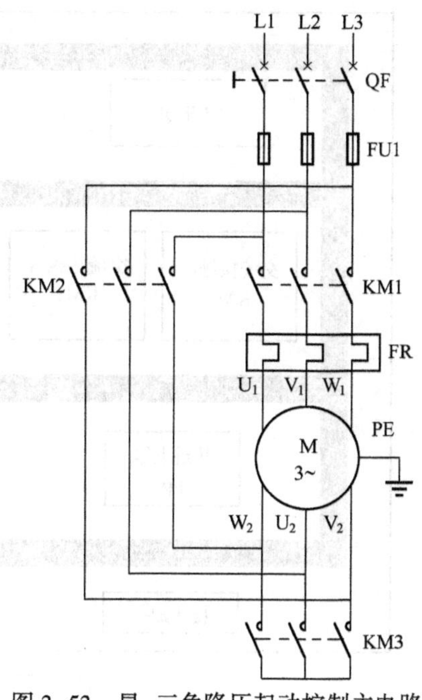

图3-53　星-三角降压起动控制主电路

表3-13　星-三角降压控制输入/输出地址分配表

输　入			输　出		
输入继电器	输入元件	作　用	输出继电器	输出元件	作　用
I0.0	FR	过载保护	Q0.0	KM1	电动机运行
I0.1	SB1	停止按钮	Q0.1	KM2	电动机三角形接线运行
I0.2	SB2	起动按钮	Q0.2	KM3	电动机星形接线运行

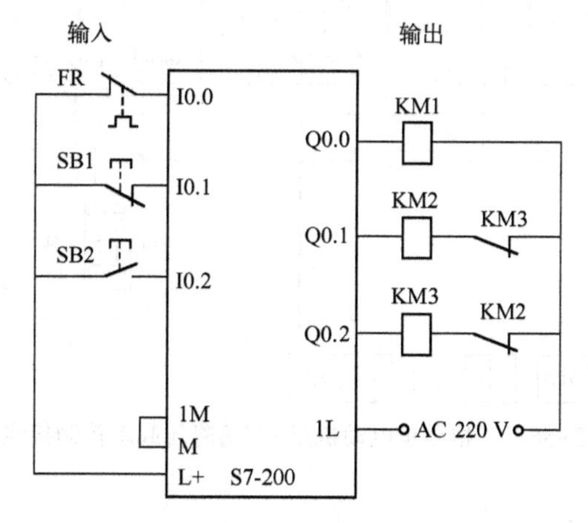

图3-54　星-三角降压起动控制PLC外部接线图

4）绘制元件布置图及接线图。

安装调试训练可以采用一体化的PLC实训台，如果没有PLC实训台，也可采用配线木板，在木板上布置元件。根据要求画出采用此配线木板的模拟电气元件布置图，如图3-55所示，实际接线图如图3-56所示。

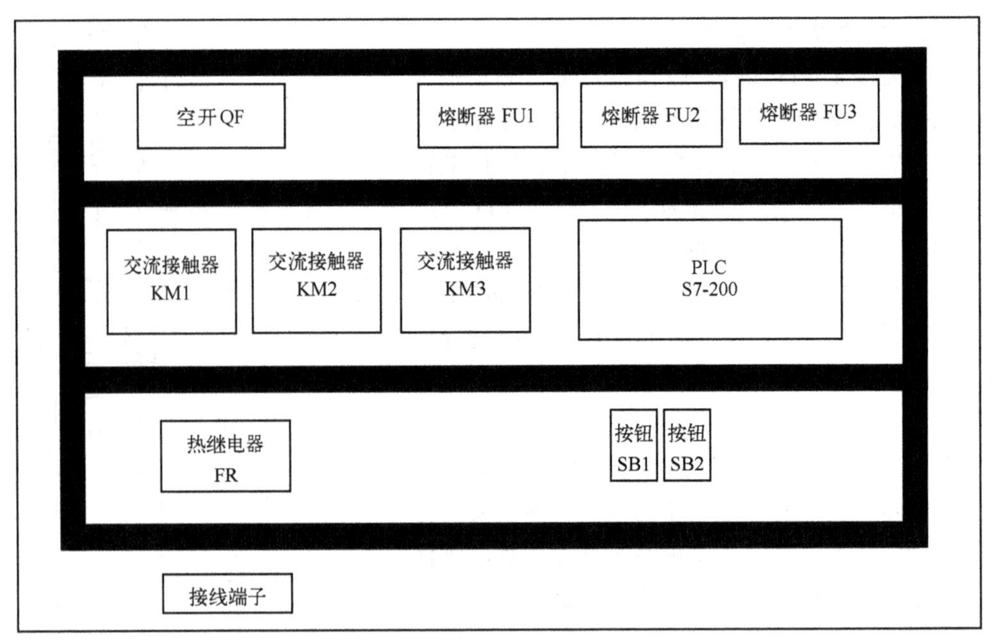

图 3-55　星-三角降压控制元件布置图

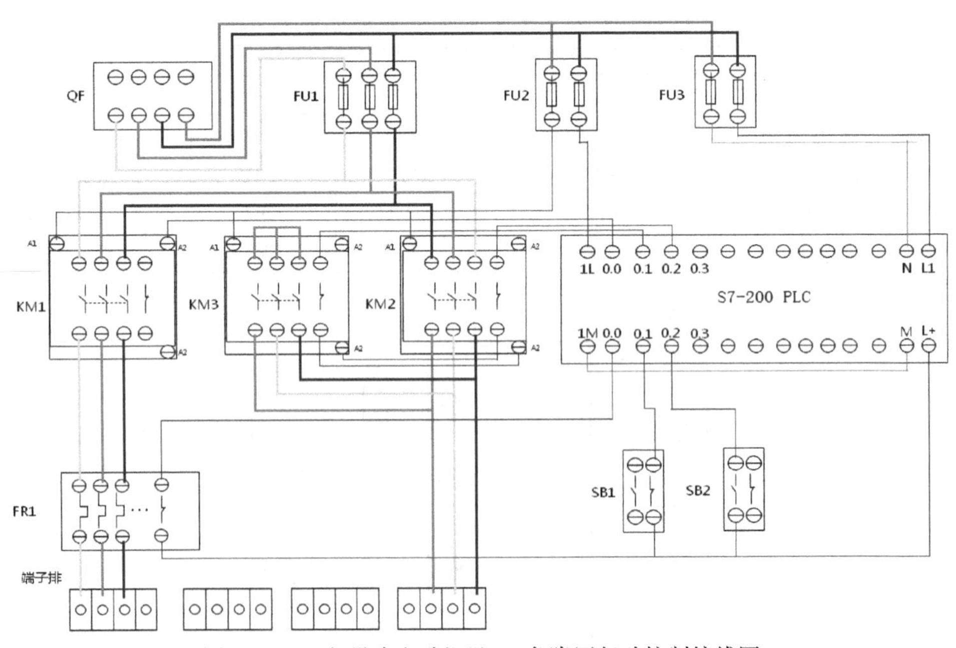

图 3-56　三相异步电动机星-三角降压起动控制接线图

5）准备元件。

线路设计正确后，合理选用元件是电路安全、可靠工作的保证，正确选择元件必须严格遵守基本原则：按对元件的功能要求确定元件的类型；确定元件承载能力的临界值及使用寿命，根据电气控制的电压、电流及功率的大小确定元件的规格；确定元件预期的工作环境及供应情况，如防油、防尘、防水、防爆及货源情况；确定元件在应用中所要求的可靠性；确定元件的使用类别。本电路所需主要元件见表 3-14。

表 3-14　三相异步电动机星-三角降压起动控制元件清单

序号	名　称	规　格	单位	数量	备　注
1	电工操作台	380 V 三相电源、计时	座	1	漏电保护
2	电动机	三相异步	个	1	—
3	可编程控制器	西门子 S7-200	台	1	—
4	塑壳断路器	NB1-63	只	1	—
5	交流接触器	NC1-2510/220 V	只	3	—
6	辅助触头	F4-22	只	3	—
7	热继电器	NR4-63	只	1	—
8	熔断器	RT18-32	组	3	—
9	按钮	NP9-22	个	2	—
10	绝缘导线	BV2.5 mm^2	m	若干	红绿黄
11	绝缘导线	BVR 0.75 mm^2	m	若干	红
12	绝缘导线	BVR 2.5 mm^2	m	若干	黄绿双色线
13	导轨	35 mm×500 mm	根	1	—
14	端子排	NC T3	个	若干	—
15	细木工板	800 mm×580 mm×15 mm	块	1	—
16	自攻螺钉	—	个	若干	—

6）安装电路。

基本操作步骤为：清点工具和仪表→元件检查→安装固定元件→布线→自检。具体过程参考 3.2.3 节相应内容。

7）程序设计。

采用 PLC 控制的梯形图、语句表如图 3-57 所示。

图中利用 PLC 输出映像寄存器的 Q0.1 和 Q0.2 的常闭接点，实现互锁，以防止星-三角转换接线时的相间短路。按下起动按钮 SB2 时，常开触点 I0.2 闭合，驱动线圈 Q0.0 接通并自锁，通过输出电路，接触器 KM1 得电吸合，同时 KM3 吸合，电动机以星形接线起动并运行。运行一段时间后（程序中以 3 s 为例），自动切换到三角形接线全压运行，KM3 线圈失电释放，KM2 线圈得电吸合。按下停止按钮 SB1，或过载保护 FR 动作，都可使 KM1 和 KM2、KM3 失电释放，电动机立即停止运行。

按照梯形图语言中的语法规定可以简化和修改梯形图。为了简化电路，当多个线圈都受某一串并联电路控制时，可在梯形图中设置该电路控制的存储器的位，如 M0.0。

8）系统调试。

通电调试以验证系统能是否符合控制要求，调试过程分为两大步：程序输入 PLC 和功能调试。必须在指导教师的监护下进行通电调试。

使用计算机将程序下载程序文件到 PLC。

功能调试时，按照工作要求、模拟工作过程逐步检测功能是否达到要求。

① 按下起动按钮 SB2 观察电动机是否能以星形接线起动运行。如果能则说明星形起动

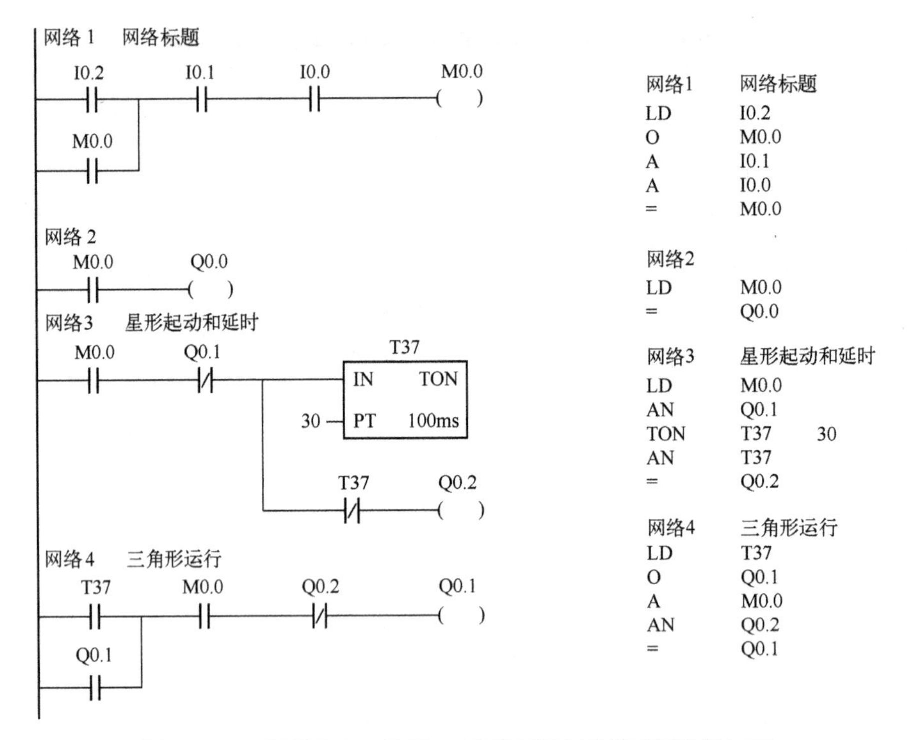

图 3-57　三相异步电动机星-三角降压控制的梯形图及语句表

程序正确；

② 运行一段时间后，观察电动机是否能够自动切换至三角形接线运行。如果能，则说明延时程序和三角形接线运行程序正确；

③ 按下停止按钮 SB1，观察电动机是否停止运行如果能则说明停止程序正确；

④ 在转动时按下热继电器 FR 复位键，观察电动机是否能够停止运行。如果能，则说明过载保护程序正确。填写调试情况记录表（见表 3-15）。

表 3-15　星-三角降压控制调试情况记录表

序号	项　目	完成情况记录			备　注
		第一次试车	第二次试车	第三次试车	
1	按下起动按钮 SB2 电动机是否能以星形接线起动运行	完成（ ）	完成（ ）	完成（ ）	
		无此功能	无此功能	无此功能	
2	运行一段时间后，观察电动机是否能够自动切换至三角形接线运行	完成（ ）	完成（ ）	完成（ ）	
		无此功能	无此功能	无此功能	
3	按下停止按钮 SB1，观察电动机是否停止运行	完成（ ）	完成（ ）	完成（ ）	
		无此功能	无此功能	无此功能	
4	在转动时按下热继电器 FR 复位键，观察电动机是否能够停止运行	完成（ ）	完成（ ）	完成（ ）	
		无此功能	无此功能	无此功能	

3.4 计数器指令

3.4.1 计数器指令介绍

计数器利用输入脉冲上升沿累计脉冲个数。其结构主要由一个 16 位的预置值寄存器、一个 16 位的当前值寄存器和一位状态位组成。当前值寄存器用以累计脉冲个数，计数器当前值大于或等于预置值时，状态位置 1。

S7-200 PLC 有三类计数器：CTU-加计数器，CTUD-加/减计数器，CTD-减计数。

1. 计数器的指令格式如表 3-16 所示

表 3-16 计数器的指令格式

<table>
<tr><th>STL</th><th>LAD</th><th>指令使用说明</th></tr>
<tr><td>CTU Cxxx，PV</td><td>????
CU CTU
R
????-PV</td><td rowspan="3">1）梯形图指令符号中，CU 为加计数脉冲输入端；CD 为减计数脉冲输入端；R 为加计数复位端；LD 为减计数复位端；PV 为预置值
2）Cxxx 为计数器的编号，范围为：C0~C255
3）预置值 PV 最大为 32767；PV 的数据类型：INT；PV 操作数为：VW，T，C，IW，QW，MW，SMW，AC，AIW，常数
4）CTU/CTUD/CD 指令使用要点：STL 形式中 CU、CD、R、LD 的顺序不能错；CU、CD、R、LD 信号可为复杂逻辑关系</td></tr>
<tr><td>CTD Cxxx，PV</td><td>????
CD CTD
LD
????-PV</td></tr>
<tr><td>CTUD Cxxx，PV</td><td>????
CU CTUD
CD
R
????-PV</td></tr>
</table>

2. 计数器工作原理分析

（1）加计数器指令（CTU）

当 R=0 时，计数脉冲有效；当 CU 端有上升沿输入时，计数器当前值加 1。当计数器当前值大于或等于设定值（PV）时，该计数器的状态位 C-bit 置 1，即其常开触点闭合。计数器仍计数，但不影响计数器的状态位。直至计数达到最大值（32 767）。当 R=1 时，计数器复位，即当前值清零，状态位 C-bit 也清零。加计数器计数范围为：0~32 767。

（2）加/减计数指令（CTUD）

当 R=0 时，计数脉冲有效；当 CU 端（CD 端）有上升沿输入时，计数器当前值加 1（减 1）。当计数器当前值大于或等于设定值时，C-bit 置 1，即其常开触点闭合。当 R=1 时，计数器复位，即当前值清零，C-bit 也清零。加减计数器计数范围为：-32 768~32 767。

(3) 减计数指令（CTD）

当复位 LD 有效时，LD=1，计数器把设定值（PV）装入当前值存储器，计数器状态位复位（置 0）。当 LD=0，即计数脉冲有效时，开始计数，CD 端每来一个输入脉冲上升沿，减计数的当前值从设定值开始递减计数，当前值等于 0 时，计数器状态位置位（置 1），停止计数。

二维码 3-12

【例 3-5】 加/减计数器指令应用示例的程序及运行时序如图 3-58 所示。

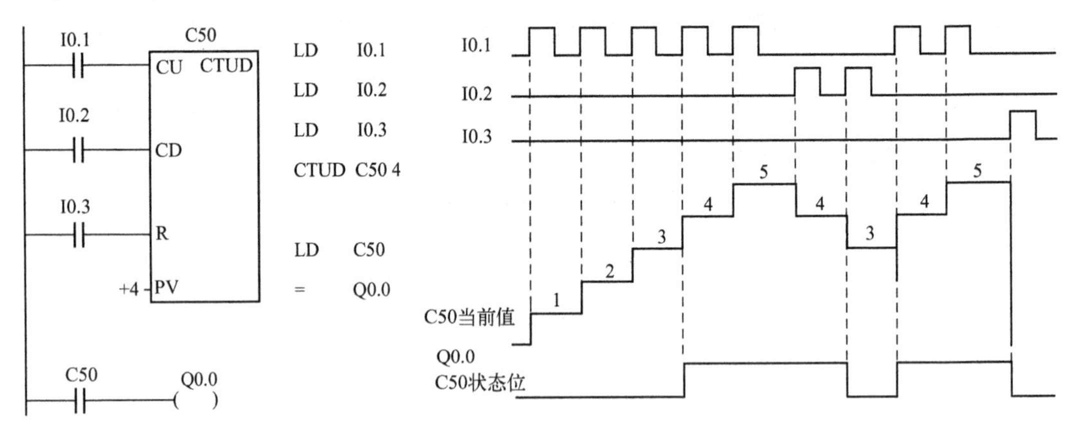

图 3-58 加/减计数器指令应用示例的程序及运行时序

【例 3-6】 减计数指令应用示例的程序及运行时序如图 3-59 所示。

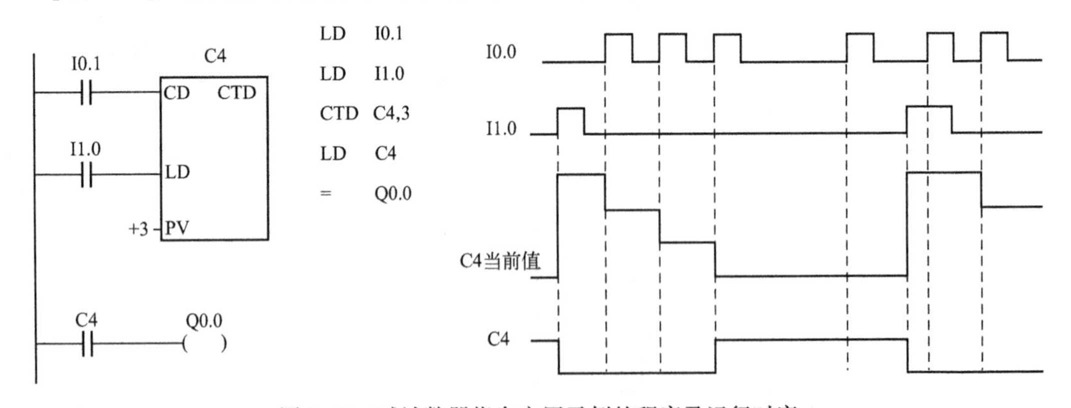

图 3-59 减计数器指令应用示例的程序及运行时序

在复位脉冲 I1.0 有效时，即 I1.0=1 时，当前值等于预置值，计数器的状态位置 0；当复位脉冲 I1.0=0，计数器有效，在 CD 端每来一个脉冲的上升沿，当前值减 1 计数，当前值从预置值开始减至 0 时，计数器的状态位 C-bit=1，Q0.0=1。在复位脉冲 I1.0 有效时，即 I1.0=1 时，计数器 CD 端即使有脉冲上升沿，计数器也不减 1 计数。

3.4.2 计数器指令应用举例

1. 计数器的扩展

S7-200 PLC 计数器最大的计数范围是 32 767，若需更大的计数范围，则需进行扩展。图 3-60 所示为一个计数器扩展电路，图中是两个计数器的组合电路，C1 形成了一个设定值为 100 次自复位计数器。计数器 C1 对 I0.1 的接通次数进行计数，I0.1 的触点每闭合 100 次，C1 自复位重新开始计数。同时，连接到计数器 C2 的 CU 端的 C1 常开触点闭合，使 C2 计数一次，当 C2 计数到 2000 次时，I0.1 共接通 100×2000 次 = 200 000 次，C2 的常开触点闭合，线圈 Q0.0 通电。该电路的计数值为两个计数器设定值的乘积，即 $C_{总}=C1\times C2$。

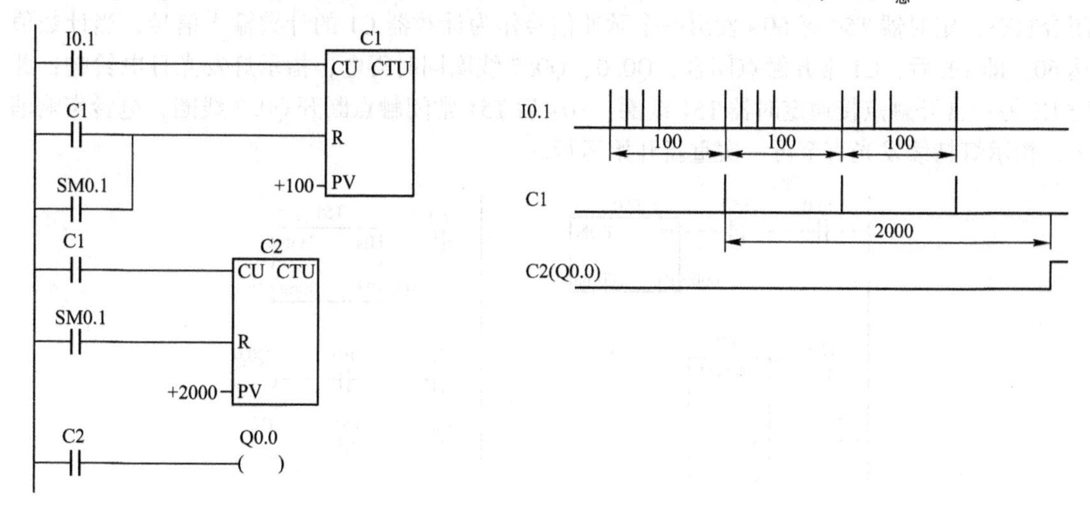

图 3-60 计数器扩展电路

2. 定时器的扩展

S7-200 PLC 的定时器的最长定时时间为 3 276.7 s，如果需要更长的定时时间，可使用图 3-61 所示的电路。图 3-61 中最上面一行电路是一个脉冲信号发生器，脉冲周期等于 T37 的设定值（60 s）。I0.0 为 OFF 时，100 ms 定时器 T37 和计数器 C4 处于复位状态，它们不能工作。I0.0 为 ON 时，其常开触点接通，T37 开始定时，60 s 后 T37 定时时间到，其当前值等于设定值，它的常闭触点断开，使它自己复位，复位后 T37 的当前值变为 0，同时它的常闭触点接通，使它自己的线圈重新“通电”又开始定时，T37 将这样周而复始地工作，直到 I0.0 变为 OFF。

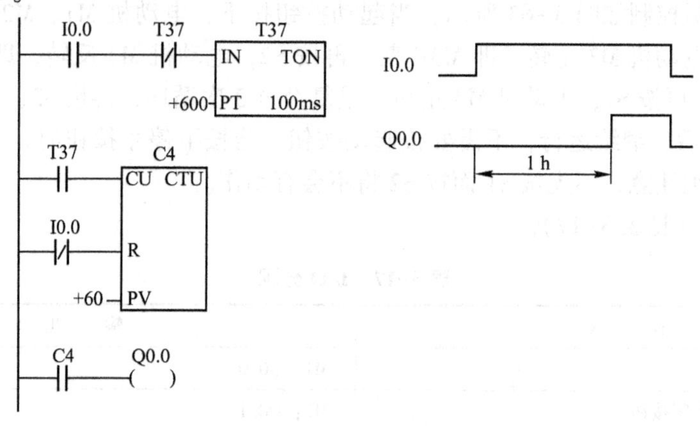

图 3-61 定时器的扩展

T37 产生的脉冲送给 C4 计数器，记满 60 个数（即 1 h）后，C4 当前值等于设定值 60，它的常开触点闭合。设 T37 和 C4 的设定值分别为 K_T 和 K_C，对于 100 ms 定时器总的定时时间为：$T=0.1K_TK_C$，单位为 s。

3. 自动声光报警系统程序

自动声光报警系统程序用于当电动单梁起重机加载到 1.1 倍额定负荷并反复运行 1h 后，发出声光信号并停止运行。程序如图 3-62 所示。当系统处于自动工作方式时，I0.0 触点为闭合状态，定时器 T50 每 60s 发出一个脉冲信号作为计数器 C1 的计数输入信号，当计数值达 60，即 1h 后，C1 常开触点闭合，Q0.0、Q0.7 线圈同时得电，指示灯发光且电铃响；此时 C1 另一常开触点接通定时器 T51 线圈，10s 后 T51 常闭触点断开 Q0.7 线圈，电铃声响消失，指示灯持续发光直至再一次重新开始运行。

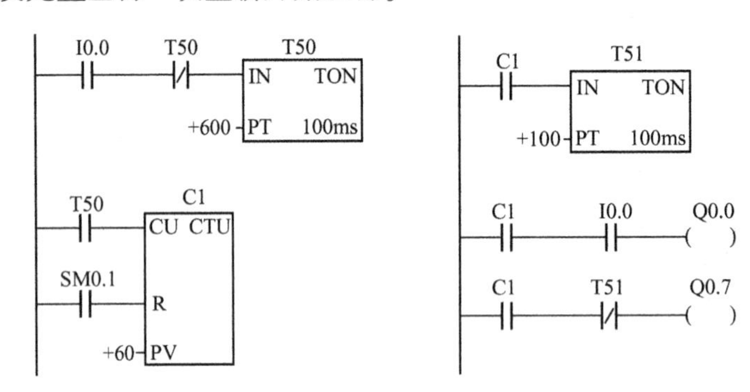

图 3-62　自动声光报警操作程序

3.4.3　轧钢机的控制实训

1. 实训目的

1）熟悉计数器的使用。

2）用状态图监视计数器的计数的过程。

3）用 PLC 构成轧钢机控制系统。

2. 实训内容

1）控制要求。

轧钢机的模拟控制如图 3-63 所示，当起动按钮按下，电动机 M1、M2 运行，按 S1 表示检测到物件，电动机 M3 正转，即 M3F 亮。再按 S2，电动机 M3 反转，即 M3R 亮，同时电磁阀 Y1 动作。再按 S1，电动机 M3 正转，重复经过 3 次循环，再按 S2，则停机一段时间（3s），取出成品后，继续运行，不需要按起动按钮。当按下停止按钮时，必须按起动按钮后方可运行。必须注意，不先按 S1 而按 S2 将不会有动作。

2）I/O 分配（见表 3-17）。

表 3-17　I/O 分配

输　　入	输　　出
起动按钮：I0.0	M1：Q0.0
停止按钮：I0.3（常闭按钮）	M2：Q0.1
S1 按钮：I0.1	M3F：Q0.2
S2 按钮：I0.2	M3R：Q0.3
	Y1：Q0.4

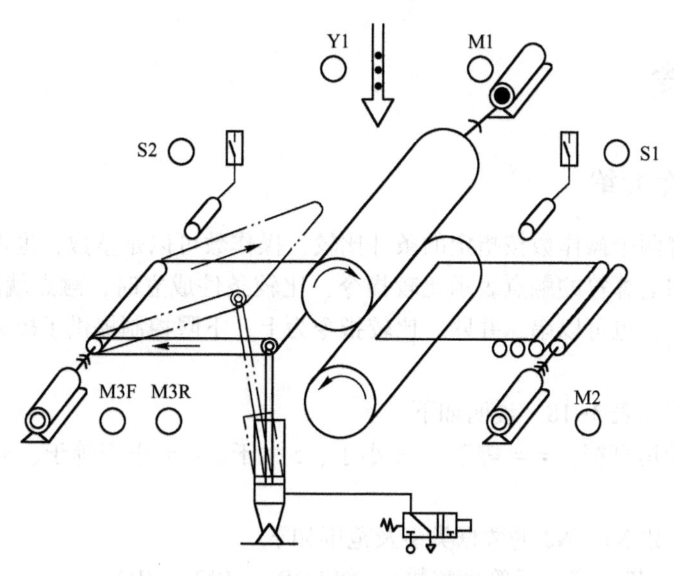

图 3-63　轧钢机的模拟控制实训

3）参考程序为如图 3-64 所示的轧钢机模拟控制梯形图程序。

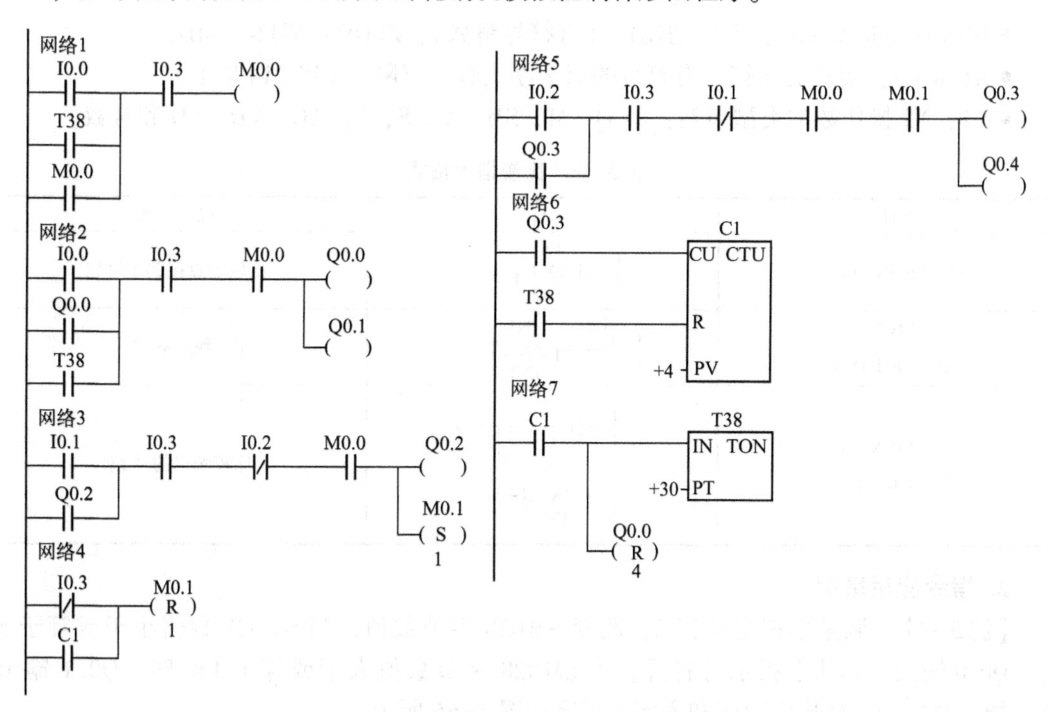

图 3-64　轧钢机模拟控制梯形图程序

3. 调试并运行程序

1）按控制要求进行操作，观察并记录现象。

2）通过程序状态图，在操作过程中观察计数器的工作过程。

3）改变计数器的预置值，设定 PV=3，再重新操作，观察轧钢机模拟控制中的现象。

3.5 比较指令

3.5.1 比较指令介绍

比较指令是将两个操作数按指定的条件比较，操作数可以是整数，也可以是实数。在梯形图中用带参数和运算符的触点表示比较指令，比较条件成立时，触点就闭合，否则断开。比较触点可以装入，也可以串、并联。比较指令为上、下限控制提供了极大的方便。

1. 指令格式

比较指令格式见表 3-18。说明如下。

- xx 表示比较运算符：== 等于 、< 小于、>大于、<= 小于等于、>= 大于等于、<> 不等于。
- □表示操作数 N1，N2 的数据类型及范围如下。
- B(Byte)：字节比较（无符号整数)，如 LDB==IB2 MB2。
- I(INT)/W(Word)：整数比较（有符号整数)，如 AW>= MW2 VW12。注意：LAD 中用“I”，STL 中用“W”。
- DW(Double Word)：双字的比较（有符号整数)，如 OD= VD24 MD1。
- R(Real)：实数的比较（有符号的双字浮点数，仅限于 CPU214 以上)。
- N1，N2 操作数的类型包括：I，Q，M，SM，V，S，L，AC，VD，LD 和常数。

表 3-18 比较指令格式

STL	LAD	说 明
LD□xx IN1 IN 2	IN1 ┤XX □├ IN2	比较触点接起始母线
LD N A□xxIN1 IN 2	N ┤├ IN1 ┤XX □├ IN2	比较触点的“与”
LD N O□xx IN1 IN 2	N ┤├ ; IN1 ┤XX □├ IN2 （并联）	比较触点的“或”

2. 指令应用举例

【例 3-7】 调整模拟电位器 0，改变 SMB28 字节数值，当 SMB28 数值小于或等于 50 时，Q0.0 输出，其状态指示灯打开；当 SMB28 字节数值大于或等于 150 时，Q0.1 输出，状态指示灯打开。梯形图程序和语句表程序如图 3-65 所示。

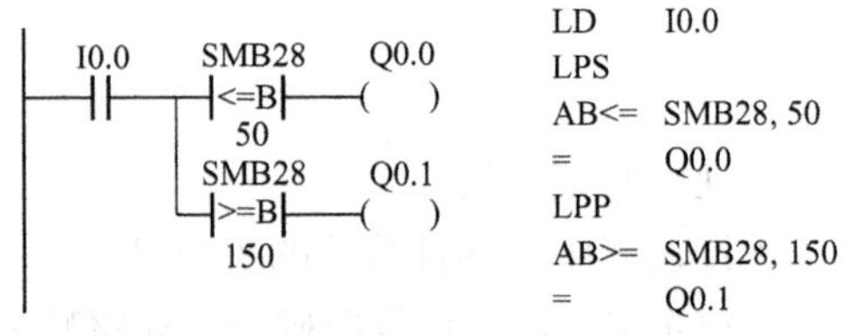

图 3-65 梯形图程序和语句表程序

二维码 3-13

3.5.2　用比较指令和定时器指令编写带延时的循环类程序

S7-200 PLC 的定时器是对内部时钟累计时间增量计时的。每个定时器均有一个 16 位的当前值寄存器用以存放当前值（16 位符号整数），因此利用比较指令将定时器的当前值和预定时间进行比较，将周期时间作为定时器的预置值很容易实现带延时的循环类控制。需要注意的是定时器的当前值是 16 位的符号整数，所以比较指令需选用整数比较指令。

【例 3-8】 用定时器和数据比较指令实现周期为 5 s、占空比为 40%的脉冲发生器，如图 3-66 所示。

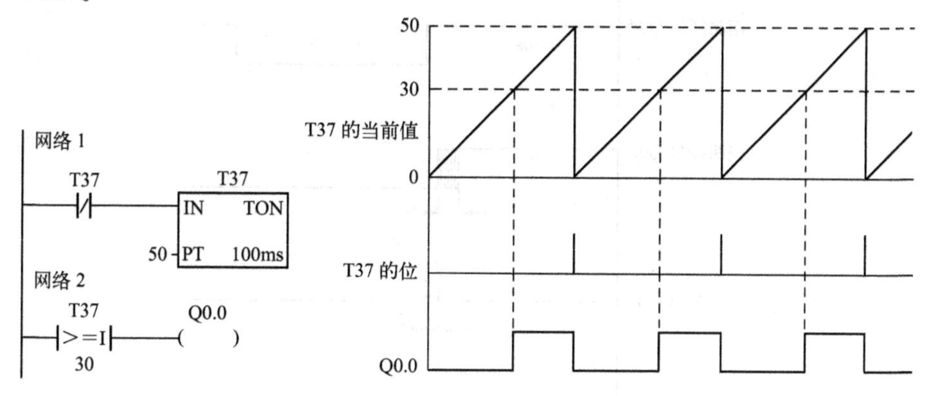

图 3-66　用定时器和数据比较指令实现的脉冲发生器

【例 3-9】 循环灯的控制。循环灯控制要求：按下起动按钮时，L1 亮 1 s 后灭→L2 亮 1 s 后灭→L3 亮 1 s 后灭→L1 亮 1 s 后灭，如此循环。按下停止按钮，3 只灯都熄灭。

1）I/O 分配

输入：起动按钮（常开按钮），I0.0；停止按钮（常闭按钮），I0.1；

输出：L1，Q0.0；L2，Q0.1；L3，Q0.2。

2）分析：3 只灯的循环周期为 3 s，用一个定时器延时 3 s，用比较指令对该定时器的当前值比较以决定灯接通的时间。

3）循环灯的控制参考程序如图 3-67 所示。

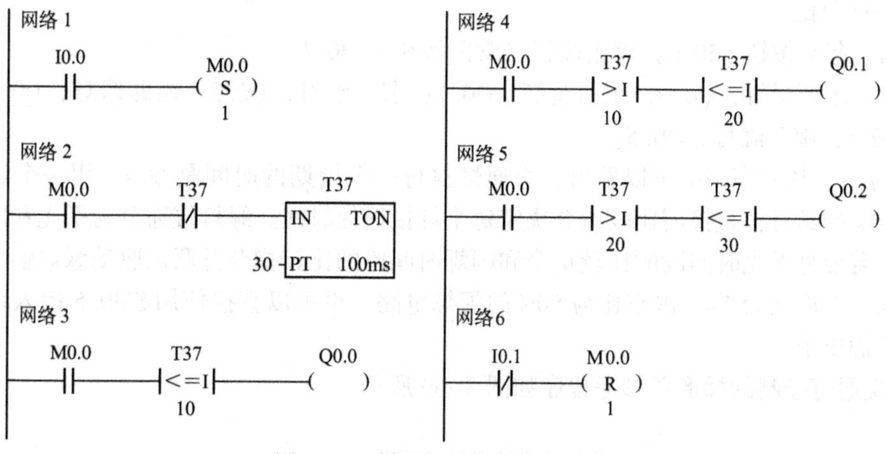

图 3-67　循环灯的控制参考程序

3.5.3 交通灯的控制编程实训

1）控制要求：起动后，南北红灯亮并维持 30 s。在南北红灯亮的同时，东西绿灯也亮，到 25 s 时，东西绿灯闪亮（闪烁周期为 1s），3 s 后熄灭，在东西绿灯熄灭后，东西黄灯亮 2 s 后灭，东西红灯亮 30 s。与此同时，南北红灯灭，南北绿灯亮。南北绿灯亮了 25 s 后闪烁，3 s 后熄灭，南北黄灯亮 2 s 后熄灭，南北红灯亮，东西绿灯亮，如此循环。十字路口交通信号灯控制的时序图如图 3-68 所示。

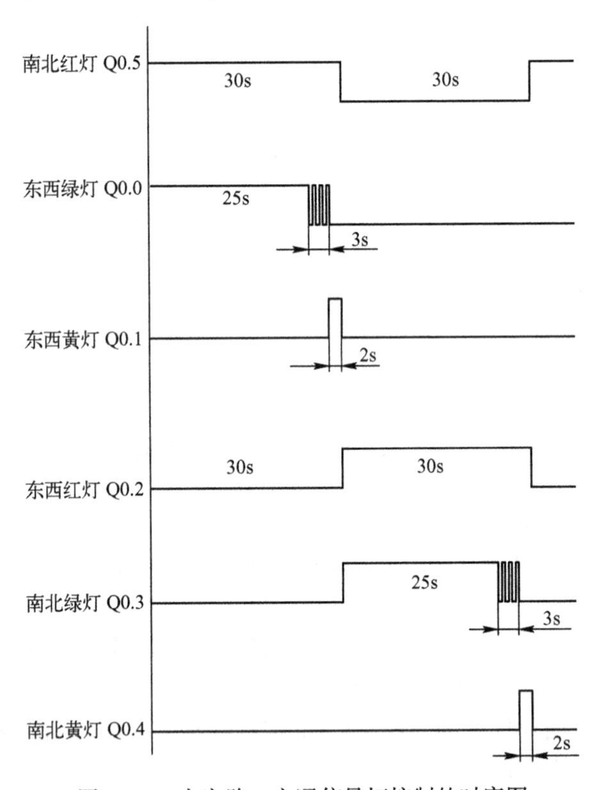

图 3-68　十字路口交通信号灯控制的时序图

2）I/O 分配。

输入：起动按钮，I0.0；停止按钮（常闭按钮），I0.1。

输出：东西绿灯，Q0.0；东西黄灯，Q0.1；东西红灯，Q0.2；南北绿灯，Q0.3；南北黄灯，Q0.4；南北红灯，Q0.5。

3）分析：从时序图中可以看出，交通灯执行一个周期的时间是 60 s。用一个定时器实现累计 60 s 的延时，直接用比较指令决定每个灯接通的时间。绿灯接通分为平光和闪烁两个时间段，需要将平光时间段的比较指令和闪烁时间段的比较指令并联以驱动绿灯输出。绿灯闪烁对应一个周期为 1 s、占空比为 50%的闪烁电路，也可以直接使用 SM0.5 串入绿灯闪烁时间段的输出中。

4）交通灯控制的梯形图参考程序如图 3-69 所示。

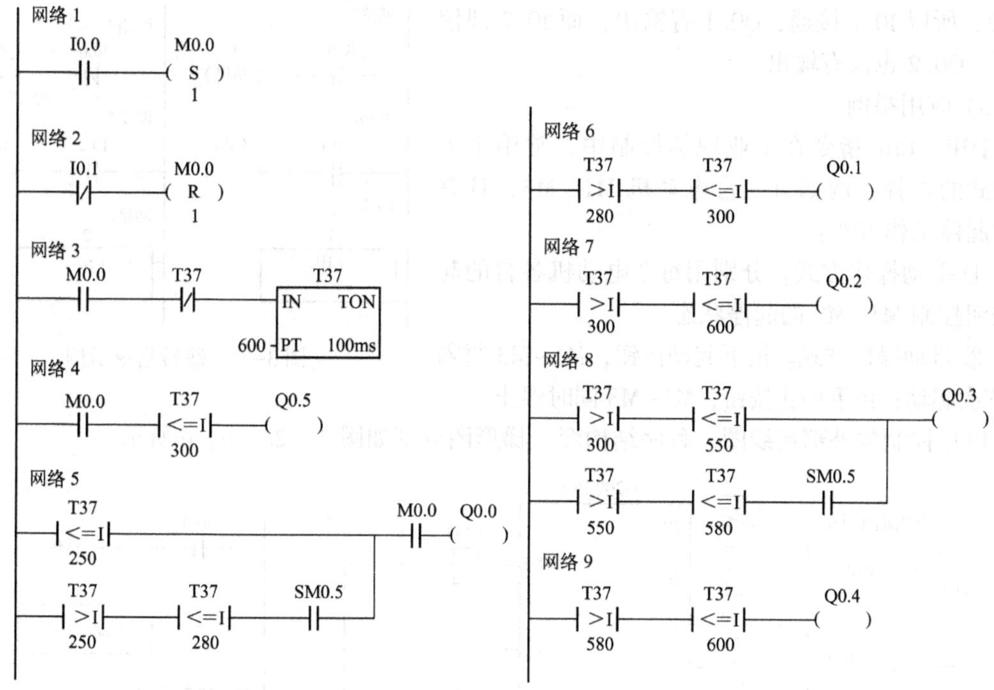

图 3-69 交通灯控制的梯形图参考程序

3.6 程序控制类指令

程序控制类指令用于程序运行状态的控制，主要包括系统控制、跳转、循环、子程序调用和顺序控制等指令。

3.6.1 跳转指令

1）指令格式。

JMP：跳转指令，使能输入有效时，把程序的执行跳转到同一程序指定的标号（n）处执行。

LBL：指定跳转的目标标号。操作数 n 的范围为：0~255。指令格式如图 3-70 所示。

必须强调的是，跳转指令及标号必须同在主程序内或在同一子程序内，同一中断服务程序内，不可由主程序跳转到中断服务程序或子程序，也不可由中断服务程序或子程序跳转到主程序。

2）跳转指令示例。

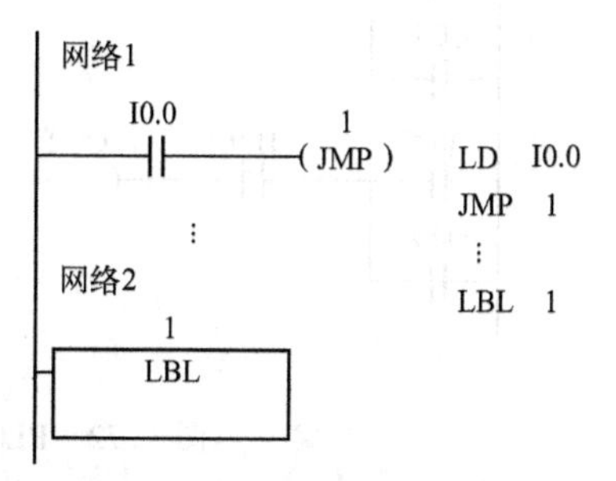

图 3-70 JMP/LBL 指令格式

跳转指令示例如图 3-71 所示，图中当 I0.0 为 ON 时，I0.0 的常开触点接通，即 JMP1 条件满足，程序跳转执行 LBL 标号 1 以后的指令，而在 JMP1 和 LBL1 之间的指令一概不执行，在这个过程中，即使 I0.1 接通，Q0.1 也不会有输出；此时 I0.0 的常闭触点断开，不执行 JMP2，所以 I0.2 接通，Q0.2 有输出。当 I0.0 断开时，则其常开触点 I0.0 断开，其常闭触点接通，此时不执行 JMP1，而执行

JMP2，所以 I0.1 接通，Q0.1 有输出，而 I0.2 即使接通，Q0.2 也没有输出。

3）应用举例。

JMP、LBL 指令在工业现场控制中，常用于工作方式的选择。例如有三台电动机 M1～M3，具有两种起停工作方式：

① 手动操作方式。分别用每个电动机各自的起停按钮控制 M1～M3 的起停状态。

② 自动操作方式。按下起动按钮，M1～M3 每隔 5 s 依次起动；按下停止按钮，M1～M3 同时停止。

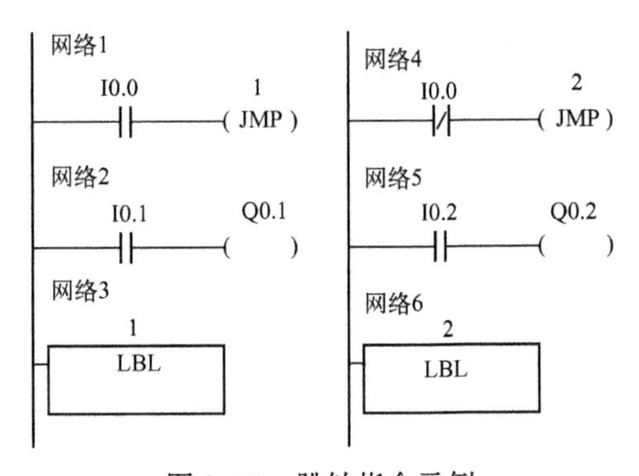

图 3-71　跳转指令示例

PLC 控制的外部接线图、程序结构图、梯形图分别如图 3-72a、b、c 所示。

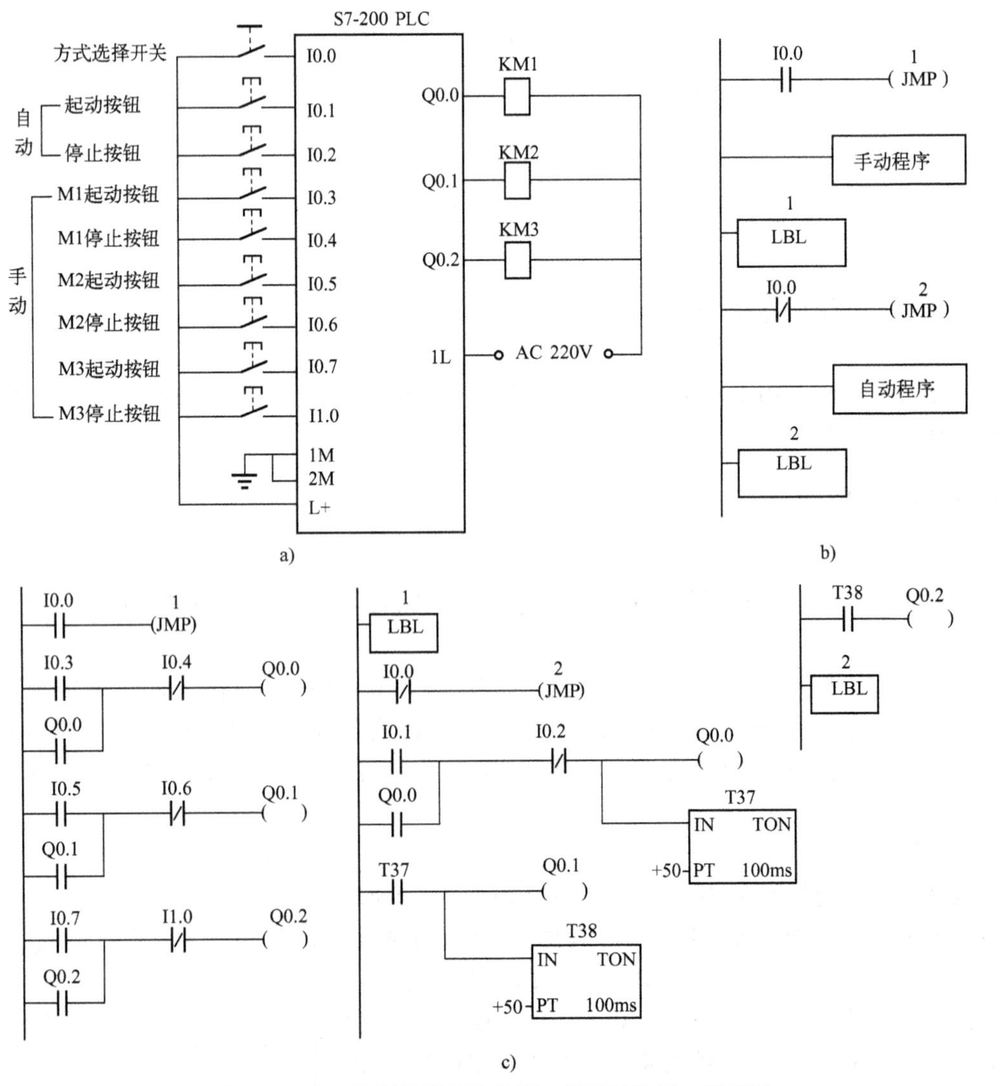

图 3-72　PLC 控制的外部接线图、程序结构图、梯形图

a）外部接线图　b）程序结构图　c）梯形图

从控制要求中可以看出，需要在程序中体现两种可以任意选择的控制方式，所以运用跳转指令的程序结构可以满足控制要求。如图 3-72b 所示，当操作方式选择开关闭合时，I0.0 的常开触点闭合，跳过手动程序段不执行；I0.0 常闭触点断开，选择自动方式的程序段执行。而操作方式选择开关断开时的情况与此相反，跳过自动方式程序段不执行，选择手动方式程序段执行。

3.6.2 子程序调用及子程序返回指令

通常将具有特定功能、并且多次使用的程序段作为子程序。主程序中用指令决定具体子程序的执行状况。当主程序调用子程序并执行时，子程序执行全部指令直至结束。然后，系统将返回至调用子程序的主程序。子程序用于为程序分段和分块，使其成为较小的、更易于管理的块。在程序中调试和维护时，通过使用较小的程序块，对这些区域和整个程序简单地进行调试和排除故障。只在需要时才调用程序块，可以更有效地使用 PLC，因为所有的程序块可能无需执行每次扫描。

在程序中使用子程序，必须执行 3 项任务为：建立子程序；在子程序局部变量表中定义参数（如果需要）；从主程序或另一个子程序调用子程序。

1. 建立子程序

可采用下列几种方法可建立子程序：

1）从“编辑”菜单，选择“插入（Insert）”/“子程序（Subroutine）”。

2）从“指令树”，用鼠标右键单击“程序块”图标，并从弹出菜单选择“插入（Insert）”→“子程序（Subroutine）”。

3）从“程序编辑器”窗口，用鼠标右键单击，并从弹出菜单选择“插入（Insert）”→“子程序（Subroutine）”。

程序编辑器从先前的 POU 更改为新的子程序。程序编辑器底部会出现一个新标签，代表新的子程序。此时可以对新的子程序编程。

用鼠标右键单击指令树中的子程序图标，在弹出的菜单中选择“重新命名”，可修改子程序的名称。如果为子程序指定一个符号名，例如，USR_NAME，该符号名会出现在指令树的“子例行程序”文件夹中。

2. 在子程序局部变量表中定义参数

可以使用子程序的局部变量表为子程序定义参数。

注意：程序中每个 POU 都有一个独立的局部变量表，必须在选择该子程序选项卡后出现的局部变量表中为该子程序定义局部变量。编辑局部变量表时，必须确保已选择适当的选项卡。每个子程序最多可以定义 16 个输入/输出参数。

3. 子程序调用及子程序返回指令的指令格式

子程序指令分子程序调用和子程序返回两大类指令，子程序返回又分为条件返回和无条件返回。子程序调用及子程序返回指令格式如图 3-73 所示。

- CALL SBR_n：子程序调用指令。在梯形图中为指令盒的形式。子程序的编号 n 从 0 开始，随着子程序个数的增加自动生成。操作数 n 的范围为：0~63。
- CRET：子程序条件返回指令。条件成立时结束该子程序，返回原调用处的指令 CALL 的下一条指令。

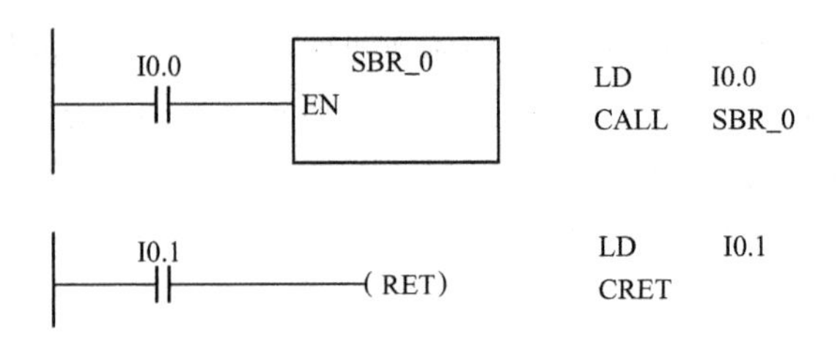

图 3-73　子程序调用及子程序返回指令格式

- RET：子程序无条件返回指令。子程序必须以本指令作为结束，由编程软件自动生成。

需要说明的是：

1）子程序可以多次被调用，也可以嵌套（最多 8 层），还可以自己调用自己。

2）子程序调用指令用在主程序和其他调用子程序的程序中，子程序的无条件返回指令在子程序的最后网络段，梯形图指令系统能够自动生成子程序的无条件返回指令，用户无需输入。

4. 带参数的子程序调用指令

（1）带参数的子程序的概念及用途

子程序可能有要传递的参数（变量和数据），这时可以在子程序调用指令中包含相应参数，它可以在子程序与调用程序之间传送。如果子程序仅用要传递的参数和局部变量，则称为带参数的子程序（可移动子程序）。为了移动子程序，应避免使用任何全局变量/符号（I、Q、M、SM、AI、AQ、V、T、C、S、AC 内存中的绝对地址），这样可以导出子程序并将其导入另一个项目。子程序中的参数必须有一个符号名（最多为 23 个字符）、一个变量类型和一个数据类型。子程序最多可传递 16 个参数。传递的参数在子程序局部变量表中定义，见表 3-19。

表 3-19　局部变量表

	Name	Var Type	Data Type	Comment
	EN	IN	BOOL	
L0.0	IN1	IN	BOOL	
LB1	IN2	IN	BYTE	
L2.0	IN3	IN	BOOL	
LD3	IN4	IN	DWORD	
		IN		
LD7	INOUT	IN_OUT	REAL	
		IN_OUT		
LD11	OUT	OUT	REAL	
		OUT		

（2）变量的类型

局部变量表中的变量有 IN、OUT、IN/OUT 和 TEMP 四种类型。

- IN（输入）型：将指定位置的参数传入子程序。如果参数是直接寻址（例如 VB10），在指定位置的数值被传入子程序。如果参数是间接寻址（例如 * AC1），地址指针指定地址的数值被传入子程序。如果参数是数据常量（16#1234）或地址（&VB100），常量或地址数值被传入子程序。
- IN/OUT（输入/输出）型：将指定参数位置的数值传入子程序，并将子程序的执行结果的数值返回至相同的位置。输入/输出型的参数不允许使用常量（例如 16#1234）和地址（例如 &VB100）。

- OUT（输出）型：将子程序的结果的数值返回至指定的参数位置。常量（例如 16#1234）和地址（例如 &VB100）不允许作为输出参数。

在子程序中，可以使用 IN、IN/OUT、OUT 类型的变量在调用子程序 POU 之间传递参数。

- TEMP 型：是局部存储变量，只能用于子程序内部暂时存储中间运算结果，不能用来传递参数。

(3) 数据类型

局部变量表中的数据类型包括能流、布尔（位）、字节、字、双字、整数、双整数和实数型。

- 能流：能流仅用于位（布尔）输入。能流输入必须用在局部变量表中其他类型输入之前。只有输入参数允许使用。在梯形图中表达形式为用触点（位输入）将左侧母线与子程序的指令盒连接起来。例如带参数子程序调用指令（图 3-74）中的使能输入（EN）和 IN1 输入使用布尔输入。

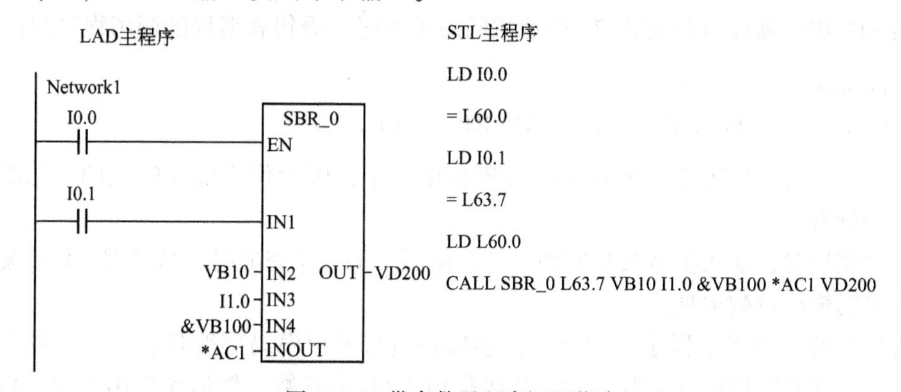

图 3-74　带参数子程序调用指令

- 布尔：该数据类型用于位输入和输出。例如图 3-74 中的 IN3 是布尔输入。
- 字节、字、双字：这些数据类型分别用于 1 个、2 个或 4 个字节不带符号的输入或输出参数。
- 整数、双整数：这些数据类型分别用于 2 个或 4 个字节带符号的输入或输出参数。
- 实数：该数据类型用于单精度（4 个字节）IEEE 浮点数值。

(4) 建立带参数子程序的局部变量表

局部变量表隐藏在程序显示区，将梯形图显示区向下拖动，可以露出局部变量表，在局部变量表输入变量名称、变量类型和数据类型等参数以后，双击指令树中子程序（或单击快捷按钮〈F9〉，在弹出的菜单中选择子程序项），在梯形图显示区显示出带参数的子程序调用指令盒。

局部变量表变量类型的修改方法：用光标选中变量类型区，单击鼠标右键得到一个下拉菜单，单击选中的类型，在变量类型区光标所在处可以得到选中的类型。

子程序传递的参数放在子程序的局部存储器（L）中，局部变量表最左列是系统指定的每个被传递参数的局部存储器地址。

(5) 带参数子程序调用指令格式

对于梯形图程序，在子程序局部变量表中为该子程序定义参数后（见表 3-19），将生成客户化的调用指令块（见图 3-74），指令块中自动包含子程序的输入参数和输出参数。

在梯形图程序中插入调用指令的方法：第一步，打开程序，将光标移至调用子程序的网络处。第二步，在指令树中，打开“子程序”文件夹然后双击该子程序名。第三步，为调用指令参数指定有效的操作数。有效操作数为：存储器的地址、常量、全局变量以及调用指令所在程序中的局部变量（并非被调用子程序中的局部变量）。

注意： 如果在使用子程序调用指令后，修改该子程序的局部变量表，则调用指令无效。必须删除无效调用，并用反映正确参数的最新调用指令代替该调用。子程序和调用程序共用累加器。不会因使用子程序对累加器执行保存或恢复操作。

带参数子程序调用的 LAD 指令格式如图 3-74 所示。图中的 STL 主程序是由编程软件 STEP-7 Micro/WIN32 从 LAD 程序建立的 STL 代码。注意：系统保留局部变量存储器 L 内存的 4 个字节（LB60~LB63），用于调用参数。图中，L 内存（如 L60，L63.7）被用于保存布尔输入参数，此类参数在 LAD 中被显示为能流输入。图中的由 Micro/WIN 从 LAD 图形建立的 STL 代码，可在 STL 视图中显示。

若用 STL 编辑器输入与图 3-74 所示相同的子程序，语句表编程的调用程序为：

```
LD I0.0
CALL SBR_ 0 I0.1, VB10, I1.0 , &VB100, * AC1 , VD200
```

需要说明的是：该程序只能在 STL 编辑器中显示，因为作为能流输入的布尔参数，未在 L 内存中保存。

子程序调用时，输入参数被复制到局部存储器。子程序完成时，从局部存储器复制输出参数到指定的输出参数地址。

在带参数的“调用子程序”指令中，参数必须与子程序局部变量表中定义的变量完全匹配。参数顺序必须以输入参数开始，其次是输入/输出参数，然后是输出参数。位于指令树中的子程序名称的工具将显示每个参数的名称。

调用带参数子程序时，使 ENO=0 的错误条件是：0008（子程序嵌套超界），SM4.3（运行时间）。

二维码 3-14

【例 3-10】 编制一个带参数的子程序，完成任意两个整数的加法。

1）建立一个子程序，并在该子程序局部变量表中输入局部变量，两个整数的加法带参数的子程序如图 3-75 所示。

	符号	变量类型	数据类型	注释
	EN	IN	BOOL	
LW0	in1	IN	INT	
LW2	in2	IN	INT	
		IN		
		IN_OUT		
LW4	out	OUT	INT	
		OUT		
		TEMP		

网络 1

SM0.0 ADD_I EN ENO

#in1 IN1 OUT #out

#in2 IN2

MAIN SBR_0 INT_0

图 3-75 两个整数的加法（带参数的子程序）

2）用局部变量表中定义的局部变量编写两个整数加法的子程序，如图 3-76 所示。

3）在主程序中调用带参数的子程序，如图 3-76 所示。

4）在图 3-76 所示的主程序中应根据子程序局部变量表中变量的数据类型（INT）指定输入、输出变量的地址（对于整数型的变量应按字编址），输入变量也可以为常量，如图 3-77 所示，便可以实现 VW0+VW2=VW100 的运算。

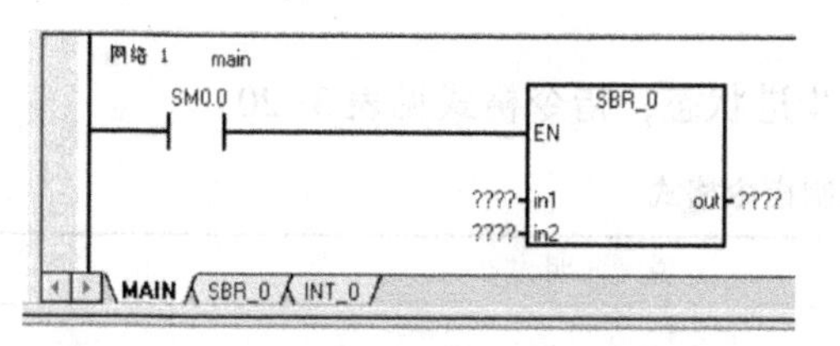

图 3-76　在主程序中调用带参数的子程序

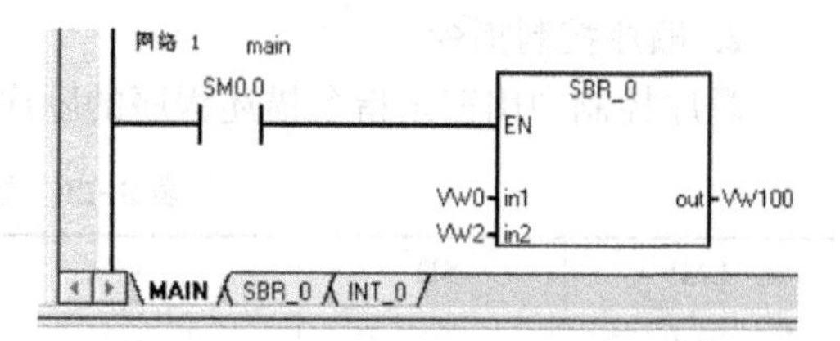

图 3-77　给输入/输出变量指定地址

由例 3-10 可以看出，带参数的子程序是独立的，可以用来实现某一特定的控制功能。带参数的子程序可以导出，形成一个扩展名为. awl 的文件，（通过选择菜单“文件”→“导出”）。在其他的项目中，通过选择菜单“文件”→“导入”导入该文件，便可以直接使用该子程序。

3.6.3　步进顺序控制指令

在使用 PLC 进行顺序控制中常采用顺序控制指令，这是一种由功能图设计梯形图的步进型指令。首先用程序流程图来描述程序的设计思想，然后用指令编写出符合程序设计思想的程序。使用功能流程图可以描述程序的顺序执行、循环、条件分支，程序的合并等功能流程概念。顺序控制指令可以将程序功能流程图转换成梯形图程序。功能流程图是设计梯形图程序的基础。

1. 功能流程图简介

功能流程图是按照顺序控制的思想，根据工艺过程，根据输出量的状态变化，将一个工作周期划分为若干顺序相连的步，在任何一步内，各输出量的 ON/OFF 状态不变，但是相邻两步输出量的状态是不同的。所以可以将程序的执行分成各个程序步，通常用顺序控制继电器的位 S0.0~S31.7 代表程序的状态步。

使系统由当前步进入下一步的信号称为转换条件，又称为步进条件。转换条件可以是外部的输入信号，如按钮、指令开关和限位开关的接通/断开等；也可以是程序运行中产生的信号，如定时器、计数器的常开触点的接通等；转换条件还可能是若干个信号的逻辑运算的组合。

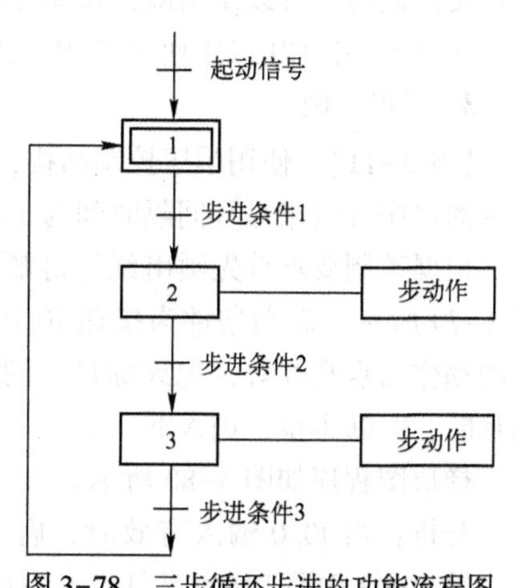

图 3-78　三步循环步进的功能流程图

一个三步循环步进的功能流程图如图 3-78 所示，功能流程图中的每个方框代表一个状态步，如图中 1、2、3 分别代表程序三步状态。与控制过程的初始状态相对应的步称为初始步，用双线框表示，初始步可以没有步动作或者在初始步进行手动复位的操作。可以分别用 S0.0、S0.1、S0.2 表示上述的三个状态步，程序执行到某步时，该步状态位置 1，其余为 0。例如执行第一步时，S0.0=1，而 S0.1、S0.2 全为 0。每步所驱动的负载，称为步动作，用方框中的文字或符号表示，并用线将该方框和相应的步相连。状态步之间用有向连线连接，表示状态步转移的方向，有向连线上没有箭头标注时，方向为自上而下、自左而右。有向连线上的短线表示状态步的转换条件。

2. 顺序控制指令

顺序控制中用三条指令描述程序的顺序控制步进状态，指令格式见表 3-20。

表 3-20　顺序控制指令格式

LAD	STL	说　明
??.? SCR	LSCR n	步开始指令，为步开始的标志，该步的状态元器件的位置 1 时，执行该步
??.? —(SCRT)	SCRT n	步转移指令，使能有效时，关断本步，进入下一步。该指令由转换条件的接点启动，n 为下一步的顺序控制状态元器件
—(SCRE)	SCRE	步结束指令，为步结束的标志

1）顺序步开始指令（LSCR）。顺序控制继电器位 $S_{X,Y}=1$ 时，该程序步执行。

2）顺序步结束指令（SCRE）。顺序步的处理程序在 LSCR 和 SCRE 之间。

3）顺序步转移指令（SCRT）。使能输入有效时，将本顺序步的顺序控制继电器位清零，下一步顺序控制继电器位置 1。

在使用顺序控制指令时应注意：

① 步进控制指令 SCR 只对状态元件 S 有效。为了保证程序的可靠运行，驱动状态元件 S 的信号应采用短脉冲。

② 当输出需要保持时，可使用 S/R 指令。

③ 不能把同一编号的状态元器件用在不同的程序中。例如，如果在主程序中使用 S0.1，则不能在子程序中再使用。

④ 在 SCR 段中不能使用 JMP 和 LBL 指令。即不允许跳入或跳出 SCR 段，也不允许在 SCR 段内跳转。可以使用跳转和标号指令在 SCR 段周围跳转。

⑤ 不能在 SCR 段中使用 FOR、NEXT 和 END 指令。

3. 应用举例

【例 3-11】 使用顺序控制结构，编写出实现红、绿灯循环显示的程序（要求循环间隔时间为 1 s）。

根据控制要求首先画出红绿灯顺序显示的功能流程图，如图 3-79 所示。起动条件为按钮 I0.0，步进条件为时间，状态步的动作为点亮红灯，熄灭绿灯，同时启动定时器，步进条件满足时，关断本步，进入下一步。

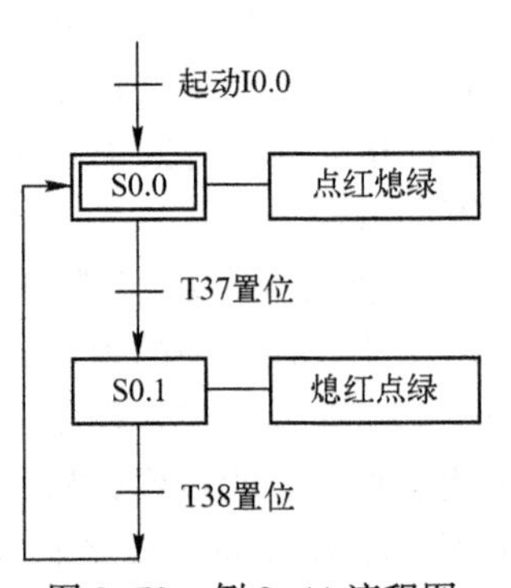

图 3-79　例 3-11 流程图

梯形图程序如图 3-80 所示。

分析：当 I0.0 输入有效时，启动 S0.0，执行程序的第一步，输出 Q0.0 置 1（点亮红灯），Q0.1 置 0（熄灭绿灯），同

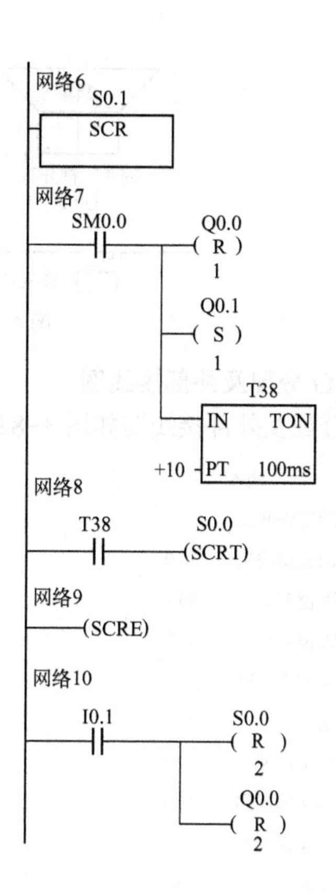

图 3-80　例 3-11 梯形图

时启动定时器 T37，经过 1 s，步进转移指令使得 S0. 1 置 1，S0. 0 置 0，程序进入第二步，输出点 Q0. 1 置 1（点亮绿灯），输出点 Q0. 0 置 0（熄灭红灯），同时启动定时器 T38，经过 1 s，步进转移指令使得 S0. 0 置 1，S0. 1 置 0，程序进入第一步执行。如此周而复始，循环工作，直到 I0. 1 接通时，红灯、绿灯同时熄灭。

3. 6. 4　送料车控制实训

1. 实训目的

1）掌握应用 PLC 控制送料车编程的思想和方法。

2）掌握应用顺序功能控制指令编程的方法，增强应用功能指令编程的意识。

3）熟练掌握 PLC 的 I/O 配置及外部接线，提高应用 PLC 的能力。

2. 控制要求

送料小车控制示意图如图 3-81 所示，当小车处于后端时，按下起动按钮，小车向前运行，行至前端时压下前限位开关，翻斗门打开装货，7 s 后，关闭翻斗门，小车向后运行，行至后端时压下后限位开关，打开小车底门卸货，5 s 后底门关闭，完成一次动作。

要求控制送料小车的运行，并具有以下几种运行方式：

1）手动操作。用各自的控制按钮，一一对应地接通或断开各负载的工作方式。

2）单周期操作。按下起动按钮，小车往复运行一次后，停在后端等待下次起动。

3）连续操作。按下起动按钮，小车自动连续往复运动。

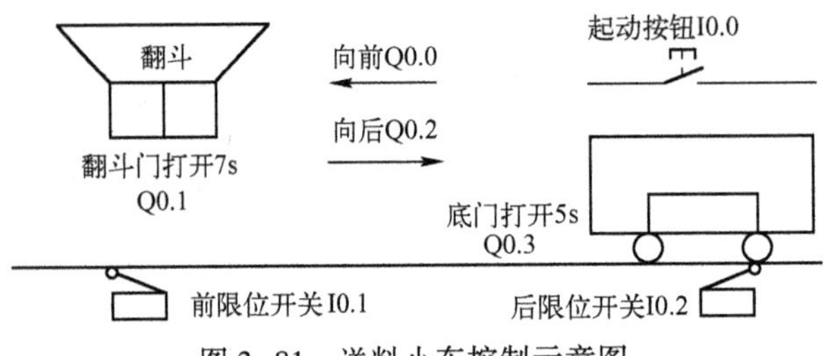

图 3-81　送料小车控制示意图

3. I/O 分配及外部接线图

I/O 分配及外部接线图如图 3-82 所示。

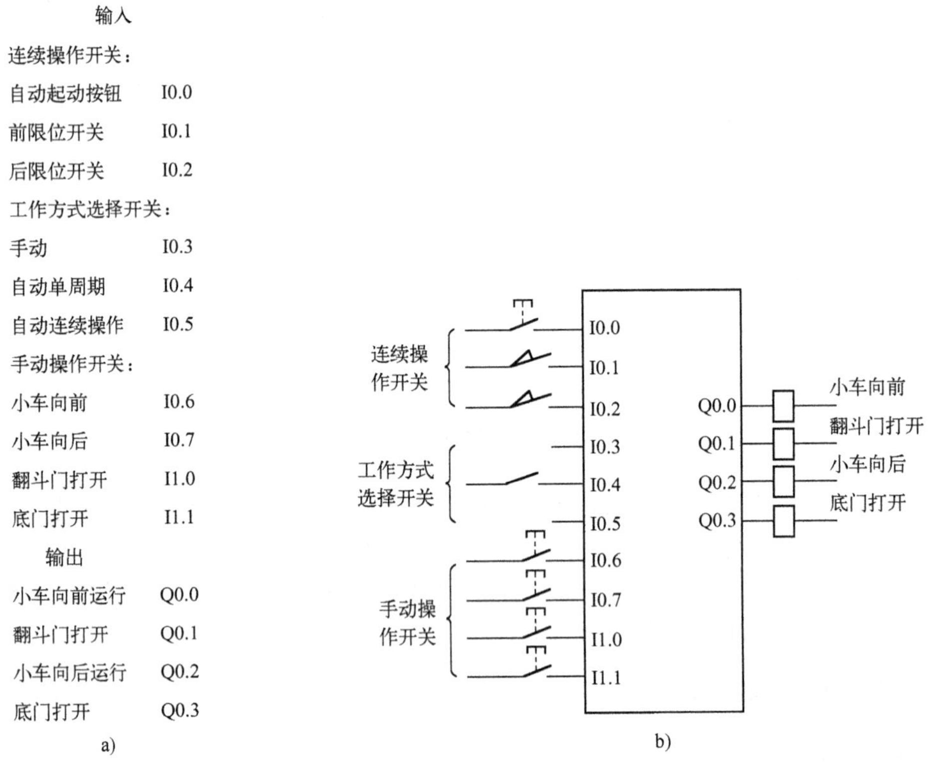

图 3-82　I/O 分配及外部接线图
a）I/O 分配　b）外部接线图

4. 程序结构图

总程序结构如图 3-83 所示，其中包括手动程序和自动程序两个程序块，由跳转指令选择执行。当选择开关接通手动操作方式时（如图 3-82 所示），I0.3 输入映像寄存器置位为 1，I0.4、I0.5 输入映像寄存器置位为 0。在图 3-83 中，I0.3 常闭触点断开，执行手动程序；I0.4、I0.5 常闭触点均为闭合状态，跳过自动程序不执行。若选择开关接通单周期或连续操作方式时，图 3-83 中的 I0.3 常闭触点闭合，I0.4、I0.5 触点断开，使程序跳过手动程序而选择执行自动程序。

5. 手动操作方式的梯形图程序

手动操作方式的梯形图程序如图 3-84 所示。

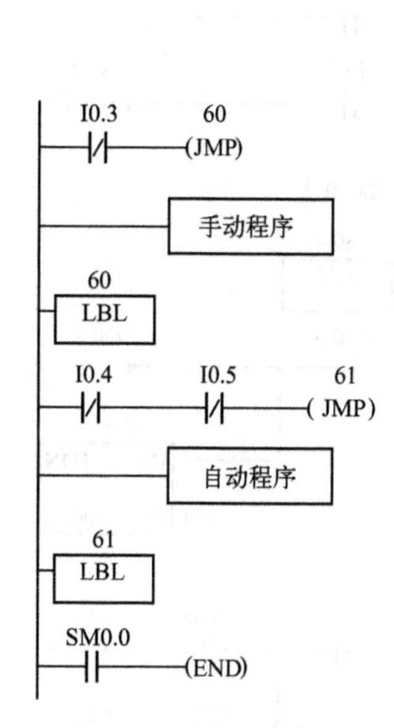

图 3-83　总程序结构图

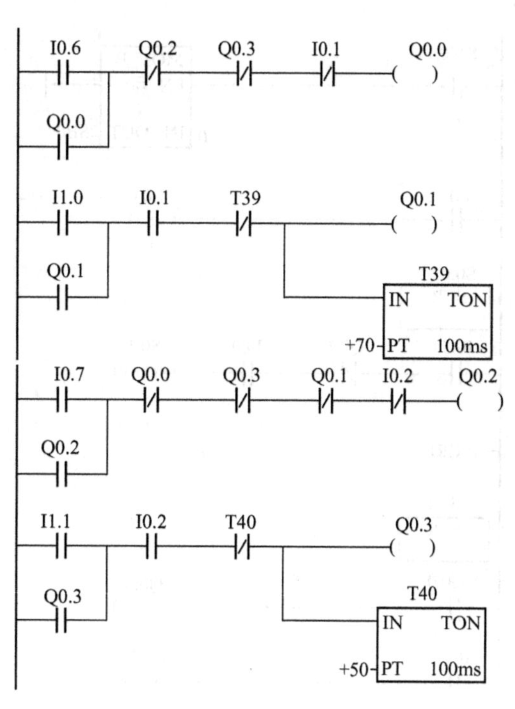

图 3-84　手动操作方式的梯形图程序

6. 自动操作的功能流程图和梯形图

自动操作的功能流程图如图 3-85 所示。

当在 PLC 进入 RUN 状态前就选择了单周期或连续操作方式时，程序一开始运行初始化脉冲 SM0.1，使 S0.0 置位为 1，此时若小车在后限位开关处，且底门关闭，I0.2 常开触点闭合，Q0.3 常闭触点闭合，按下起动按钮，I0.0 触点闭合，则进入 S0.1，关断 S0.0，Q0.0 线圈得电，小车向前运行；小车行至前限位开关处，I0.1 触点闭合，进入 S0.2，关断 S0.1，Q0.1 线圈得电，翻斗门打开装料，7 s 后，T37 触点闭合进入 S0.3，关断 S0.2（关闭翻斗门），Q0.2 线圈得电，小车向后行进，小车行至后限位开关处，I0.2 触点闭合，关断 S0.3（小车停止），进入 S0.4，Q0.3 线圈得电，底门打开卸料，5 s 后 T38 触点闭合。

若为单周期运行方式，I0.4 触点接通，再次进入 S0.0，此时如果按下起动按钮，I0.0 触点闭合，则开始下一周期的运行；若为连续运行方式，I0.5 触点接通，进入 S0.1，Q0.0 线圈得电，小车再次向前行进，实现连续运行。将该功能流程图转换为梯形图，自动操作步进梯形图如图 3-86 所示。

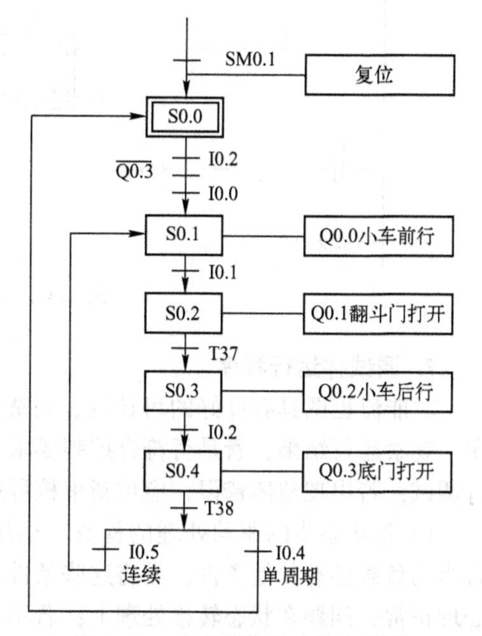

图 3-85　自动操作的功能流程图

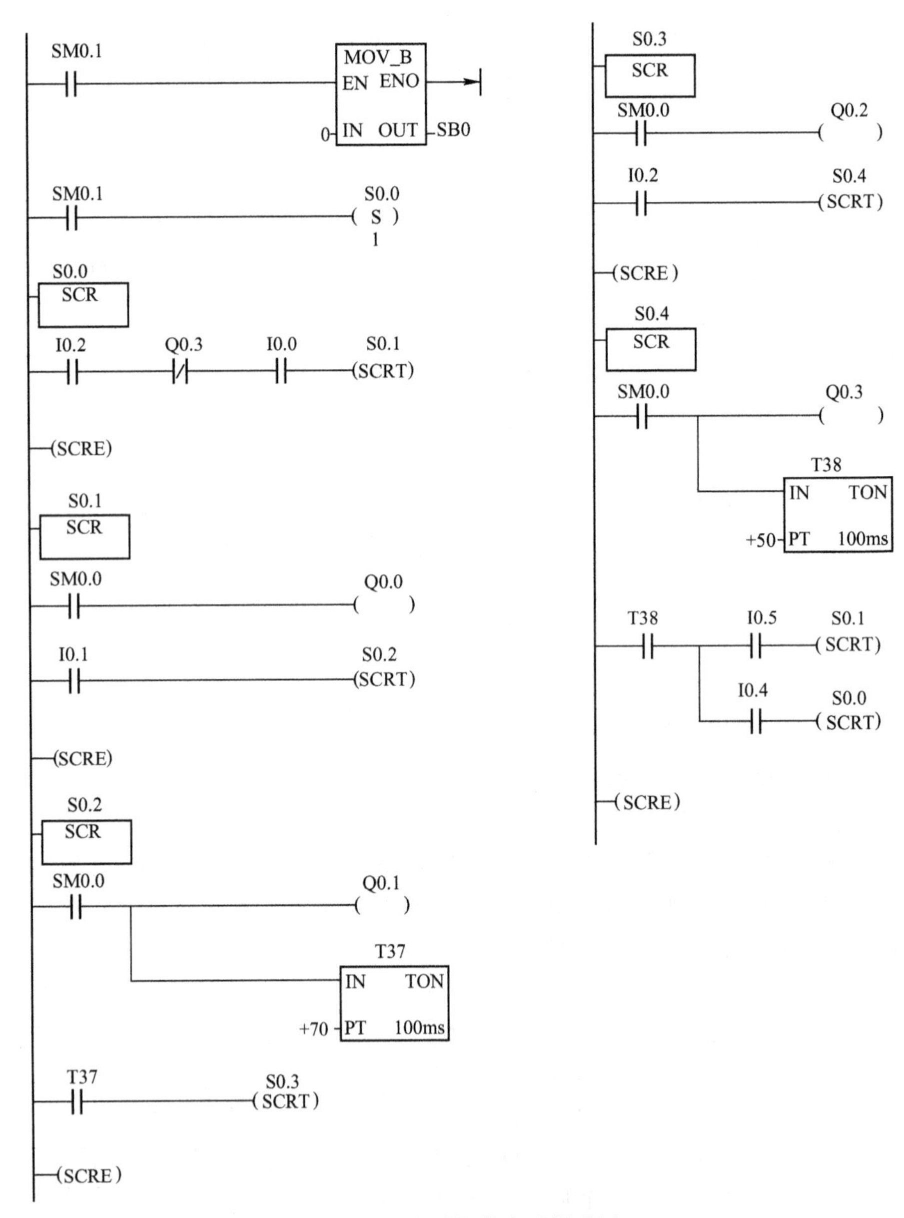

图 3-86 自动操作步进梯形图

7. 调试并运行程序

功能流程图具有良好的可读性，可先阅读功能流程图预测其结果，然后再上机运行程序，观察运行结果，看是否符合控制要求。若出现局部问题，可充分利用监控和测试功能进行调试；若出现整体错误，应重新审核程序，对照编程原则和编程方法进行全面的检查。

1）各状态步的驱动处理的检查。运用监控和测试手段，强制激活其对应的状态元件，若驱动负载还有其他条件，需将这些条件加上，看负载能否驱动。若能正常驱动，表明驱动处理正常，问题在状态转移处理上；若不能正常驱动，表明问题在程序上，需要检查该状态对应的驱动程序。

2）状态的转移处理的检查。同样运用监控和测试手段，首先使功能流程图的初始化状态激活，依次使转移条件动作，监控各状态能否按规定的顺序进行转移。若不能正常转移，故障可能有以下几种情况：

① 转移条件为 ON 但没有任何状态元器件动作，则表明编程或写入时转移条件或状态元器件的编号错误。

② 状态元器件发生跳跃动作，则表明编程或写入时出现混乱。

③ 状态元器件动作顺序错乱，则表明编程原则和编程方法使用不当，应严格检查程序。

3）常见的故障。

① 编程错误。没有正确使用编程原则和编程方法；程序书写错误。

② 写入错误。在程序输入 PLC 时出现手误。

8. 训练题

一个 3 台电动机的顺序控制系统，起动顺序为 M1→M2→M3，间隔 5 s，I0.0 为起动信号。停车顺序相反即 M3→M2→M1，间隔 5 s，I0.1 为停车信号。画出功能流程图，写出梯形图，运行并调试程序。

3.7 习题

1. 填空。

1）通电延时定时器（TON）的输入（IN）________时开始定时，当前值大于等于设定值时其定时器位变为________，其常开触点________，常闭触点________。

2）通电延时定时器（TON）的输入（IN）电路________时被复位，复位后其常开触点________，常闭触点________，当前值等于________。

3）若加计数器的计数输入电路（CU）________，复位输入电路（R）________，计数器的当前值加 1。当前值大于等于设定值（PV）时，其常开触点________，常闭触点________。复位输入电路________时计数器被复位，复位后其常开触点________，常闭触点________，当前值为________。

4）输出指令（=）不能用于________映像寄存器。

5）SM ________在首次扫描时为 1，SM0.0 一直为________。

6）外部的输入电路接通时，对应的输入映像寄存器为________状态，梯形图中对应的常开接点________，常闭接点________。

7）若梯形图中输出 Q 的线圈“断电”，对应的输出映像寄存器为________状态，在输出刷新后，继电器输出模块中对应的硬件继电器的线圈________，其常开触点________。

8）步进控制指令 SCR 只对________有效。为了保证程序的可靠运行，对它的驱动信号应采用________。

9）功能流程图是根据________，将一个工作周期划分为若干顺序相连的步，在任何一步内，各输出量 ON/OFF 状态________，但是相邻两步输出量的状态是不同的。与控制过程的初始状态相对应的步称为________。

10）子程序局部变量表中的变量有________、________、________、________ 4 种类型，子程序最多可传递________个参数。

2. 写出图 3-87 所示梯形图的语句表程序。

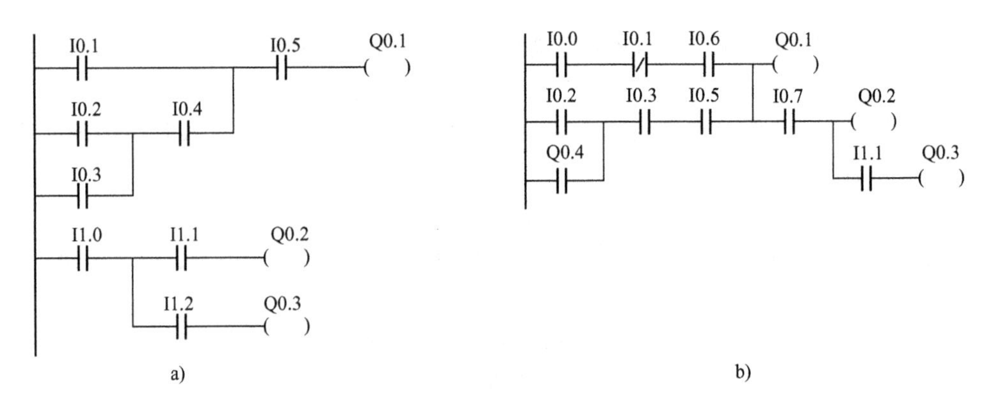

图 3-87　习题 2 梯形图的语句表程序

3. 写出下列语句表对应的梯形图。

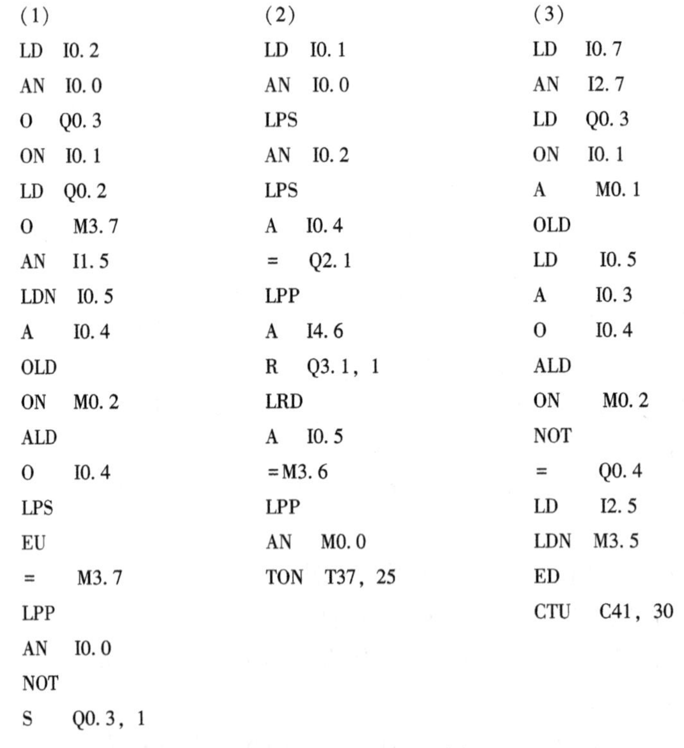

(1)

```
LD   I0.2
AN   I0.0
O    Q0.3
ON   I0.1
LD   Q0.2
O    M3.7
AN   I1.5
LDN  I0.5
A    I0.4
OLD
ON   M0.2
ALD
O    I0.4
LPS
EU
=    M3.7
LPP
AN   I0.0
NOT
S    Q0.3, 1
```

(2)

```
LD   I0.1
AN   I0.0
LPS
AN   I0.2
LPS
A    I0.4
=    Q2.1
LPP
A    I4.6
R    Q3.1, 1
LRD
A    I0.5
=M3.6
LPP
AN   M0.0
TON  T37, 25
```

(3)

```
LD   I0.7
AN   I2.7
LD   Q0.3
ON   I0.1
A    M0.1
OLD
LD   I0.5
A    I0.3
O    I0.4
ALD
ON   M0.2
NOT
=    Q0.4
LD   I2.5
LDN  M3.5
ED
CTU  C41, 30
```

4. 画出图 3-88 中 M0.0 的波形图。

5. 使用置位指令、复位指令，编写两套程序，控制要求如下：

1）起动时，电动机 M1 先起动后，才能起动电动机 M2，停止时，电动机 M1、M2 同时停止。

图 3-88　习题 4 M0.0 的波形图

2）起动时，电动机 M1、M2 同时起动，停止时，只有在电动机 M2 停止时，电动机 M1 才能停止。

6. 用 S、R 和跳变指令设计出图 3-89 所示的波形图的梯形图。

7. 画出图 3-90 所示程序 Q0.0 的波形图。

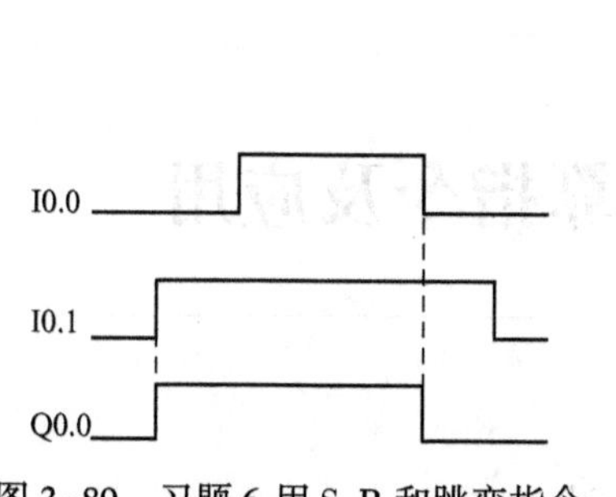

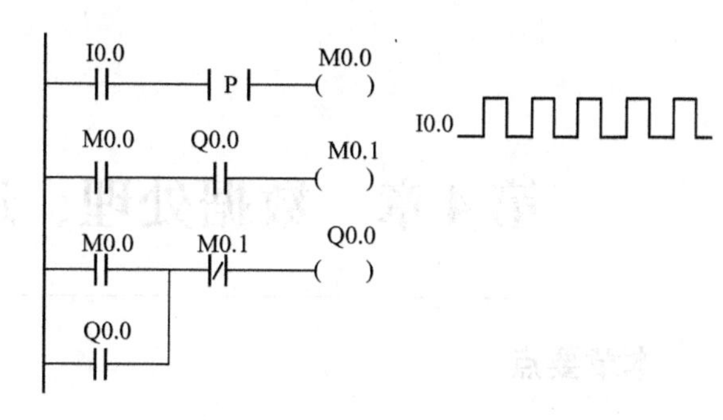

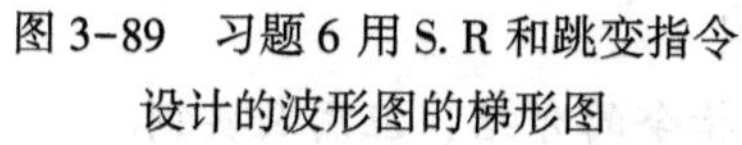
图 3-89　习题 6 用 S. R 和跳变指令设计的波形图的梯形图

图 3-90　习题 7 程序 Q0. 0 的波形图

8. 设计满足图 3-91 所示时序图的梯形图。

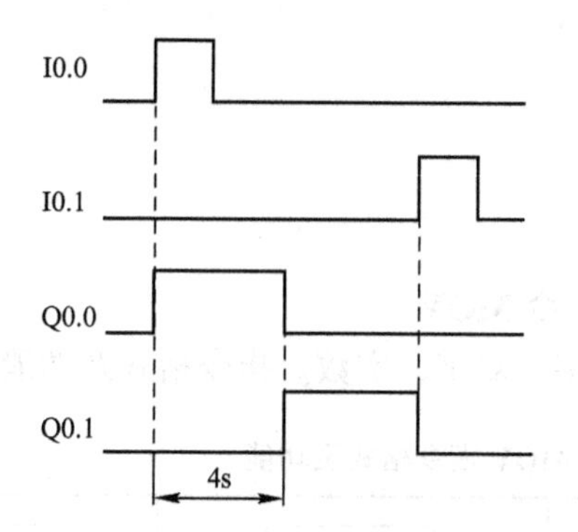

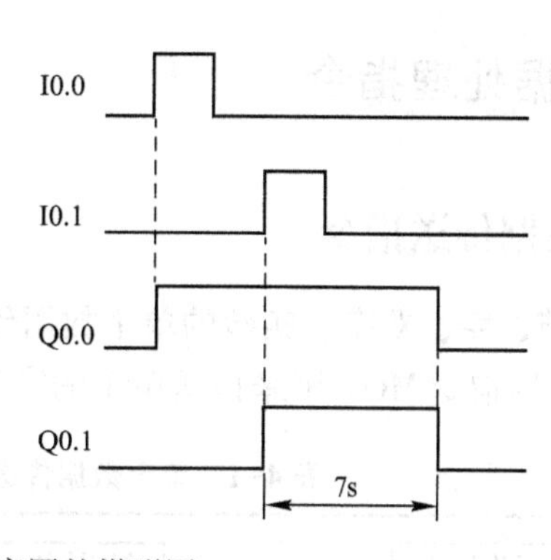

图 3-91　习题 8 时序图的梯形图

9. 如图 3-92 所示，按钮 I0. 0 按下后，Q0. 0 变为 1 状态并自保持，I0. 1 输入 3 个脉冲后，（用 C1 计数），T37 开始定时，5 s 后，Q0. 0 变为 0 状态，同时 C1 被复位，在 PLC 刚开始执行用户程序时，C1 也被复位，设计出梯形图。

10. 设计周期为 5 s、占空比为 20%的方波输出信号程序。

11. 使用顺序控制结构，编写出实现红、黄、绿 3 种颜色信号灯循环显示的程序（要求循环间隔时间为 0. 5 s），并画出该程序设计的功能流程图。

12. 要求采用步进顺序控制指令编写 PLC 程序，完成下列控制要求。

1）小车的轨迹如图 3-93 所示。所有位置点均采用行程开关控制，前进和后退分别由快进、慢进、快退 3 个独立的电动机控制。

2）要求有起、停按钮，起动后能够实现自动往复运行。

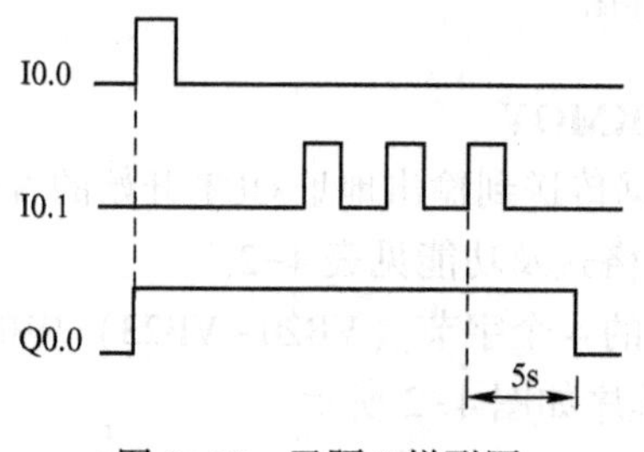

图 3-92　习题 9 梯形图

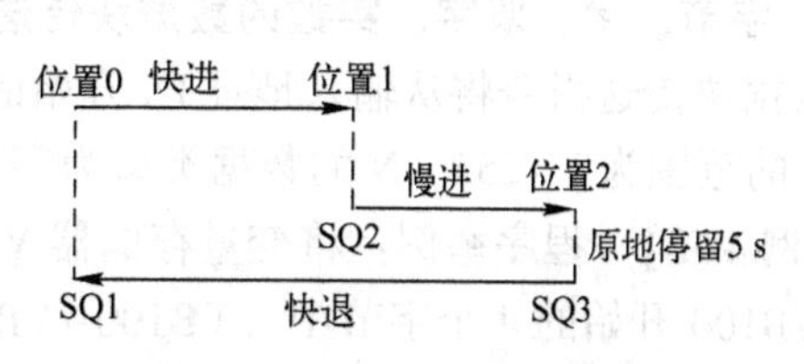

图 3-93　习题 12 小车的轨迹

第4章 数据处理、运算指令及应用

> **本章要点**
>
> - 数据传送、移位、转换指令的介绍、应用及实训
> - 算术运算、逻辑运算、递增/递减指令、字填充指令的介绍、应用及实训

4.1 数据处理指令

4.1.1 数据传送指令

1. 字节、字、双字、实数的单个数据传送指令 MOV

数据传送指令 MOV 用来传送单个的字节、字、双字、实数。指令格式及功能见表 4-1。

表 4-1 单个数据传送指令 MOV 指令格式及功能

LAD	MOV_B EN ENO ????-IN OUT-????	MOV_W EN ENO ????-IN OUT-????	MOV_DW EN ENO ????-IN OUT-????	MOV_R EN ENO ????-IN OUT-????
STL	MOVB IN，OUT	MOVW IN，OUT	MOVD IN，OUT	MOVR IN，OUT
功能	使能输入有效时，即 EN=1 时，将输入 IN 的一个字节、字/整数、双字/双整数或实数送到 OUT 指定的存储器输出。在传送过程中不改变数据的大小。传送后，输入存储器 IN 中的内容不变			

【例 4-1】 将变量存储器 VW10 中的内容送到 VW100 中。程序如图 4-1 所示。

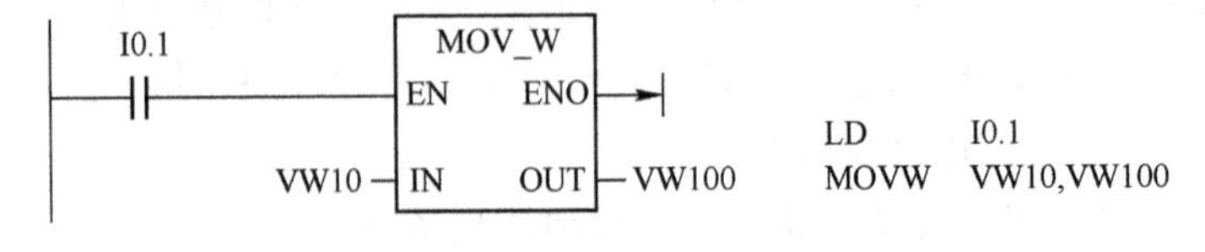

图 4-1 例 4-1 程序图

2. 字节、字、双字、实数的数据块传送指令 BLKMOV

数据块传送指令将从输入地址 IN 开始的 N 个数据传送到输出地址 OUT 开始的 N 个单元中，N 的范围为 1~255，N 的数据类型为字节。指令格式及功能见表 4-2。

【例 4-2】 程序举例：将变量存储器 VB20 开始的 4 个字节（VB20~VB23）中的数据，移至 VB100 开始的 4 个字节中（VB100~VB103）。程序如图 4-2 所示。

程序执行后，将 VB20~VB23 中的数据 30、31、32、33 送到 VB100~VB103。

表 4-2　数据块传送指令 BLKMOV 指令格式及功能

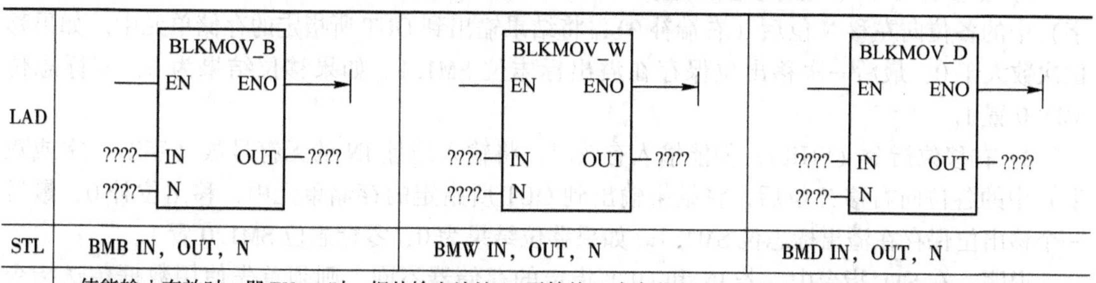

LAD	BLKMOV_B EN ENO ????-IN OUT-???? ????-N	BLKMOV_W EN ENO ????-IN OUT-???? ????-N	BLKMOV_D EN ENO ????-IN OUT-???? ????-N
STL	BMB IN，OUT，N	BMW IN，OUT，N	BMD IN，OUT，N
功能	使能输入有效时，即 EN=1 时，把从输入地址 IN 开始的 N 个字节（字、双字）传送到以输出地址 OUT 开始的 N 个字节（字、双字）中		

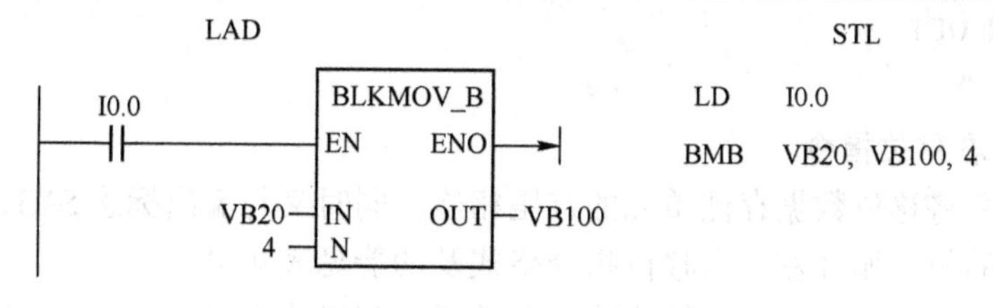

图 4-2　例 4-2 程序图

执行结果如下：	数组 1 数据	30	31	32	33
	数据地址	VB20	VB21	VB22	VB23
块移动执行后：	数组 2 数据	30	31	32	33
	数据地址	VB100	VB101	VB102	VB103

4.1.2　移位指令及应用举例

移位指令分为左、右移位，循环左、右移位及移位寄存器指令 3 大类。前两类移位指令按移位数据的长度又分字节型、字型、双字型 3 种。

1. 左、右移位指令

左、右移位数据存储单元与 SM1.1（溢出）端相连，移出位被放到特殊标志存储器 SM1.1 位。移位数据存储单元的另一端补 0。移位指令格式及功能见表 4-3。

表 4-3　移位指令格式及功能

LAD	SHL_B EN ENO ????-IN OUT-???? ????-N SHR_B EN ENO ????-IN OUT-???? ????-N	SHL_W EN ENO ????-IN OUT-???? ????-N SHR_W EN ENO ????-IN OUT-???? ????-N	SHL_DW EN ENO ????-IN OUT-???? ????-N SHR_DW EN ENO ????-IN OUT-???? ????-N
STL	SLB OUT，N SRB OUT，N	SLW OUT，N SRW OUT，N	SLD OUT，N SRD OUT，N

1）左移位指令（SHL）。使能输入有效时，将输入地址 IN 的无符号数（字节、字或双字）中的各位向左移 N 位后（右端补 0），将结果输出到 OUT 所指定的存储单元中。如果移位次数大于 0，最后一次移出位保存在溢出标志位 SM1.1。如果移位结果为 0，零标志位 SM1.0 置 1。

2）右移位指令（SHR）。使能输入有效时，将输入地址 IN 的无符号数（字节、字或双字）中的各位向右移 N 位后，将结果输出到 OUT 所指定的存储单元中，移出位补 0，最后一个移出位保存在溢出标志位 SM1.1。如果移位结果为 0，零标志位 SM1.0 置 1。

说明：在 STL 指令中，若 IN 和 OUT 指定的存储器不同，则须首先使用数据传送指令 MOV 将 IN 中的数据送入 OUT 所指定的存储单元。例如：

```
MOVB IN,OUT
SLB OUT,N
```

2. 循环左、右移位指令

循环移位指令将移位数据存储单元的首尾相连，同时又与溢出标志 SM1.1 连接，SM1.1 用来存放被移出的位。循环左、右移位指令格式及功能见表 4-4。

1）循环左移位指令（ROL）。使能输入有效时，将输入地址 IN 的无符号数（字节、字或双字）循环左移 N 位后，将结果输出到 OUT 所指定的存储单元中，移出的最后一位的数值送溢出标志位 SM1.1。当需要移位的数值是 0 时，零标志位 SM1.0 置 1。

2）循环右移位指令（ROR）。使能输入有效时，将输入地址 IN 的无符号数（字节、字或双字）循环右移 N 位后，将结果输出到 OUT 所指定的存储单元中，移出的最后一位的数值送溢出标志位 SM1.1。当需要移位的数值是 0 时，零标志位 SM1.0 置 1。

表 4-4 循环左、右移位指令格式及功能

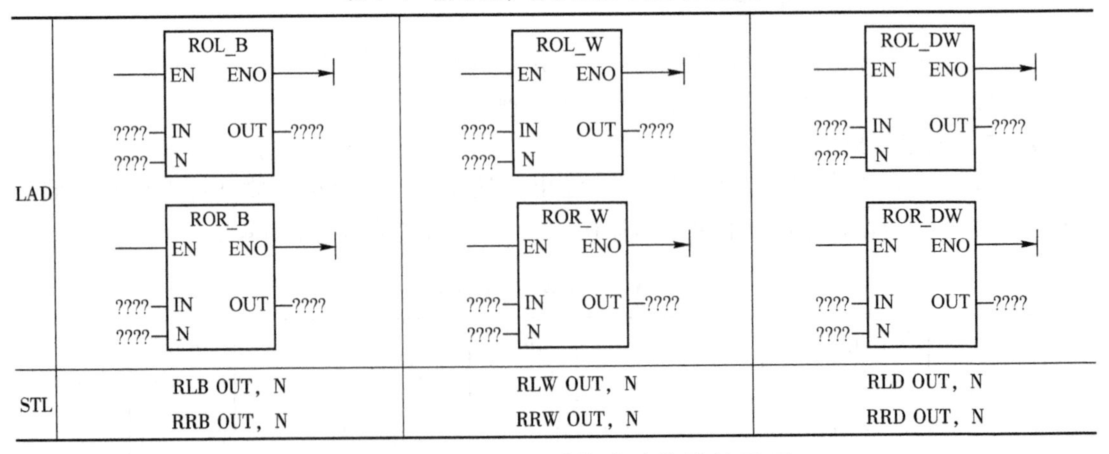

	字节	字	双字
LAD	ROL_B / ROR_B	ROL_W / ROR_W	ROL_DW / ROR_DW
STL	RLB OUT，N RRB OUT，N	RLW OUT，N RRW OUT，N	RLD OUT，N RRD OUT，N

3）移位次数 N≥数据类型（B、W、D）时的移动位数的处理。

如果操作数是字节，当移位次数 N≥8 时，则在执行循环移位前，先对 N 进行模 8 操作（N 除以 8 后取余数），其结果 0~7 为实际移动位数。

如果操作数是字，当移位次数 N≥16 时，则在执行循环移位前，先对 N 进行模 16 操作（N 除以 16 后取余数），其结果 0~15 为实际移动位数。

如果操作数是双字，当移位次数 N≥32 时，则在执行循环移位前，先对 N 进行模 32 操作（N 除以 32 后取余数），其结果 0~31 为实际移动位数。

说明：在 STL 指令中，若 IN 和 OUT 指定的存储器不同，则处理方法与左、右移位指令相同。例如：

```
MOVB    IN, OUT
SLB     OUT, N
```

【例 4-3】 将 AC0 中的字循环右移 2 位，将 VW200 中的字左移 3 位。程序及运行结果如图 4-3 所示。

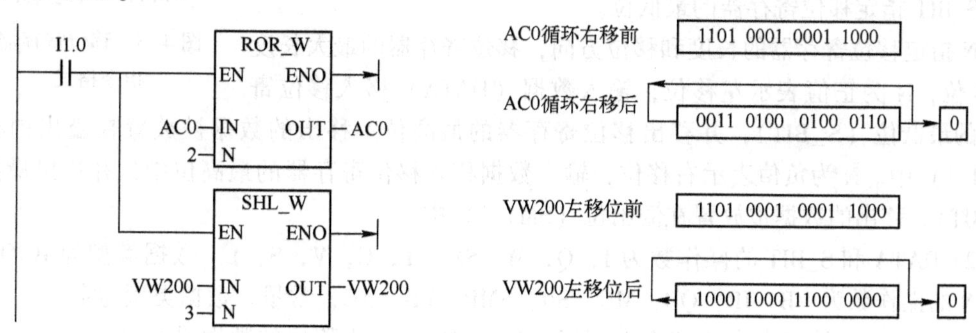

图 4-3 程序及运行结果

【例 4-4】 用 I0.0 控制接在 Q0.0~Q0.7 上的 8 个彩灯循环移位，从右到左以 0.5 s 的速度依次点亮，保持任意时刻只有一个指示灯亮，到达最左端后，再从右到左依次点亮。

分析：8 个彩灯循环移位控制，可以用字节的循环移位指令。根据控制要求，首先应置彩灯的初始状态为 QB0=1，即右边第一盏灯亮；接着灯从右到左以 0.5 s 的速度依次点亮，即要求字节 QB0 中的“1”用循环左移位指令实现每 0.5 s 移动一位，因此须在 ROL_B 指令的 EN 端接一个 0.5 s 的移位脉冲（可用定时器指令实现）。梯形图程序和语句表程序如图 4-4 所示。

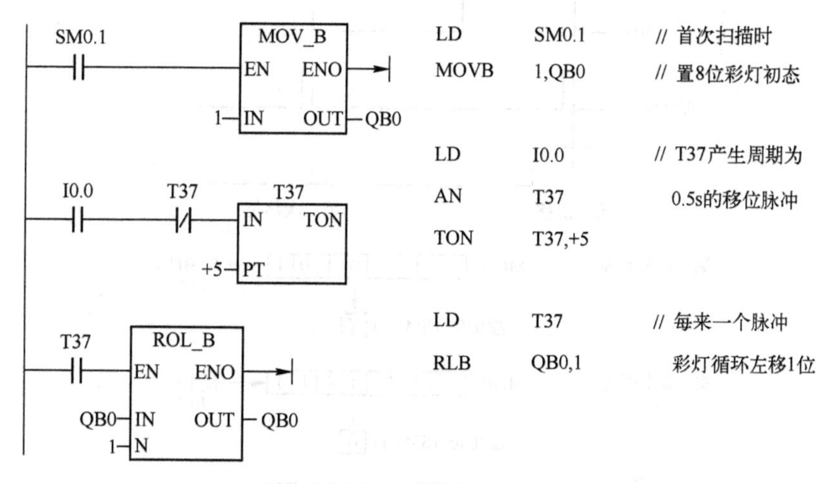

图 4-4 梯形图程序和语句表程序

3. 移位寄存器指令（SHRB）

移位寄存器指令是可以指定移位寄存器的长度和移位方向的移位指令。其指令格式如图 4-5所示。

说明：

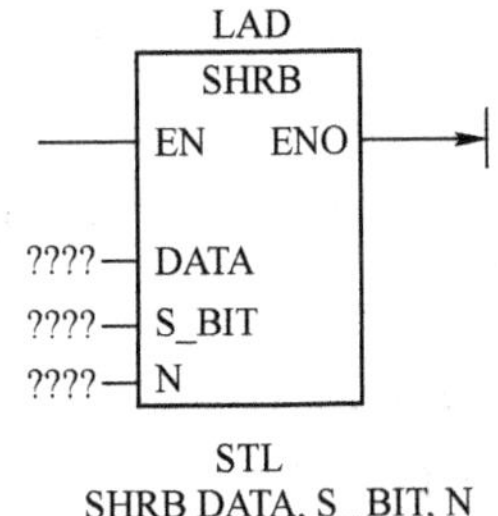

图 4-5　移位寄存器指令格式

1）移位寄存器指令 SHRB 将 DATA 数值移入移位寄存器。梯形图中：EN 为使能输入端，连接移位脉冲信号，每次使能有效时，整个移位寄存器进行移动 1 位的操作。DATA 为数据输入端，连接移入移位寄存器的二进制数值，执行指令时将该位的值移入寄存器。

S_BIT 指定移位寄存器的最低位。

N 指定移位寄存器的长度和移位方向，移位寄存器的最大长度为 64 位，N 为正值表示左移位，输入数据（DATA）移入移位寄存器的最低位（S_BIT），并移出移位寄存器的最高位。移出的数据被放置在溢出内存位（SM1.1）中。N 为负值表示右移位，输入数据移入移位寄存器的最高位中，并移出最低位（S_BIT）。移出的数据被放置在溢出位（SM1.1）中。

2）DATA 和 S_BIT 的操作数为 I，Q，M，SM，T，C，V，S，L。数据类型为 BOOL 变量。N 的操作数为 VB，IB，QB，MB，SB，SMB，LB，AC，常量。数据类型为字节。

3）移位寄存器指令影响特殊内部标志位：SM1.1（为移出的数据设置溢出位）。

二维码 4-1

【例 4-5】　移位寄存器应用的程序及运行结果如图 4-6 所示。

```
LD      I0.0
EU
SHRB    I0.1,M10.0,+4
```

图 4-6　例 4-5 梯形图、语句表、时序图及运行结果

【例 4-6】 用 PLC 构成喷泉的控制。用灯 L1～L12 分别代表喷泉的 12 个喷水注。

1）控制要求。按下起动按钮后，L1 亮 0.5 s 后灭，接着 L2 亮 0.5 s 后灭，接着 L3 亮 0.5 s 后灭，接着 L4 亮 0.5 s 后灭，接着 L5 和 L9 亮 0.5 s 后灭，接着 L6 和 L10 亮 0.5 s 后灭，接着 L7 和 L11 亮 0.5 s 后灭，接着 L8 和 L12 亮 0.5 s 后灭，L1 亮 0.5 s 后灭，如此循环下去，直至按下停止按钮。喷泉控制示意图如图 4-7 所示。

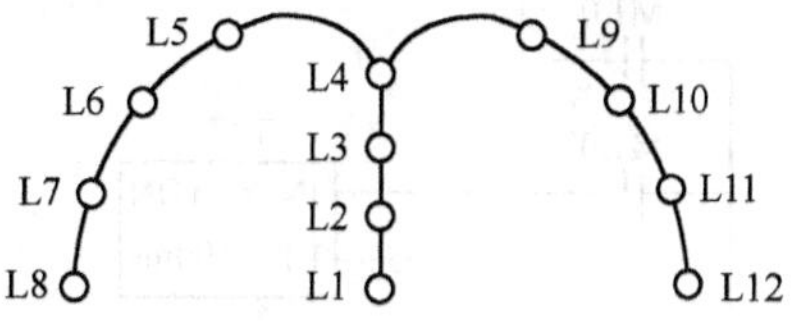

图 4-7 喷泉控制示意图

2）I/O 分配（见表 4-5）。

表 4-5 I/O 分配

输入		输出			
（常开）起动按钮	I0.0	L1	Q0.0	L5 和 L9	Q0.4
（常闭）停止按钮	I0.1	L2	Q0.1	L6 和 L10	Q0.5
		L3	Q0.2	L7 和 L11	Q0.6
		L4	Q0.3	L8 和 L12	Q0.7

3）喷泉控制梯形图。喷泉控制梯形图程序如图 4-9 所示。

分析：应用移位寄存器指令，根据喷泉控制的 8 位输出（Q0.0～Q0.7），应指定一个 8 位的移位寄存器（M10.1～M11.0），移位寄存器的 S_BIT 位为 M10.1，并且移位寄存器的每一位对应一个输出，如图 4-8 所示。

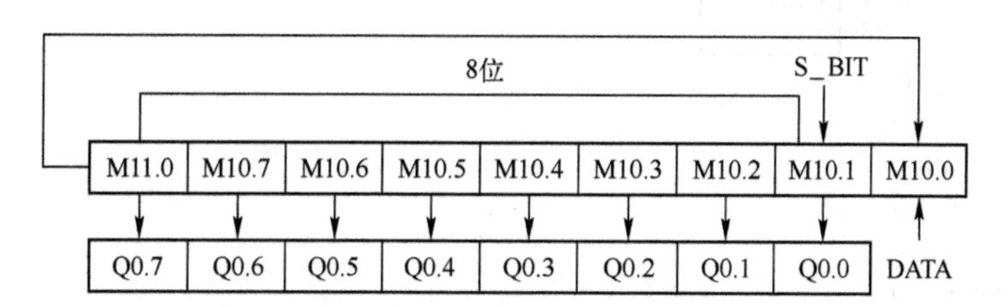

图 4-8 移位寄存器的位与输出对应关系图

在图 4-9 的移位寄存器指令应用中，EN 连接移位脉冲，每来一个脉冲的上升沿，移位寄存器移动一位。移位寄存器应 0.5 s 移一位，因此需要设计一个 0.5 s 产生一个脉冲的脉冲发生器（由 T38 构成）。

M10.0 为数据输入端 DATA，根据控制要求，每次只有一个输出，因此只需要在第 1 个移位脉冲到来时由 M10.0 送入移位寄存器 S_BIT 位（M10.1）一个“1”，第 2 个脉冲～第 8 个脉冲到来时由 M10.0 送入 M10.1 的值均为“0”，这在程序中由定时器 T37 延时 0.5 s 导通一个扫描周期实现，第 8 个脉冲到来时 M11.0 置 1，同时通过与 T37 并联的 M11.0 常开触点使 M10.0 置 1，在第 9 个脉冲到来时由 M10.0 送入 M10.1 的值又为 1，如此循环下去，直至按下停止按钮。按下（常闭）停止按钮（I0.1），其对应的常闭触点接通，触发复位指令，使 M10.1～M11.0 的 8 位全部复位。

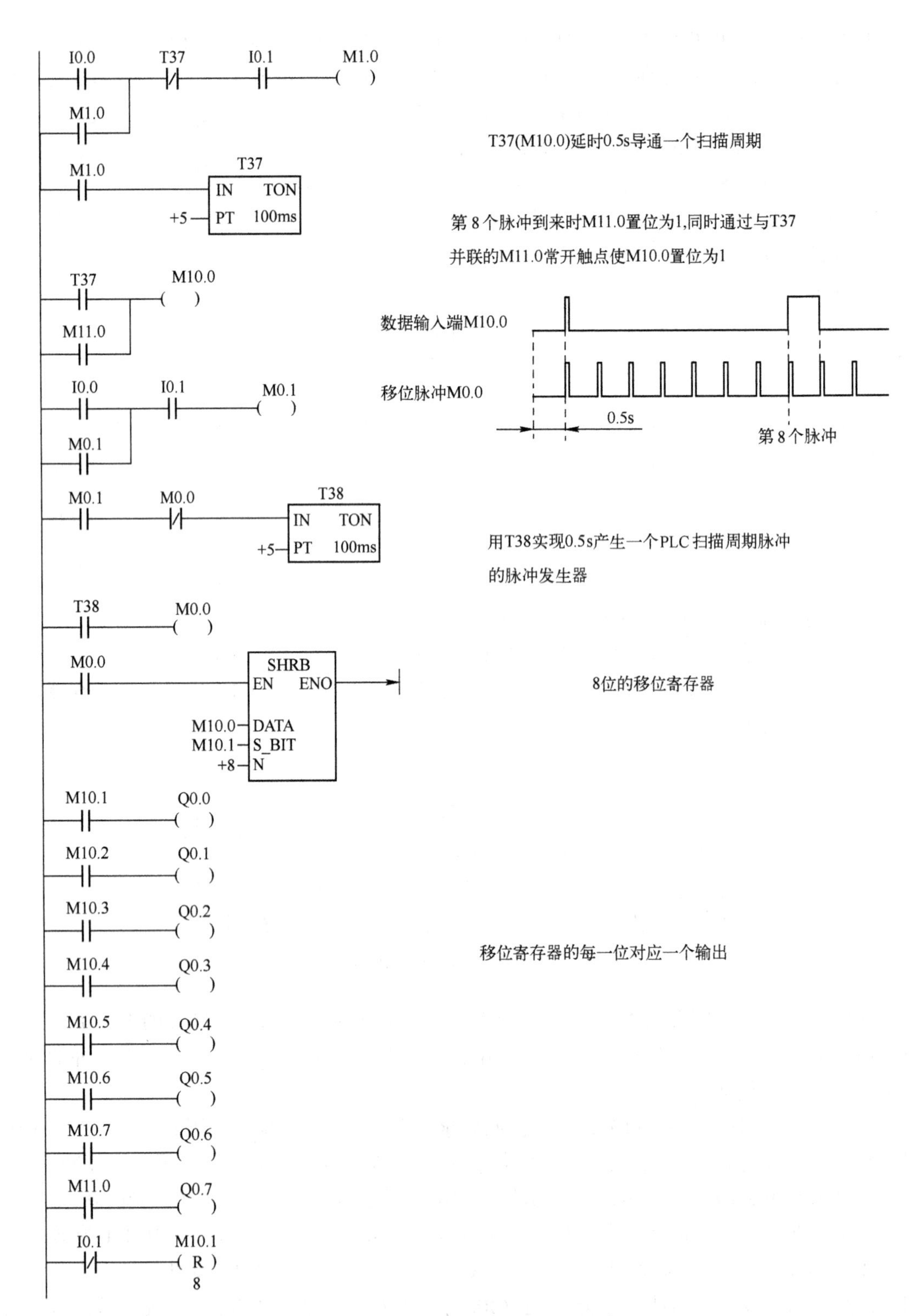

图 4-9　例 4-6 喷泉控制梯形图程序

4.1.3 转换指令

转换指令是对操作数的类型进行转换，并输出到指定目标地址中去。转换指令包括数据的类型转换、数据的编码和译码指令。

不同功能的指令对操作数要求不同。类型转换指令可将固定的一个数据用到不同类型要求的指令中，包括字节与字整数之间的转换，整数与双整数的转换，双字整数与实数之间的转换，BCD 码与整数之间的转换等。

1. 字节与字整数之间的转换

字节型数据与字整数之间的转换指令格式见表 4-6。

表 4-6　字节型数据与字整数之间的转换指令格式

LAD	B_I EN ENO ????-IN OUT-????	I_B EN ENO ????-IN OUT-????
STL	BTI IN，OUT	ITB IN，OUT
操作数及数据类型	IN：VB，IB，QB，MB，SB，SMB，LB，AC，常量。数据类型：字节 OUT：VW，IW，QW，MW，SW，SMW，LW，T，C，AC。数据类型：整数	IN：VW，IW，QW，MW，SW，SMW，LW，T，C，AIW，AC，常量。数据类型：整数 OUT：VB，IB，QB，MB，SB，SMB，LB，AC。数据类型：字节
功能及说明	BTI 指令将字节数值（IN）转换成整数值，并将结果置入 OUT 指定的存储单元。因为字节不带符号，所以无符号扩展	ITB 指令将字整数（IN）转换成字节，并将结果置入 OUT 指定的存储单元。输入的字整数 0~255 被转换。超出部分导致溢出，SM1.1=1。输出不受影响

2. 字整数与双字整数之间的转换

字整数与双字整数之间的转换指令格式、功能及说明见表 4-7。

表 4-7　字整数与双字整数之间的转换指令格式、功能及说明

LAD	I_DI EN ENO ????-IN OUT-????	DI_I EN ENO ????-IN OUT-????
STL	ITD IN，OUT	DTI IN，OUT
操作数及数据类型	IN：VW，IW，QW，MW，SW，SMW，LW，T，C，AIW，AC，常量。数据类型：整数 OUT：VD，ID，QD，MD，SD，SMD，LD，AC。数据类型：双整数	IN：VD，ID，QD，MD，SD，SMD，LD，HC，AC，常量。数据类型：双整数 OUT：VW，IW，QW，MW，SW，SMW，LW，T，C，AC。数据类型：整数
功能及说明	ITD 指令将整数值（IN）转换成双整数值，并将结果置入 OUT 指定的存储单元。符号被扩展	DTI 指令将双整数值（IN）转换成整数值，并将结果置入 OUT 指定的存储单元。如果转换的数值过大，则无法在输出中表示，产生溢出 SM1.1=1，输出不受影响

3. 双字整数与实数之间的转换

双字整数与实数之间的转换格式、功能及说明见表 4-8。

表 4-8 双字整数与实数之间的转换指令格式、功能及说明

LAD	DI_R EN ENO ????-IN OUT-????	ROUND EN ENO ????-IN OUT-????	TRUNC EN ENO ????-IN OUT-????
STL	DTR IN，OUT	ROUND IN，OUT	TRUNC IN，OUT
操作数及数据类型	IN：VD，ID，QD，MD，SD，SMD，LD，HC，AC，常量。数据类型：双整数 OUT：VD，ID，QD，MD，SD，SMD，LD，AC。数据类型：实数	IN：VD，ID，QD，MD，SD，SMD，LD，AC，常量。数据类型：实数 OUT：VD，ID，QD，MD，SD，SMD，LD，AC。数据类型：双整数	IN：VD，ID，QD，MD，SD，SMD，LD，AC，常量。数据类型：实数 OUT：VD，ID，QD，MD，SD，SMD，LD，AC。数据类型：双整数
功能及说明	DTR 指令将 32 位带符号整数 IN 转换成 32 位实数，并将结果置入 OUT 指定的存储单元	ROUND 指令按小数部分四舍五入的原则，将实数（IN）转换成双整数值，并将结果置入 OUT 指定的存储单元	TRUNC（截位取整）指令按小数部分直接舍去的原则，将 32 位实数（IN）转换成 32 位双整数，并将结果置入 OUT 指定的存储单元

值得注意的是：不论是四舍五入取整，还是截位取整，如果转换的实数数值过大，无法在输出中表示，则产生溢出，即影响溢出标志位，使 SM1.1=1，输出不受影响。

4. BCD 码与整数的转换

BCD 码与整数之间的转换的指令格式、功能及说明见表 4-9。

表 4-9 BCD 码与整数之间的转换的指令格式、功能及说明

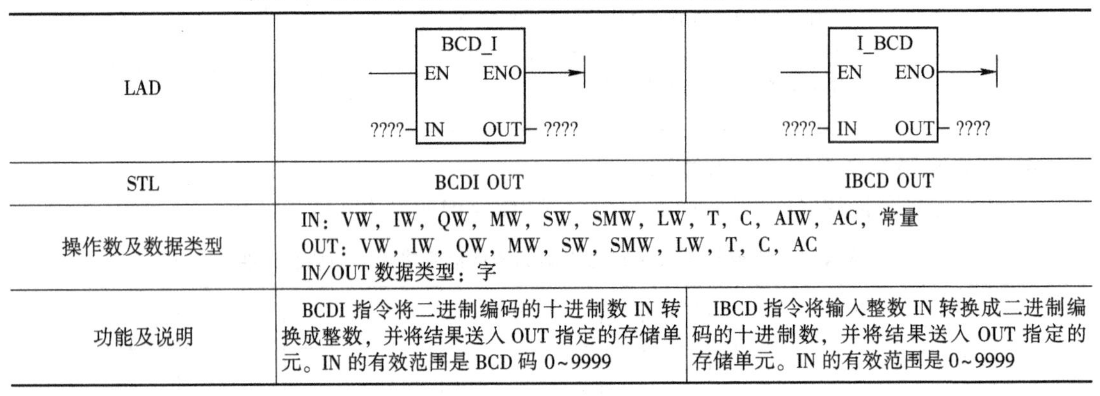

LAD	BCD_I EN ENO ????-IN OUT-????	I_BCD EN ENO ????-IN OUT-????
STL	BCDI OUT	IBCD OUT
操作数及数据类型	IN：VW，IW，QW，MW，SW，SMW，LW，T，C，AIW，AC，常量 OUT：VW，IW，QW，MW，SW，SMW，LW，T，C，AC IN/OUT 数据类型：字	
功能及说明	BCDI 指令将二进制编码的十进制数 IN 转换成整数，并将结果送入 OUT 指定的存储单元。IN 的有效范围是 BCD 码 0~9999	IBCD 指令将输入整数 IN 转换成二进制编码的十进制数，并将结果送入 OUT 指定的存储单元。IN 的有效范围是 0~9999

注意：

1）数据长度为字的 BCD 格式的有效范围为：0~9999（十进制），0000~9999（十六进制）0000 0000 0000 0000~1001 1001 1001 1001（BCD 码）。

2）指令影响特殊标志位 SM1.6（对 BCD 无效）。

3）在表 4-9 的 LAD 和 STL 指令中，IN 和 OUT 的操作数地址相同。若 IN 和 OUT 操作数地址不是同一个存储器，对应的语句表指令为：

```
MOV IN OUT
  BCDI OUT
```

5. 译码和编码指令

译码和编码指令的格式和功能见表 4-10。

表 4-10　译码和编码指令的格式和功能

LAD	DECO EN　ENO ????-IN　OUT-????	ENCO EN　ENO ????-IN　OUT-????
STL	DECO IN，OUT	ENCO IN，OUT
操作数及数据类型	IN：VB，IB，QB，MB，SMB，LB，SB，AC，常量。数据类型：字节 OUT：VW，IW，QW，MW，SMW，LW，SW，AQW，T，C，AC。数据类型：字	IN：VW，IW，QW，MW，SMW，LW，SW，AIW，T，C，AC，常量。数据类型：字 OUT：VB，IB，QB，MB，SMB，LB，SB，AC。数据类型：字节
功能及说明	译码指令根据输入字节（IN）的低 4 位表示的输出字的位号，将输出字的相对应的位置 1，输出字的其他位均置位为 0	编码指令将输入字（IN）最低有效位（其值为 1）的位号写入输出字节（OUT）的低 4 位中

【例 4-7】 译码和编码指令应用举例如图 4-10 所示。

若(AC2) = 2，执行译码指令，则输出字 VW40 的第二位置 1，VW40 中的二进制数为2#0000 0000 0000 0100；若(AC3) = 2#0000 0000 0000 0100，执行编码指令，则输出字节 VB50 中的码为 2。

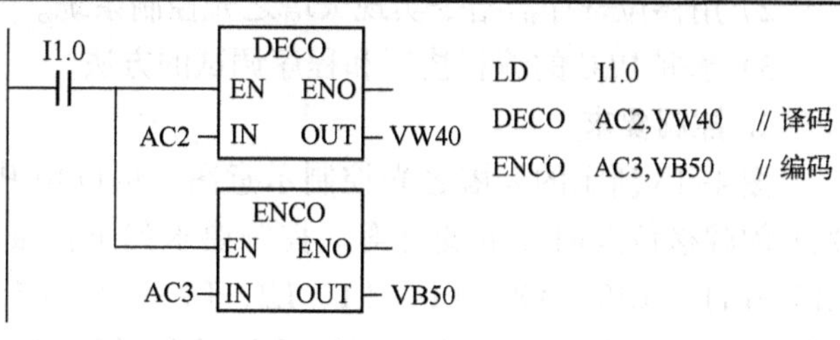

图 4-10　例 4-7 图译码和编码指令应用举例

6. 七段显示译码指令

七段显示器的 abcdefg 段分别对应于字节的第 0 位～第 6 位，字节的某位为 1 时，其对应的段亮；输出字节的某位为 0 时，其对应的段灭。将字节的第 7 位补 0，则构成与七段显示器相应的 8 位编码，称为七段显示码。数字 0～9、字母 A～F 与七段显示码的对应的代码如图 4-11 所示。

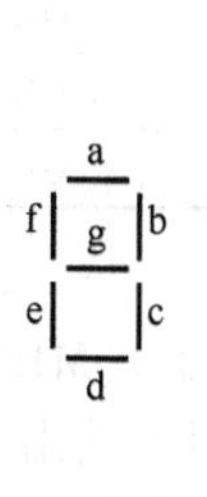

IN	段显示	(OUT) -gfe　dcba
0	0	0011　1111
1	1	0000　0110
2	2	0101　1011
3	3	0100　1111
4	4	0110　0110
5	5	0110　1101
6	6	0111　1101
7	7	0000　0111

IN	段显示	(OUT) -gfe　dcba
8	8	0111　1111
9	9	0110　0111
A	A	0111　0111
B	b	0111　1100
C	C	0011　1001
D	d	0101　1110
E	E	0111　1001
F	F	0111　0001

图 4-11　与七段显示码对应的代码

七段显示译码指令 SEG 将输入字节 16#0～F 转换成七段显示码。指令格式见表 4-11。

表 4-11　七段显示译码指令格式

LAD	STL	功能及操作数
SEG EN　ENO ????-IN　OUT-????	SEG IN，OUT	功能：将输入字节（IN）的低四位确定的 16 进制数（16#0～F），产生相应的七段显示码，送入输出字节 OUT IN：VB，IB，QB，MB，SB，SMB，LB，AC，常量 OUT：VB，IB，QB，MB，SMB，LB，AC IN/OUT 的数据类型：字节

【例 4-8】 编写显示数字 0 的七段显示码的程序，如图 4-12 所示。

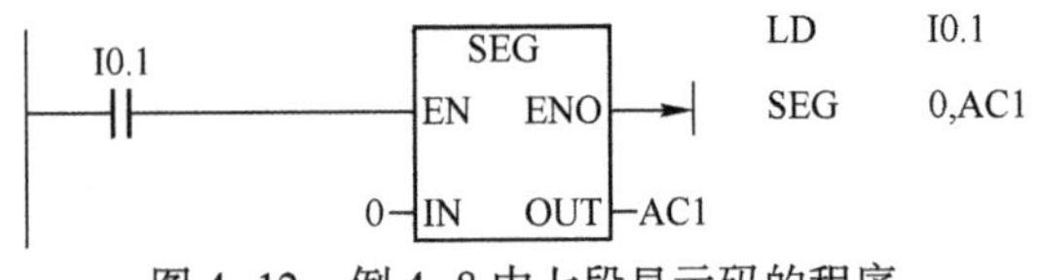

图 4-12 例 4-8 中七段显示码的程序

程序运行结果：AC1 中的值为 16#3F（2#0011 1111）。

4.1.4 天塔之光的模拟控制实训

1. 实训目的

1）掌握移位寄存器指令的应用方法。

2）用移位寄存器指令实现天塔之光控制系统。

3）掌握 PLC 的编程技巧和程序调试的方法。

2. 控制要求

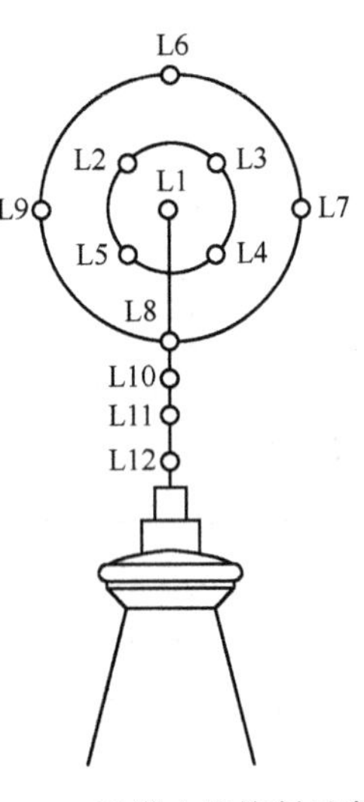

图 4-13 天塔之光控制示意图

图 4-13 所示的天塔之光控制示意图，可以用 PLC 控制灯光的闪耀移位及时序的变化等。控制要求如下：按起动按钮，L12→L11→L10→L8→L1→L1、L2、L9→L1、L5、L8→L1、L4、L7→L1、L3、L6→L1→L2、L3、L4、L5→L6、L7、L8、L9→L1、L2、L6→L1、L3、L7→L1、L4、L8→L1、L5、L9→L1→L2、L3、L4、L5→L6、L7、L8、L9→L12→L11→L10……循环下去，直至按下停止按钮。

3. I/O 分配（见表 4-12）

表 4-12 I/O 分配

输入		输出							
起动按钮	I0.0	L1	Q0.0	L4	Q0.3	L7	Q0.6	L10	Q1.1
停止按钮	I0.1	L2	Q0.1	L5	Q0.4	L8	Q0.7	L11	Q1.2
		L3	Q0.2	L6	Q0.5	L9	Q1.0	L12	Q1.3

4. 程序设计

分析：根据灯光闪亮移位，分为 19 步，因此可以指定一个 19 位的移位寄存器（M10.1~M10.7，M11.0~M11.7，M12.0~M12.3），移位寄存器的每一位对应一步。而对于输出，如 L1（Q0.0）分别在“5、6、7、8、9、10、13、14、15、16、17”步时被点亮，即其对应的移位寄存器位“M10.5、M10.6、M10.7、M11.0、M11.1、M11.2、M11.5、M11.6、M11.7、M12.0、M12.1”置 1 时，Q0.0 置位为 1，所以需要将这些位所对应的常开触点并联后输出 Q0.0，以此类推其他的输出。

移位寄存器移位脉冲和数据输入配合的关系如图 4-14 所示。天塔之光控制梯形图的参考程序如图 4-15 所示。

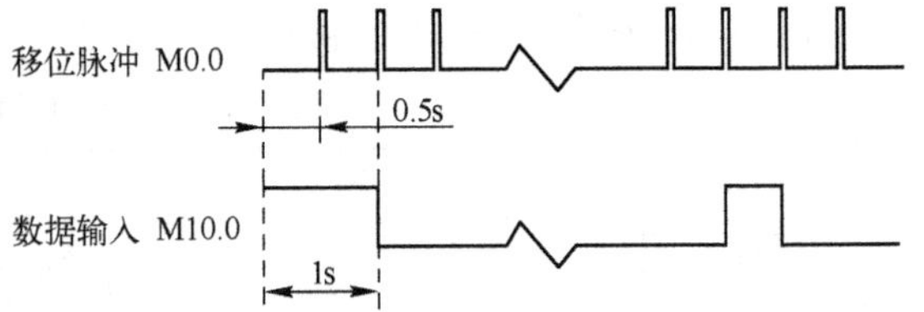

图 4-14 移位寄存器移位脉冲和数据输入配合的关系

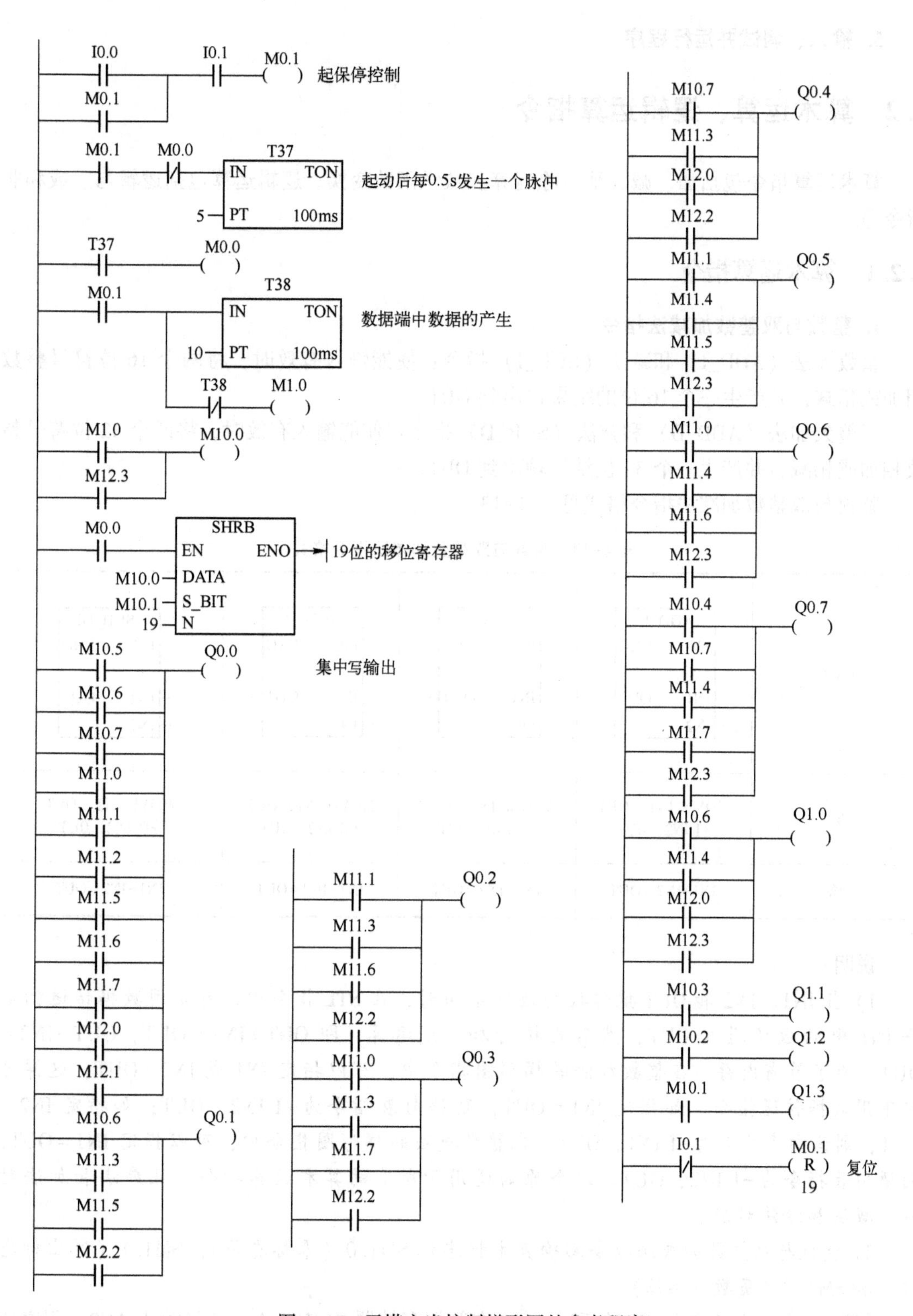

图 4-15　天塔之光控制梯形图的参考程序

5. 输入、调试并运行程序

4.2 算术运算、逻辑运算指令

算术运算指令包括加、减、乘、除运算和数学函数变换。逻辑运算包括逻辑与、或和非指令等。

4.2.1 算术运算指令

1. 整数与双整数加减法指令

整数加法（ADD_I）和减法（SUB_I）指令：使能输入有效时，将两个16位符号整数相加或相减，并产生一个16位的结果输出到OUT。

双整数加法（ADD_D）和减法（SUB_D）指令：使能输入有效时，将两个32位符号整数相加或相减，并产生一个32位结果输出到OUT。

整数与双整数加减法指令格式见表4-13。

表4-13 整数与双整数加减法指令格式

LAD	ADD_I EN ENO IN1 OUT IN2	SUB_I EN ENO IN1 OUT IN2	ADD_DI EN ENO IN1 OUT IN2	SUB_DI EN ENO IN1 OUT IN2
STL	MOVW IN1, OUT +I IN2, OUT	MOVW IN1, OUT -I IN2, OUT	MOVD IN1, OUT +D IN2, OUT	MOVD IN1, OUT +D IN2, OUT
功能	IN1+IN2=OUT	IN1-IN2=OUT	IN1+IN2=OUT	IN1-IN2=OUT

说明：

1）当IN1、IN2和OUT操作数的地址不同时，在STL指令中，首先用数据传送指令将IN1中的数值送入OUT，然后再执行加、减运算，即OUT+IN2=OUT，OUT-IN2=OUT。为了节省内存，在整数加法的梯形图指令中，可以指定IN1或IN2=OUT，这样可以不用数据传送指令。如指定IN1=OUT，则语句表指令为+I IN2，OUT；如指定IN2=OUT，则语句表指令为+I IN1，OUT。在整数减法的梯形图指令中，可以指定IN1=OUT，则语句表指令为-I IN2，OUT。这个原则适用于所有的算术运算指令，且乘法和加法对应，减法和除法对应。

2）整数与双整数加减法指令影响算术标志位SM1.0（零标志位），SM1.1（溢出标志位）和SM1.2（负数标志位）。

【例4-9】 求5000加400的和，5000在数据存储器VW200中，结果放入AC0。程序如图4-16所示。

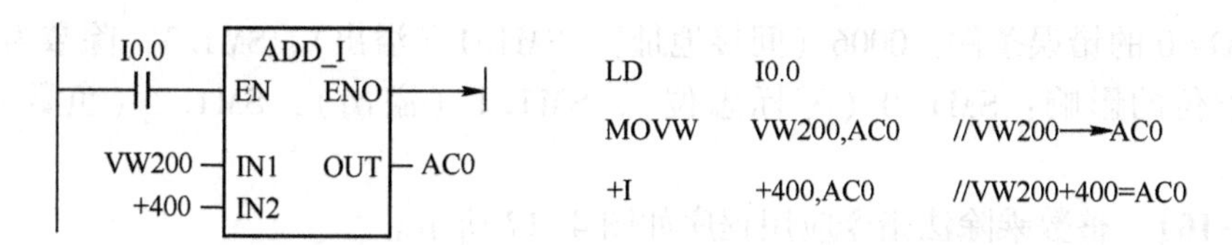

图 4-16　例 4-9 的整数加、减法的梯形图指令程序

2. 整数乘除法指令

整数乘法指令（MUL_I）：使能输入有效时，将两个 16 位符号整数相乘，并产生一个 16 位积，从 OUT 指定的存储单元输出。

整数除法指令（DIV_I）：使能输入有效时，将两个 16 位符号整数相除，并产生一个 16 位商，从 OUT 指定的存储单元输出，不保留余数。如果输出结果大于一个字，则溢出位 SM1.1 置位为 1。

双整数乘法指令（MUL_D）：使能输入有效时，将两个 32 位符号整数相乘，并产生一个 32 位乘积，从 OUT 指定的存储单元输出。

双整数除法指令（DIV_D）：使能输入有效时，将两个 32 位整数相除，并产生一个 32 位商，从 OUT 指定的存储单元输出，不保留余数。

整数乘法产生双整数指令（MUL）：使能输入有效时，将两个 16 位整数相乘，得出一个 32 位乘积，从 OUT 指定的存储单元输出。

整数除法产生双整数指令（DIV）：使能输入有效时，将两个 16 位整数相除，得出一个 32 位结果，从 OUT 指定的存储单元输出。其中，高 16 位放余数，低 16 位放商。

整数乘除法指令格式见表 4-14。

表 4-14　整数乘除法指令格式

LAD	MUL_I EN ENO IN1 OUT IN2	DIV_I EN ENO IN1 OUT IN2	MUL_DI EN ENO IN1 OUT IN2	DIV_DI EN ENO IN1 OUT IN2	MUL EN ENO IN1 OUT IN2	DIV EN ENO IN1 OUT IN2
STL	MOVW IN1，OUT *I IN2，OUT	MOVW IN1，OUT /I IN2，OUT	MOVD IN1，OUT *D IN2，OUT	MOVD IN1，OUT /D IN2，OUT	MOVW IN1，OUT MUL IN2，OUT	MOVW IN1，OUT DIV IN2，OUT
功能	IN1 * IN2 = OUT	IN1/IN2 = OUT	IN1 * IN2 = OUT	IN1/IN2 = OUT	IN1 * IN2 = OUT	IN1/IN2 = OUT

整数双整数乘除法指令操作数及数据类型与加减运算的相同。

整数乘除法产生双整数指令的操作数：

IN1/IN2：VW，IW，QW，MW，SW，SMW，T，C，LW，AC，AIW，常量，*VD，*LD，*AC。数据类型：整数。

OUT：VD，ID，QD，MD，SMD，SD，LD，AC，*VD，*LD，*AC。数据类型：双整数。

使 ENO=0 的错误条件：0006（间接地址），SM1.1（溢出），SM1.3（除数为 0）。

对标志位的影响：SM1.0（零标志位），SM1.1（溢出），SM1.2（负数），SM1.3（被 0 除）。

【例 4-10】 整数乘除法指令应用程序如图 4-17 所示。

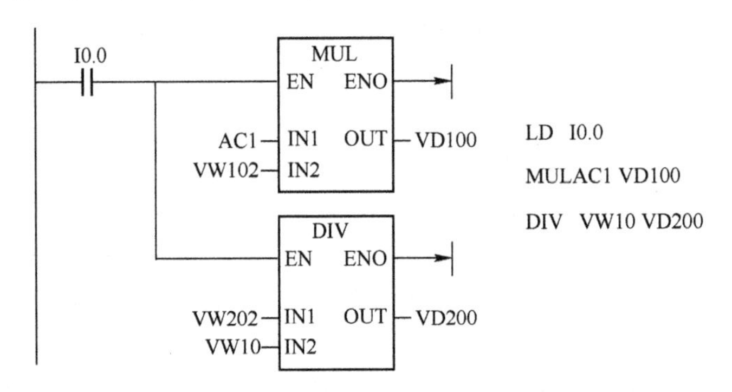

图 4-17 例 4-10 图乘除法指令应用程序

注意：因为 VD100 包含 VW100 和 VW102 两个字，VD200 包含 VW200 和 VW202 两个字，所以在语句表指令中不需要使用数据传送指令。

3. 实数加减、乘除指令

实数加法（ADD_R）、减法（SUB_R）指令：将两个 32 位实数相加、相减，并产生一个 32 位实数结果，从 OUT 指定的存储单元输出。

实数乘法（MUL_R）、除法（DIV_R）指令：使能输入有效时，将两个 32 位实数相乘、相除，并产生一个 32 位积（商），从 OUT 指定的存储单元输出。

操作数：

IN1/IN2：VD，ID，QD，MD，SMD，SD，LD，AC，常量，*VD，*LD，*AC。

OUT：VD，ID，QD，MD，SMD，SD，LD，AC，*VD，*LD，*AC。

数据类型：实数。

实数加减、乘除指令格式见表 4-15。

表 4-15 实数加减、乘除指令格式

LAD	ADD_R EN ENO IN1 OUT IN2	SUB_R EN ENO IN1 OUT IN2	MUL_R EN ENO IN1 OUT IN2	DIV_R EN ENO IN1 OUT IN2
STL	MOVD IN1，OUT +R IN2，OUT	MOVD IN1，OUT -R IN2，OUT	MOVD IN1，OUT *R IN2，OUT	MOVD IN1，OUT /R IN2，OUT
功能	IN1+IN2=OUT	IN1-IN2=OUT	IN1*IN2=OUT	IN1/IN2=OUT

【例 4-11】 实数运算指令的应用程序如图 4-18 所示。

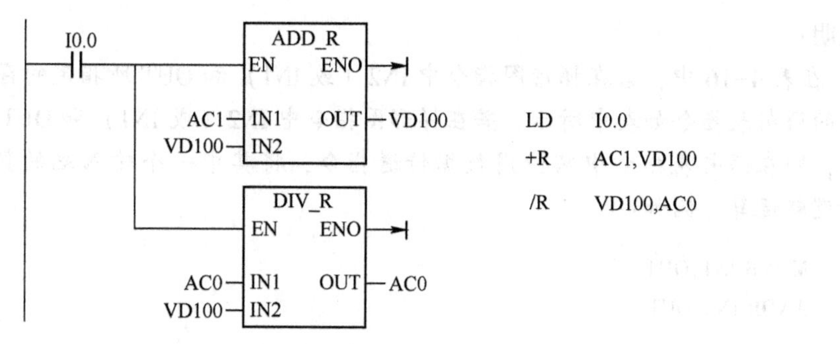

图 4-18 例 4-11 图实数运算指令的应用程序

4.2.2 逻辑运算指令

逻辑运算是对无符号数按位进行与、或、异或和取反等操作。操作数的长度有 B、W、DW。逻辑运算指令格式见表 4-16。

1）逻辑与（WAND）指令。将输入 IN1、IN2 按位相与，得到的逻辑运算结果，放入 OUT 指定的存储单元。

2）逻辑或（WOR）指令。将输入 IN1、IN2 按位相或，得到的逻辑运算结果，放入 OUT 指定的存储单元。

3）逻辑异或（WXOR）指令。将输入 IN1、IN2 按位相异或，得到的逻辑运算结果，放入 OUT 指定的存储单元。

4）取反（INV）指令。将输入 IN 按位取反，将结果放入 OUT 指定的存储单元。

表 4-16 逻辑运算指令格式

LAD	WAND_B: EN ENO, IN1 OUT, IN2 WAND_W: EN ENO, IN1 OUT, IN2 WAND_DW: EN ENO, IN1 OUT, IN2	WOR_B: EN ENO, IN1 OUT, IN2 WOR_W: EN ENO, IN1 OUT, IN2 WOR_DW: EN ENO, IN1 OUT, IN2	WXOR_B: EN ENO, IN1 OUT, IN2 WXOR_W: EN ENO, IN1 OUT, IN2 WXOR_DW: EN ENO, IN1 OUT, IN2	INV_B: EN ENO, IN OUT INV_W: EN ENO, IN OUT INV_DW: EN ENO, IN OUT
STL	ANDB IN1，OUT ANDW IN1，OUT ANDD IN1，OUT	ORB IN1，OUT ORW IN1，OUT ORD IN1，OUT	XORB IN1，OUT XORW IN1，OUT XORD IN1，OUT	INVB OUT INVW OUT INVD OUT
功能	IN1，IN2 按位相与	IN1，IN2 按位相或	IN1，IN2 按位异或	对 IN 取反

说明：

1）在表 4-16 中，若在梯形图指令中 IN2（或 IN1）和 OUT 所指定的存储单元相同，这样对应的语句表指令如表中所示。若在梯形图指令中 IN2（或 IN1）和 OUT 所指定的存储单元不同，则在语句表指令中需使用数据传送指令，将其中一个输入端的数据先送入 OUT，再进行逻辑运算。例如：

```
MOVB IN1,OUT
ANDB IN2,OUT
```

2）对标志位的影响：SM1.0（零）。

【例 4-12】 逻辑运算应用示例程序如图 4-19 所示。

运算过程如下：

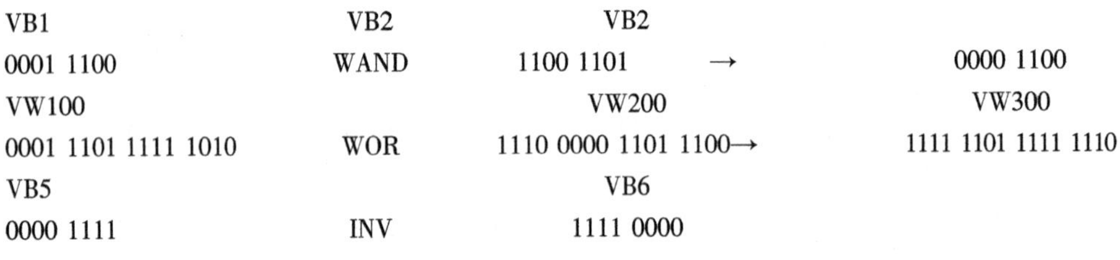

VB1		VB2		VB2
0001 1100	WAND	1100 1101	→	0000 1100
VW100		VW200		VW300
0001 1101 1111 1010	WOR	1110 0000 1101 1100	→	1111 1101 1111 1110
VB5		VB6		
0000 1111	INV	1111 0000		

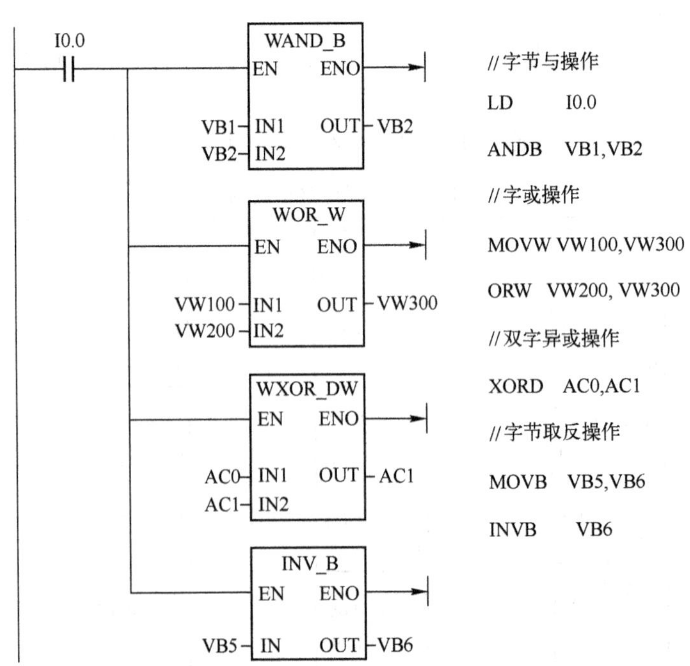

图 4-19 例 4-12 图逻辑运算应用示例程序

4.2.3 递增、递减指令

递增、递减指令用于对输入的无符号数字节、符号数字、符号数双字进行加 1 或减 1 的操作。递增、递减指令格式见表 4-17。

表 4-17　递增、递减指令格式

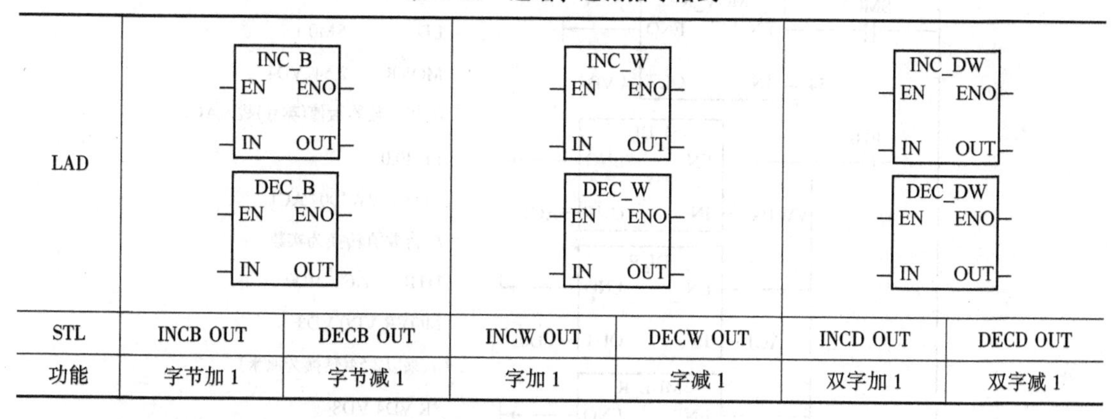

LAD	INC_B (EN ENO / IN OUT) DEC_B (EN ENO / IN OUT)		INC_W (EN ENO / IN OUT) DEC_W (EN ENO / IN OUT)		INC_DW (EN ENO / IN OUT) DEC_DW (EN ENO / IN OUT)	
STL	INCB OUT	DECB OUT	INCW OUT	DECW OUT	INCD OUT	DECD OUT
功能	字节加 1	字节减 1	字加 1	字减 1	双字加 1	双字减 1

1. 递增字节（INC_B）/递减字节（DEC_B）指令

递增字节和递减字节指令在输入的字节（IN）上加 1 或减 1，并将结果置入 OUT 指定的变量中。递增和递减字节运算不带符号。

2. 递增字（INC_W）/递减字（DEC_W）指令

递增字和递减字指令在输入的字（IN）上加 1 或减 1，并将结果置入 OUT。递增和递减字运算带符号（16#7FFF>16#8000）。

3. 递增双字（INC_DW）/递减双字（DEC_DW）指令

递增双字和递减双字指令在输入的双字（IN）上加 1 或减 1，并将结果置入 OUT。递增和递减双字运算带符号（16#7FFFFFFF>16#80000000）。

说明：

1）EN 由一个 PLC 扫描周期的短脉冲触发。

2）影响标志位有：SM1.0（零），SM1.1（溢出），SM1.2（负数）。

3）在梯形图指令中，IN 和 OUT 可以指定为同一存储单元，这样可以节省内存，在语句表指令中不需使用数据传送指令。

4.2.4　运算单位转换实训

1. 实训目的

1）掌握算术运算指令和数据转换指令的应用。

2）掌握建立状态表调试程序的方法及数据块的使用。

3）掌握在工程控制中进行运算单位转换的方法及步骤。

2. 实训内容

将英寸转换成厘米，已知 VW100 的当前值为英寸的计数值，1(in)英寸=2.54 cm。

3. 写入程序、编译并下载到 PLC

将英寸转换为厘米的步骤为：VW100 中的整数值英寸→双整数英寸→实数英寸→实数厘米→整数厘米。参考程序如图 4-20 所示。

注意：在程序中，VD0、VD4、VD8、VD12 都是以双字（4 个字节）编址的。

4. 建立状态表，通过数据块赋值，调试运行程序

1）创建状态表。用鼠标右键单击目录树中的状态表图标或单击已经打开的状态表，将

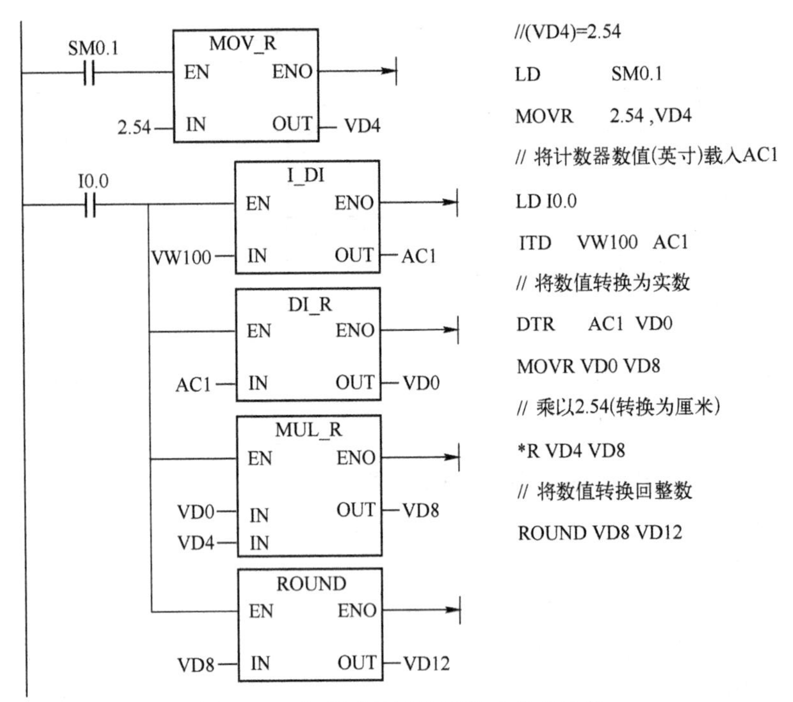

图 4-20 将英寸转换为厘米的参考程序

弹出一个窗口，在窗口中选择“插入状态表”选项，可创建状态表。在状态表的地址列输入地址 I0.0、VW100、AC1、VD0、VD4、VD8、VD12。

2）启动状态表。与 PLC 的通信连接成功后，选择菜单“调试”→“状态表”或单击工具栏上的状态表图标，可启动状态表，再操作一次可关闭状态表。状态表被启动后，编程软件从 PLC 读取状态信息。

3）用数据块给 VW100 赋值，模拟逻辑条件。

4）在完成对 VW100 赋值后，重新下载（将数据块也下载到 PLC），将所有需要的改动发送至 PLC。

5）运行程序并通过状态表监视操作数的当前值，记录状态表的数据。

5. 思考题

试用带参数的子程序实现“英寸转换为厘米”，并将其导出。新建一个项目，导入该子程序，并将 10 英寸转换为厘米，看看转换结果如何？

4.2.5 控制小车运行方向实训

1. 实训目的

1）掌握数据传送指令和比较指令的方法。

2）学会用 PLC 控制小车的运行方向。

2. 实训内容

设计一个自动控制小车运行方向的程序，如图 4-21 所示。控制要求如下：

1）限位开关 SQ 的编号大于呼叫位置按钮 SB 的编号时，小车向左运行到呼叫位置时停止。

2）限位开关 SQ 的编号小于呼叫位置按钮 SB 的编号时，小车向右运行到呼叫位置时停止。

3）限位开关 SQ 的编号等于呼叫位置按钮 SB 的编号时，小车不动作。

3. I/O 分配表及外部接线图

I/O 分配见表 4-18，其外部接线图如图 4-22 所示。

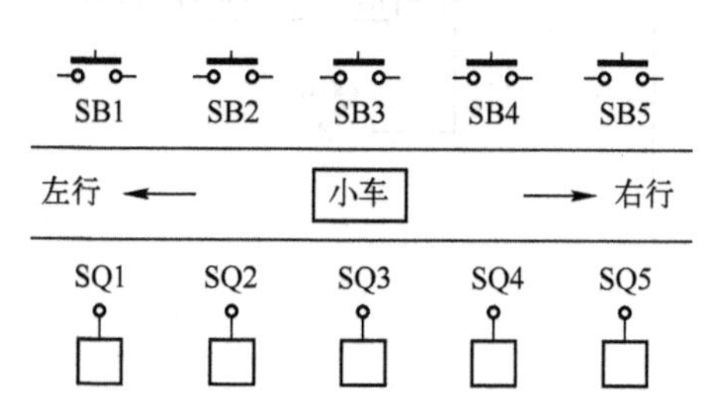

图 4-21　小车运行方向的程序示意图

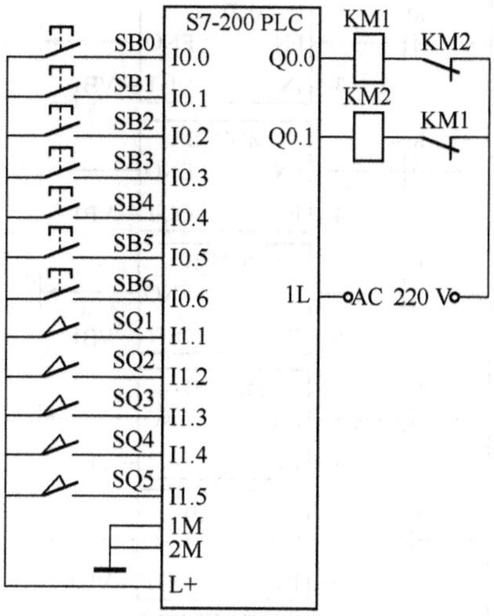

图 4-22　I/O 分配表外部接线图

4. 参考程序

当呼叫按钮接通或行程开关被压下时，将呼叫按钮号和行程开关的位号用数据传送指令分别送到字节 VB1 和 VB2 中，按下起动按钮后，用比较指令将 VB1 和 VB2 进行比较，决定小车左、右行或停止，当按下停止按钮时，小车停止，VB1、VB2 清零。参考程序如图 4-23 所示。

5. 调试程序

1）模拟调试。先不接输出端的电源进行模拟调试。将 PLC 转到运行状态，按下起动按钮和呼叫按钮，观察输出的指示灯，是否符合控制要求。

2）带负载调试。模拟调试无误后，接通输出端的电源，按下起动按钮和呼叫按钮，小车按照控制的运行方向自动运行，按下停止按钮，小车停止。

表 4-18　I/O 分配表

输　　入		输　　出	
起动按钮 SB0	I0. 0	小车右行 KM1	Q0. 0
呼叫按钮 SB1	I0. 1	小车左行 KM2	Q0. 1
呼叫按钮 SB2	I0. 2		
呼叫按钮 SB3	I0. 3		
呼叫按钮 SB4	I0. 4		
呼叫按钮 SB5	I0. 5		
停止按钮 SB6	I0. 6		
1#位置 SQ1	I1. 1		
2#位置 SQ2	I1. 2		
3#位置 SQ3	I1. 3		
4#位置 SQ4	I1. 4		
5#位置 SQ5	I1. 5		

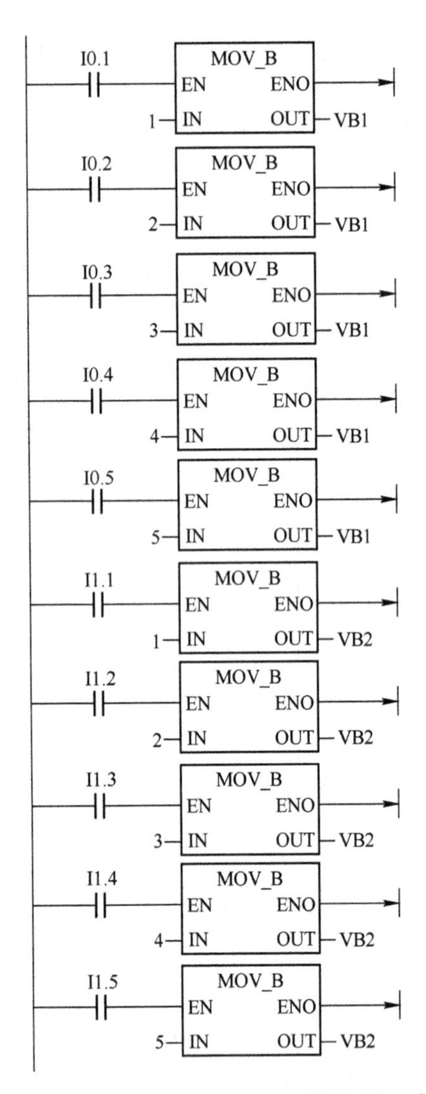

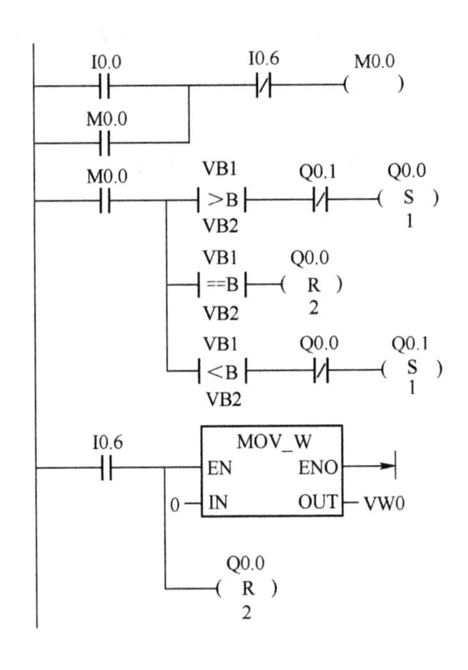

图 4-23　小车运行方向控制参考程序

4.3　字填充指令

字填充（FILL）指令将输入 IN 存储器中的字值写入输出 OUT 开始的 N 个连续的字存储单元中。N 的数据范围为：1~255。其指令格式如图 4-24 所示。说明如下所述。

- IN 为字型数据输入端，操作数：VW，IW，QW，MW，SW，SMW，LW，T，C，AIW，AC，常量，*VD，*LD，*AC；数据类型：整数。
- N 的操作数：VB，IB，QB，MB，SB，SMB，LB，AC，常量，*VD，*LD，*AC；数据类型：字节。
- OUT 的操作数：VW，IW，QW，MW，SW，SMW，LW，T，C，AQW，*VD，*LD，*AC；数据类型：整数。

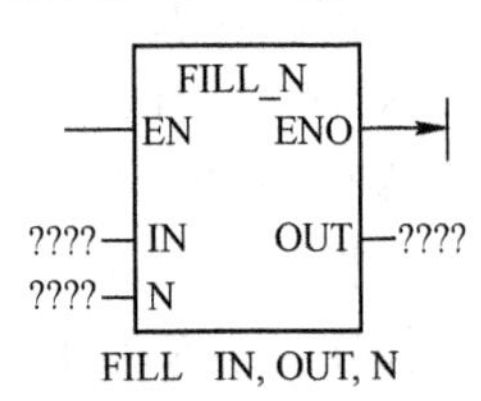

图 4-24　字填充指令格式

【例 4-13】 将 0 填入 VW0~VW18（10 个字）。程序及运行结果如图 4-25 所示。

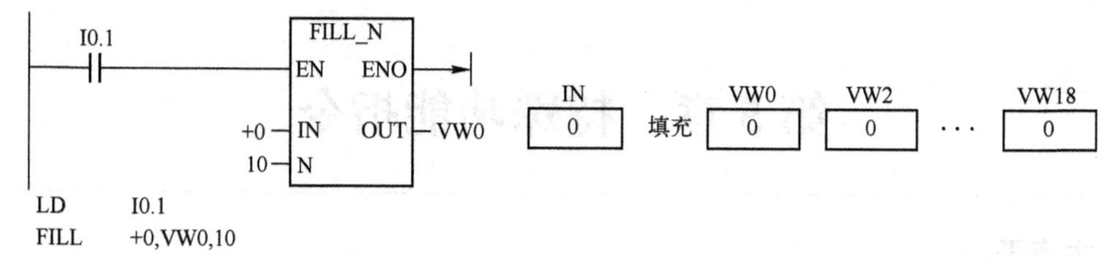

图 4-25 例 4-13 图字填充指令程序及运行结果

图 4-25 中，程序运行结果将从 VW0 开始的 10 个字（20 个字节）的存储单元清零。

4.4 习题

1. 已知 VB10=18，VB30=30，VB31=33，VB32=98。将 VB10、VB30、VB31 和 VB32 中的数据分别送到 AC1、VB200、VB201 和 VB202 中。写出梯形图及语句表程序。

2. 用传送指令控制输出的变化，要求输出控制 Q0.0~Q0.7 对应的 8 个指示灯，在 I0.0 接通时，使输出隔位接通，在 I0.1 接通时，输出取反后隔位接通。上机调试程序，记录结果。如果改变传送的数值，输出的状态如何变化，从而学会设置输出的初始状态。

3. 编写检测上升沿变化的程序。每当 I0.0 接通一次，使存储单元 VW0 的值加 1，如果计数达到 5，输出 Q0.0 接通显示，用 I0.1 使 Q0.0 复位。

4. 用数据类型转换指令实现将厘米转换为英寸，已知 1 in=2.54 cm。

5. 编写输出字符 8 的七段显示码程序。

6. 编写程序并上机调试。要求用数码管依次显示 0~F。提示：可以使用 SEG 指令和 INC 指令实现，也可以用移位寄存器指令编程。

7. 编程实现下列控制功能。假设有 8 个指示灯，从右到左（或从右到左）以 0.5s 的速度依次点亮，任意时刻只有两个指示灯亮，到达最左端（或最右端），再从右到左依次点亮。要求有起动、停止的控制和移位方向的控制。

8. 舞台灯光的模拟控制。控制要求：L1、L2、L9→L1、L5、L8→L1、L4、L7→L1、L3、L6→L1→L2、L3、L4、L5→L6、L7、L8、L9→L1、L2、L6→L1、L3、L7→L1、L4、L8→L1、L5、L9→L1→L2、L3、L4、L5→L6、L7、L8、L9→L1、L2、L9→L1、L5、L8……循环下去。

按下面的 I/O 分配（见表 4-19）编写程序。

表 4-19 I/O 分配

输　入		输　出			
启动按钮	I0.0	L1	Q0.0	L6	Q0.5
停止按钮	I0.1	L2	Q0.1	L7	Q0.6
		L3	Q0.2	L8	Q0.7
		L4	Q0.3	L9	Q1.0
		L5	Q0.4		

9. 将 VW100 开始的 20 个字的数据送到 VW200 开始的存储区。

第5章　特殊功能指令

本章要点

- 中断指令的功能、应用举例及实训
- 高速计数器指令、高速脉冲输出指令功能及指令向导的应用举例与实训
- PID指令的原理、PID控制功能的应用及PID指令向导的介绍

5.1　中断指令

S7-200 PLC设置了中断功能，用于实时控制、高速处理、通信和网络等复杂和特殊的控制任务。中断就是终止当前正在运行的程序，去执行为立即响应的信号而编制的中断服务程序，执行完毕再返回原先被终止的程序继续运行。

5.1.1　中断源

1. 中断源的类型

中断源即发出中断请求的事件，又称为中断事件。为了便于识别，系统给每个中断源都分配一个编号，称为中断事件号。S7-200 PLC最多有34个中断源，分为3大类：通信中断、输入/输出中断和时基中断。

(1) 通信中断

在自由口通信模式下，用户可通过编程来设置波特率、奇偶校验和通信协议等参数。用户通过编程控制通信端口的事件为通信中断。

(2) I/O中断

I/O中断包括外部输入上升/下降沿中断、高速计数器中断和高速脉冲输出中断。S7-200 PLC用输入I0.0、I0.1、I0.2或I0.3的上升/下降沿产生中断。这些输入点用于捕获在发生时必须立即处理的事件。高速计数器中断指对高速计数器运行时产生的事件实时响应，包括当前值等于预设值时产生的中断、计数方向改变时产生的中断、计数器外部复位产生的中断。高速脉冲输出中断是指预定数目脉冲输出完成而产生的中断。

(3) 时基中断

时基中断包括定时中断和定时器T32/T96中断。

定时中断用于支持一个周期性的活动。周期时间从1 ms~255 ms，时基是1 ms。使用定时中断0时，必须在SMB34中写入周期时间；使用定时中断1时，必须在SMB35中写入周期时间。将中断程序连接在定时中断事件上，若定时中断被允许，则计时开始，每当达到定时时间值，执行中断程序。定时中断可以用来对模拟量输入进行采样或定期执行PID回路。

定时器T32/T96中断指允许对定时时间间隔产生中断。这类中断只能用时基为1 ms的

定时器 T32/T96 构成。当中断被启用后，当前值等于预置值时，在 S7-200 执行的正常 1 ms 定时器更新的过程中，执行连接的中断程序。

2. 中断优先级和排队等候

优先级是指多个中断事件同时发出中断请求时，CPU 对中断事件响应的优先次序。S7-200 PLC 规定的中断优先由高到低依次是：通信中断、I/O 中断和定时中断。每类中断中不同的中断事件又有不同的优先级，见表 5-1。

表 5-1　中断事件及优先级

优先级分组	组内优先级	中断事件号	中断事件说明	中断事件类别
通信中断	0	8	通信口 0：接收字符	通信口 0
	0	9	通信口 0：发送完成	
	0	23	通信口 0：接收信息完成	
	1	24	通信口 1：接收信息完成	通信口 1
	1	25	通信口 1：接收字符	
	1	26	通信口 1：发送完成	
I/O 中断	0	19	PTO 0 脉冲串输出完成中断	脉冲输出
	1	20	PTO 1 脉冲串输出完成中断	
	2	0	I0.0 上升沿中断	外部输入
	3	2	I0.1 上升沿中断	
	4	4	I0.2 上升沿中断	
	5	6	I0.3 上升沿中断	
	6	1	I0.0 下降沿中断	
	7	3	I0.1 下降沿中断	
	8	5	I0.2 下降沿中断	
	9	7	I0.3 下降沿中断	高速计数器
	10	12	HSC0 当前值=预置值中断	
	11	27	HSC0 计数方向改变中断	
	12	28	HSC0 外部复位中断	
	13	13	HSC1 当前值=预置值中断	
	14	14	HSC1 计数方向改变中断	
	15	15	HSC1 外部复位中断	
	16	16	HSC2 当前值=预置值中断	
	17	17	HSC2 计数方向改变中断	
	18	18	HSC2 外部复位中断	
	19	32	HSC3 当前值=预置值中断	
	20	29	HSC4 当前值=预置值中断	
	21	30	HSC4 计数方向改变中断	
	22	31	HSC4 外部复位中断	
	23	33	HSC5 当前值=预置值中断	
定时中断	0	10	定时中断 0	定时
	1	11	定时中断 1	
	2	21	定时器 T32 CT=PT 中断	定时器
	3	22	定时器 T96 CT=PT 中断	

一个程序中总共可有128个中断。S7-200 PLC在各自的优先级组内按照先来先服务的原则为中断提供服务。在任何时刻，只能执行一个中断程序。一旦一个中断程序开始执行，则一直执行至完成。不能被另一个中断程序打断，即使是更高优先级的中断程序。中断程序执行中，新的中断请求按优先级排队等候。中断队列能保存的中断个数有限，若超出，则会产生溢出。中断队列的最多中断个数和溢出标志位见表5-2。

表5-2 中断队列的最多中断个数和溢出标志位

队列	CPU 221	CPU 222	CPU 224	CPU 226和CPU 226XM	溢出标志位
通信中断队列	4	4	4	8	SM4.0
I/O中断队列	16	16	16	16	SM4.1
定时中断队列	8	8	8	8	SM4.2

5.1.2 中断指令

中断指令有4条，包括开、关中断指令，中断连接、分离指令。中断指令格式见表5-3。

表5-3 中断指令格式

LAD	-(ENI)	-(DISI)	ATCH EN ENO ????-INT ????-EVNT	DTCH EN ENO ????-EVNT
STL	ENI	DISI	ATCH INT，EVNT	DTCH EVNT
操作数及数据类型	无	无	INT：常量0~127 EVNT：常量，对CPU 224：0~23和27~33 INT/EVNT数据类型：字节	EVNT：常量，对CPU 224：0~23和27~33 EVNT数据类型：字节

1. 开、关中断指令

开中断指令（ENI）全局性允许所有中断事件。

关中断指令（DISI）全局性禁止所有中断事件，中断事件的每次出现均被排队等候，直至使用全局开中断指令重新启用中断。

PLC转换到RUN（运行）模式时，中断开始时被禁用，可以通过执行开中断指令，允许所有中断事件。执行关中断指令会禁止处理中断，但是现用中断事件将继续排队等候。

2. 中断连接、分离指令

中断连接指令（ATCH）将中断事件（EVNT）与中断程序号码（INT）相连接，并启用中断事件。

分离中断指令（DTCH）取消某中断事件（EVNT）与所有中断程序之间的连接，并禁用该中断事件。

注意：一个中断事件只能连接一个中断程序，但多个中断事件可以调用一个中断程序。

5.1.3 中断程序

1. 中断程序的概念

中断程序是为处理中断事件而事先编好的程序。中断程序不是由程序调用，而是在中断事件发生时由操作系统调用。在中断程序中，不能改写其他程序使用的存储器，最好使用局部变量。中断程序应实现特定的任务，应“越短越好”，中断程序由中断程序号开始，以无条件返回指令（CRETI）结束。在中断程序中禁止使用 DISI、ENI、HDEF、LSCR 和 END 指令。

2. 建立中断程序的方法

方法一：从“编辑”菜单选择“插入”（Insert）→“中断”（Interrupt）。

方法二：在指令树中用鼠标右键单击“程序块”图标，并从弹出菜单选择“插入”（Insert）→“中断”（Interrupt）。

方法三：在“程序编辑器”窗口，用鼠标右键单击，从弹出菜单中选择“插入”（Insert）→“中断”（Interrupt）。

程序编辑器从先前的 POU 更改为新中断程序，在程序编辑器的底部会出现一个新标记，代表新的中断程序。

5.1.4 程序举例

【例 5-1】 编写由 I0.1 的上升沿产生的中断事件的初始化程序。

分析：查表 5-1 可知，I0.1 上升沿产生的中断事件号为 2。所以在主程序中用 ATCH 指令将事件号 2 和中断程序 0 连接起来，并全局开中断。程序如图 5-1 所示。

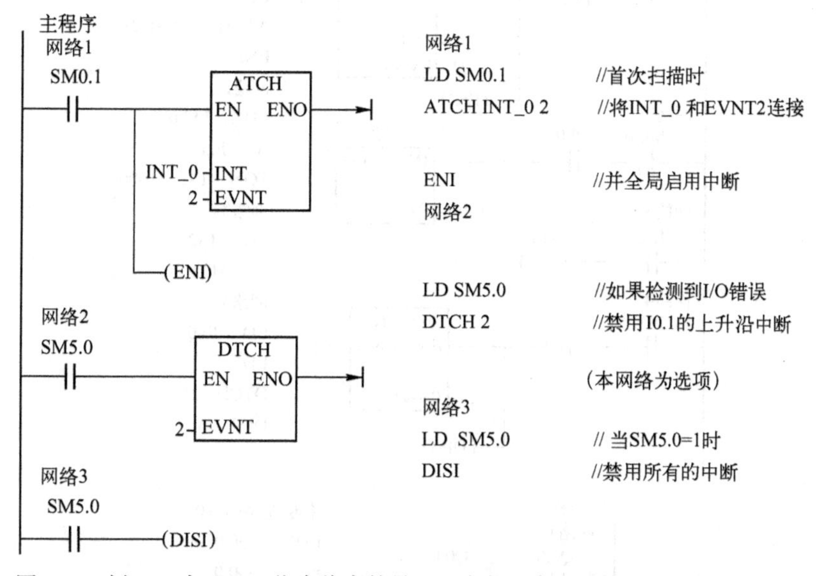

图 5-1　例 5-1 中 ATCH 指令将事件号 2 和中断程序 0 连接后全局开中断程序

【例 5-2】 编程完成采样工作，要求每 10 ms 采样一次。

分析：完成每 10 ms 采样一次，需用定时中断，查表 5-1 可知，定时中断 0 的中断事件号为 10。因此在主程序中将采样周期（10 ms）即定时中断的时间间隔写入定时中断 0 的特殊存储器 SMB34，并将中断事件 10 和 INT_0 连接，全局开中断。在中断程序 0 中，将模拟量输入信号读入，程序如图 5-2 所示。

【例 5-3】 利用定时中断功能编制一个程序，实现如下功能：当 I0.0 由 OFF→ON，Q0.0 亮 1 s、灭1 s，如此循环反复直至 I0.0 由 ON→OFF，Q0.0 变为 OFF。

例 5-3 的程序如图 5-3 所示。

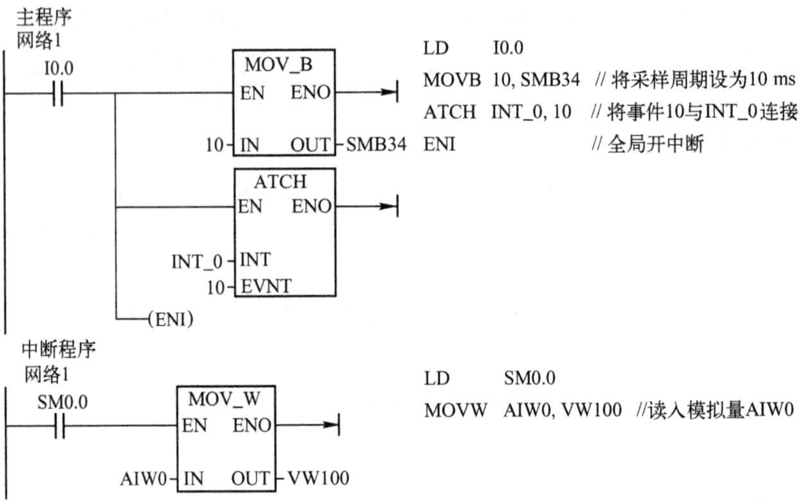

主程序
网络1
I0.0
MOV_B
EN ENO
10 IN OUT SMB34
ATCH
EN ENO
INT_0 INT
10 EVNT
(ENI)
中断程序
网络1
SM0.0
MOV_W
EN ENO
AIW0 IN OUT VW100
LD I0.0
MOVB 10, SMB34 // 将采样周期设为10 ms
ATCH INT_0, 10 // 将事件10与INT_0连接
ENI // 全局开中断
LD SM0.0
MOVW AIW0, VW100 //读入模拟量AIW0

图 5-2 例 5-2 图

主程序
网络1
I0.0
P
ATCH
EN ENO
INT_0 INT
21 EVNT
(ENI)
网络2
M0.0
I0.0
T32
IN TON
+1000 PT
网络3
T32
M0.0
网络4
I0.0
N
DTCH
EN ENO
21 EVNT
(DISI)
主程序：网络1
LD I0.0
EU
ATCH INT_0, 21
ENI
网络2
LDN M0.0
A I0.0
TON T32, +1000
网络3
LD T32
= M0.0
网络4
LD I0.0
ED
DTCH 21
DISI
中断程序
网络1
Q0.0
Q0.0
中断程序INT-0
LDN Q0.0
= Q0.0

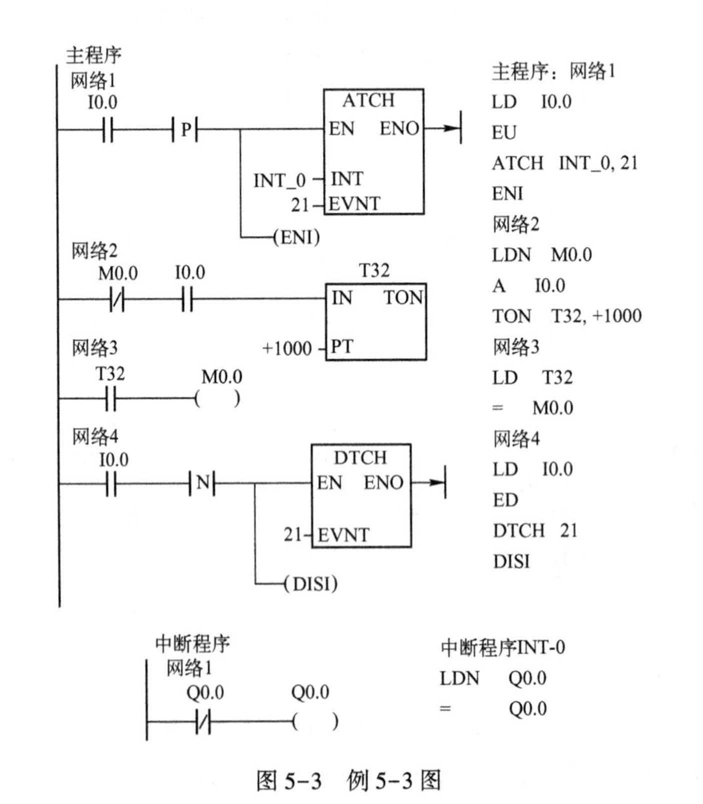

图 5-3 例 5-3 图

5.1.5 中断程序编程实训

1. 实训目的

1）熟悉中断指令的使用方法。

2）掌握定时中断设计程序的方法。

2. 实训内容

1）利用T32定时中断编写程序，要求产生占空比为50%、周期为4 s的方波信号。

2）用定时中断实现喷泉的模拟控制，控制要求同4.1.2节的例4-6。

3. 参考程序

1）产生占空比为50%、周期为4 s的方波信号的主程序和中断程序如图5-4所示。

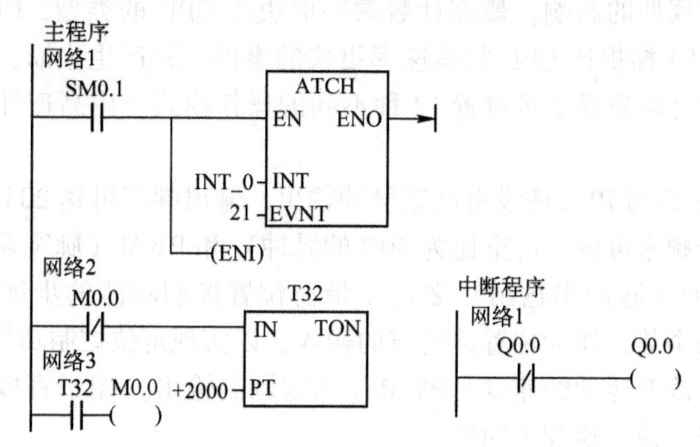

图5-4　占空比为50%、周期为4 s的方波信号的主程序和中断程序

2）喷泉的模拟控制参考程序如图5-5所示。

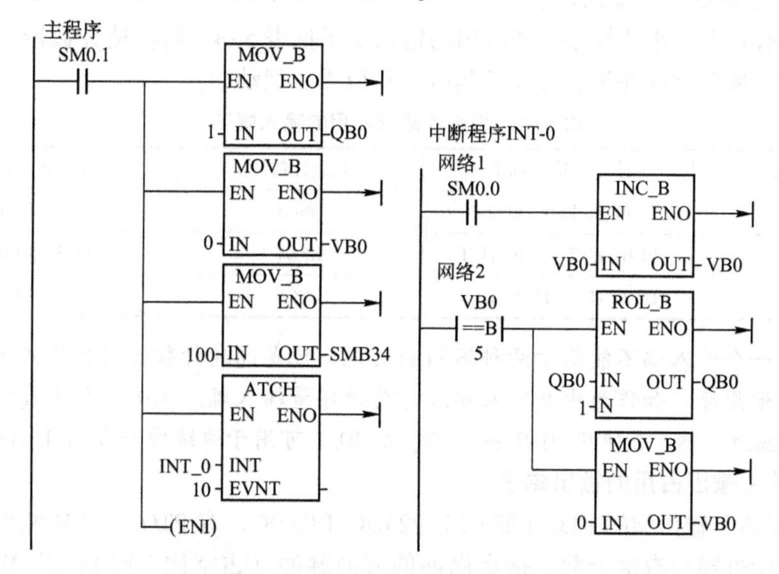

图5-5　喷泉的模拟控制参考程序

分析：程序中采用定时中断0，其中断号为10，定时中断0的周期控制字SMB34中的定时时间设定值的范围为1~255 ms。喷泉模拟控制的移位时间为0.5 s，大于定时中断0的最大定时时间设定值255 ms，所以将中断的时间间隔设为100 ms，这样中断执行5次，其时间间隔为0.5 s，在程序中用VB0来累计中断的次数，每执行一次中断，VB0在中断程序中加1，当VB0=5时，即时间间隔为0.5 s，QB0移一位。

4. 输入并调试程序

用状态图监视程序的运行，并记录观察到的现象。

5.2 高速计数器与高速脉冲输出

前面介绍的计数器指令的计数速度受扫描周期的影响，对于比 CPU 扫描频率高的脉冲输入，就不能满足控制要求了。为此，S7-200 PLC 中设计了高速计数功能（HSC），其计数自动进行而不受扫描周期的影响，最高计数频率取决于 CPU 的类型，CPU 22x 系列的最高计数频率为30 kHz,用于捕捉比 CPU 扫描速率更快的事件，并产生中断，执行中断程序，完成预定的操作。高速计数器最多可设置 12 种不同的操作模式。用高速计数器可实现高速运动的精确控制。

S7-200 CPU 22x 系列 PLC 还设有高速脉冲输出，输出频率可达 20 kHz，用于 PTO（脉冲串输出，输出一个频率可调、占空比为 50%的脉冲）和 PWM（脉宽调制输出，输出占空比可调的脉冲）。PTO（脉冲串输出）多用于带有位置控制功能的步进驱动器或伺服驱动器，通过输出脉冲的个数，作为位置给定值的输入，以实现定位控制功能。通过改变定位脉冲的输出频率，可以改变运动的速度。PWM（脉宽调制输出）用于直接驱动调速系统或运动控制系统的输出级，控制逆变主回路。

5.2.1 输入/输出端子

1. 高速计数器占用的输入端子

CPU 224 有 6 个高速计数器，其占用的输入端子见表 5-4。各高速计数器不同的输入端有专用的功能，如时钟脉冲端、方向控制端、复位端、起动端。

表 5-4 高速计数器占用的输入端子

高速计数器	使用的输入端子	高速计数器	使用的输入端子
HSC0	I0.0、I0.1、I0.2	HSC3	I0.1
HSC1	I0.6、I0.7、I1.0、I1.1	HSC4	I0.3、I0.4、I0.5
HSC2	I1.2、I1.3、I1.4、I1.5	HSC5	I0.4

注意：同一个输入端不能用于两种不同的功能。但是高速计数器当前模式未使用的输入端均可用于其他用途，如作为中断输入端或作为数字量输入端。例如，如果在模式 2 中使用高速计数器 HSC0，模式 2 使用 I0.0 和 I0.2，则 I0.1 可用于边缘中断或用于 HSC3。

2. 高速脉冲输出占用的输出端子

S7-200 晶体管输出型的 PLC（如 CPU 224DC/DC/DC）有 PTO、PWM 两种高速脉冲发生器。PTO 功能可输出指定个数、指定周期的方波脉冲（占空比 50%）；PWM 功能可输出脉宽变化的脉冲信号，用户可以指定脉冲的周期和脉冲的宽度。若一种发生器指定给数字量输出点 Q0.0，另一种发生器则指定给数字量输出点 Q0.1。当 PTO、PWM 发生器控制输出时，将禁止输出点 Q0.0、Q0.1 的正常使用；当不使用 PTO、PWM 高速脉冲发生器时，输出点 Q0.0、Q0.1 恢复正常的使用，即由输出映像寄存器决定其输出状态。

5.2.2 高速计数器的工作模式

1. 高速计数器的计数方式

1）单路脉冲输入的内部方向控制加/减计数。即只有一个脉冲输入端，通过高速计数器的控制字节的第 3 位来控制作加计数或者减计数。该位为 1，加计数；该位为 0，减计数。图 5-6所示为内部方向控制的单路加/减计数。

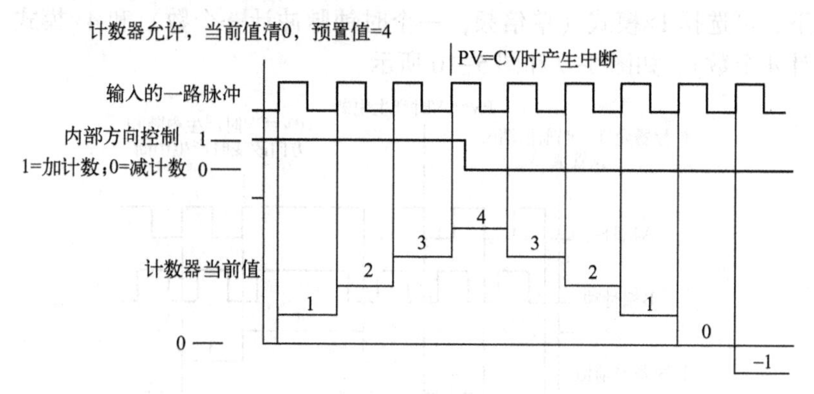

图 5-6　内部方向控制的单路加/减计数

2）单路脉冲输入的外部方向控制加/减计数。即有一个脉冲输入端，有一个方向控制端，方向输入信号等于 1 时，加计数；方向输入信号等于 0 时，减计数。图 5-7 所示为外部方向控制的单路加/减计数。

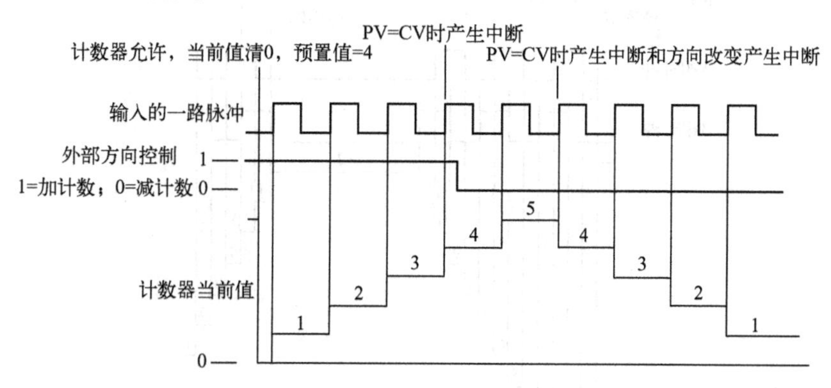

图 5-7　外部方向控制的单路加/减计数

3）两路脉冲输入的单相加/减计数。即有两个脉冲输入端，一个是加计数脉冲，一个是减计数脉冲，计数值为两个输入端脉冲的代数和，如图 5-8 所示。

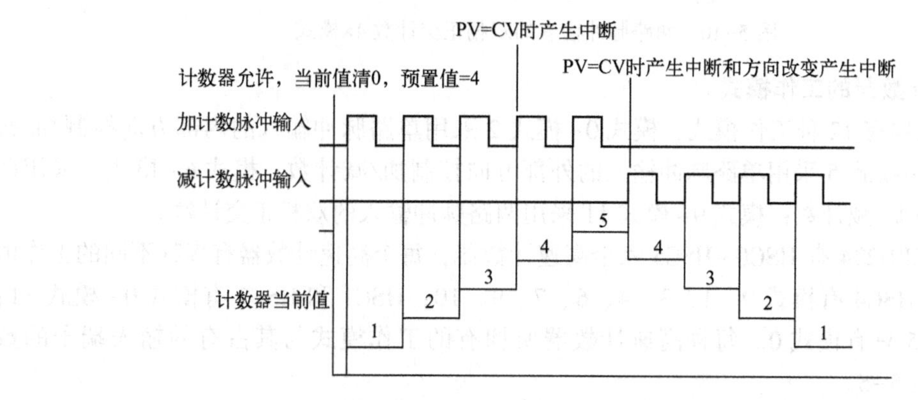

图 5-8　两路脉冲输入的单相加/减计数

4）两路脉冲输入的双相正交计数。即有两个脉冲输入端，输入的两路脉冲 A 相、B 相，相位互差 90°（正交），A 相超前 B 相 90°时，加计数；A 相滞后 B 相 90°时，减计数。在这种计数方式下，可选择 1×模式（单倍频，一个时钟脉冲计一个数）和 4×模式（4 倍频，1 个时钟脉冲计 4 个数），如图 5-9 和图 5-10 所示。

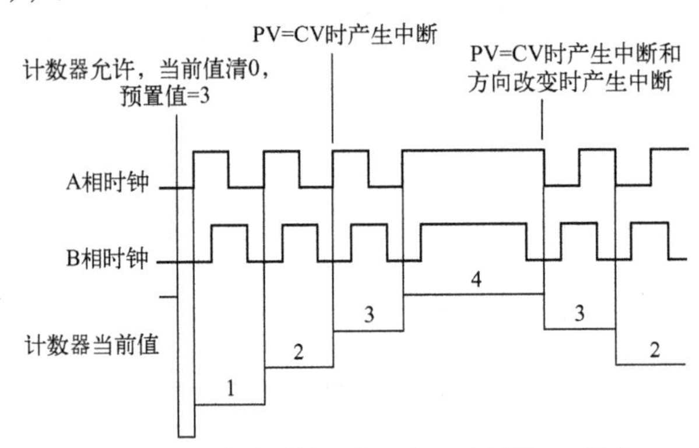

图 5-9　两路脉冲输入的双相正交计数 1×模式

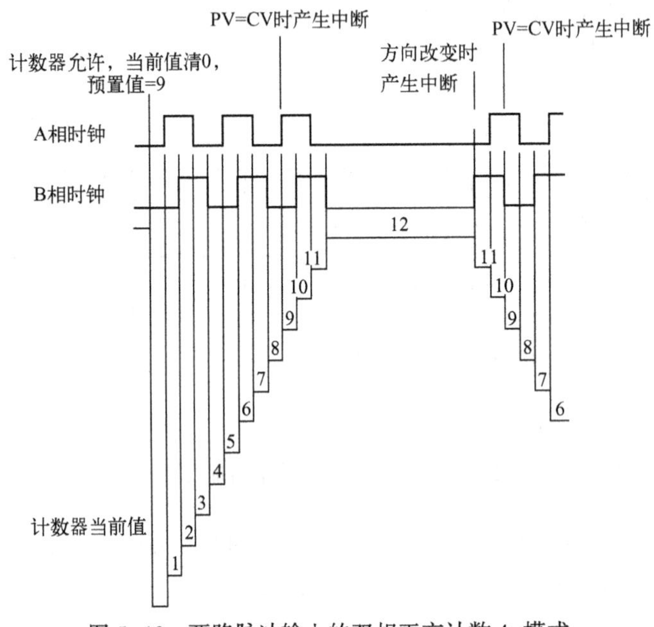

图 5-10　两路脉冲输入的双相正交计数 4×模式

2. 高速计数器的工作模式

高速计数器有 12 种工作模式，模式 0～模式 2 采用单路脉冲输入的内部方向控制加/减计数；模式 3～模式 5 采用单路脉冲输入的外部方向控制加/减计数；模式 6～模式 8 采用两路脉冲输入的加/减计数；模式 9～模式 11 采用两路脉冲输入的双相正交计数。

S7-200 CPU224 有 HSC0～HSC5 六个高速计数器，每个高速计数器有多种不同的工作模式。HSC0 和 HSC4 有模式 0、1、3、4、6、7、9、10；HSC1 和 HSC2 有模式 0～模式 11；HSC3 和 HSC5 只有模式 0。每种高速计数器所拥有的工作模式与其占有的输入端子的数目有关，见表 5-5。

表 5-5　高速计数器的工作模式与输入端子的关系及说明

HSC 编号及其对应的输入端子 / HSC 模式	功能及说明	占用的输入端子及其功能			
	HSC0	I0.0	I0.1	I0.2	×
	HSC4	I0.3	I0.4	I0.5	×
	HSC1	I0.6	I0.7	I1.0	I1.1
	HSC2	I1.2	I1.3	I1.4	I1.5
	HSC3	I0.1	×	×	×
	HSC5	I0.4	×	×	×
0	单路脉冲输入的内部方向控制加/减计数： 控制字 SM37.3=0，减计数 控制字 SM37.3=1，加计数	脉冲输入端	×	×	×
1			×	复位端	×
2			×	复位端	启动
3	单路脉冲输入的外部方向控制加/减计数： 方向控制端=0，减计数 方向控制端=1，加计数	脉冲输入端	方向控制端	×	×
4				复位端	×
5				复位端	启动
6	两路脉冲输入的单相加/减计数： 加计数端脉冲输入，加计数 减计数端脉冲输入，减计数	加计数脉冲输入端	减计数脉冲输入端	×	×
7				复位端	×
8				复位端	启动
9	两路脉冲输入的双相正交计数： A 相脉冲超前 B 相脉冲，加计数 A 相脉冲滞后 B 相脉冲，减计数	A 相脉冲输入端	B 相脉冲输入端	×	×
10				复位端	×
11				复位端	启动

注：×表示没有。

选用某个高速计数器在某种工作方式下工作后，高速计数器所使用的输入不是任意选择的，必须按系统指定的输入点输入信号。例如 HSC1 在模式 11 下工作，就必须用 I0.6 为 A 相脉冲输入端，I0.7 为 B 相脉冲输入端，I1.0 为复位端，I1.1 为起动端。

5.2.3　高速计数器的控制字和状态字

1. 控制字节

定义了计数器和工作模式之后，还要设置高速计数器的有关控制字节。每个高速计数器均有一个控制字节，它决定了计数器计数的允许或禁用、方向控制（仅限模式 0、1 和 2）或对所有其他模式的初始化计数方向、装入当前值和预置值。控制字节中每个控制位的说明见表 5-6。

表 5-6　HSC 的控制字节中每个控制位的说明

HSC0	HSC1	HSC2	HSC3	HSC4	HSC5	说　明
SM37.0	SM47.0	SM57.0		SM147.0		复位信号有效电平控制： 0=高电平有效；1=低电平有效
	SM47.1	SM57.1				起动信号有效电平控制： 0=高电平有效；1=低电平有效
SM37.2.	SM47.2	SM57.2		SM147.2		正交计数器计数速率选择： 0=4×计数速率；1=1×计数速率
SM37.3	SM47.3	SM57.3	SM137.3	SM147.3	SM157.3	计数方向控制位： 0=减计数；1=加计数

（续）

HSC0	HSC1	HSC2	HSC3	HSC4	HSC5	说　　明
SM37.4	SM47.4	SM57.4	SM137.4	SM147.4	SM157.4	向 HSC 写入计数方向： 0=无更新；1=更新计数方向
SM37.5	SM47.5	SM57.5	SM137.5	SM147.5	SM157.5	向 HSC 写入新预置值： 0=无更新；1=更新预置值
SM37.6	SM47.6	SM57.6	SM137.6	SM147.6	SM157.6	向 HSC 写入新当前值： 0=无更新；1=更新当前值
SM37.7	SM47.7	SM57.7	SM137.7	SM147.7	SM157.7	HSC 允许： 0=禁用 HSC；1=启用 HSC

2. 状态字节

每个高速计数器都有一个状态字节，状态位表示当前计数方向以及当前值是否大于或等于预置值。每个高速计数器状态字节中的状态位见表 5-7。状态字节的 0~4 位不用。监控高速计数器状态的目的是使外部事件产生中断，以完成重要的操作。

表 5-7　高速计数器状态字节中的状态位

HSC0	HSC1	HSC2	HSC3	HSC4	HSC5	说　　明
SM36.5	SM46.5	SM56.5	SM136.5	SM146.5	SM156.5	当前计数方向状态位： 0=减计数；1=加计数
SM36.6	SM46.6	SM56.6	SM136.6	SM146.6	SM156.6	当前值等于预设值状态位： 0=不相等；1=等于
SM36.7	SM46.7	SM56.7	SM136.7	SM146.7	SM156.7	当前值大于预设值状态位： 0=小于或等于；1=大于

5.2.4　高速计数器指令及举例

高速计数器的编程方法有两种：一是采用高速计数器指令编程；二是通过 STEP7-Micro/WIN 编程软件的指令向导，自动生成高速计数器程序。采用高速计数器指令编程便于理解指令，利用指令向导可以加快编程速度。

1. 高速计数器指令

高速计数器指令有两条：高速计数器定义指令 HDEF、高速计数器指令 HSC。指令格式见表 5-8。

表 5-8　高速计数器指令格式

LAD	HDEF EN　ENO ????-HSC ????-MODE	HSC EN　ENO ????-N
STL	HDEF HSC，MODE	HSC N
功能说明	高速计数器定义指令 HDEF	高速计数器指令 HSC
操作数	HSC：高速计数器的编号，为常量（0~5）；数据类型：字节 MODE 工作模式，为常量（0~11）；数据类型：字节	N：高速计数器的编号，为常量（0~5）；数据类型：字
ENO=0 的出错条件	SM4.3（运行时间），0003（输入点冲突），0004（中断中的非法指令），000A（HSC 重复定义）	SM4.3（运行时间），0001（HSC 在 HDEF 之前），0005（HSC 和 PLS 同时操作）

1）高速计数器定义指令 HDEF。该指令指定高速计数器（HSCx）的工作模式。工作模式为高速计数器的输入脉冲、计数方向、复位和启动功能。每个高速计数器只能用一条“高速计数器定义”指令。

2）高速计数器指令 HSC。根据高速计数器控制位的状态，按照 HDEF 指令指定的工作模式，控制高速计数器。参数 N 指定高速计数器的号码。

2. 高速计数器指令的使用

1）每个高速计数器都有一个 32 位当前值和一个 32 位预置值，当前值和预设值均为带符号的整数值。要设置高速计数器的新当前值和新预置值，必须设置控制字节（见表 5-7），令其第 5 位和第 6 位为 1，允许更新预置值和当前值，新当前值和新预置值写入特殊内部标志位存储区。然后执行 HSC 指令，将新数值传输到高速计数器。当前值和预置值占用的特殊内部标志位存储区见表 5-9。

表 5-9　HSC0~HSC5 当前值和预置值占用的特殊内部标志位存储区

要装入的数值	HSC0	HSC1	HSC2	HSC3	HSC4	HSC5
新的当前值	SMD38	SMD48	SMD58	SMD138	SMD148	SMD158
新的预置值	SMD42	SMD52	SMD62	SMD142	SMD152	SMD162

2）执行 HDEF 指令之前，必须将高速计数器控制字节的位设置成需要的状态，否则将采用默认设置。默认设置为：复位和启动时输入高电平有效，正交计数速率选择 4×模式。执行 HDEF 指令后，就不能再改变计数器的设置，除非 CPU 进入停止模式。

3）执行 HSC 指令时，CPU 检查控制字节及有关的当前值和预置值。

3. 高速计数器指令的初始化

高速计数器指令的初始化的步骤如下：

1）用首次扫描时接通一个扫描周期的特殊内部存储器 SM0.1 去调用一个子程序，完成初始化操作。因为采用了子程序，在随后的扫描中，不必再调用这个子程序，以减少扫描时间，使程序结构更好。

2）在初始化的子程序中，根据希望的控制设置控制字（SMB37、SMB47、SMB57、SMB137、SMB147、SMB157），如设置 SMB47 = 16#F8，则为：允许计数，写入新当前值，写入新预置值，更新计数方向为加计数，若为正交计数则其速率设为 4×模式，复位和启动设置为高电平有效。

3）执行 HDEF 指令，设置 HSC 的编号（0~5），设置工作模式（0~11）。如 HSC 的编号设置为 1，工作模式输入设置为 11，则为既有复位又有启动的正交计数工作模式。

4）用新的当前值写入 32 位当前值寄存器（SMD38，SMD48，SMD58，SMD138，SMD148，SMD158）。如写入 0，则清除当前值，用指令“MOVD 0，SMD48”实现。

5）用新的预置值写入 32 位预置值寄存器（SMD42，SMD52，SMD62，SMD142，SMD152，SMD162）。如执行指令“MOVD 1000，SMD52”，则设置预置值为 1000。若写入预置值为 16#00，则高速计数器处于不工作状态。

6）为了捕捉当前值等于预置值的事件，将条件 CV = PV 中断事件（事件 13）与一个中断程序相联系。

7）为了捕捉计数方向的改变，将方向改变的中断事件（事件 14）与一个中断程序相联系。

8）为了捕捉外部复位，将外部复位中断事件（事件 15）与一个中断程序相联系。

9）执行全局中断允许指令（ENI）允许 HSC 中断。

10）执行 HSC 指令使 S7-200 PLC 对高速计数器进行编程。

11）结束子程序。

【例 5-4】 高速计数器的应用举例。某设备采用位置编码器作为检测元器件，需要高速计数器进行位置值的计数，其要求如下：计数信号为 A、B 两相相位差 90°的脉冲输入；使用外部计数器复位与启动信号，高电平有效；编码器每转的脉冲数为 2500，在 PLC 内部进行 4 倍频，计数开始值为“0”，当转动 1 圈后，需要清除计数值后进行重新计数。

1）主程序。如图 5-11 所示，用首次扫描时接通一个扫描周期的特殊内部存储器 SM0.1 去调用一个子程序，完成初始化操作。

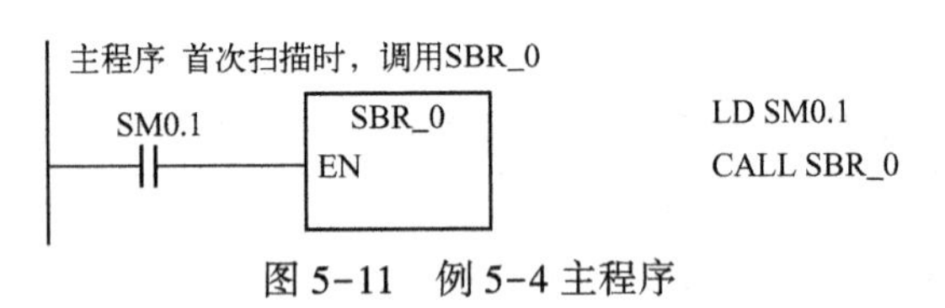

图 5-11 例 5-4 主程序

2）初始化的子程序。如图 5-12 所示，定义 HSC1 的工作模式为模式 11（两路脉冲输入的双相正交计数，具有复位和启动输入功能），设置 SMB47 = 16#F8（允许计数，更新新当前

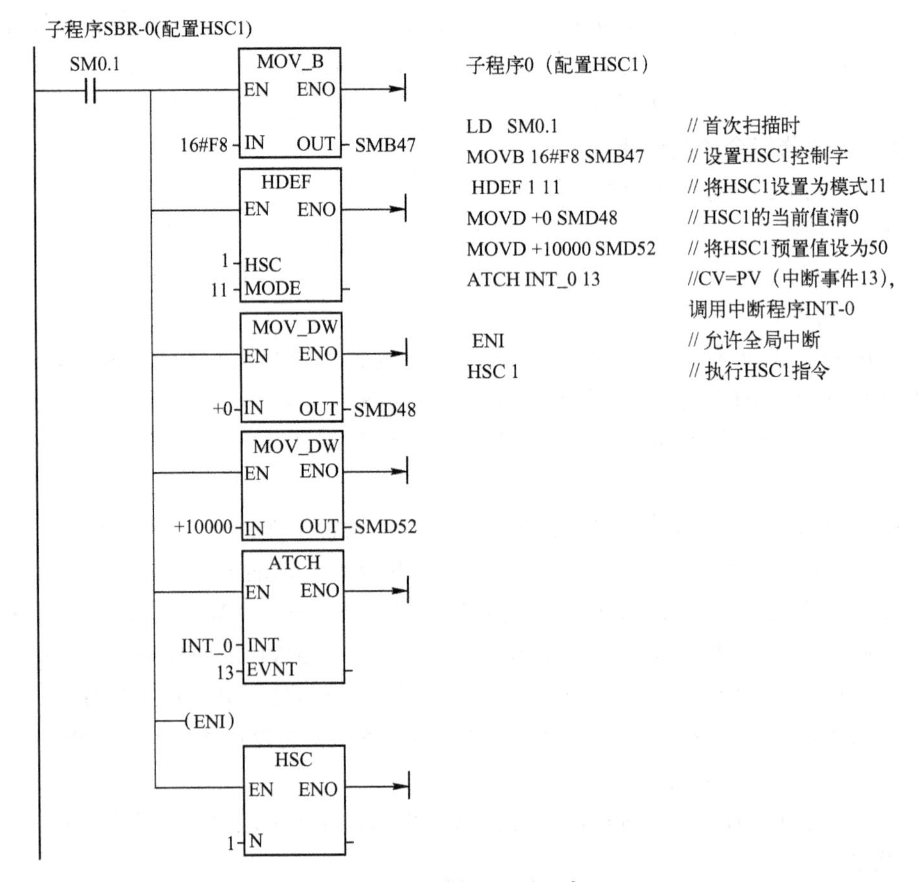

图 5-12 例 5-4 子程序

值，更新新预置值，更新计数方向为加计数，若为正交计数则其速率设为4×，复位和启动设置为高电平有效）。HSC1的当前值SMD48清0，预置值SMD52=10000，当前值=预设值，产生中断（中断事件13），中断事件13连接中断程序INT-0。

3）中断程序INT-0，如图5-13所示。

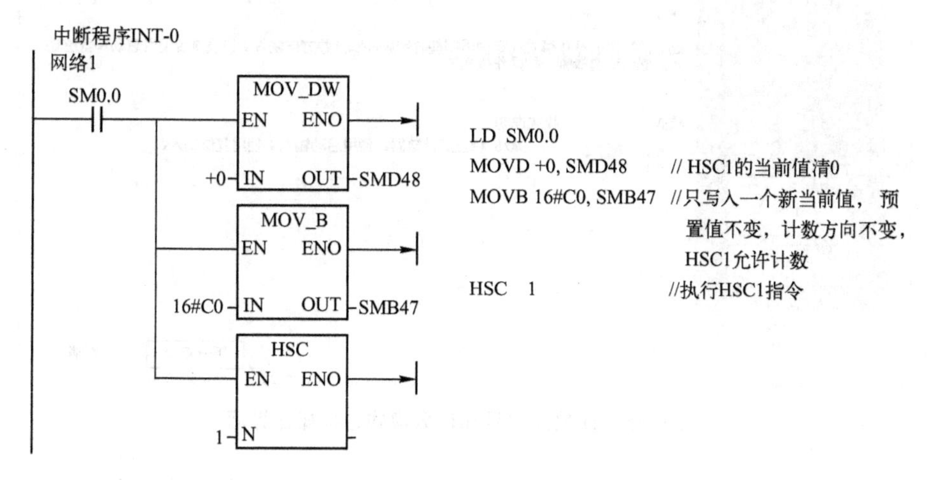

图5-13　例5-4中断程序INT-0

5.2.5　高速计数器指令向导的应用

高速计数器程序可以通过STEP7-Micro/WIN编程软件的指令向导自动生成。例5-4用指令向导的编程操作步骤如下。

1）打开STEP7-Micro/WIN软件，选择主菜单“工具”→“指令向导”，进入向导编程操作界面。高速计数器指令向导编程操作界面如图5-14所示。

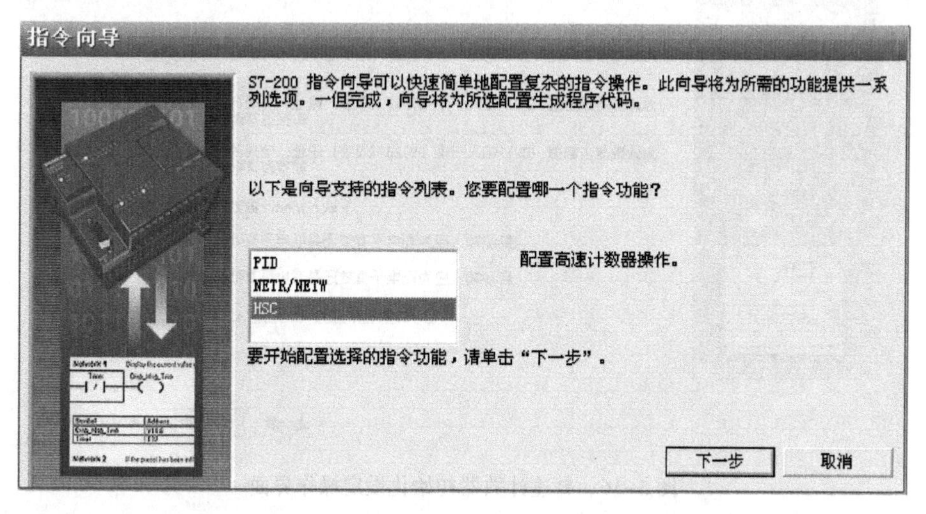

图5-14　高速计数器指令向导编程操作界面

2）选择“HSC”→单击“下一步”按钮，出现对话框如图5-15所示。选择计数器的编号和计数模式。在本例中选择“HC1”和计数模式“11”，选择后单击“下一步”按钮。

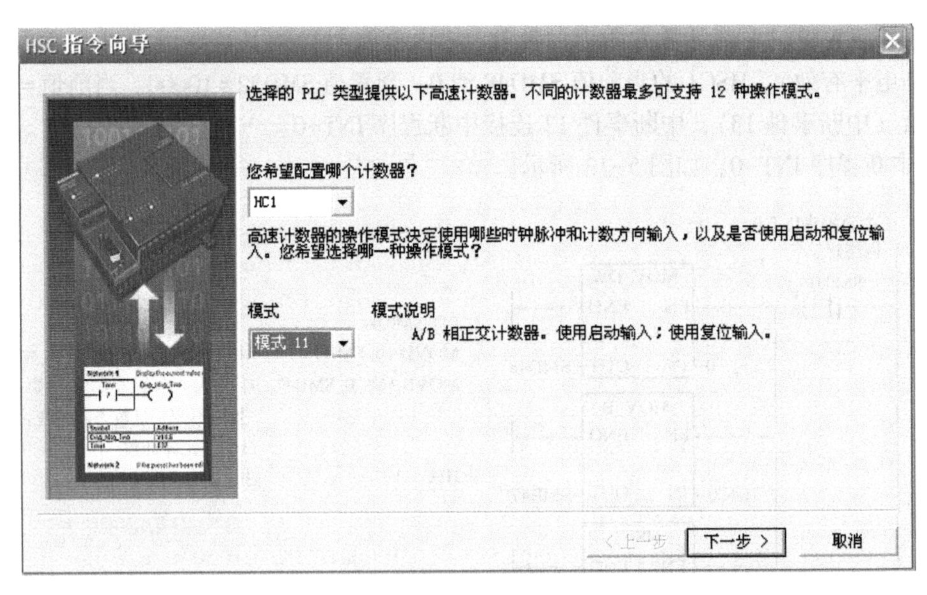

图 5-15　计数器编号和计数模式选择操作界面

3）在图 5-16 高速计数器初始化设定操作界面中分别输入：高速计数器初始化子程序的符号名（默认的符号名为“HSC_INIT”）；高速计数器的预置值（本例输入为 10000）；计数器当前值的初始值（本例输入“0”）；初始计数方向（本例中选择“增”）；复位信号的极性（本例选择高电平有效）；启动信号的极性（本例选择高电平有效）；计数器的倍率选择（本例选择 4 倍频“4X”）。完成后单击“下一步”按钮。

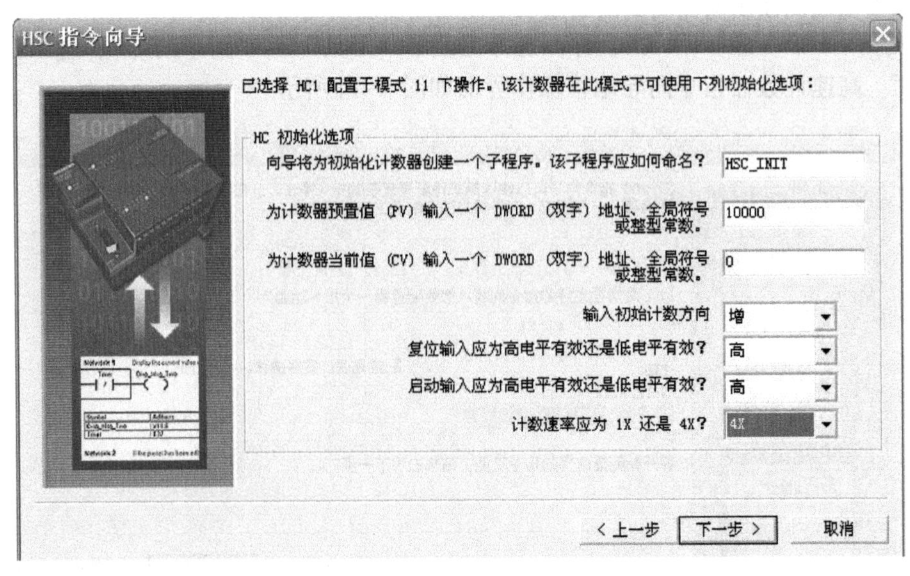

图 5-16　高速计数器初始化设定操作界面

4）在完成高速计数器的初始化设定后，出现高速计数器中断设置的操作界面如图 5-17 所示。本例中为当前值等于预置值时产生中断，并输入中断程序的符号名（默认的为 COUNT_EQ）。在“您希望为 HC1 编程多少个步骤?”栏，输入需要中断的步数，本例只有当前值清零1步，选择“1”。完成后单击“下一步”按钮。

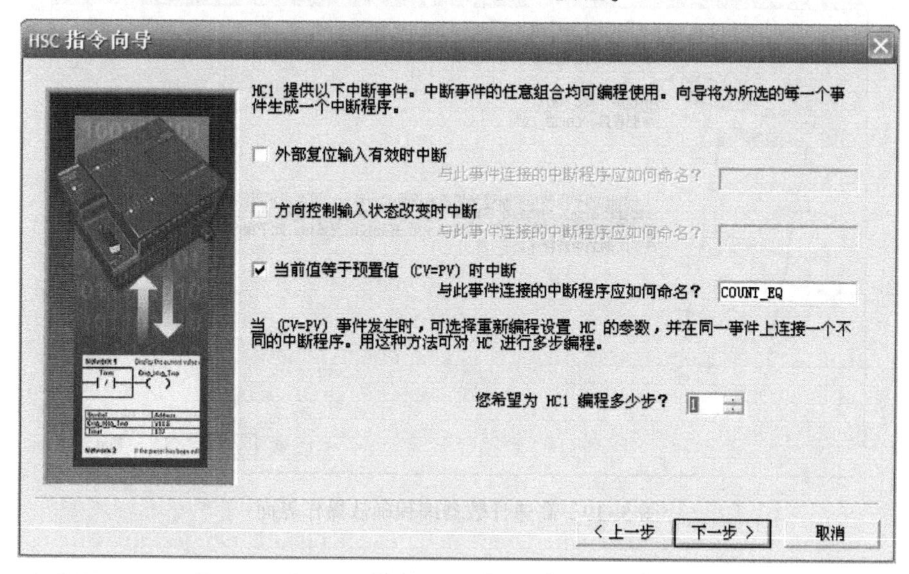

图 5-17　高速计数器中断设置的操作界面

5）高速计数器中断处理方式设定操作界面如图5-18所示。在本例中，当CV=PV时需要将当前值清理，所以选择“更新当前值”选项，并在“新CV”栏内输入新的当前值“0”。完成后单击“下一步”按钮。

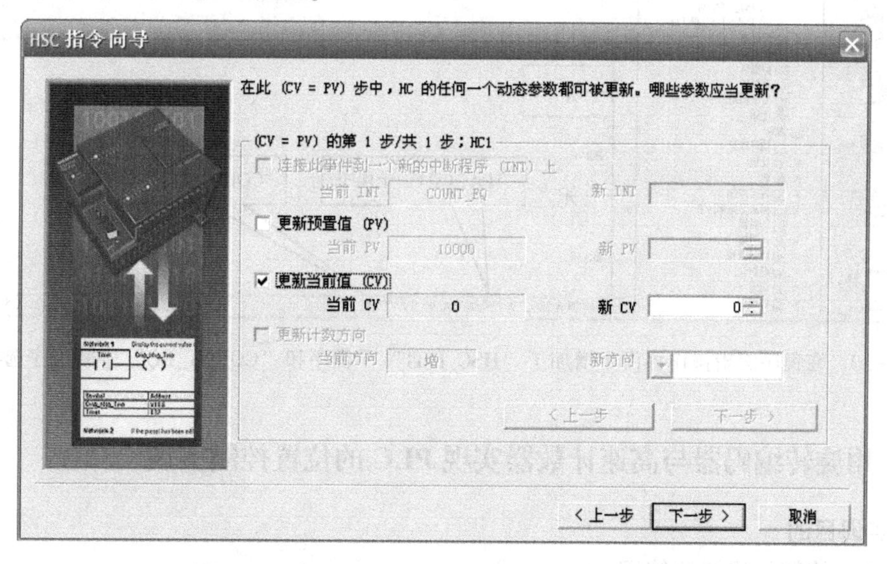

图 5-18　高速计数器中断处理方式设定操作界面

6）高速计数器中断处理方式设定完成后，出现高速计数器编程确认操作界面，如图5-19所示。该操作界面显示了由向导编程完成的程序及使用说明，选择“完成”以结束编程。

7）向导使用完成后在程序编辑器操作界面内自动增加了名称为“HSC_INIT”的子程序和“COUNT_EQ”中断程序，如图5-20所示。分别单击“HSC_INIT”子程序和“COUNT_EQ”标签，其程序分别同图5-12和图5-13。

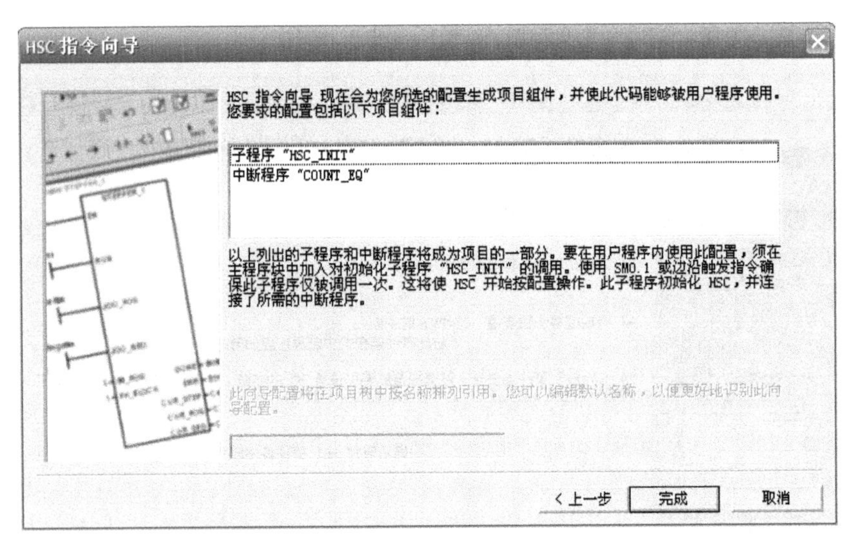

图 5-19　高速计数器编程确认操作界面

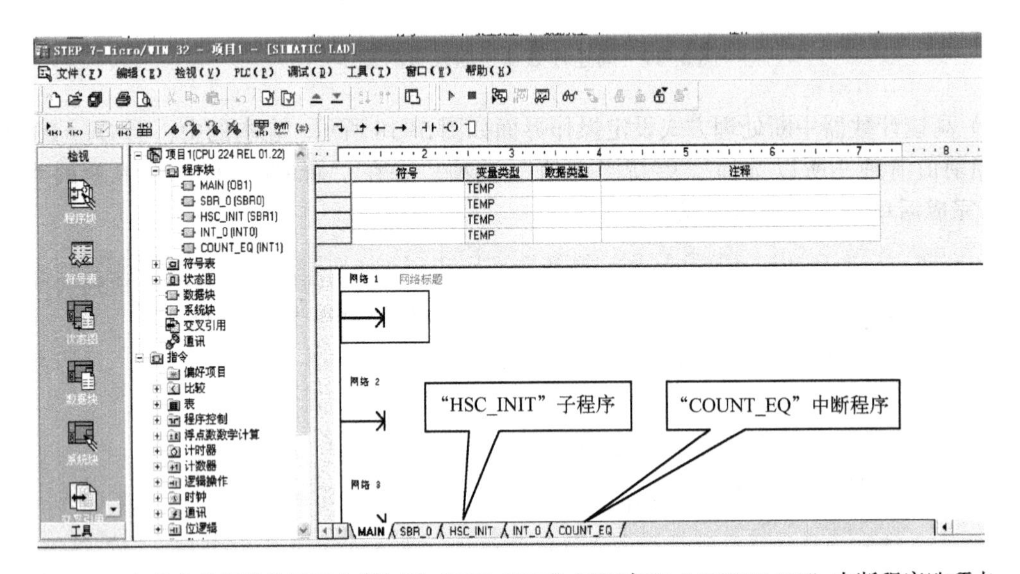

图 5-20　在程序编辑操作界面中增加了“HSC_INIT”子程序和“COUNT_EQ”中断程序选项卡

5.2.6　用旋转编码器与高速计数器实现 PLC 的位置控制实训

1. 实训目的

1）学会旋转编码器的使用。

2）学会用旋转编码器与高速计数器实现 PLC 的位置控制。

2. 实训内容

（1）正确使用旋转编码器

旋转编码器是通过光电转换，将输出至轴上的机械、几何位移量转换成脉冲或数字信号的传感器，主要用于速度或位置（角度）的检测。

典型的旋转编码器是由光栅盘（光电码盘）和光电检测装置组成。光栅盘是在一定直径的圆板上等分地开通若干个长方形狭缝，由于光栅盘与电动机同轴，电动机旋转时，光栅盘与电动机同速旋转，经发光二极管等电子元件组成的检测装置检测输出若干脉冲信号，其原理示意图如图 5-21 所示，通过计算每秒旋转编码器输出脉冲的个数就能得出当前电动机的转速。

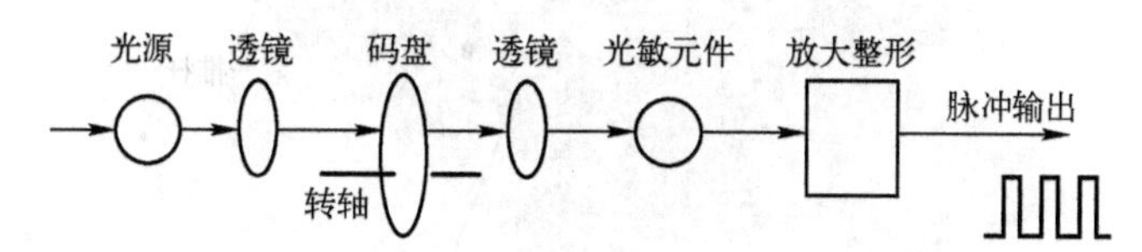

图 5-21　旋转编码器原理示意图

根据旋转编码器产生脉冲的方式的不同，可以分为增量式、绝对式以及复合式三大类。自动化生产线上常采用的是增量式旋转编码器。

增量式编码器是直接利用光电转换原理输出三组方波脉冲 A 相、B 相和 Z 相。A、B 两组脉冲相位差 90°，用于辨向：当 A 相脉冲超前 B 相时为正转方向，而当 B 相脉冲超前 A 相时则为反转方向。Z 相用以每转产生一个脉冲，该脉冲成为转移信号或零标志脉冲，用于基准点定位，如图 5-22 所示。

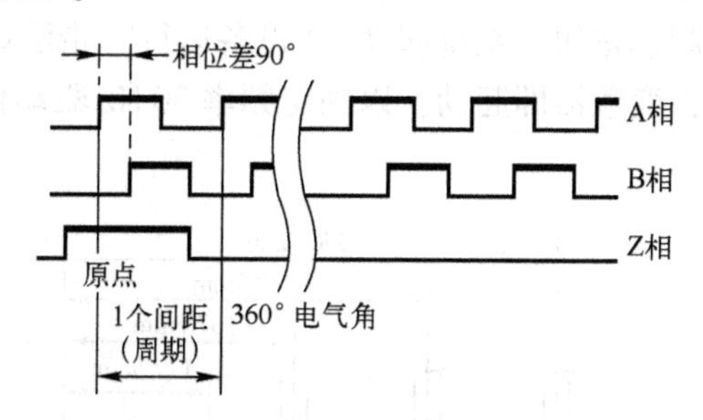

图 5-22　增量式编码器输出的三组方波脉冲

YL-335B 分拣单元使用了这种具有 A、B 两相 90°相位差的通用型旋转编码器，用于计算工件在传送带上的位置。如图 5-23 所示。编码器直接连接到传送带主动轴上。该旋转编码器的三相脉冲采用 NPN 型集电极开路输出，分辨率是 500 线（分辨率是轴旋转一周输出的脉冲数或刻线数），工作电源为 DC 12～24 V。本工作单元中没有使用 Z 相脉冲，A、B 两相输出端直接连接到 PLC 的高速计数器输入端。

计算工件在传送带上的位置时，需确定每两个脉冲之间的距离，即脉冲当量。分拣单元主动轴的直径为 $d=43\,\text{mm}$，则减速电机每旋转一周，传送带上工件移动距离 $L=\pi \cdot d=3.14\times 43\,\text{mm}=135.35\,\text{mm}$。故脉冲当量 $\mu=L/500\,\text{mm}\approx 0.273\,\text{mm}$。按图 5-24 所示的安装尺寸，当工件从下料口中心线移至传感器中心时，旋转编码器约发出 430 个脉冲；移至第一个推杆中心点时，其约发出 614 个脉冲；移至第二个推杆中心点时，其约发出 963 个脉冲；移至第三个推杆中心点时，其约发出 1284 个脉冲。

应该指出的是，上述脉冲当量的计算只是理论上的，还需现场测试脉冲当量值。

（2）实训任务

本任务是完成对白色芯金属工件、白色芯塑料工件和黑色芯的金属或塑料工件进行分

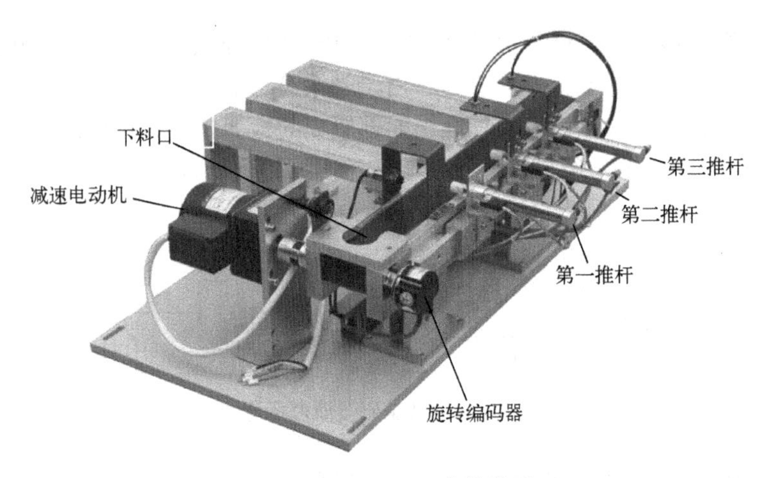

图 5-23　YL-335B 分拣单元

拣。为了在分拣时准确推出工件，要求使用旋转编码器进行定位检测，并且工件材料和芯体颜色属性应在推料气缸前的适当位置被检测出来。

设备上电和气源接通后，若工作单元的三个气缸均处于缩回位置，则“正常工作”指示灯 HL1 常亮，表示设备准备好。否则该指示灯以 1 Hz 频率闪烁。

若设备准备好，按下起动按钮，系统起动，“设备运行”指示灯 HL2 常亮。当传送带入料口放下已装配的工件时，变频器即起动，以固定频率 30 Hz 驱动传动电动机运动，可实现把工件带往分拣区。

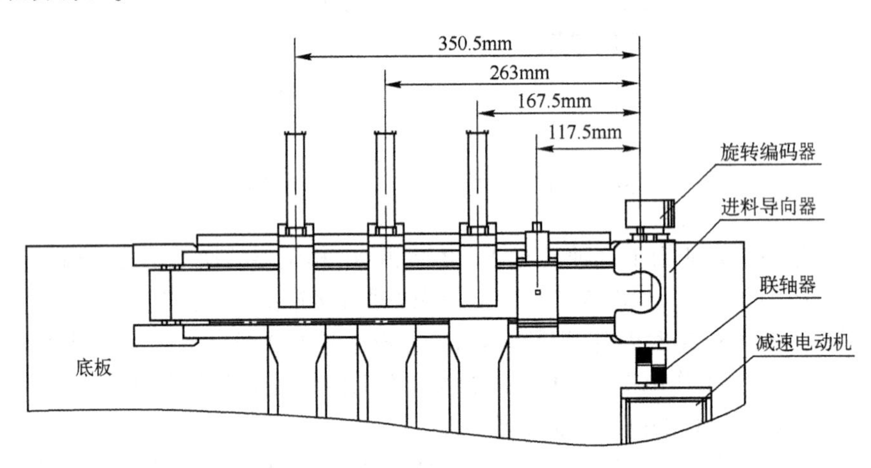

图 5-24　传送带位置计算用图

如果工件为白色芯金属件，则该工件到达 1 号滑槽中间时，传送带停止，工件对被推到 1 号槽中；如果工件为白色芯塑料，则该工件到达 2 号滑槽中间时，传送带停止，工件对被推到 2 号槽中；如果工件为黑色芯，则该工件到达 3 号滑槽中间时，传送带停止，工件对被推到 3 号槽中。工件被推出滑槽后，该工作单元的一个工作周期结束。仅当工件被推出滑槽后，才能再次向传送带下料。

如果在运行期间按下停止按钮，该工作单元在本工作周期结束后停止运行。

(3) PLC 的 I/O 接线

根据实训任务要求，设备机械装配和传感器安装如图 5-25 所示。

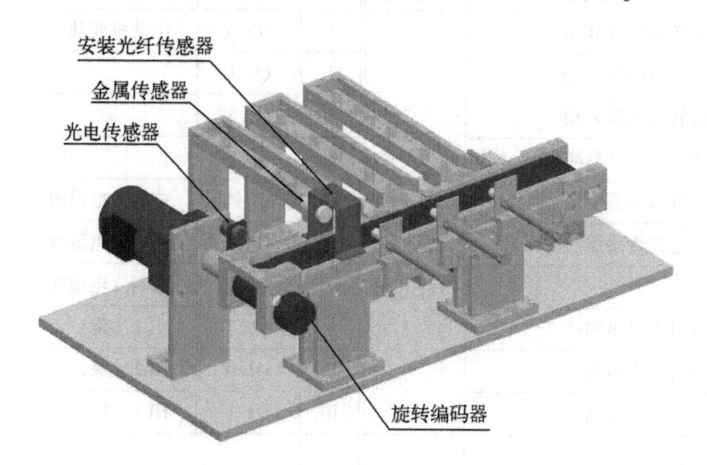

图 5-25　分拣单元机械安装效果图

分拣单元装置侧的接线端口上信号端子的分配如表 5-10 所示。判别工件材料和芯体颜色属性的传感器只需安装在传感器支架上，用电感式传感器和光纤传感器。

表 5-10　分拣单元装置侧的接线端口上 I/O 信号端子的分配

输入端口中间层			输出端口中间层		
端子号	设备符号	信号线	端子号	设备符号	信号线
2	DECO	旋转编码器 A 相	2	1Y	推杆 1 电磁阀
3		旋转编码器 B 相	3	2Y	推杆 2 电磁阀
4		旋转编码器 Z 相	4	3Y	推杆 3 电磁阀
5	SC1	进料口工件检测			
6	SC2	电感式传感器			
7	SC3	光纤传感器 1			
8	—	—			
9	1B	推杆 1 推出到位			
10	2B	推杆 2 推出到位			
11	3B	推杆 3 推出到位			
12#~17#端子没有连接			5#~14#端子没有连接		

分拣单元 PLC 选用 S7-224 XP AC/DC/RLY 主单元。本任务要求变频器以 30 Hz 的固定频率驱动电动机运转，只需用固定频率方式控制变频器即可。本例中选用 MM420 的端子“5”（DIN1）作为电机起动和频率的控制，PLC 的 I/O 地址见表 5-11，I/O 接线原理如图 5-26 所示。

表 5-11　分拣单元 PLC 的 I/O 地址

输入信号				输出信号			
序号	输入点	信号名称	信号来源	序号	输出点	信号名称	信号输出目标
1	I0.0	旋转编码器 B 相	装置侧	1	Q0.0	电动机起动	变频器
2	I0.1	旋转编码器 A 相		2	Q0.1	—	—
3	I0.2	旋转编码器 Z 相		3	Q0.2	—	—
4	I0.3	进料口工件检测		4	Q0.3	—	—
5	I0.4	光纤传感器 1		5	Q0.4	推料 1 电磁阀	—
6	I0.5	电感式传感器		6	Q0.5	推料 2 电磁阀	—
7	I0.6	—		7	Q0.6	推料 3 电磁阀	—
8	I0.7	推杆 1 推出到位		8	Q0.7	HL1（黄）	按钮/指示灯模块
9	I1.0	推杆 2 推出到位		9	Q1.0	HL2（绿）	
10	I1.1	推杆 3 推出到位		10	Q1.1	HL3（红）	
11	I1.2	停止按钮	按钮/指示灯模块				
12	I1.3	起动按钮					
13	I1.4	—					
14	I1.5	单站/全线					

为了实现固定频率输出，变频器的参数应如下设置。

命令源 P0700=2（外部 I/O），选择频率设定的信号源参数 P1000=3（固定频率）；DIN1 功能参数 P0701=16（直接选择 + ON 命令），P1001=30 Hz；

斜坡上升时间参数 P1120 设定为 1 s，斜坡下降时间参数 P1121 设定为 0.1 s。由于驱动电动机功率很小，此参数设定不会引起变频器过电压跳闸。

(4) 分拣单元的编程要点

首先是高速计数器的编程。根据分拣单元上旋转编码器输出的脉冲信号形式（A/B 相为正交脉冲，Z 相脉冲不使用，无外部复位和起动信号），采用的计数模式为模式 9，所选用的计数器为 HSC0，A 相脉冲从 I0.1 输入，B 相脉冲从 I0.0 输入，计数倍频设定为 4 倍频。使用指令向导方式编程，容易自动生成符号地址为“HSC_INIT”的子程序。

在主程序块中使用 SM0.1（上电首次扫描 ON）调用此子程序，即完成高速计数器的定义并启动计数器。

本任务中，高速计数器编程的目的，是根据 HC0 当前值确定工件位置，与存储到指定的变量存储器的特定位置数据进行比较，以确定程序的流向。特定位置数据是：

- 进料口到传感器位置的脉冲数为 1800，存储在 VD10 单元中（双整数）；
- 进料口到推杆 1 位置的脉冲数为 2500，存储在 VD14 单元中；
- 进料口到推杆 2 位置的脉冲数为 4000，存储在 VD18 单元中；
- 进料口到推杆 3 位置的脉冲数为 5400，存储在 VD22 单元中。

可以使用数据块来对上述 V 存储器赋值，在 STEP7-Micro/WIN 操作界面项目指令树中，选择“数据块”→“用户定义 1”；在所出现的数据操作界面上逐行键入 V 存储器起始地址、数据值及其注释（可选），允许用逗号、制表符或空格作为地址和数据的分隔符号，

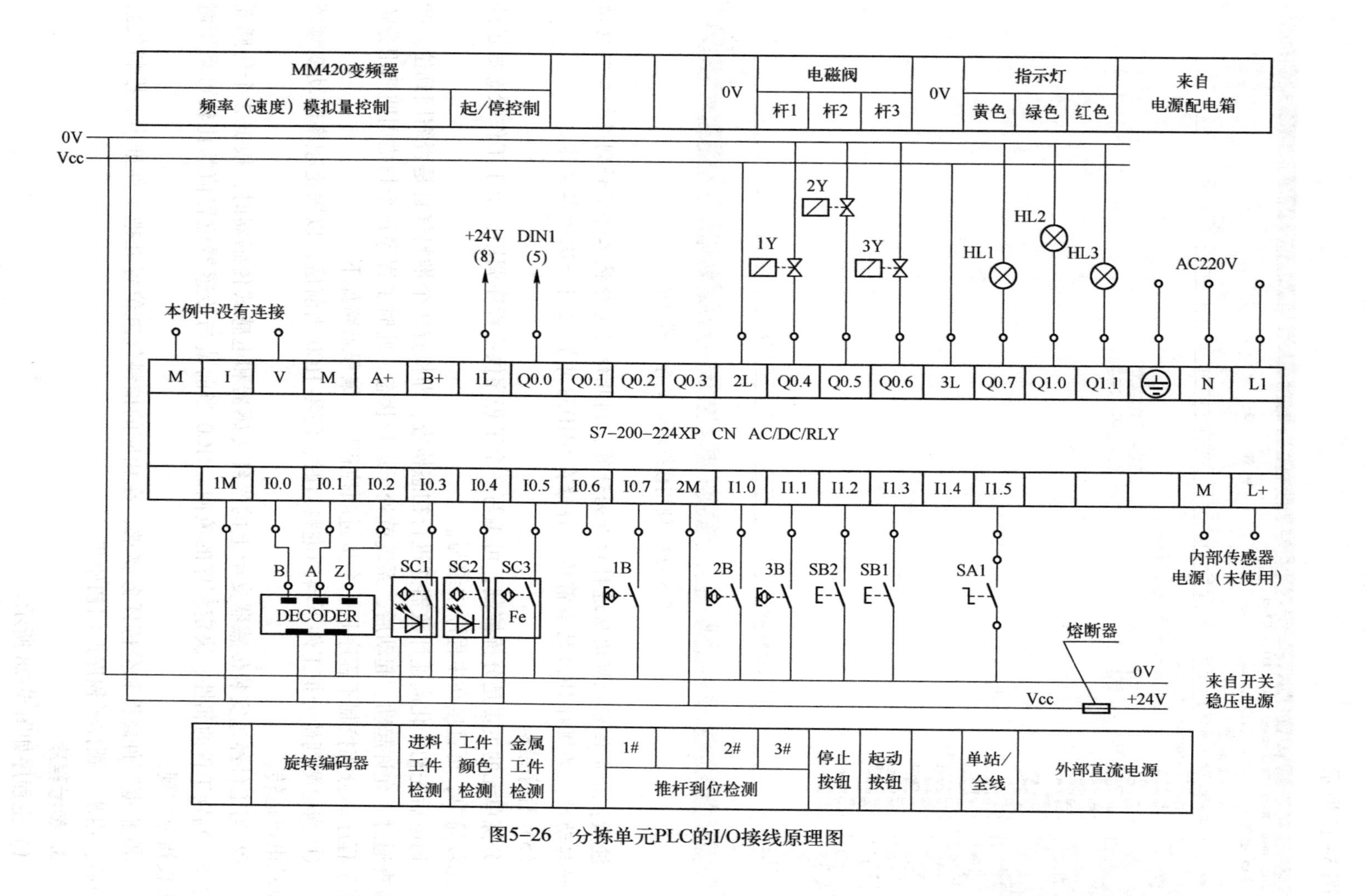

图5-26 分拣单元PLC的I/O接线原理图

如图 5-27 所示。

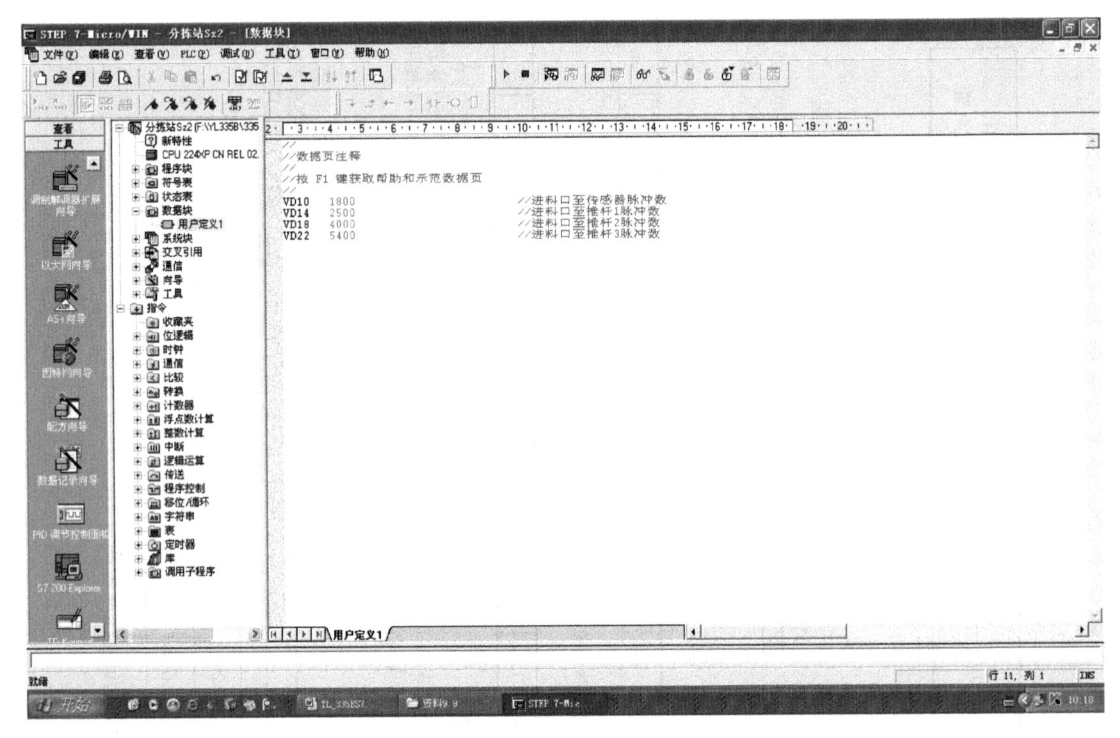

图 5-27 使用数据块对 V 存储器赋值

注意： 特定位置数据均从进料口开始计算，因此每当待分拣工件下料到进料口需电动机开始起动时，必须对 HC0 的当前值（存储在 SMD38 中）进行一次清零操作。

（5）程序结构

分拣单元的主要是分拣控制，可编写一个子程序供主程序调用，由于工作状态显示的要求比较简单，可直接在主程序中编写。

通电后先初始化高速计数器并进行初态检查，即检查 3 个推料气缸是否缩回到位。初态检查通过，允许起动。起动后，系统就处于运行状态，此时主程序每个扫描周期调用分拣控制子程序。分拣控制子程序是一个步进顺控程序，编程思路如下：

① 当检测到待分拣工件下料到进料口时，清零 HC0 当前值，以固定频率起动变频器以驱动电机运转。

② 当工件经过安装传感器支架上的光纤传感器和电感式传感器时，根据 2 个传感器的动作，判别工件的属性，决定程序的流向。HC0 当前值与传感器位置值的比较可采用触点比较指令实现。

③ 根据工件属性和分拣任务要求，在相应的推料气缸位置处把工件推出。推料气缸返回后，用步进顺控子程序返回初始步。

3. 参考程序

1）主程序如图 5-28 所示。

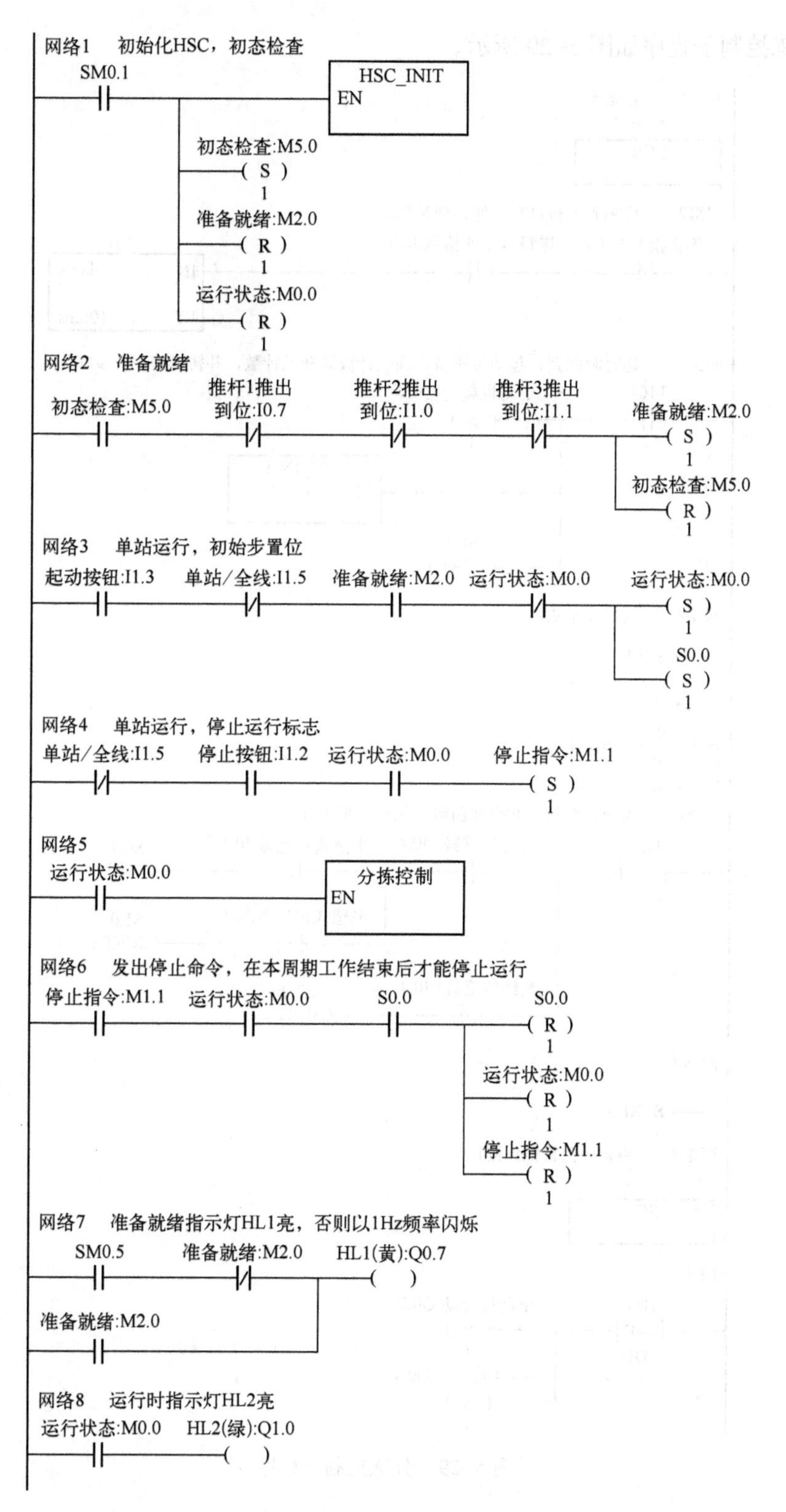

图 5-28 分拣控制主程序

2）分拣控制子程序如图 5-29 所示。

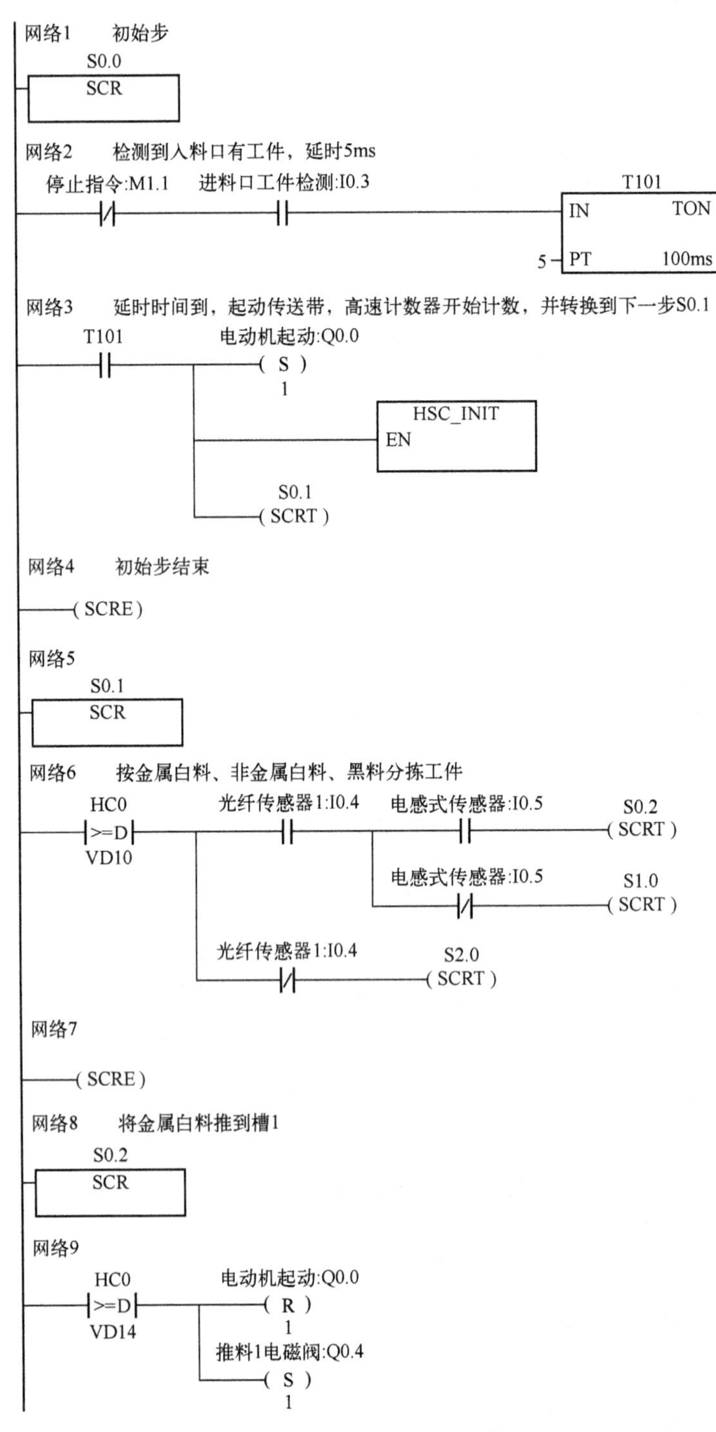

图 5-29 分拣控制子程序

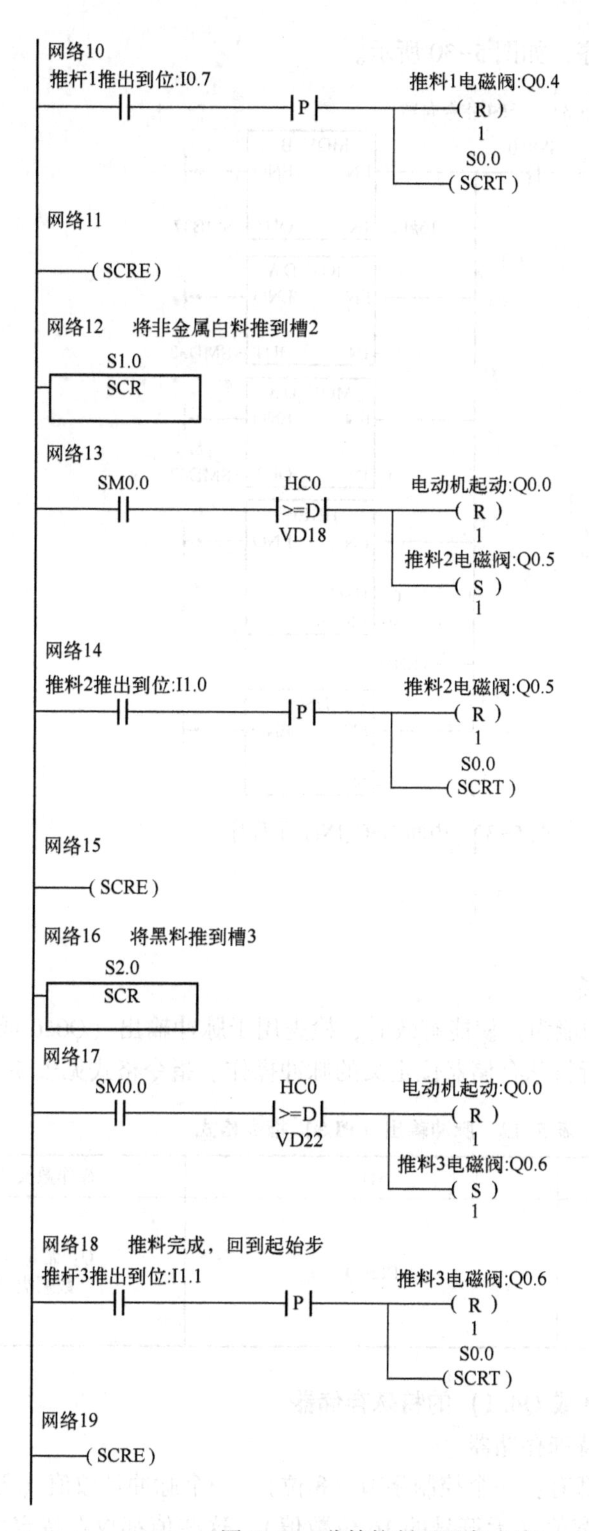

图 5-29 分拣控制子程序（续）

3）中断 HSC_INIT 子程序，如图 5-30 所示。

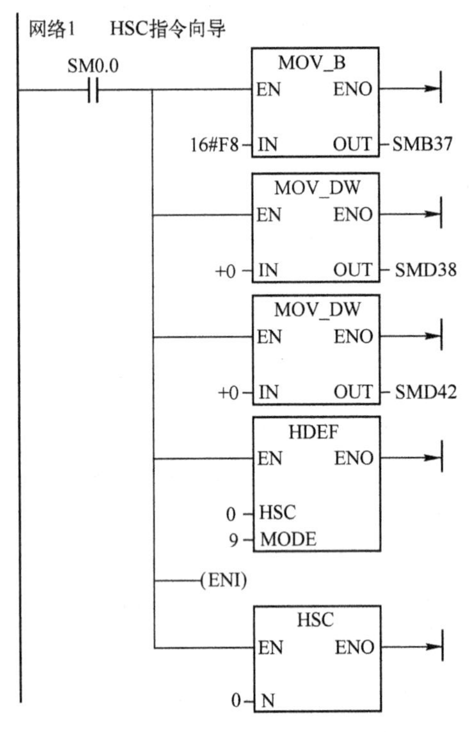

图 5-30　中断 HSC_INIT 子程序

5.2.7　高速脉冲输出

1. 脉冲输出（PLS）指令

脉冲输出（PLS）指令功能为：使能有效时，检查用于脉冲输出（Q0.0 或 Q0.1）的特殊存储器位（SM），然后执行特殊存储器位定义的脉冲操作。指令格式见表 5-12。

表 5-12　脉冲输出（PLS）指令格式

LAD	STL	操作数及数据类型
PLS EN ENO ????- Q0.X	PLS Q	Q：常量（0 或 1） 数据类型：字

2. 用于脉冲输出（Q0.0 或 Q0.1）的特殊存储器

（1）控制字节和参数的特殊存储器

每个 PTO/PWM 发生器都有：一个控制字节（8 位）、一个脉冲计数值（无符号的 32 位数值）和一个周期时间和脉宽值（无符号的 16 位数值）。这些值都放在特定的特殊存储区（SM），见表 5-13。执行 PLS 指令时，S7-200 PLC 读这些特殊存储器位（SM），然后执行特殊存储器位定义的脉冲操作，即对相应的 PTO/PWM 发生器进行编程。

表 5-13　脉冲输出（Q0.0 或 Q0.1）的特殊存储器

Q0.0 和 Q0.1 对 PTO/PWM 输出的控制字节		
Q0.0	Q0.1	说　明
SM67.0	SM77.0	PTO/PWM 刷新周期值，0：不刷新；1：刷新
SM67.1	SM77.1	PWM 刷新脉冲宽度值，0：不刷新；1：刷新
SM67.2	SM77.2	PTO 刷新脉冲计数值，0：不刷新；1：刷新
SM67.3	SM77.3	PTO/PWM 时基选择，0：1 μs；1：1 ms
SM67.4	SM77.4	PWM 更新方法，0：异步更新；1：同步更新
SM67.5	SM77.5	PTO 操作，0：单段操作；1：多段操作
SM67.6	SM77.6	PTO/PWM 模式选择，0：选择 PTO 1：选择 PWM
SM67.7	SM77.7	PTO/PWM 允许，0：禁止；1：允许
Q0.0 和 Q0.1 对 PTO/PWM 输出的周期值		
Q0.0	Q0.1	说　明
SMW68	SMW78	PTO/PWM 周期时间值（范围：2~65 535）
Q0.0 和 Q0.1 对 PTO/PWM 输出的脉宽值		
Q0.0	Q0.1	说　明
SMW70	SMW80	PWM 脉冲宽度值（范围：0~65 535）
Q0.0 和 Q0.1 对 PTO 脉冲输出的计数值		
Q0.0	Q0.1	说　明
SMD72	SMD82	PTO 脉冲计数值（范围：1~4 294 967 295）
Q0.0 和 Q0.1 对 PTO 脉冲输出的多段操作		
Q0.0	Q0.1	说　明
SMB166	SMB176	段号（仅用于多段 PTO 操作），多段流水线 PTO 运行中的段的编号
SMW168	SMW178	包络表起始位置，放包络表的首地址
SM66.4	SM76.4	PTO 包络由于增量计算错误异常终止，0：无错；1：异常终止
SM66.5	SM76.5	PTO 包络由于用户命令异常终止，0：无错；1：异常终止
SM66.6	SM76.6	PTO 流水线溢出，0：无溢出；1：溢出
SM66.7	SM76.7	PTO 空闲（用来指示脉冲序列输出结束），0：运行中；1：PTO 空闲

注：同步更新是指只改变脉冲宽度而不改变时间基准，异步更新为同时改变脉冲宽度与时间基准。

【例 5-5】 设置控制字节。用 Q0.0 作为高速脉冲输出，对应的控制字节为 SMB67，如果要求：定义的输出脉冲操作为 PTO 操作，允许脉冲输出，多段 PTO 脉冲串输出，时基为 ms，设定周期值和脉冲数，则应向 SMB67 写入 2#10101101，即 16#AD。

通过修改脉冲输出（Q0.0 或 Q0.1）的特殊存储器 SM 区（包括控制字节），可更改 PTO 或 PWM 的输出波形，然后再执行 PLS 指令。

注意：所有控制位、周期、脉冲宽度和脉冲计数值的默认值均为零。向控制字节（SM67.7 或 SM77.7）的 PTO/PWM 允许位写入零，然后执行 PLS 指令，将禁止 PTO 或

PWM 波形的生成。

（2）状态字节的特殊存储器

除了控制信息外，还有用于 PTO 功能的状态位，见表 5-16。程序运行时，根据运行状态使某些位自动置位。可以通过程序来读取相关位的状态，用此状态作为判断条件，实现相应的操作。

3. 对输出的影响

PTO/PWM 发生器和输出映像寄存器共用 Q0.0 和 Q0.1。在 Q0.0 或 Q0.1 使用 PTO 或 PWM 功能时，PTO/PWM 发生器控制输出，并禁止输出点的正常使用，输出波形不受输出映像寄存器状态、输出强制、执行立即输出指令的影响；在 Q0.0 或 Q0.1 位置没有使用 PTO 或 PWM 功能时，输出映像寄存器控制输出，所以输出映像寄存器决定输出波形的初始和结束状态，即决定脉冲输出波形从高电平或低电平开始和结束，使输出波形有短暂的不连续，为了减小这种不连续的有害影响，应注意：可在启用 PTO 或 PWM 操作之前，将用于 Q0.0 和 Q0.1 的输出映像寄存器设为 0。

4. PTO 的使用

PTO 是可以指定脉冲数和周期的占空比为 50% 的高速脉冲串输出。状态字节中的最高位（空闲位）用来指示脉冲串输出是否完成。可在脉冲串完成时启动中断程序，若使用多段操作，则在包络表完成时启动中断程序。

（1）周期和脉冲数

周期范围从 50~65 535 μs 或从 2~65 535 ms，为 16 位无符号数，时基有 μs 和 ms 两种，通过控制字节的第三位选择。注意：

- 如果周期小于两个时间单位，则周期的默认值为两个时间单位。
- 周期设定奇数 μs 或 ms（例如 75 ms），会引起波形失真。

脉冲计数范围从 1~4 294 967 295，为 32 位无符号数，如设定脉冲计数为 0，则系统默认脉冲计数值为 1。

（2）PTO 的种类及特点

PTO 功能可输出多个脉冲串，现用脉冲串输出完成时，新的脉冲串输出立即开始。这样就保证了输出脉冲串的连续性。PTO 功能中允许多个脉冲串排队，从而形成流水线。流水线分为两种：单段流水线和多段流水线。

- 单段流水线是指流水线中每次只能存储一个脉冲串的控制参数，初始 PTO 段一旦开始执行，必须按照对第二个波形的要求立即刷新 SM，并再次执行 PLS 指令，第一个脉冲串完成，第二个波形输出立即开始，重复这一步骤可以实现多个脉冲串的输出。

单段流水线中的各段脉冲串可以采用不同的时间基准，但有可能造脉冲串之间的不平稳过渡。输出多个高速脉冲时编程复杂。

- 多段流水线是指在变量存储区 V 建立一个包络表。包络表存放每个脉冲串的参数，执行 PLS 指令时，S7-200 PLC 自动按包络表中的顺序及参数进行脉冲串输出。包络表中每段脉冲串的参数占用 8 个字节，由一个 16 位周期值（2 字节）、一个 16 位周期增量值 Δ（2 字节）和一个 32 位脉冲计数值（4 字节）组成。包络表的格式见表 5-14。

表 5-14 包络表的格式

从包络表所在起始地址开始的字节偏移	段	说 明
VB_n	—	段数（1~255）；数值 0 产生非致命错误，无 PTO
VB_{n+1}	段 1	初始周期（2~65 535 个时基单位）
VB_{n+3}		每个脉冲的周期增量 Δ（符号整数：-32 768~32 767 个时基单位）
VB_{n+5}		脉冲数（1~4 294 967 295）
VB_{n+9}	段 2	初始周期（2~65 535 个时基单位）
VB_{n+11}		每个脉冲的周期增量 Δ（符号整数：-32 768~32 767 个时基单位）
VB_{n+13}		脉冲数（1~4 294 967 295）
VB_{n+17}	段 3	初始周期（2~65 535 个时基单位）
VB_{n+19}		每个脉冲的周期增量值 Δ（符号整数：-32 768~32 767 个时基单位）
VB_{n+21}		脉冲数（1~4 294 967 295）

注意：周期增量值 Δ 为整数 μs 或 ms。

多段流水线的特点是编程简单，能够通过指定脉冲的数量自动增加或减少周期，周期增量值 Δ 为正值会增加周期，周期增量值 Δ 为负值会减少周期，若 Δ 为零，则周期不变。在包络表中的所有的脉冲串必须采用同一时基，在多段流水线执行时，包络表的各段参数不能改变。多段流水线常用于步进电动机的控制。

【例 5-6】 根据控制要求列出 PTO 包络表。

步进电动机的控制要求如图 5-31 所示。从 A 点到 B 点为加速过程，从 B 到 C 为恒速运行，从 C 到 D 为减速过程。

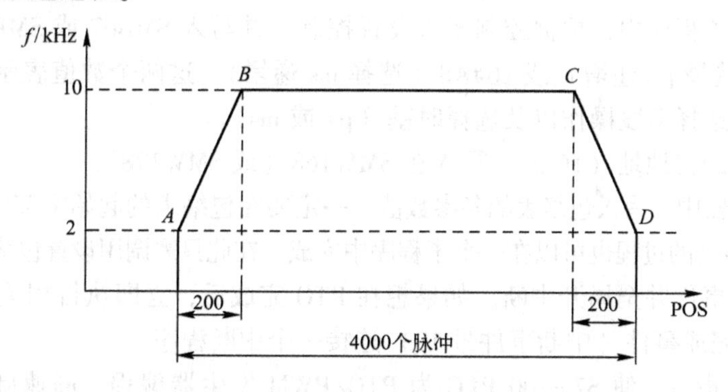

图 5-31 步进电动机的控制要求

在本例中，流水线可以分为 3 段，需建立 3 段脉冲的包络表。起始和终止脉冲频率为 2 kHz，最大脉冲频率为 10 kHz，所以起始和终止周期为 500 μs，最大频率的周期为 100 μs。1 段：加速运行，应在约 200 个脉冲时达到最大脉冲频率；2 段：恒速运行，约 3600 个脉冲 (4000-200-200=3600)；3 段：减速运行，应在约 200 个脉冲时完成。

某一段每个脉冲周期增量值 Δ 用下式确定：

周期增量值Δ=(该段结束时的周期时间-该段初始的周期时间)/该段的脉冲数

用该式，计算出1段的每个脉冲周期增量值Δ为-2 μs，2段的每个脉冲周期增量值Δ为0 μs，3段的每个脉冲周期增量值Δ为2 μs。假设包络表位于从VB200开始的V存储区中，包络表见表5-15。

表5-15 例6-6包络表

V存储器区中的地址	段号	参数值	说　明
VB200		3	段数
VB201	段1	500 μs	初始周期
VB203		-2 μs	每个脉冲的周期增量Δ
VB205		200	脉冲数
VB209	段2	100 μs	初始周期
VB211		0	每个脉冲的周期增量Δ
VB213		3600	脉冲数
VB217	段3	100 μs	初始周期
VB219		2 μs	每个脉冲的周期增量Δ
VB221		200	脉冲数

在程序中可用数据传送指令将表中的数据送入V存储区中。

(3) 多段流水线PTO初始化

用一个子程序实现PTO初始化，首次扫描SM0.1时，从主程序调用初始化子程序，执行初始化操作。以后的扫描不再调用该子程序，这样可以减少扫描时间，程序结构更好。

初始化操作步骤如下：

① 首次扫描SM0.1时，将输出Q0.0或Q0.1复位（置0），并调用完成初始化操作的子程序。

② 在初始化子程序中，根据控制要求设置控制字并写入SMB67或SMB77特殊存储器。如写入16#A0（选择μs递增）或16#A8（选择ms递增），这两个数值表示允许PTO功能、选择PTO操作、选择多段操作以及选择时基（μs或ms）。

③ 将包络表的首地址（16位）写入在SMW168（或SMW178）。

④ 在V存储器中，写入包络表的各参数值。一定要在包络表的起始字节中写入段数。在V存储器中建立包络表的过程也可以在一个子程序中完成，在此只需调用设置包络表的子程序。

⑤ 设置中断事件并全局开中断。如果想在PTO完成后，立即执行相关功能，则需设置中断，将脉冲串完成事件（中断事件号19）连接一个中断程序。

⑥ 执行PLS指令，使S7-200 PLC为PTO/PWM发生器编程，高速脉冲串由Q0.0或Q0.1输出。

⑦ 退出子程序。

【例5-7】 PTO指令应用实例。编程实现例5-6中步进电动机的控制。

分析：编程前首先选择高速脉冲发生器为Q0.0，并确定PTO为3段流水线。设置控制字节SMB67为16#A0，表示允许PTO功能、选择PTO操作、选择多段操作以及选择时基为μs，不允许更新周期和脉冲数。建立3段的包络表（例5-6），并将包络表的首地址装入

SMW168。PTO 完成后调用中断程序，使 Q1.0 接通。PTO 完成的中断事件号为 19。用中断调用指令 ATCH 将中断事件 19 与中断程序 INT-0 连接，并全局开中断。执行 PLS 指令，退出子程序。本例题的主程序、初始化子程序和中断程序如图 5-32 所示。

图 5-32 主程序、初始化子程序和中断程序

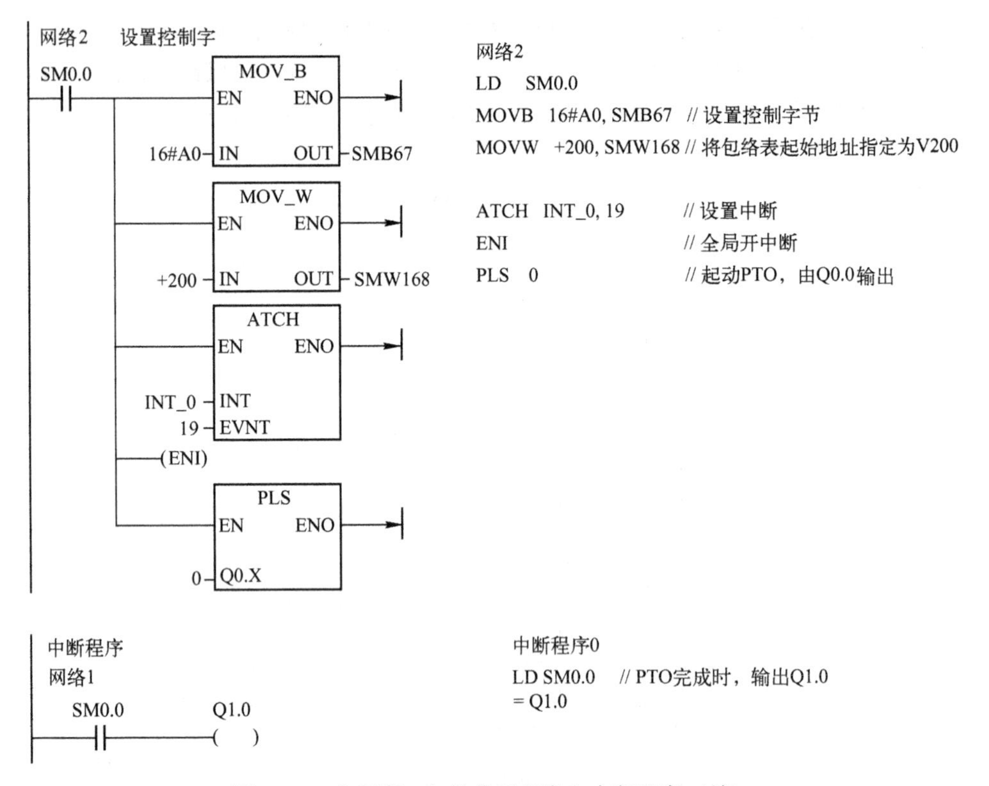

图 5-32　主程序、初始化子程序和中断程序（续）

5. PWM 的使用

PWM 是脉宽可调的高速脉冲输出，通过控制脉宽和脉冲的周期，实现控制任务。

（1）周期和脉宽

周期和脉宽的时基为 μs 或 ms，均为 16 位无符号数。

- 周期的范围从 50～65 535 μs，或从 2～65 535 ms。若周期小于两个时基，则系统默认为两个时基。
- 脉宽的范围从 0～65 535 μs 或从 0～65 535 ms。若脉宽大于等于周期，占空比等于 100%，输出连续接通。若脉宽等于 0，占空比为 0%，则输出断开。

（2）更新方式

有两种改变 PWM 波形的方法：同步更新和异步更新。

- 同步更新：不需改变时基时，可以用同步更新。执行同步更新时，波形的变化发生在周期的边缘，形成平滑转换。
- 异步更新：需要改变时基时，则应使用异步更新。异步更新使高速脉冲输出功能被瞬时禁用，高速脉冲输出与 PWM 波形不同步。这样可能造成控制设备振动。

常见的 PWM 操作是脉冲宽度不同，但周期保持不变，即不要求时基改变。因此先选择适合于所有周期的时基后尽量使用同步更新。

（3）PWM 初始化和操作步骤

① 用首次扫描位 SM0.1 使输出位复位为 0，并调用初始化子程序。这样可减少扫描时间，程序结构更合理。

② 在初始化子程序中设置控制字节。如将16#D3（时基μs）或16#DB（时基ms）写入SMB67或SMB77，控制功能为：允许PTO/PWM功能、选择PWM操作、设置更新脉冲宽度和周期数值以及选择时基（μs或ms）。

③ 在SMW68或SMW78中写入一个字长的周期值。

④ 在SMW70或SMW80中写入一个字长的脉宽值。

⑤ 执行PLS指令，使S7-200为PWM发生器编程，并由Q0.0或Q0.1输出。

⑥ 可为下一输出脉冲预设控制字。在SMB67或SMB77中写入16#D2（μs）或16#DA（ms）控制字节将禁止改变周期值，允许改变脉宽。以后只要装入一个新的脉宽值，不用改变控制字节，直接执行PLS指令就可改变脉宽值。

⑦ 退出子程序。

【例5-8】 PWM应用举例。设计程序：从PLC的Q0.0输出高速脉冲。该串脉冲脉宽的初始值为0.1s，周期固定为1s，其脉宽每周期递增0.1s，当脉宽达到设定的0.9s时，脉宽改为每周期递减0.1s，直到脉宽减为0。以上过程重复执行。

分析：因为每个周期都有操作，所以须把Q0.0接到I0.0，采用输入中断的方法完成控制任务，并且编写两个中断程序，一个中断程序实现脉宽递增，一个中断程序实现脉宽递减，并设置标志位，在初始化操作时使其置位，执行脉宽递增中断程序；当脉宽达到0.9s时，使其复位，执行脉宽递减中断程序。在子程序中完成PWM的初始化操作，选用输出端为Q0.0，控制字节为SMB67，其设定为16#DA（允许PWM输出，Q0.0为PWM方式，同步更新，时基为ms，允许更新脉宽，不允许更新周期）。程序如图5-33所示。

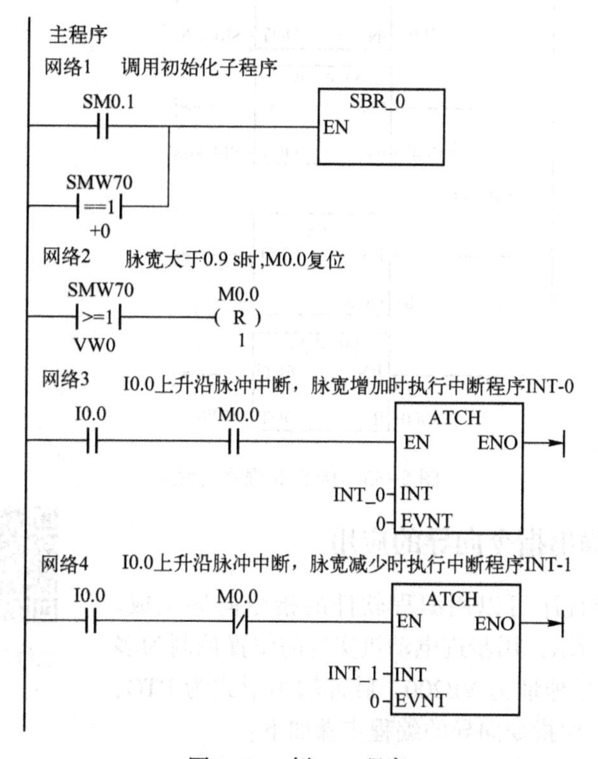

图5-33　例5-8程序

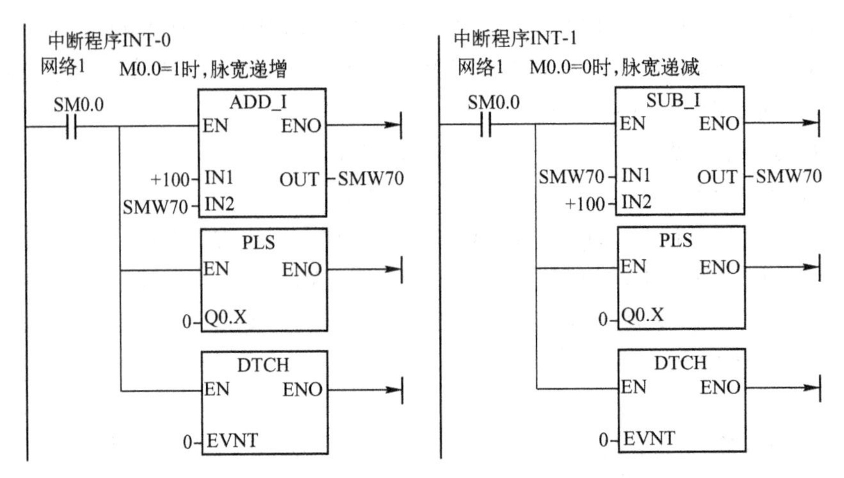

图 5-33 例 5-8 程序（续）

5.2.8 高速脉冲输出指令向导的应用

二维码 5-1

二维码 5-2

高速脉冲输出的程序可以用编程软件的指令向导生成。如例 5-6 中图 5-31 所示，用步进电动机实现的位置控制为多速定位，包络表的起始地址为 VB200，脉冲输出形式为 PTO，脉冲输出端为 Q0.0。用指令向导的编程步骤如下：

1）打开 STEP7-Micro/WIN 的程序编辑的操作界面，选择“工具”菜单→“位置控制向导”，如图 5-34 所示。

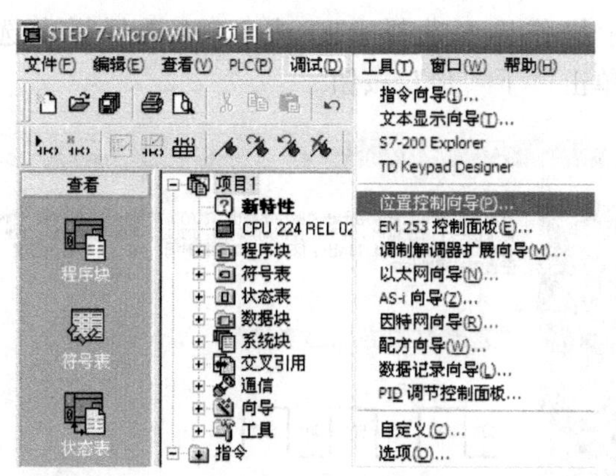

图 5-34　位置控制向导

2）选择“配置 S7-200PLC 内置 PTO/PWM 操作”，并单击“下一步”按钮，如图 5-35 所示。

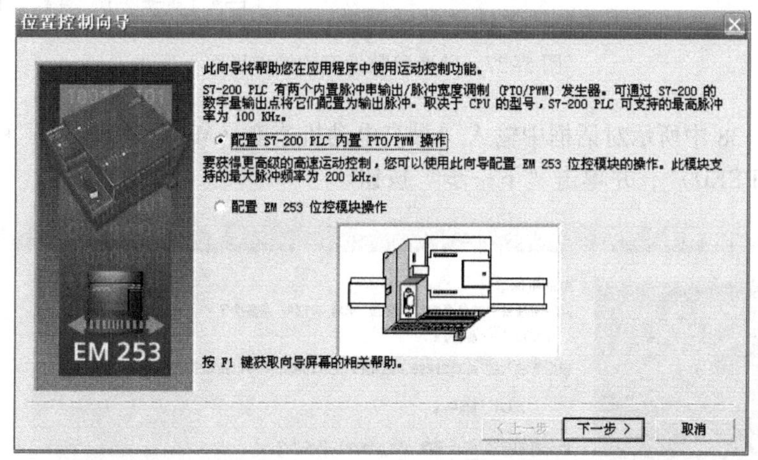

图 5-35　选择“配置 S7-200 PLC 内置 PTO/PWM 操作”

3）指定脉冲发生器的输出地址，如图 5-36 所示。本例选择 Q0.0，并单击“下一步”按钮。

图 5-36　脉冲发生器的输出地址

4）在图 5-37 所示操作界面选择 PTO 或 PWM 选择栏中选择“线性脉冲串输出（PTO）”输出形式，并单击“下一步”按钮。

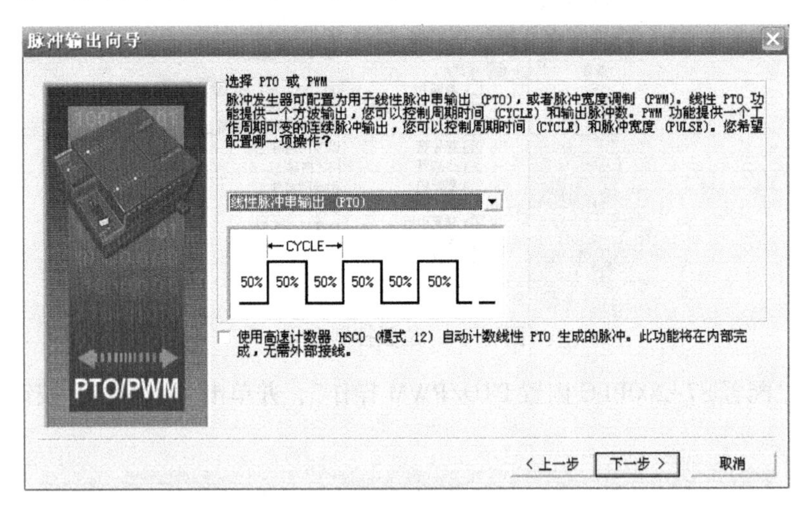

图 5-37　脉冲参数设定的操作界面

5）在图 5-38 中所示对话框中输入“最高电动机速度（MAX_SPEED）”和“起动/停止的速度（SS_SPEED）”，并单击“下一步”按钮。

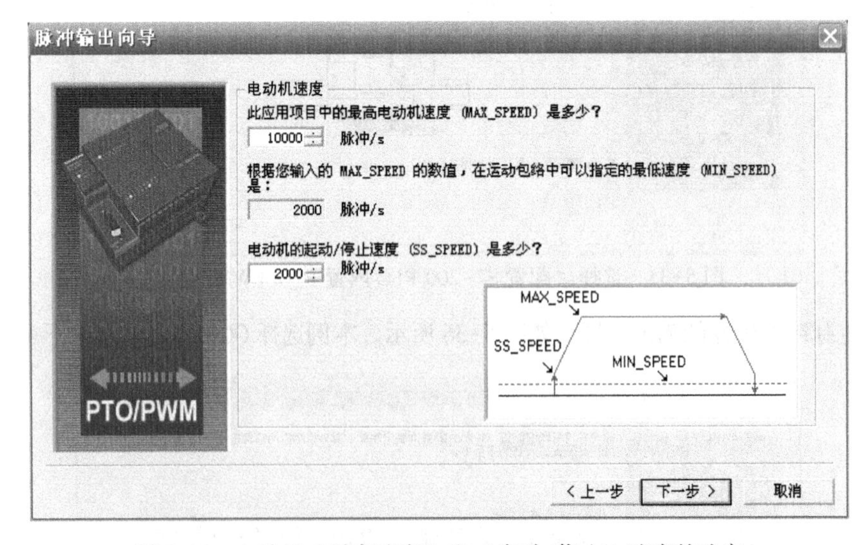

图 5-38　电动机“最高速度”和“启动/停止”速度的选定

- MAX_SPEED：在电动机扭矩能力范围内的最佳工作速度。驱动负载所需的转矩由摩擦力、惯性和加速/减速时间决定。
- SS_SPEED：在电动机的能力范围内输入一个数值，以低速驱动负载。如果 SS_SPEED 数值过低，电动机和负载可能会在运动开始和结束时振动或跳动。如果 SS_SPEED 数值过高，电动机可能在起动时丢失脉冲，并且在尝试停止时负载可能过度驱动电动机。并且负载在试图停止时会使电动机超速。通常 SS_SPEED 值是（MAX_SPEED）值的 5%～15%。

MIN_SPEED 值由计算得出，用户不能输入。

6）在图 5-39 中以 ms 为单位设定电动机的加速、减速时间。

● 加速时间（ACCEL_TIME）：电动机从 SS_SPEED 加速至 MAX_SPEED 所需要的时间。

● 减速时间（DECEL_TIME）：电动机从 MAX_SPEED 减速至 SS_SPEED 所需要的时间。

加速时间和减速时间的默认设置均为 1000 ms。

通常电动机所需时间不到 1000 ms。电动机加速和减速时间由反复试验决定。在开始时输入一个较大的数值。逐渐减少时间值直至电动机开始失速。

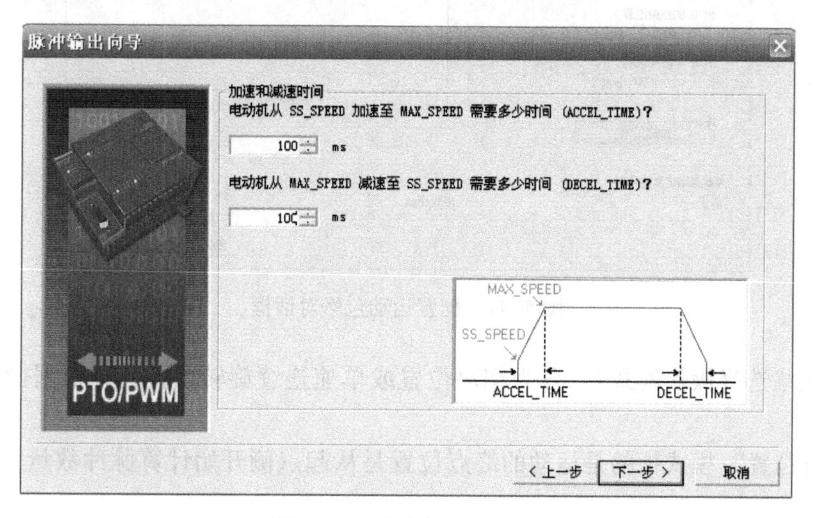

图 5-39　设定加减速时间

7）创建运动包络。如图 5-40 所示，单击“新包络”按钮，在出现的对话框中选择“是”。

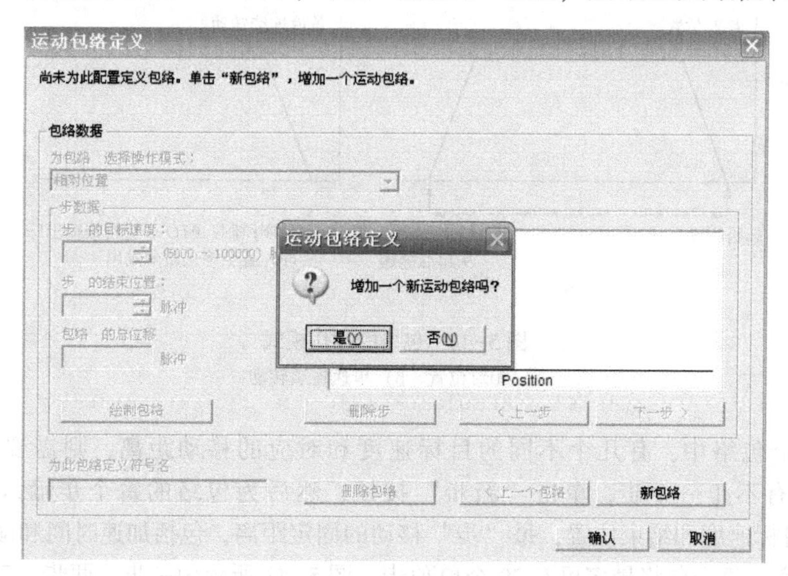

图 5-40　创建运动包络

8）配置运动包络对话框，如图 5-41 所示，在该对话框中需要选择操作模式、步的目标速度、结束位置及该包络的符号名。从包络 0 和步 0 步开始。设置完成单击“绘制包络”

按钮，便可看到图中的运动包络曲线。本例中只有一个包络，这个包络只有一步。

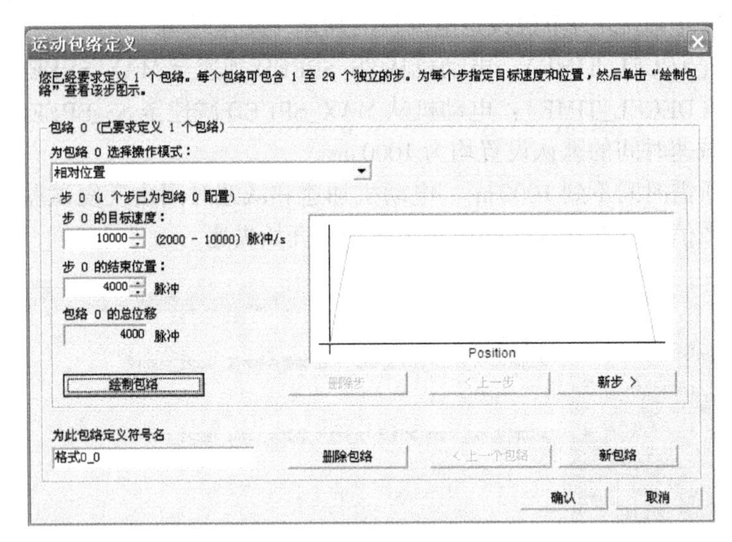

图 5-41　配置运动包络对话框

“为该包络选择操作模式”，分为相对位置或单速连续旋转两种，并根据操作模式配置此包络。

- “相对位置”模式指的是运动的终点位置是从起点侧开始计算脉冲数量，如图 5-42a 所示。
- “单速连续转动”则不需要提供运动的终点位置，PTO 一直持续输出脉冲，直至停止命令发出，如图 5-42b 所示。

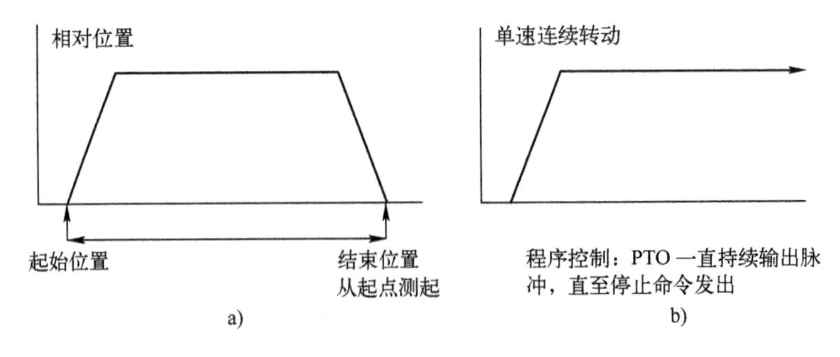

图 5-42　包络的操作模式

a）相对位置　b）单速连续转动

如果一个包络中，有几个不同的目标速度和对应的移动距离，则需要为包络定义“步”。如果有不止一个步，单击“新步”按钮，然后为包络的每个步输入信息。每个“步”包括目标速度和结束位置，每“步”移动的固定距离，包括加速时间和减速时间在内所走过的距离。每个包络最多可有 29 个单独步。图 5-43 所示为一步、两步、三步、四步包络。可以看出，一步包络只有一个目标速度，两步包络有两个目标速度，以此类推，步的数目与包络中的目标速度的数目是一致的。

一个包络设置完成后可以单击“新包络”，根据位置控制的需要设置新的包络。

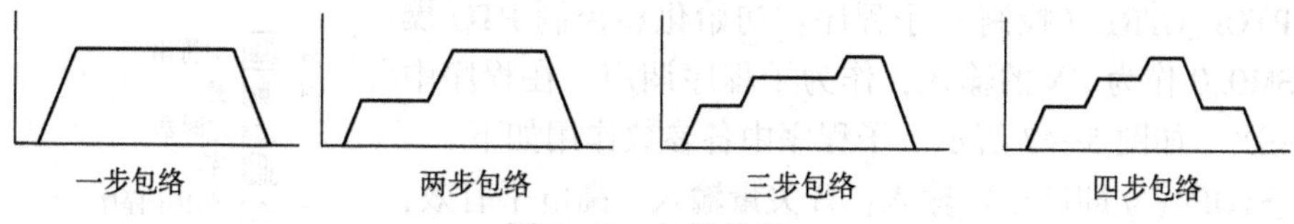

图 5-43　包络的步

9）如图 5-44 所示，在变量存储器地址中设定表中设定包络表的起始地址。本例中包络表的起始地址为“VB200”，编程软件可以自动计算出包络表的结束地址为 VB269，单击“下一步”按钮。

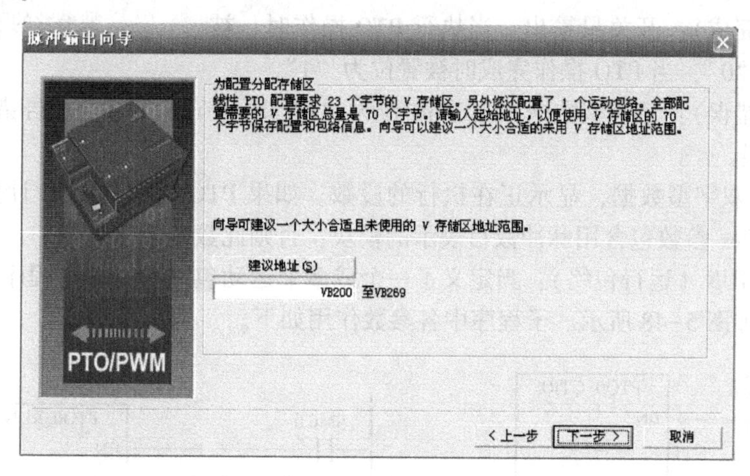

图 5-44　包络表变量存储器地址的设定

10）设定完成后出现图 5-45 所示的对话框，进行设定确认，确认设定无误后单击“完成”按钮。

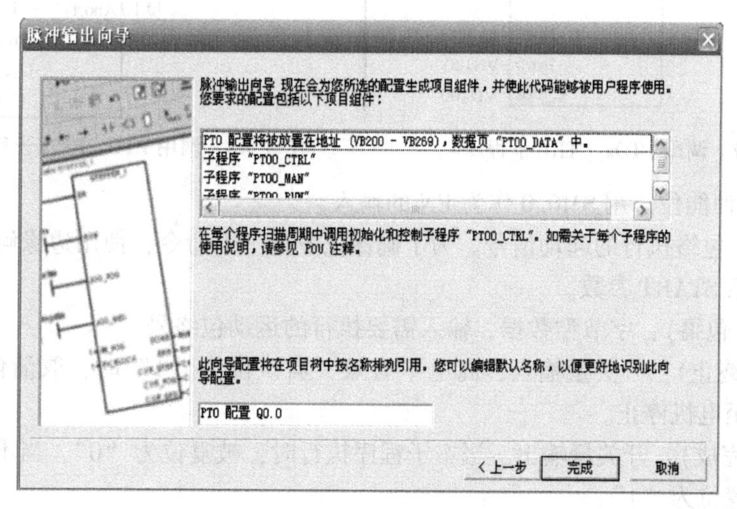

图 5-45　设定确认对话框

11）通过向导编程结束后，会自动生成 PTO0_CTRL（控制）、PTO0_RUN（运行）、PTO0_MAN（手动模式）3 个加密的带参数的子程序，如图 5-46 所示。

① PTOx_CTRL（控制）子程序：初始化和控制 PTO 操作，用 SM0.0 作为 EN 的输入，作为子程序调用，在程序中只使用一次，如图 5-47 所示。子程序中各参数作用如下。

- I_STOP（立即停止）输入：开关量输入，高电平有效，当此输入为高电平时，PTO 立即终止脉冲的发出。
- D_STOP（减速停止）输入：开关量输入，高电平有效，当此输入为高电平时，PTO 会产生将电动机减速至停止的脉冲串。
- Done（完成）：开关量输出。当执行 PTO 操作时，被复位为“0”，当 PTO 操作完成时被置位为“1”。
- Error（错误）：字节型数据，当 Done 位为“1”时，Error 字节会报告错误代码，“0”=无错误。
- C_Pos：双字型数据，显示正在执行的段数。如果 PTO 向导的 HSC 计数器功能已启用，C_Pos 参数包含用脉冲数目表示的模块；否则此数值始终为零。

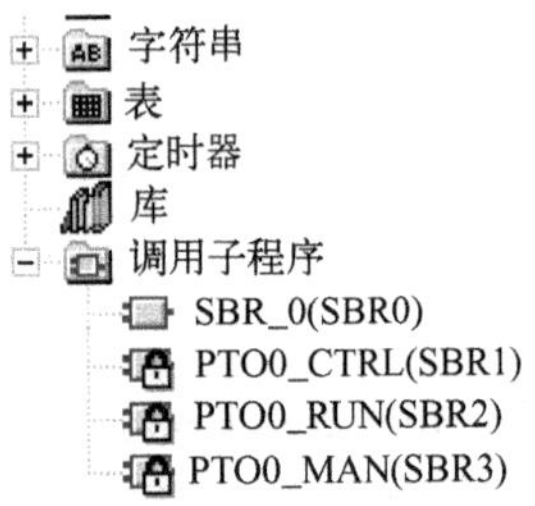

字符串
表
定时器
库
调用子程序
SBR_0(SBR0)
PTO0_CTRL(SBR1)
PTO0_RUN(SBR2)
PTO0_MAN(SBR3)

图 5-46　向导生成的 3 个加密的带参数的子程序

② PTOx_RUN（运行包络）：当定义了一个或多个运动包络后，该子程序用于执行指定的运动包络，如图 5-48 所示。子程序中各参数作用如下。

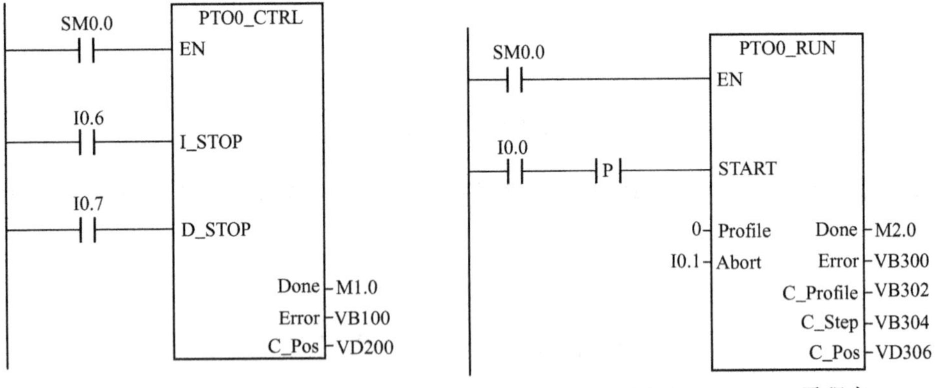

图 5-47　调用 PTOx_CTRL 子程序　　　　图 5-48　调用 PTOx_RUN 子程序

- EN 位：使能位。用 SM0.0 作为 EN 的输入。
- START：包络执行的起动信号。为了确保仅发送一个命令，使用边缘触发指令以脉冲方式开启 START 参数。
- Profile（包络）：字节型数据，输入需要执行的运动包络号。
- Abort（终止）：开关量输入，高电平有效，当该位为“1”时，取消包络运行命令，并减速至电机停止。
- Done（完成）：开关量输出。当本子程序执行时，被复位为“0”，当本子程序执行完成时被置位为“1”。
- Error（错误）：字节型数据，输出本子程序执行结果的错误信息，无错误时输出 0。
- C_Profile（当前包络）：字节型数据，输出当前执行的包络号。
- C_Step（当前步）：字节型数据，输出目前执行的包络的步号。
- C_Pos（当前位置）：双字型数据，如果 PTO 向导的 HSC 计数器功能已启用，C_Pos

参数显示当前的脉冲数目；否则此数值始终为零。

③ PTOx_MAN（手动模式）：将 PTO 输出置于手动模式。它允许电动机起动、停止和按不同的速度运行。当 PTOx_MAN 子程序已启用时，除 PTOx_CTRL 外，任何其他 PTO 子程序都无法执行。调用这一子程序的梯形图如图 5-49 所示。子程序中各参数作用如下。

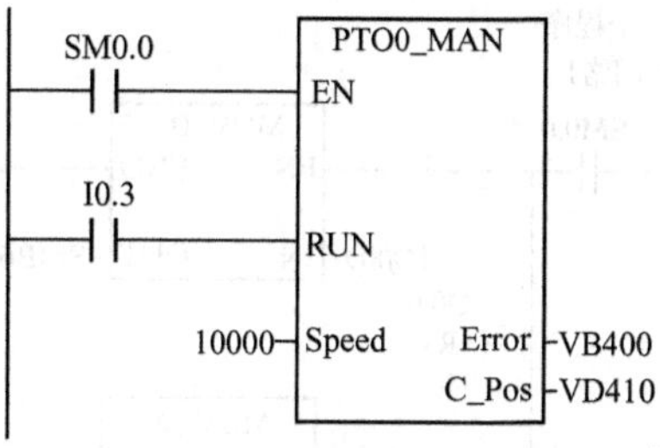

图 5-49　调用 PTOx_MAN 子程序

- EN 位：使能位。用 SM0.0 作为 EN 的输入。
- RUN（运行/停止）：启用 RUN（运行/停止）参数，命令 PTO 加速至指定速度（Speed（速度）参数），可以在电动机运行中更改 Speed 参数的数值；停用 RUN 参数：命令 PTO 减速至电动机停止。
- Speed（速度参数）：DINT（双整数）值，输入目标速度值，当 RUN 已启用时，Speed 参数决定着速度。可以在电动机运行中更改此参数。
- Error（错误）参数：包含本子程序的结果，“0” =无错误。
- C_Pos（当前位置）：如果 PTO 向导的 HSC 计数器功能已启用，C_Pos 参数包含用脉冲数目表示的模块；否则此数值始终为零。

5.2.9　高速计数、高速脉冲输出指令编程实训

1. 实训目的

1）掌握高速处理类指令的组成、相关特殊存储器的设置及指令的功能，进一步熟悉高速计数及高速脉冲输出指令的作用和使用方法。

2）通过实训的编程、调试练习，观察程序执行的过程，分析指令的工作原理，熟悉指令的具体应用，掌握编程技巧和能力。

3）熟悉指令向导的使用。

2. 实训内容

用脉冲输出指令 PLS 和高速输出端子 Q0.0 给高速计数器 HSC 提供高速计数脉冲信号，因为要使用高速脉冲输出功能，必须选用直流电源型的 CPU 模块：CPU224/DC/DC/DC。输入侧的公共端与输出侧的公共端相连，高速脉冲输出端 Q0.0 接到高速脉冲输入端 I0.0，24 V 电源正端与输出侧的 1L+端子相连。有脉冲输出时，Q0.0 与 I0.0 对应的 LED 亮。在子程序 0 中，把中断程序 0 与中断事件 12（CV = PV 时产生中断）连接起来。

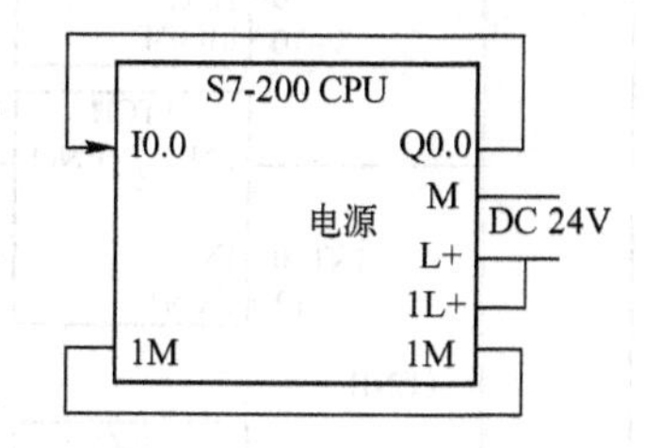

图 5-50　外部接线图

外部接线如图 5-50 所示。程序如图 5-51 所示。

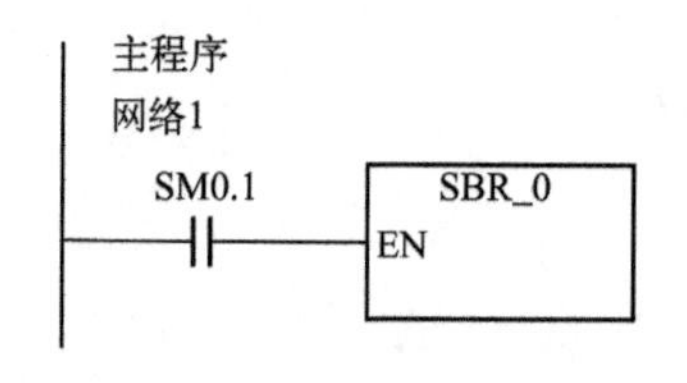


```
主程序
LD    SM0.1      //首次扫描时SM0.1=1
CALL  SBR_0  //调用子程序0，初始化高速脉冲输出和HSC0
```

图 5-51　实训参考程序

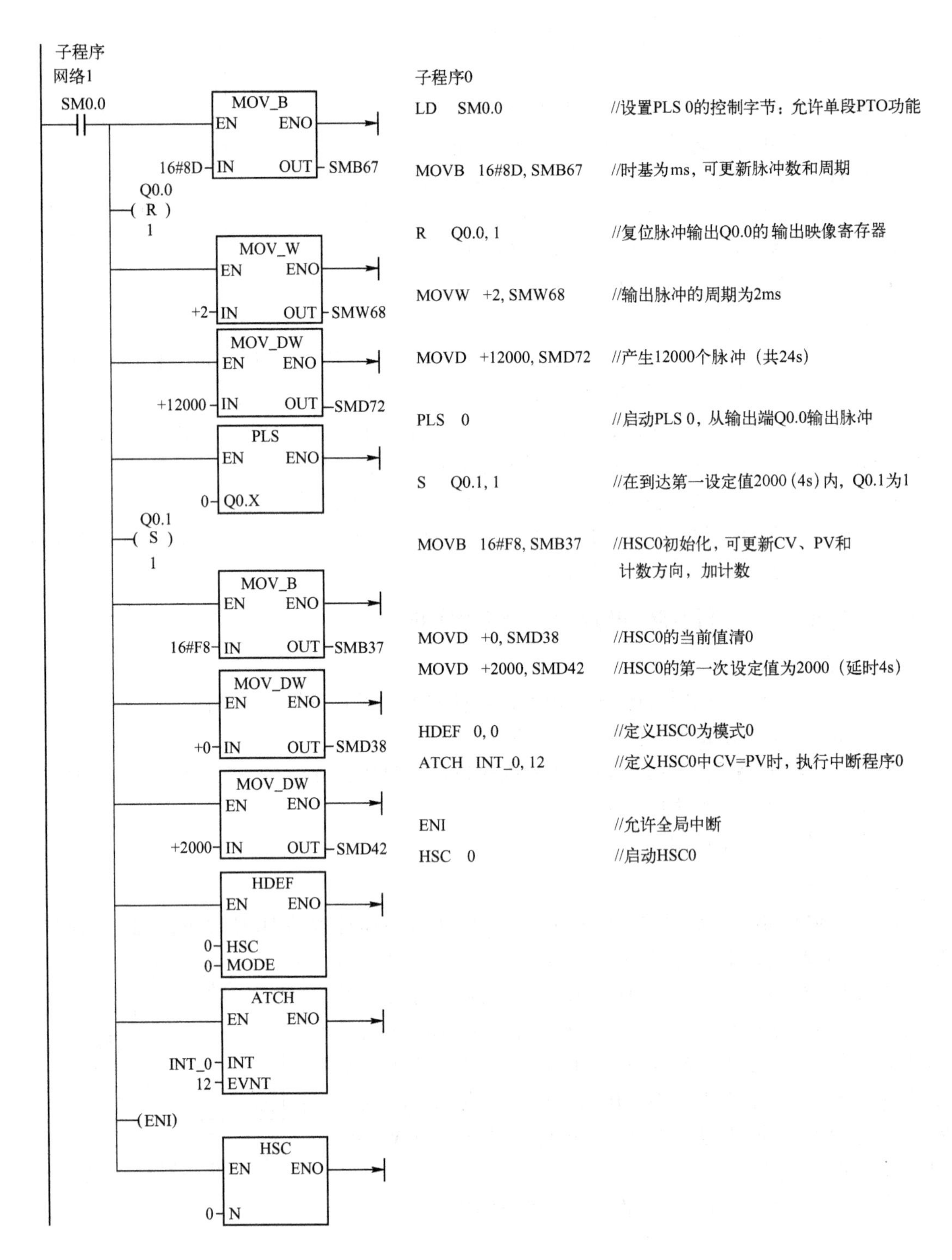

图 5-51 实训参考程序（续）

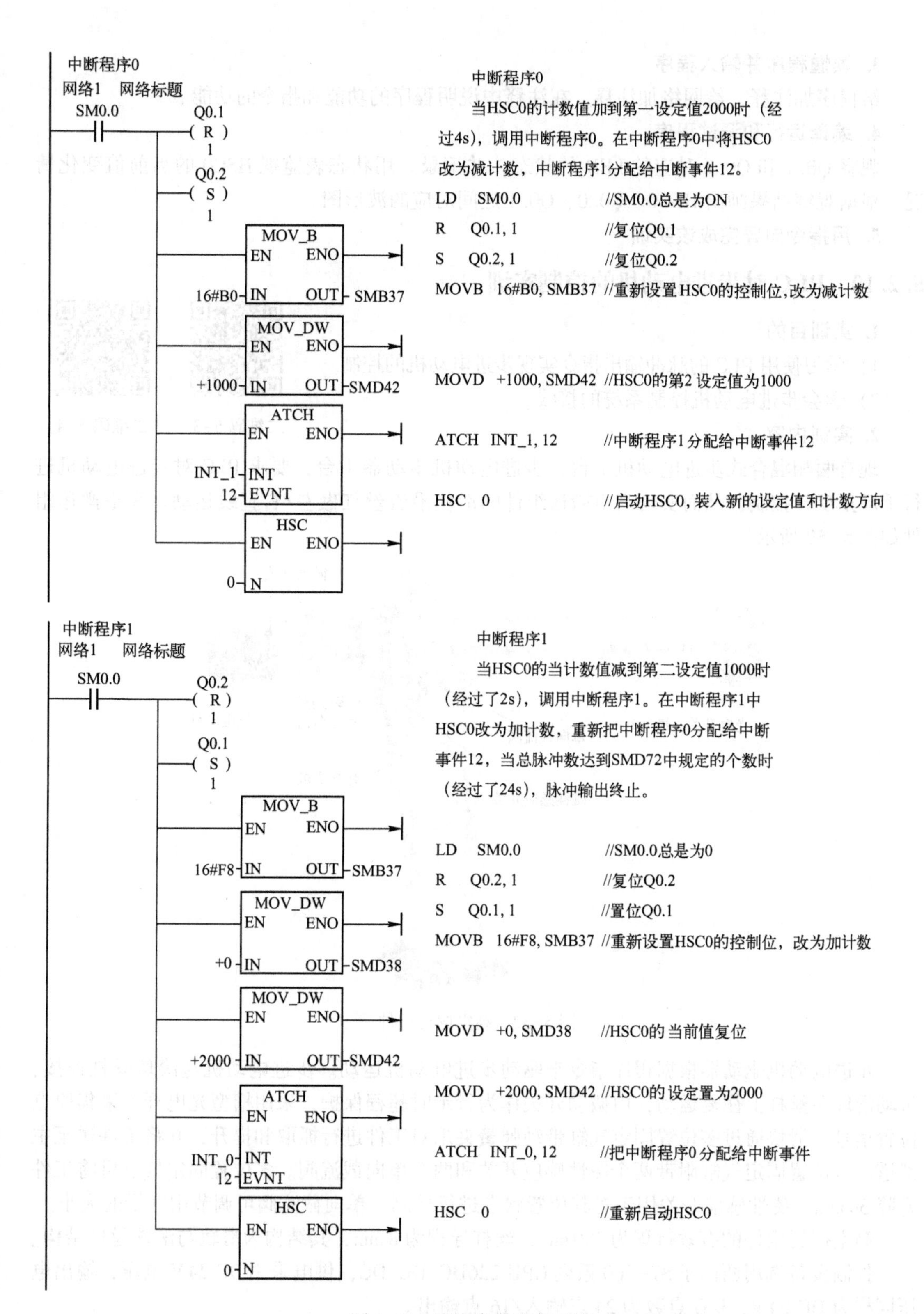

图 5-51 实训参考程序（续）

3. 读懂程序并输入程序

给程序加注释，给网络加注释，在注释中说明程序的功能和指令的功能。

4. 编译运行和调试程序

观察 Q0.1 和 Q0.2 对应的 LED 的状态，并记录。用状态表监视 HSC0 的当前值变化情况。根据观察结果画出 HSC0、Q0.0、Q0.1 之间对应的波形图。

5. 用指令向导完成该实训

5.2.10 PLC 对步进电动机的控制实训

二维码 5-3

二维码 5-4

1. 实训目的

1）学习使用 PLC 的脉冲输出指令实现步进电动机的控制。

2）学会步进电动机控制系统的接线。

2. 实训内容

现有两相混合式步进电动机 1 台，步进电动机驱动器 1 台，要求 PLC 对步进电动机进行手动正反转控制，从而实现高空搬运组件的滑块沿着丝杠做左/右直线运动。高空搬运组件如图 5-52 所示。

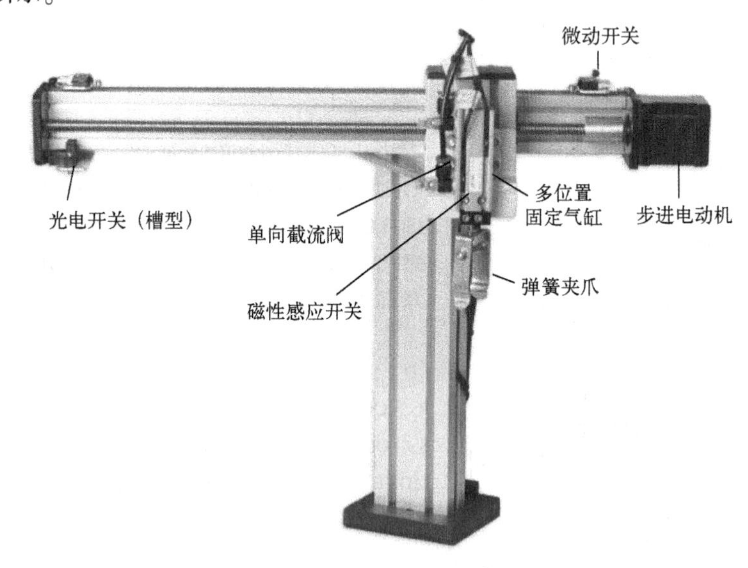

图 5-52 高空搬运组件

步进电动机驱动器根据程序指令来驱动步进电动机运动。步进电动机与滚珠丝杠连接，带动滑块在丝杠上往复运动，由微动开关作为行走时超程保护，采用槽型光电开关采集原点位置信号。滑块通过多位置固定气缸带动弹簧夹爪对工件进行抓取和提升，并将工件送至主滑道。多位置固定气缸附带两个磁性感应开关和两个单向截流阀。多位置固定气缸可将工件升降 30 mm。磁性感应开关用于对其位置状态进行检测。单向截流阀可调节用气量的大小。

高空搬运组件的有效行程为 300 mm，丝杠导程为 8 mm，其结构为滑轨与滚珠丝杠结构。

控制设备选用西门子 S7-200 系列 CPU 226DC/DC/DC，供电采用 DC 24 V 电压，输出电压同样为 DC 24 V，I/O 点数为 24 点输入/16 点输出。

3. 步进电动机及其驱动器的接线方法

步进电动机是将电脉冲信号转换为相应的角位移或直线位移的一种特殊执行电动机。每输入一个电脉冲信号，电动机就转动一个角度，它的运动形式是步进式的，所以称为步进电动机。步进电动机驱动器如图 5-53 所示。MOONS'SR2-PLUS 步进驱动器接口如图 5-54 所示。

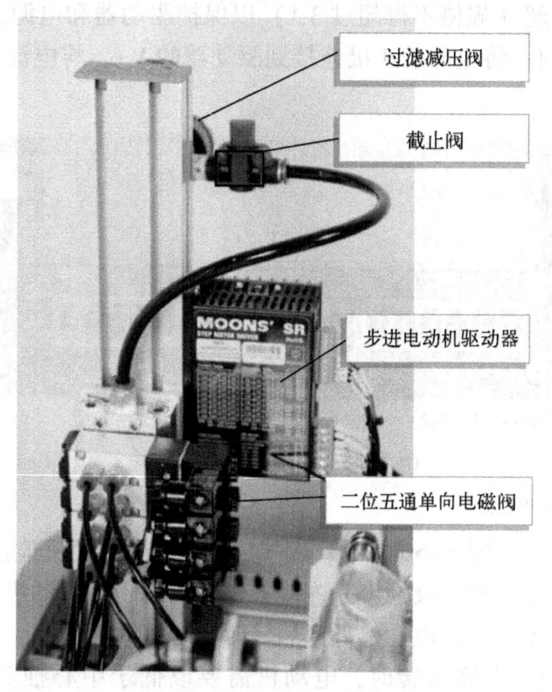

图 5-53 步进电动机驱动器

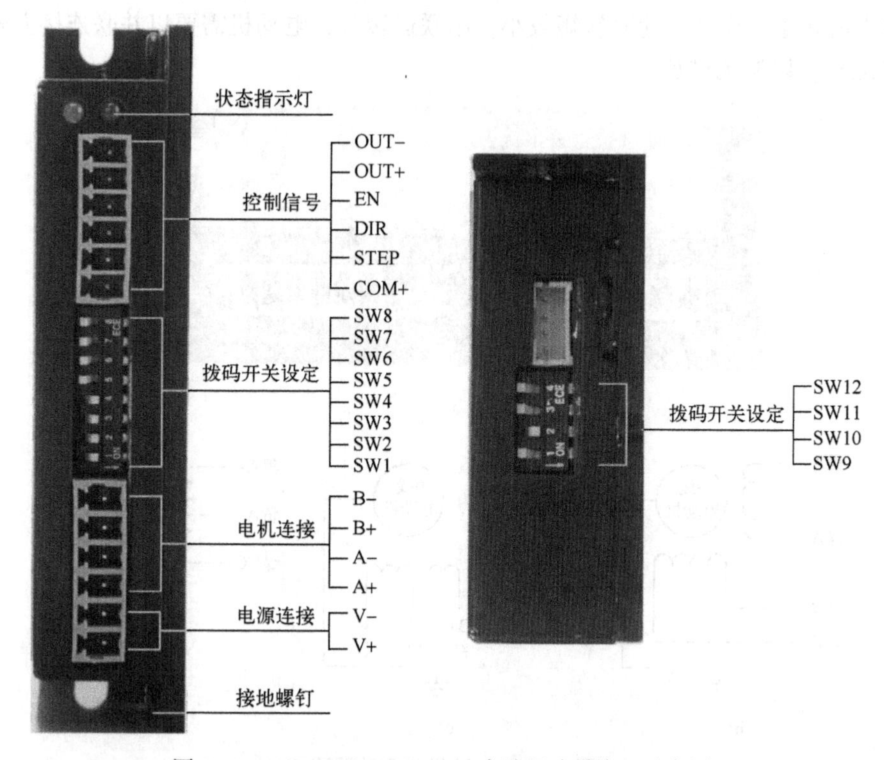

图 5-54 MOONS'SR2-PLUS 步进驱动器接口示意图

（1）电源与驱动器连接

如果电源输出端没有熔丝或别的限制短路电流的装置，可在电源和驱动器之间放置一个适当规格的快速熔断熔丝（规格不得超过 3 A）以保护驱动器和电源，将熔丝串联于电源的正极和驱动器的 V+之间。将电源的正极连接到驱动器的 V+，将电源的负极连接到驱动器的 V−，如图 5−55 所示。

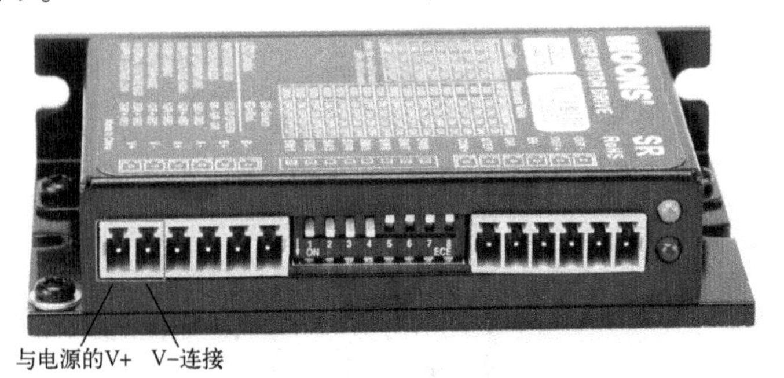

图 5−55　电源与驱动器连接

（2）电动机与驱动器连接

电动机与驱动器连接如图 5−56 所示；四线～八线步进电动机连接方式如图 5−56b～f 所示。四线步进电动机只有一种双极性串联连接方式。六线步进电动机可以用串联和中心抽头两种方式连接。在串联模式下，电动机低速运转时具有更大的转矩，但是不能像中心抽头连接模式那样快速的运转。串联运转时，电动机需要以低于中心抽头连接方式对应电流的 30%运行，以避免过热。八线步进电动机可以用串联和并联两种方式连接。串联方式在低速时具有更大的转矩，而在高速时转矩较小。串联运转时，电动机需要以并联连接方式对应电流的 50%运行，以避免过热。

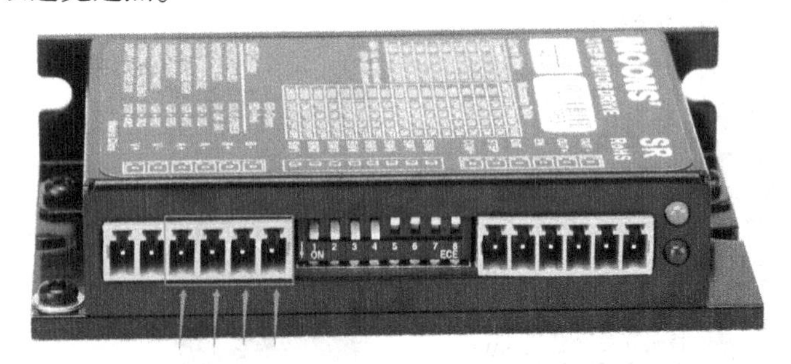

a)

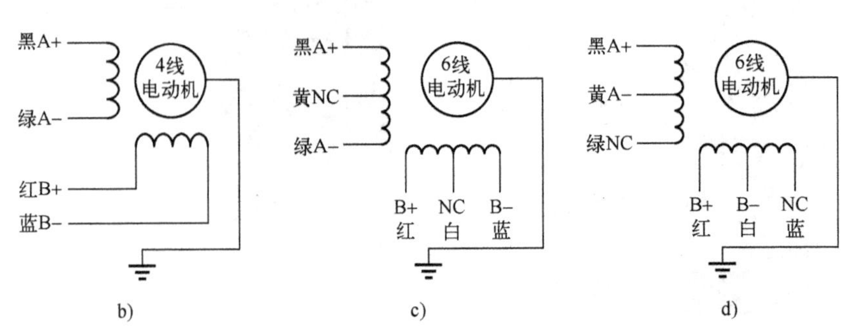

b)　　c)　　d)

图 5−56　电动机与驱动器连接

a）与步进电动机的 A+　A−　B+　B−连接　b）四线双极性串联连接　c）六线串行连接　d）六线中心抽头连接

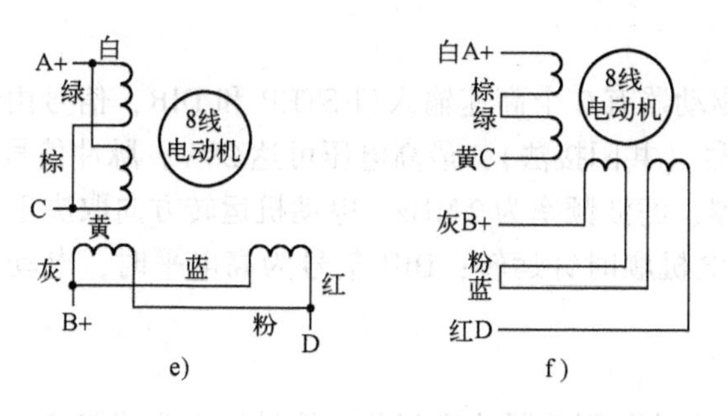

图 5-56　电动机与驱动器连接（续）

e）八线双极性-并联　f）八线双极性-串联

注意：当将电动机连接到驱动器时，请先确认电动机电源已关闭。确认未使用的电动机引线未与其他物体连接而发生短路。在驱动器通电期间，不能断开电动机。不要将电动机引线接到地上或电源上。

（3）PLC 与驱动器连接

PLC 与驱动器连接如图 5-57 所示。

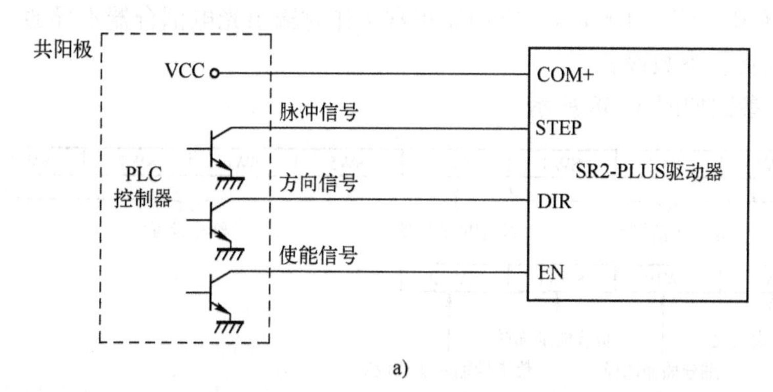

a)

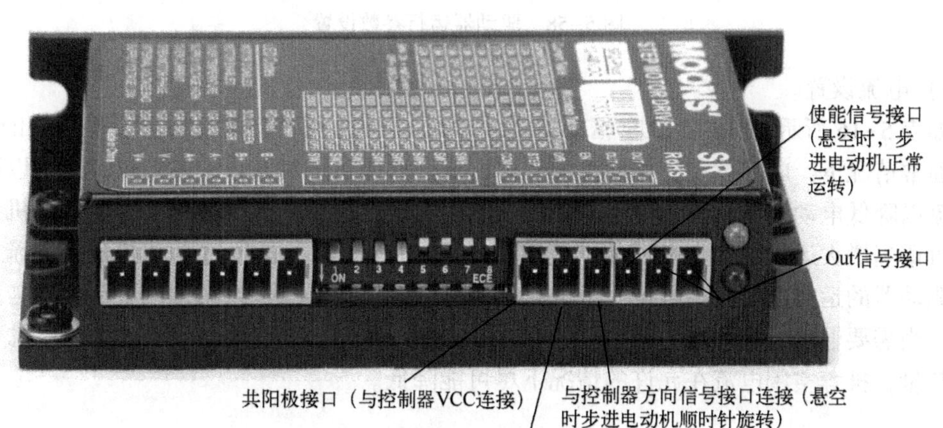

b)

图 5-57　PLC 与驱动器连接

a）PLC 与驱动器接线　b）驱动器上与 PLC 连接的接口

1）脉冲及方向信号。

如图 5-57b 所示，SR2-PLUS 驱动器有 2 个高速输入口 STEP 和 DIR，信号由光隔离器输入，可以接收 DC 5～24 V 单端信号（共阳接法），最高电压可达 28 V，脉冲信号为下降沿有效。信号输入口有高速数字滤波器，滤波频率为 2 MHz。电动机运转方向取决于 DIR 电平信号，当 DIR 悬空或为低电平时，电机顺时针运转；DIR 信号为高电平时，电动机逆时针运转。

2）使能信号。

如图 5-57b 所示，EN 输入使能或关断驱动器功率部分，信号输入为光隔离器，可以接收 DC 5～24 V 单端信号（共阳接法），信号电压最高可达 28 V。EN 信号悬空或低电平时（光耦不导通），驱动器为使能状态，电动机正常运转；EN 信号为高电平时（光耦导通），驱动器功率部分关断，电动机无励磁。当电动机处于报错状态时，EN 输入可用于重起动驱动器。首先从应用系统中排除存在的故障，然后输入一个下降沿信号至 EN 端，驱动器可重新起动驱动器功率部分，电动机有励磁而运转。

3）OUT 信号。

如图 5-57b 所示。OUT 口为光隔离器 OC 输出（集电极开路输出），最高耐受电压为 DC 30 V，最大饱和电流为 100 mA。驱动器正常工作时输出光电耦合器不导通。

（4）驱动器运行参数设置

驱动器运行参数如图 5-58 所示。

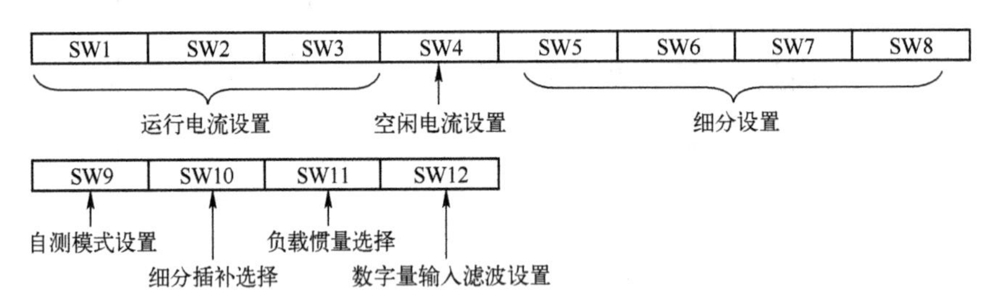

图 5-58　驱动器运行参数设置

1）电流设置。

如表 5-16 所示，SR2-PLUS 驱动器通过 SW1、SW2 和 SW3 拨码开关设定输出电流峰值，通常情况下，电流设定为电动机的额定电流。如果系统对发热的要求很高，可以适当减小电流以降低电动机的发热，但是电动机的输出力矩会同时降低。如果不要求电动机连续运行，可适当增大运行电流以获得更大力矩，但是注意最大不要超过电动机额定电流的 1.5 倍。驱动器的运行电流，在电动机停转时可自动减少，SW4 设定空闲电流为运行电流的百分数。当需要输出一个高的力矩时，空闲电流设为 90%是最有效的。为减少电动机和驱动器的热量，推荐空闲电流在允许的情况下尽可能降低。

表 5-16　电流设置

运行电流（峰值）/A	SW1	SW2	SW3
0.3	ON	ON	ON
0.5	OFF	ON	ON

（续）

运行电流（峰值)/A	SW1	SW2	SW3
0.7	ON	OFF	ON
1.0	OFF	OFF	ON
1.3	ON	ON	OFF
1.6	OFF	ON	OFF
1.9	ON	OFF	OFF
2.2	OFF	OFF	OFF

2）细分设置。

如表5-17所示，R2-PLUS驱动器通过SW5、SW6、SW7和SW8拨码开关设定细分值，有16种选择。细分步数均相对整步而言，如驱动整步为1.8°的电动机，设定整步运行时，一个脉冲使电动机转动1.8°；半步时，一个脉冲使电动机转动0.9°；4细分时，一个脉冲使电动机转动0.45°，以此类推。

表5-17 细分设置

细分（步/转)	SW5	SW6	SW7	SW8
200	ON	ON	ON	ON
400	OFF	ON	ON	ON
800	ON	OFF	ON	ON
1600	OFF	OFF	ON	ON
3200	ON	ON	OFF	ON
6400	OFF	ON	OFF	ON
12800	ON	OFF	OFF	ON
25600	OFF	OFF	OFF	ON
1000	ON	ON	ON	OFF
2000	OFF	ON	ON	OFF
4000	ON	OFF	ON	OFF
5000	OFF	OFF	ON	OFF
8000	ON	ON	OFF	OFF
10000	OFF	ON	OFF	OFF
20000	ON	OFF	OFF	OFF
25000	OFF	OFF	OFF	OFF

4. 控制要求

1）按下前进按钮，步进电动机以30r/min的速度正转，步进电动机驱动器接收脉冲信号和方向信号，步进电动机带动工件进行平移。已知该步进电动机的步距角为1.8°，如使电动机运行在半步模式下，此时一个脉冲使电动机转动0.9°。步进电动机的转速为30r/min，则PLC输出控制脉冲的频率为

$$\frac{30\ \mathrm{r/min}\times 360°}{60\ \mathrm{s}\times 0.9°}=200\ \mathrm{Hz}$$

2）根据移动距离（300 mm）设定发出脉冲个数，当脉冲发送完毕后，步进电动机停转。

3）当发出复位信号 1 s 后，步进电动机驱动器接收脉冲信号，步进电动机带动弹簧夹爪回位后系统恢复初始状态。

5. 训练步骤

1）练习步进电动机控制系统的接线。步进电动机驱动器与步进电动机的接线如图 5-59 所示。

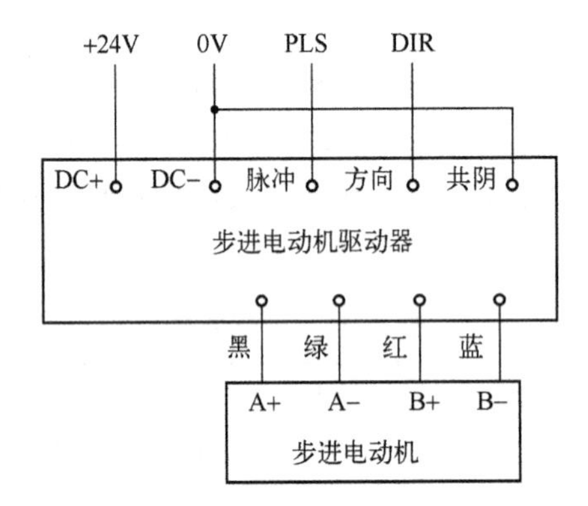

图 5-59　步进电动机驱动器与步进电动机的接线

2）根据图 5-59 写出 I/O 分配表，见表 5-18。

表 5-18　I/O 分配表

输入信号			输出信号		
I0.0	光电开关	原点	—	—	—
I0.1	SB1	天车前进（左行）按钮	Q0.0	PLS	步进电动机脉冲
I0.2	SB2	天车后退（右行）按钮	Q0.3	DIR	步进电动机方向
I0.3	SB3	急停按钮	—	—	—
I1.3	SQ3	高空步进电动机限位（右）	—	—	—
I1.4	SQ4	高空步进电动机限位（左）	—	—	—

3）设计 PLC 程序，参考程序如图 5-60 所示。

PLC 对步进电动机的速度控制。分为三个方面：对步进电动机运行频率的控制；对步进电动机起动、停止时加减速的控制；对运转时脉冲数目的控制。步骤如下：

① 使用位置控制向导，为 PTO（线性脉冲串）操作组态一个内置输出。选择 Q0.0 组态为 PTO 输出。在“位置控制向导”对话框中选择“配置 S7-200PLC 内置 PTO/PWM 操作”→“线性脉冲串输出（PTO）”。

② 电动机起动/停止速度（SS_SPEED）：输入该数值用于电动机在低速时驱动该负载，如果 SS_SPEED 的数值过低，电动机和负载在运动开始和结束时可能会摇摆或振动。如果

SS_SPEED 的数值过高，电动机会在起动时丢失脉冲，并且负载在停止时会使电动机超速。在此设为“100”。

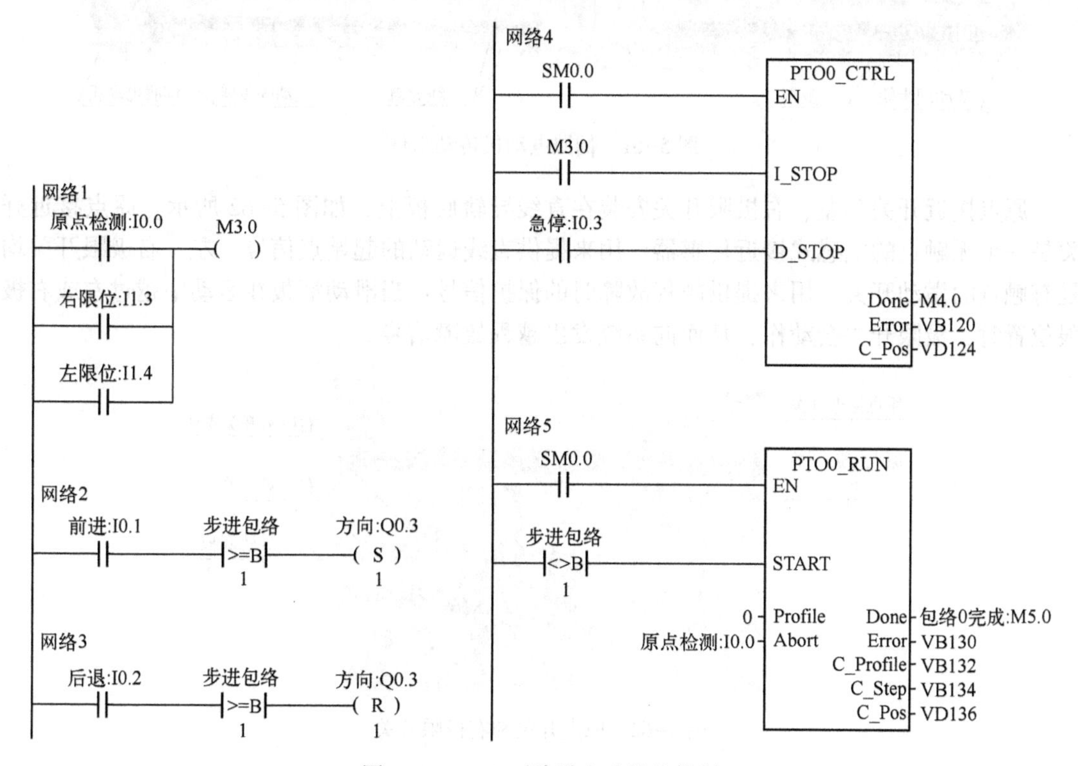

图 5-60　PLC 对步进电动机的控制

③ 电动机的最高运动速度（MAX_SPEED）：根据前面的计算，要使步进电动机以 30 r/min 的速度匀速运转，PLC 输出的脉冲频率应为 200 Hz。故此处的 MAX_SPEED 的值应设为 200 脉冲/s。

电动机主要在匀速运行，加减速时间越短越有利于起停，但是时间太短会影响步进电动机的使用寿命，在此加速时间设为 1000 ms，减速时间设为 200 ms。

5.2.11　PLC 对伺服电动机的控制实训

1. 实训目的

1）学会伺服电动机控制系统的接线。

2）练习伺服电动机的正反转控制。

3）学会用高速脉冲输出指令及指令向导编写伺服电动机的控制程序。

2. 实训内容

直线运动传动组件用以拖动抓取机械手装置进行往复直线运动，完成精确定位的功能。已经安装好的直线运动的伺服电动机传动组件如图 5-61 所示。

传动组件由直线导轨底板、伺服电动机、同步轮、同步带、直线导轨、滑动溜板、原点接近开关和左、右极限开关组成。

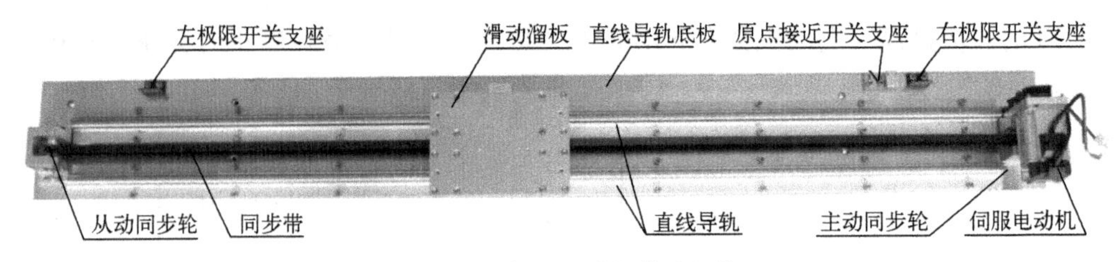

图 5-61　伺服电动机传动组件

原点接近开关和左、右极限开关安装在直线导轨底板上，如图 5-62 所示。原点接近开关是一个无触点的电感式接近传感器，用来提供直线运动的起始点信号。左、右极限开关均是有触点的微动开关，用来提供越程故障时的保护信号：当滑动溜板在运动中越过左或右极限位置时，极限开关会动作，从而向系统发出越程故障信号。

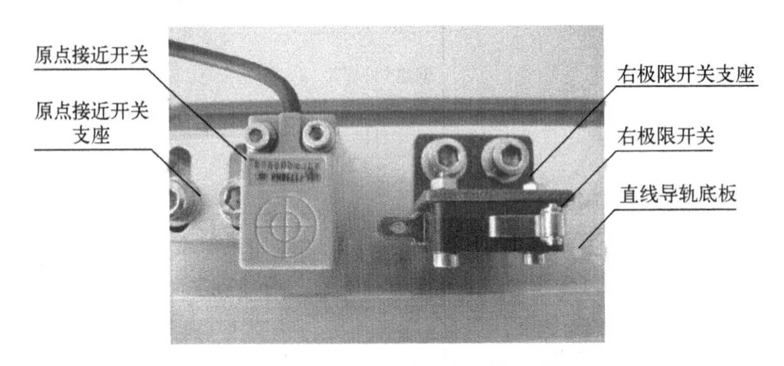

图 5-62　原点开关和右极限开关

伺服电动机由伺服电动机驱动器驱动，通过同步轮和同步带拖动滑动溜板沿直线导轨进行往复直线运动。从而带动固定在滑动溜板上的抓取机械手装置进行往复直线运动。同步轮齿距为 5 mm，共 12 个齿，即旋转一周时抓取机械手装置移动 60 mm。

3. 认识伺服电动机及伺服放大器

现代高性能的伺服系统，大多数采用永磁交流伺服系统，其中包括交流永磁同步伺服电动机和全数字式交流永磁同步伺服驱动器两部分。

（1）交流伺服电动机的工作原理

伺服电动机内部的转子是永磁铁，驱动器控制的 U、V、W 三相电形成电磁场，转子在此磁场的作用下转动，同时电动机自带的编码器将反馈信号给驱动器，驱动器根据反馈值与目标值进行比较，调整转子转动的角度。伺服电动机的精度决定于编码器的精度（线数）。

交流永磁同步伺服驱动器主要由伺服控制单元、功率驱动单元、通信接口单元、伺服电动机及相应的反馈检测器件组成，其中伺服控制单元包括位置控制器、速度控制器、转矩和电流控制器等。其结构组成如图 5-63 所示。

（2）交流伺服系统的位置控制模式

伺服系统用于定位控制时，位置指令输入到位置控制器，速度控制器输入端前面的电子开关切换到位置控制器输出端，同样电流控制器输入端前面的电子开关切换到速度控制器输出端。因此位置控制模式下的伺服系统是一个三闭环控制系统，两个内环分别是电流环和速度环。

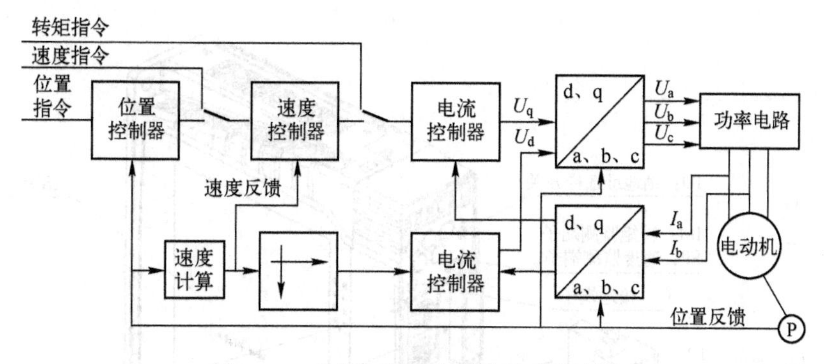

图 5-63　交流永磁同步伺服驱动器结构

（3）松下 MINAS A4 系列 AC 伺服电动机及驱动器介绍

在 YL-335B 的输送单元中，采用了松下 MHMD022P1U 交流永磁同步伺服电动机及 MADDT1207003 全数字式交流永磁同步伺服驱动器作为运输机械手的运动控制装置。伺服电动机结构简图和实物如图 5-64 所示。伺服驱动器的外观和面板如图 5-65 所示。

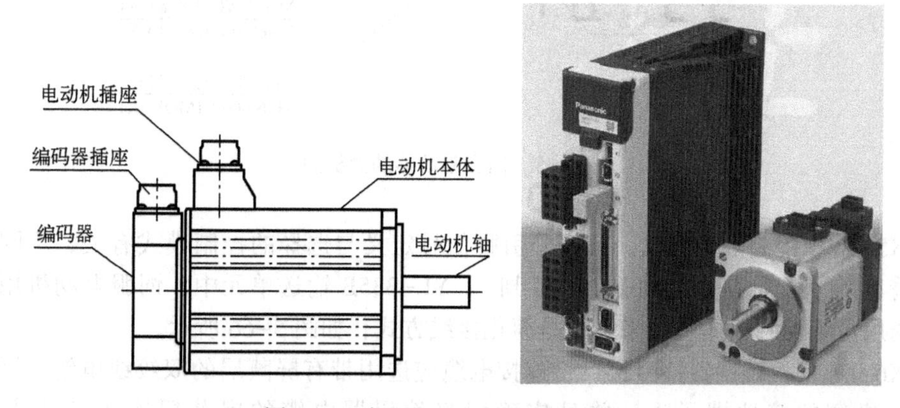

图 5-64　伺服电动机结构简图和实物

（4）伺服电动机及驱动器的接线

MADDT1207003 伺服驱动器面板上有多个接线端口。如图 5-65 所示，其中用到的接口的说明如下。

① X1：电源输入接口，AC 220 V 电源连接到主电源端子 L1、L3 上，同时连接到控制电源端子 L1C、L2C 上。

② X2：电动机接口和外置再生放电电阻器接口。U、V、W 端子用于连接电动机。必须注意，电源电压务必按照驱动器铭牌上的指示配置，电动机接线端子（U、V、W）不可以接地或短路，交流伺服电动机的旋转方向不像感应电动机可以通过交换三相相序来改变，必须保证驱动器上的 U、V、W、E 接线端子与电动机主回路接线端子按规定次序一一对应连接，否则可能造成驱动器的损坏。电动机的接线端子、驱动器的接地端子以及滤波器的接地端子必须保证可靠的连接到同一个接地点上。机身也必须接地。RB1、RB2、RB3 端子外接放电电阻，MADDT1207003 的规格为 100 Ω/10 W，YL-335B 没有使用外接放电电阻。

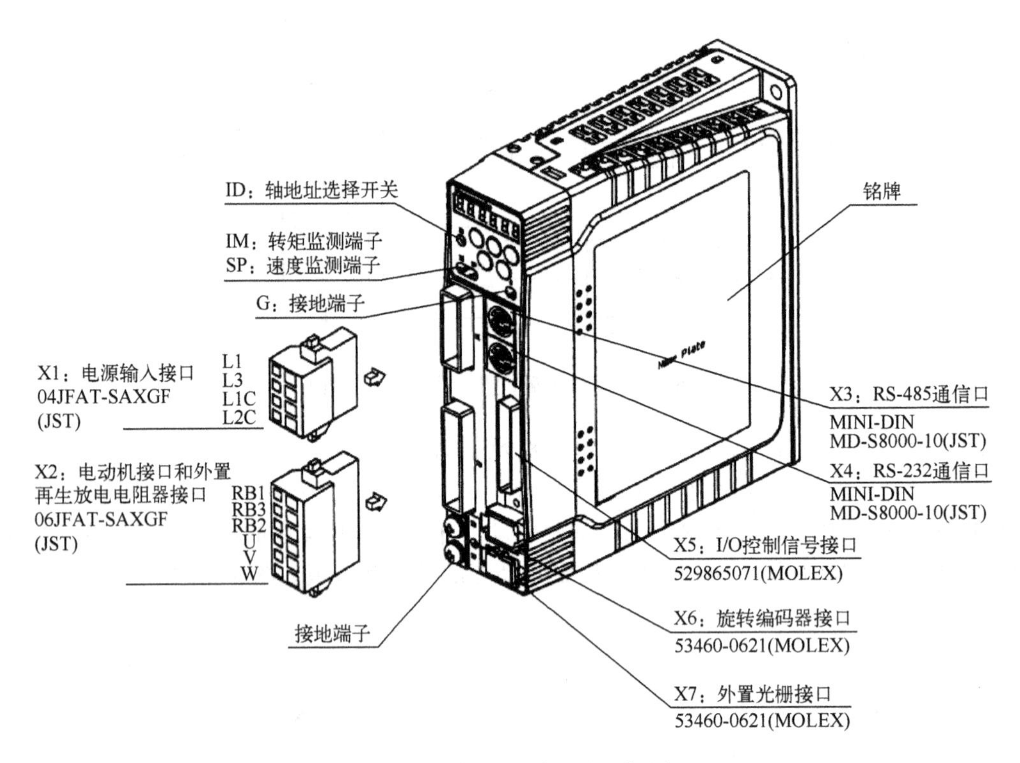

图 5-65　伺服驱动器的面板图

③ X5：I/O 控制信号接口，其部分引脚信号定义与选择的控制模式有关，不同模式下的接线请参考《松下 A 系列伺服电机手册》。YL-335B 输送单元中，伺服电动机用于定位控制，选用位置控制模式。所采用的是简化接线方式，如图 5-66 所示。

④ X6：电动机编码器信号接口，连接电缆应选用带有屏蔽层的双绞线电缆，屏蔽层应接到电动机侧的接地端子上，并且应确保将编码器电缆的屏蔽层连接到插头的外壳（FG）上。

（5）伺服驱动器的参数设置与调整

松下的伺服驱动器有 7 种控制运行方式，即位置控制、速度控制、转矩控制、位置/速度控制、位置/转矩、速度/转矩、全闭环控制。位置方式就是输入脉冲串来使电动机定位运行，电动机转速与脉冲串频率相关，电动机转动的角度与脉冲个数相关；速度方式有两种，一是通过输入直流-10 V~+10 V 电压调速，二是选用驱动器内设置的内部速度来调速；转矩方式是通过输入直流-10 V~+10 V 电压调节电动机的输出转矩，这种方式下运行必须要进行速度限制，通过设置驱动器内参数和输入模拟量电压两种方法来限速。

MADDT1207003 伺服驱动器的参数共有 128 个（Pr00~Pr7F），可以通过与 PC 连接后在专门的调试软件上进行设置，也可以在驱动器上的面板上进行设置。

修改少量参数时，可通过驱动器上的操作面板来完成。操作面板如下图 5-67 所示。各个按钮的说明见表 5-19。

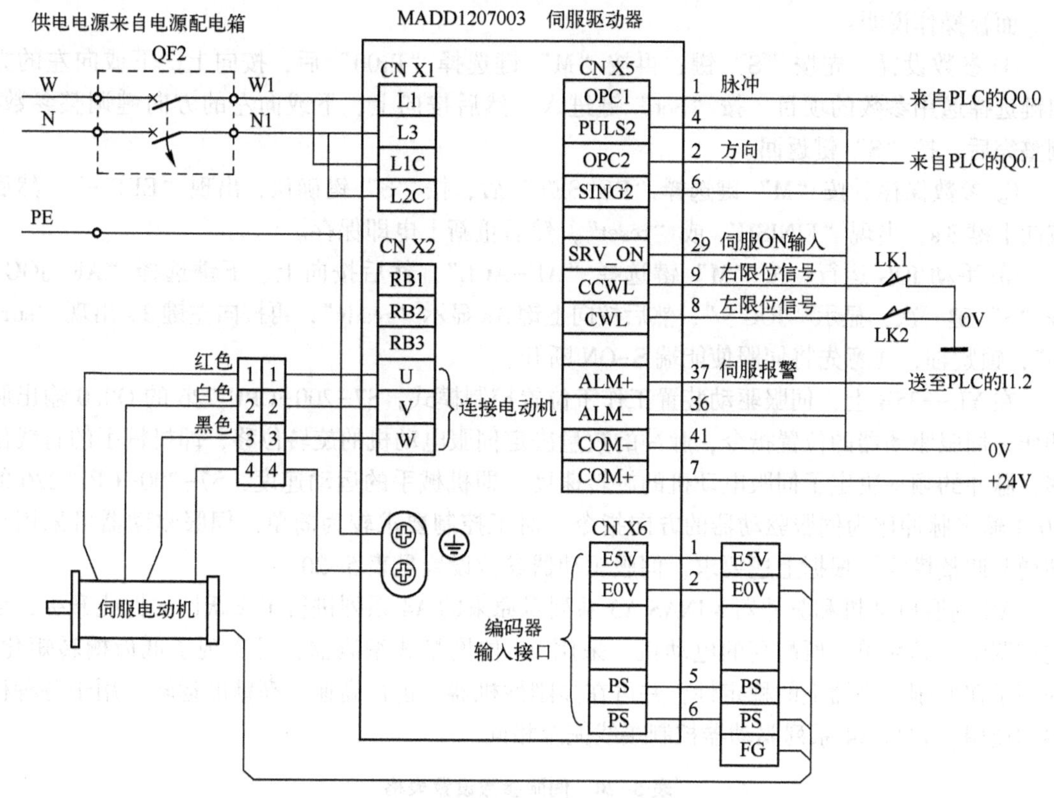

图 5-66　伺服驱动器电气接线图

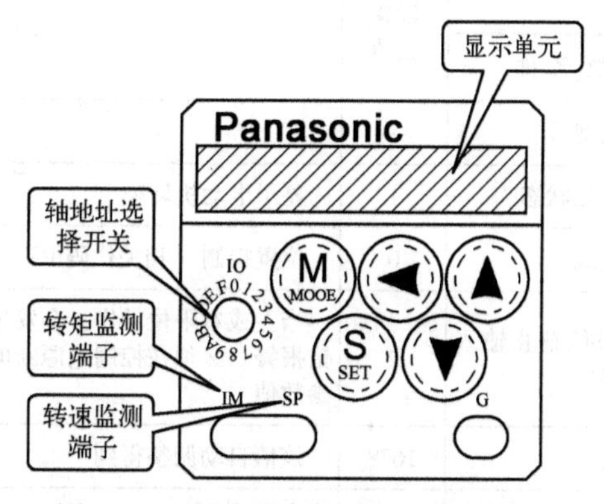

图 5-67　驱动器参数设置的操作面板

表 5-19　伺服驱动器操作面板按钮的说明

按 钮 说 明	激 活 条 件	功　　能
MODE	在模式显示时有效	在以下五种模式之间切换： 监视器模式、参数设置模式、EEPROM 写入模式、自动调整模式、辅助功能模式
SET	一直有效	用来在模式显示和执行显示之间切换
▲ ▼	仅对小数点闪烁的哪一位数据位有效	改变各模式里的显示内容、更改参数、选择参数、执行选中的操作
◀		把移动的小数点移动到更高位数

面板操作说明：

① 参数设置。先按“S”键，再按“M”键选择“Pr00”后，按向上、下或向左的方向键选择通用参数的项目，按“Set”键进入。然后按向上、下或向左的方向键调整参数，调整完后，按“S”键返回。

② 参数保存。按“M”键选择“EE-SET”后，按“S”键确认，出现“EEP -”，然后按向上键 3 s，出现“FINISH”或“reset”，然后重新上电即保存。

③ 手动 JOG 运行。按“M”键选择“AF-ACL”，然后按向上、下键选择“AF-JOG”按“S”键一次，显示“JOG -”，然后按向上键 3 s 显示“ready”，再按向左键 3 s 出现“sur-on”，锁紧轴，注意先将伺服使能端 S-ON 断开。

在 YL-335B 上，伺服驱动装置工作于位置控制模式，S7-200-CPU 226 的 Q0.0 输出脉冲作为伺服驱动器的位置指令，脉冲的数量决定伺服电动机的旋转位移，即机械手的直线位移，脉冲的频率决定了伺服电动机的旋转速度，即机械手的运动速度，S7-200-CPU 226 的 Q0.1 输出脉冲作为伺服驱动器的方向指令。对于控制要求较为简单，伺服驱动器可采用自动增益调整模式。根据上述要求，伺服驱动器参数设置见表 5-20。

AC 伺服电动机和驱动器 MINAS A5 系列对原来的 A4 系列进行了飞跃性的性能升级，设定和调整极其简单；所配套的电动机，采用 20 位增量式编码器，且实现了低齿槽转矩化；提高了在低刚性机器上的稳定性，并可在高刚性机器上进行高速、高精度运转，用于各种机器的使用。它与 A4 系列驱动器控制接线完全相同。

表 5-20　伺服参数设置表格

序号	参数			设置数值	功能和含义
	参数编号		参数名称		
	A4	A5	电动机型号	—	—
1	Pr01	Pr5.28	LED 初始状态	1	显示电动机转速
2	Pr02	Pr0.01	控制模式	0	位置控制（相关代码 P）
3	Pr04	Pr5.04	行程限位禁止输入无效设置	2	当左或右限位动作，会发生 Err38 行程限位禁止输入信号出错报警。必须在控制电源断电重启之后才能成功修改、写入此参数值
4	Pr20	Pr0.04	惯量比	1678	该值自动调整得到
5	Pr21	Pr0.02	实时自动增益设置	1	实时自动调整为常规模式，运行时负载惯量的变化情况很小
6	Pr22	Pr0.03	实时自动增益的机械刚性选择	1	此参数值设得越大，响应越快
7	Pr41	Pr0.06	指令脉冲旋转方向设置	1	指令脉冲 + 指令方向。必须在控制电源断电重启之后才能成功修改、写入此参数值。 指令脉冲 + 指令方向：PULS、SIGN；L（低电平）、H（高电平）
8	Pr42	Pr0.07	指令脉冲输入方式	3	

(续)

<table>
<tr><th rowspan="2">序号</th><th colspan="3">参　数</th><th rowspan="2">设置数值</th><th rowspan="2">功能和含义</th></tr>
<tr><th colspan="2">参数编号</th><th>参数名称</th></tr>
<tr><td>9</td><td>Pr48</td><td>Pr0.08</td><td>Pr48：指令脉冲分倍频第1分子
Pr0.08：电动机每旋转一次的脉冲数，数值越大，速度越小</td><td>10000</td><td rowspan="4">$每转所需指令脉冲数=编码器分辨率\times\frac{Pr4B}{Pr48\times2^{Pr4A}}$
现编码器分辨率为10000（2500p/r×4），则
$每转所需指令脉冲数=10000\times\frac{Pr4B}{Pr48\times2^{Pr4A}}$
$=10000\times\frac{6000}{10000\times2^{0}}=6000$</td></tr>
<tr><td>10</td><td>Pr49</td><td>—</td><td>指令脉冲分倍频第2分子</td><td>0</td></tr>
<tr><td>11</td><td>Pr4A</td><td>—</td><td>指令脉冲分倍频分子倍率</td><td>0</td></tr>
<tr><td>12</td><td>Pr4B</td><td>—</td><td>指令脉冲分倍频分母</td><td>6000</td></tr>
</table>

注：其他参数的说明及设置请参看松下Ninas A4/A5系列伺服电动机、驱动器使用说明书。

4. 控制要求

使用位置控制向导编程实现YL-335B输送单元机械手的运动控制。机械手的运动包络见表5-21。YL-335B中设定Pr48=0（或10 000），Pr4A=0，Pr4B=6000。便于计算设：同步轮齿数=12，齿距=5 mm，每转60 mm，故脉冲当量为0.01 mm。

表5-21　伺服电动机运行的运动包络

运动包络	站　点		脉冲量	移动方向
0	低速回零		单速返回	DIR
1	供料站→加工站	470 mm	85 600	—
2	加工站→装配站	286 mm	52 000	—
3	装配站→分拣站	235 mm	42 700	—
4	分拣站→高速回零前	925 mm	168 000	DIR

使用位置控制向导编程的步骤如下：

1）为S7-200 PLC选择内置PTO/PWM操作。在STEP7 V4.0软件的菜单中选择“工具”→“位置控制向导”，再选择配置S7-200PLC内置PTO/PWM操作。

2）单击“下一步”按钮选择“Q0.0”，再单击“下一步”按钮选择“线性脉冲输出（PTO）”。

3）单击“下一步”按钮后，在对应的编辑框中输入MAX_SPEED和SS_SPEED速度值。输入最高电动机速度“90000”，把电动机起动/停止速度设定为“600”。这时，如果单击MIN_SPEED值对应的灰色框，可以发现MIN_SPEED值改为600，注意：MIN_SPEED值由计算得出。用户不能在此域中输入其他数值。

4）单击“下一步”按钮填写电动机加速时间“1500”和电动机减速时间“200”。

5）单击“新包络”，配置0~4运动包络。

在操作模式选项中选择“相对位置”控制，设置包络“0”中数据目标速度为“60000”，结束位置为“85600”，单击“绘制包络”。这个包络只有1步。

定义包络的符号名（Profile0_1）。这样第1个包络的设置，即从供料站→加工站的运动包络设置就完成了。

现在可以设置下一个包络，单击“新包络”，按上述方法将表 5-23 中上 2、3、4 运动包络进行配置。

表 5-21 中“低速回零”，是“单速连续旋转”模式，选择这种操作模式后，在所出现的操作界面中（见图 5-68），写入目标速度“20000”。操作界面中还有一个包络停止操作选项，是当停止信号输入时再向运动方向按设定的脉冲数走完停止，此次不使用。

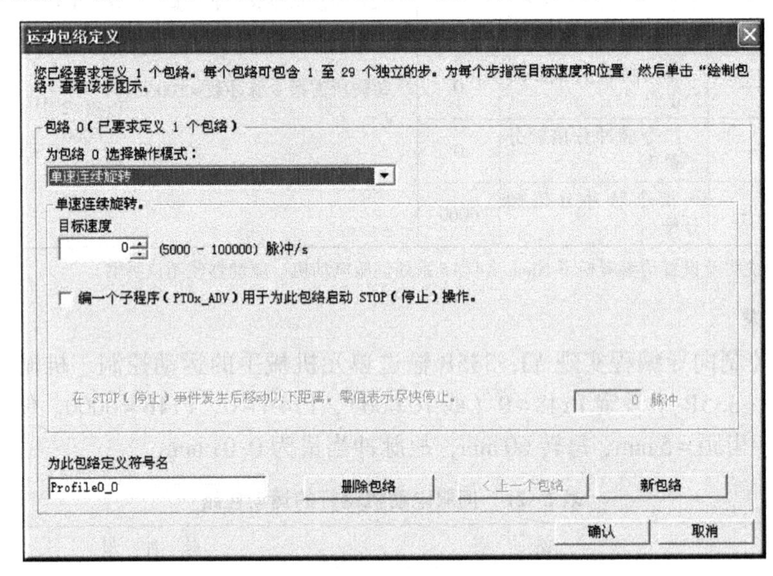

图 5-68　设置“低速回零”包络

6）运动包络程序编写完成后在“运动”单击“确认”，向导会要求为运动包络指定 V 存储区地址（建议地址为 VB75～VB300），默认这一建议，单击“下一步”按钮，单击“完成”按钮。

5. 输送单元运动控制程序

（1）PLC 的选型和 I/O 接线

由于需要输出驱动伺服电动机的高速脉冲，PLC 应采用晶体管输出型。选用西门子 S7-226 DC/DC/DC 型 PLC，共 24 点输入，16 点晶体管输出。输送单元运动控制 I/O 分配见表 5-22。输送单元 PLC 的输入端和输出端接线原理如图 5-69 所示。

表 5-22　输送单元运动控制 I/O 分配表

输入信号			输出信号		
序号	输入	信号名称	序号	输出	信号名称
1	I0.0	原点检测	1	Q0.0	脉冲
2	I0.1	右限位保护	2	Q0.1	方向
3	I0.2	左限位保护			
4	I2.4	起动按钮			
5	I2.5	停止按钮			
6	I2.6	急停按钮			

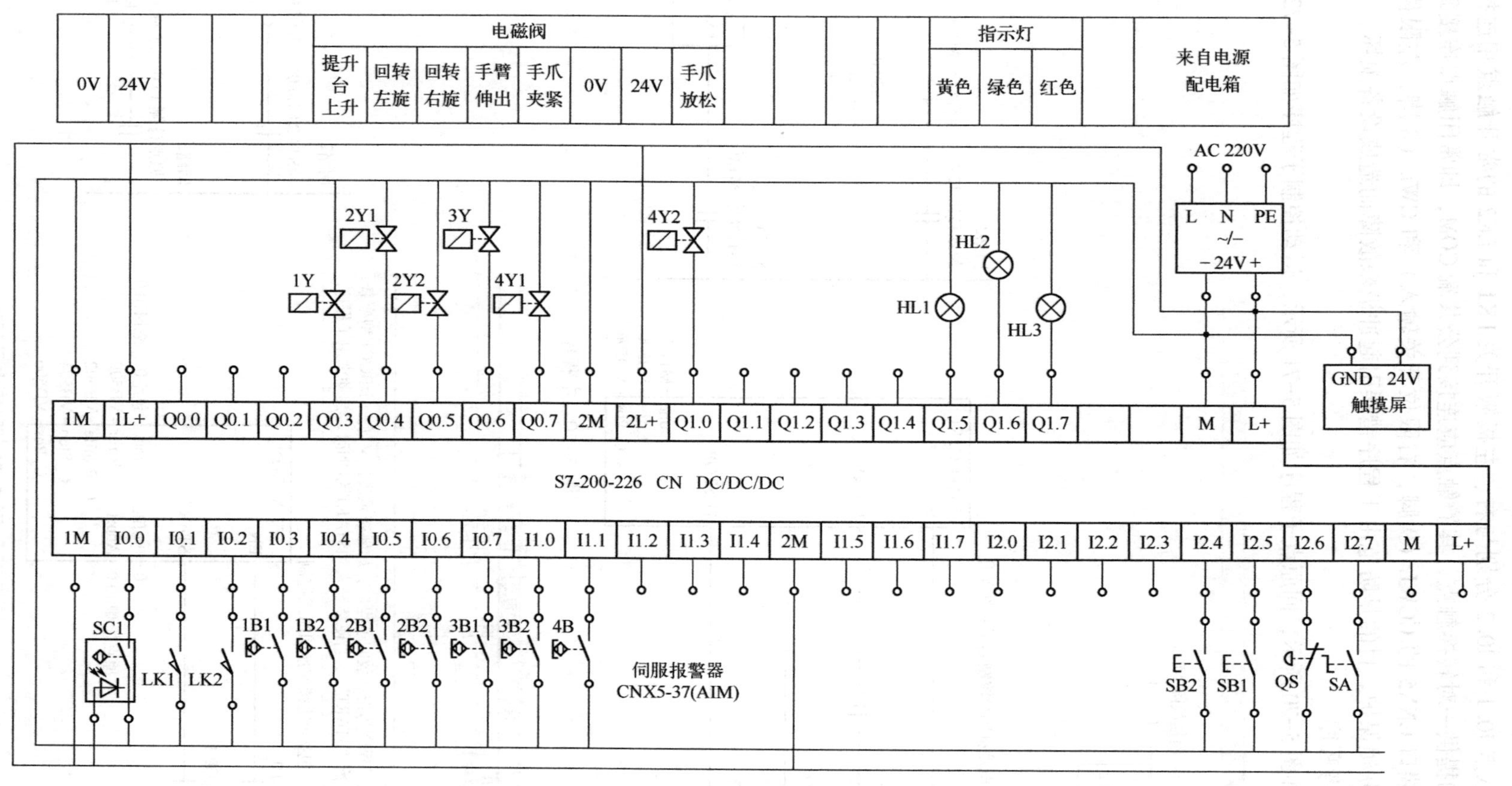

图5–69 输送单元PLC的输入端和输出端接线原理图

PLC 输入点 I0.1 和 I0.2 分别与右、左极限开关 LK1 和 LK2 的常开触点相连接，并且 LK1、LK2 均提供一对转换触点，其静触点应连接到公共端 COM，即常闭触点连接到伺服驱动器的控制端口 CNX5 的 CCWL（9 脚，右限位开关输入）和 CWL（8 脚，左限位开关输入）作为硬联锁保护。目的是防范由于程序错误引起冲极限故障而造成设备损坏。

（2）参考程序

主程序如图 5-70 所示，回原点子程序如图 5-71 所示，运动控制子程序如图 5-72 所示。

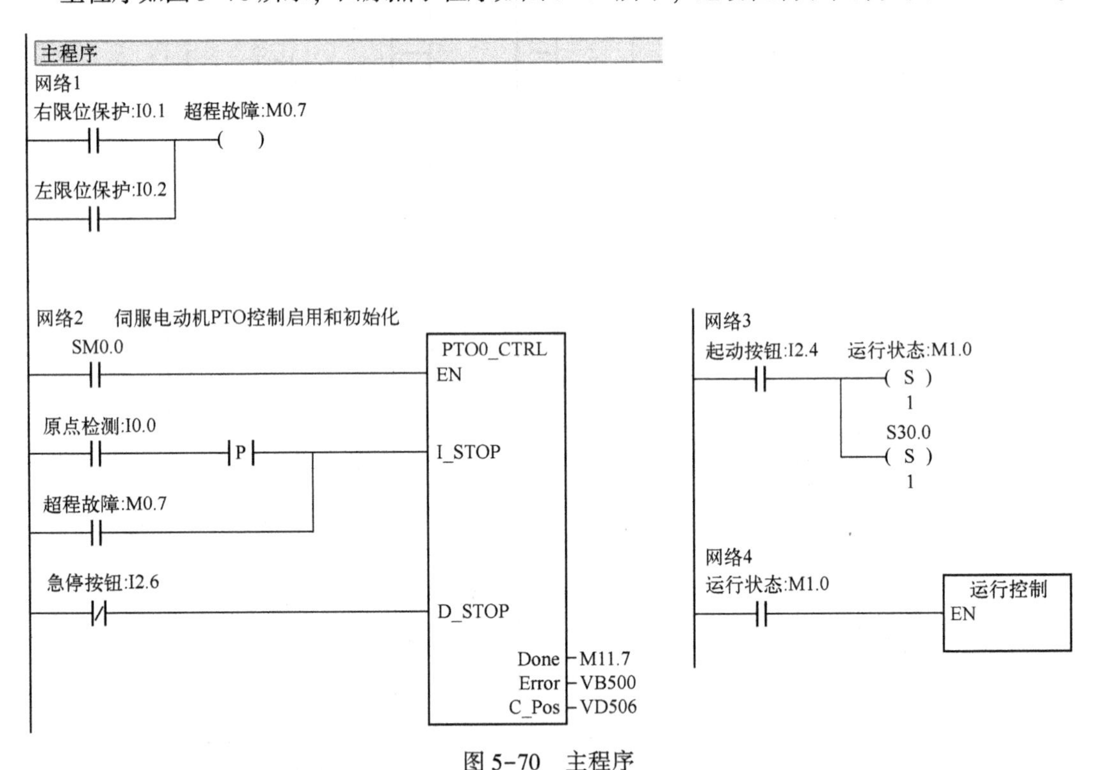

图 5-70　主程序

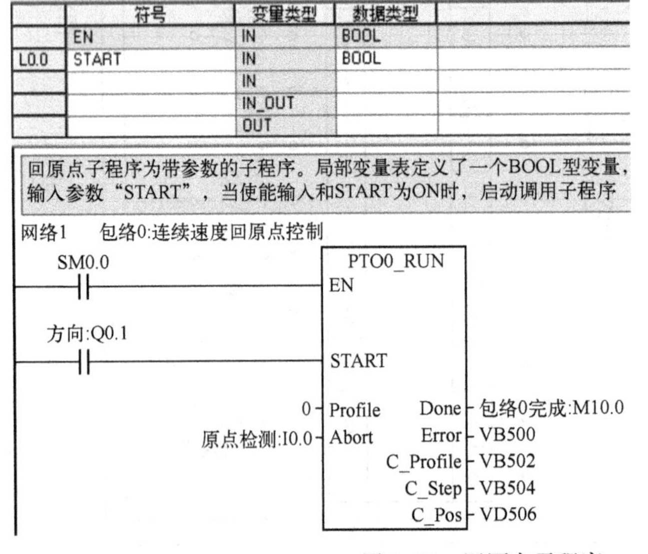

	符号	变量类型	数据类型
	EN	IN	BOOL
L0.0	START	IN	BOOL
		IN	
		IN_OUT	
		OUT	

图 5-71　回原点子程序

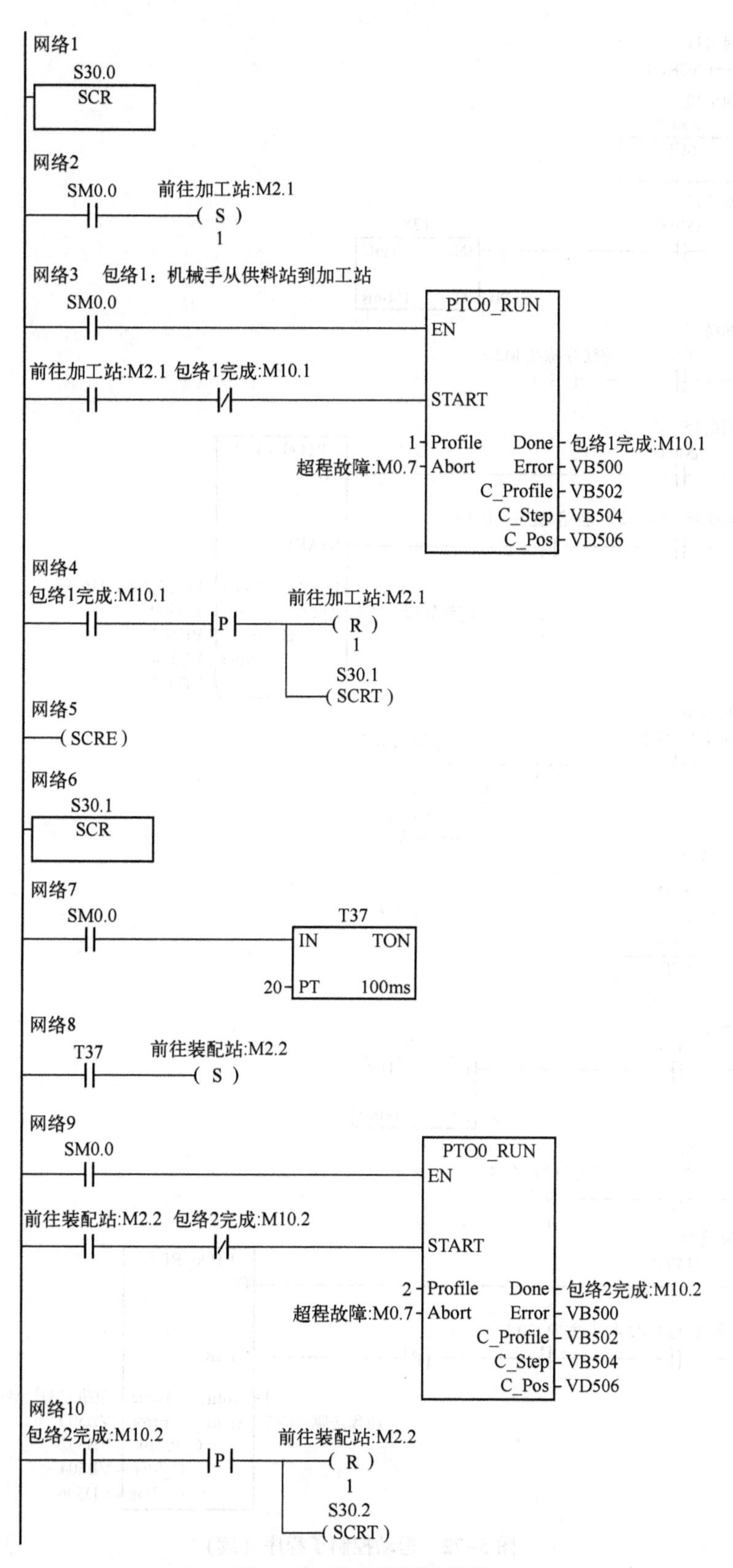

图 5-72 运动控制子程序

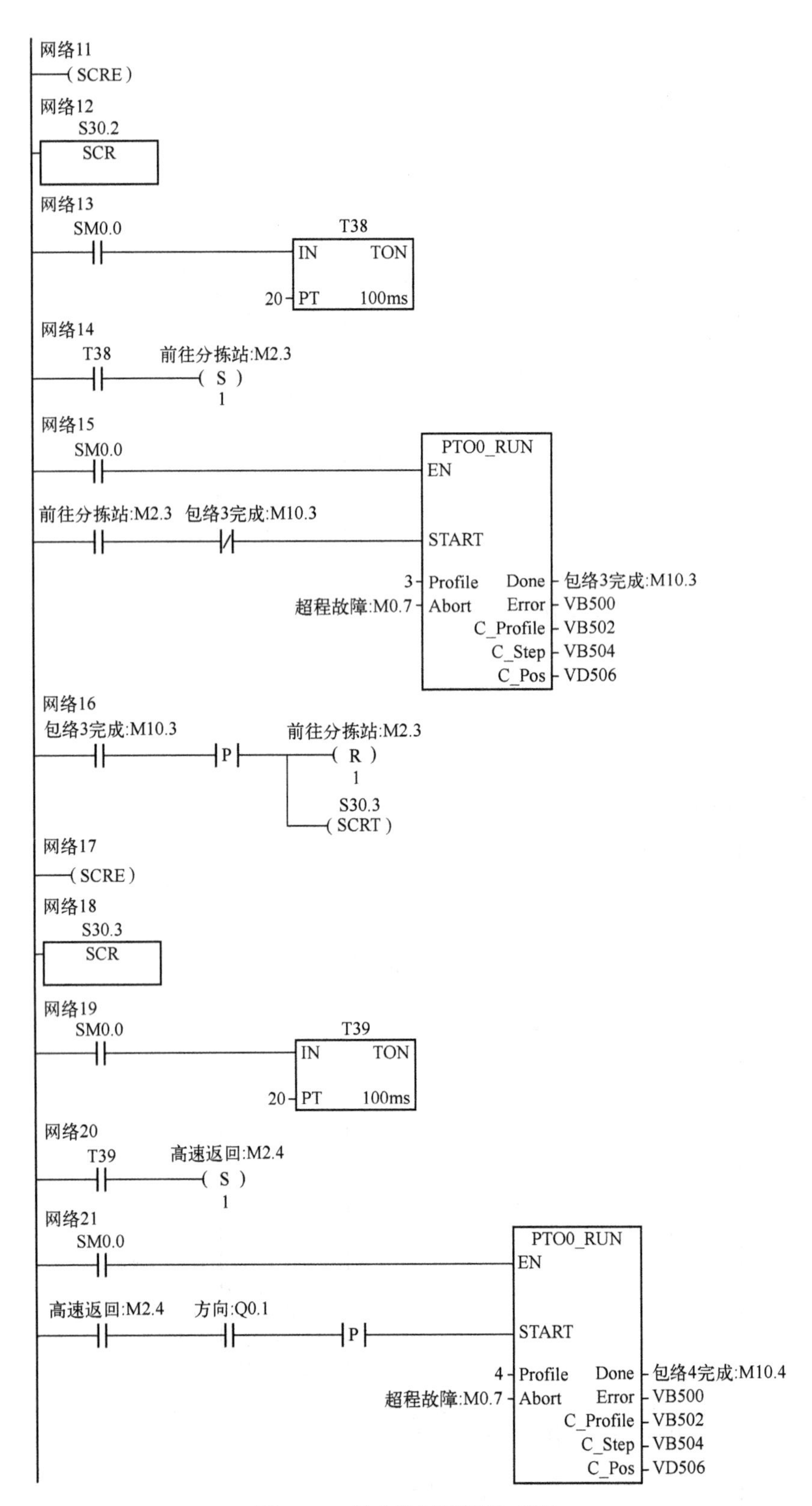

图 5-72 运动控制子程序（续）

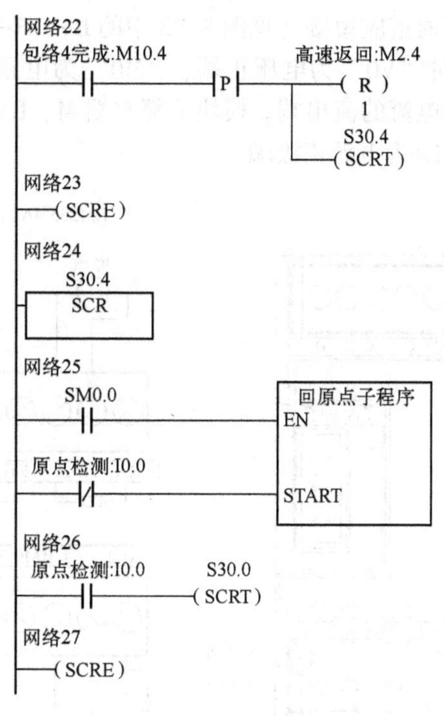

图 5-72 运动控制子程序（续）

5.3 模拟量的处理及 PID 控制

5.3.1 模拟量的处理

在工业控制中，某些输入量如压力、温度和流量等是模拟量，某些执行机构如电动调节阀、变频器等要求 PLC 输出模拟量。模拟量通常由传感器和变送器转换为 4~20 mA 的电流、1~5 V 或 0~10 V 的电压等，再通过 PLC 模拟量输入通道（A/D 转换）将其转换成数字量，送入 PLC 的模拟量映像寄存器（AI）。PLC 的数字运算结果通过模拟量输出通道（D/A 转换）转换为模拟电压或电流，再去控制执行机构。与 S7-200 CPU 22X 配套的模拟量扩展模块有 EM231（扩展 4 路模拟量输入）、EM232（扩展 2 路模拟量输出）、EM235（扩展 4 路模拟量输入，1 路模拟量输出）。

1. 模拟量输入模块的接线与配置

EM235 模块的面板及接线图如图 5-73 所示。

二维码 5-5

EM235 具有 4 路模拟量输入和 1 路模拟量输出，它的输入信号可以是不同量程的电压或电流。其电压、电流的量程由配置设定开关 SW1~SW6 设定。EM235 有 1 路模拟量输出，其输出电压或电流。4 路模拟量输入接线见图 5-73 上部，有 RA、A+、A-；RB、B+、B-；RC、C+、C-；RD、D+、D- 共 4 路模拟量输入通道，每 3 个点为一组。当输入信号为电压信号时只用两个端子（见图 5-73 中的 A+、A-），电流信号需用 3 个端子（见图 5-73 中的 RC、C+、C-），其中 RC 与 C+端子短接，作为电流流入端。对于未使用的输入通道应短接（见图5-73中的B+、B-）。EM235模拟量输出端子为M0、V0、I0，电压输出时“V0”为电压正端、“M0”为电压负端；电流输出时，“I0”为电流的流入端，“M0”为电流的流出端。模块下部左端M、L+两端应接入DC 24 V电源，M为DC 24 V电源负极端，L+为电源正极端。

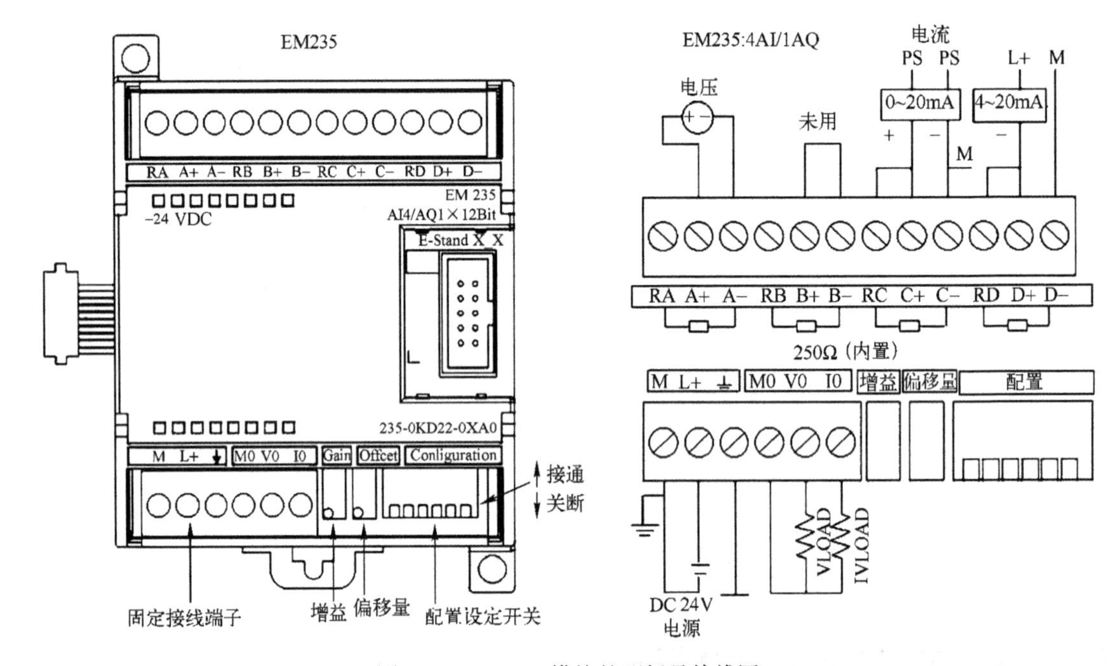

图5-73　EM235模块的面板及接线图

在使用EM235和EM231输入模拟量时，首先要进行模块的配置和校准。通过调整模块中的配置设定开关，可以设定输入模拟量的种类（电压、电流）以及模拟量的输入范围、极性。

EM235配置设定开关SW1~SW6设置如表5-23所示。

表5-23　EM235配置设定开关SW1~SW6设置

SW1	SW2	SW3	SW4	SW5	SW6	输入类型及范围
1	0	0	1	0	1	0~50 mV
0	1	0	1	0	1	0~100 mV
1	0	0	0	1	1	0~500 mV
0	1	0	0	1	1	0~1 V
1	0	0	0	0	1	0~5 V
1	0	0	0	0	1	0~20 mA
0	1	0	0	0	1	0~10 V
1	0	0	1	0	0	±25 mV
0	1	0	1	0	0	±50 mV
0	0	1	1	0	0	±100 mV
1	0	0	0	1	0	±250 mV

（续）

SW1	SW2	SW3	SW4	SW5	SW6	输入类型及范围
0	1	0	0	1	0	±500 mV
0	0	1	0	1	0	±1 V
1	0	0	0	0	0	±2.5 V
0	1	0	0	0	0	±5 V
0	0	1	0	0	0	±10 V

2. 模拟量输入模块的校准

设定模拟量输入类型后，需要进行模块的校准，此操作需要经过调整模块中的“增益调整”电位器实现。

校准调节影响所有的输入通道。即使在校准以后，如果模拟量多路转换器之前的输入电路元件值发生变化，从不同通道输入同一个输入信号，其信号值也会有微小的不同。校准输入的步骤如下：

1）切断模块电源，用 DIP 开关选择需要的输入范围。

2）接通 CPU 和模块电源，使模块稳定 15 min。

3）用一个变送器、一个电压源或电流源，将零值信号加到模块的一个输入端。

4）读取该输入通道在 CPU 中的测量值。

5）调节模块上的 OFFSET（偏值）电位器，直到读数为零或需要的数字值。

6）将一个满刻度模拟量信号接到某一个输入端子，读出 A/D 转换后的值。

7）调节模块上的 GAIN（增益）电位器，直到读数为 32 000 或需要的数字值。

8）必要时重复上述校准偏值和增益的过程。

3. 输入模拟量 A/D 转换后的数据格式及范围

每个模拟量占用一个字长（16 位），其中数据占 12 位。模拟量转换为数字量的 12 位读数是左对齐的。依据输入模拟量的极性，数据字格式有所不同。其格式如图 5-74 所示。最高位是符号位：0 表示正值数据，1 表示负值数据。

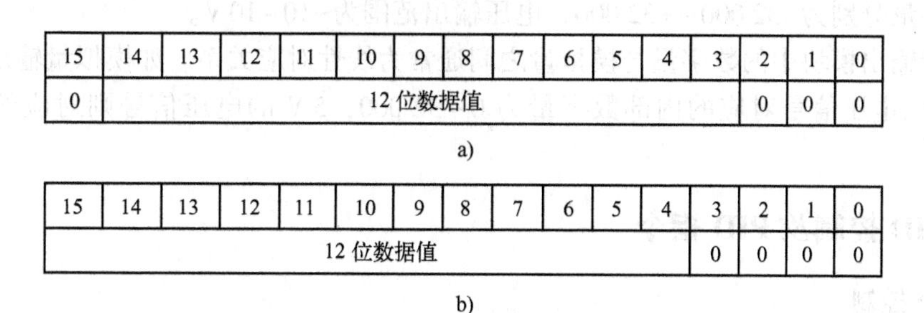

图 5-74 模拟量输入数据字格式

a）单极性 b）双极性

（1）单极性的数据格式

单极性的数据格式，最高位是符号位：0 表示正值数据。字的低 3 位均为 0，是测量精度位，即 A/D 转换是以 8 为单位进行的。数据值 12 位，存放在第 3~14 位的区域。这 12 位

的数据最大值应为 $2^{15}-8=32\ 760$。模拟量输入模块 A/D 转换后的单极性数据格式的全量程范围设置值为 0~32 000。差值（32 760-32 000=760）则用于偏置/增益，由系统完成。

（2）双极性的数据格式

对于双极性的数据，字的低 4 位均为 0，为转换精度位，即 A/D 转换是以 16 为单位进行的。数据值的 12 位（双极性数据）存放在第 4~15 位。最高位为符号位，双极性数据格式的全量程范围设置值为-32 000~+32 000。

4. 模拟量输出

通过 D/A 模块，S7-200 CPU 把模拟量输出映像寄存器（AQW0、AQW2 和 AQW4 等）中一个字长（16 位）的数字量按比例转换成电流或电压。模拟量输出值是只写数据，用户不能读取。每个模拟量占用一个字长（16 位）。依据输出模拟量的类型，其数据字格式有所不同，如图 5-75 所示。

15	14	13	12	11	10	9	8	7	6	5	4	3	2	1	0
0	12 位数据值												0	0	0

a)

15	14	13	12	11	10	9	8	7	6	5	4	3	2	1	0
12 位数据值												0	0	0	0

b)

图 5-75　模拟量输出数据字格式

a）电流输出　b）电压输出

（1）电流输出数据的格式

对于电流输出的数据，其字的低 3 位均为 0，数据值的 12 为存放在第 3~14 位区域。对应的数字量范围为 0~32 000，电流输出范围为 0~20 mA。第 15 位为 0，表示正值。

（2）电压输出数据格式

对于电压输出的数据，其字的低四位均为 0，数据值的 12 位存放在第 4~15 位的区域。对应的数字量分别为-32 000~+32 000，电压输出范围为-10~10 V。

模拟量输出模块中的数字量与模拟量之间通常为线性对应关系。如模拟量输出模块输出的 0~10 V 的电压信号对应的内部数字量为 0~32 000，5 V 的电压信号则对应的数字量为 16 000。

5.3.2　PID 控制及 PID 指令

1. PID 控制

在工业生产过程控制中，常常用闭环控制方式实现温度、压力和流量等连续变化的模拟量的控制。过程控制系统在对模拟量进行采样的基础上，进行 PID（比例-积分-微分）运算，并根据运算结果，形成对模拟量的控制作用。PID 控制的结构如图 5-76 所示。

PID 运算中的比例作用可对系统偏差做出及时响应；积分作用可以消除系统的静态误差，提高对系统参数变化的适应能力；微分作用可以克服惯性滞后，提高抗干扰能力和系统的稳定性，改变系统动态响应速度。因此，对于速度、位置及温度等过程，PID 控制都具有良好的实际效果。若能将三种作用的强度进行适当的配合，可以使 PID 回路快速、平稳、准确地运行，从而获得满意的控制效果。

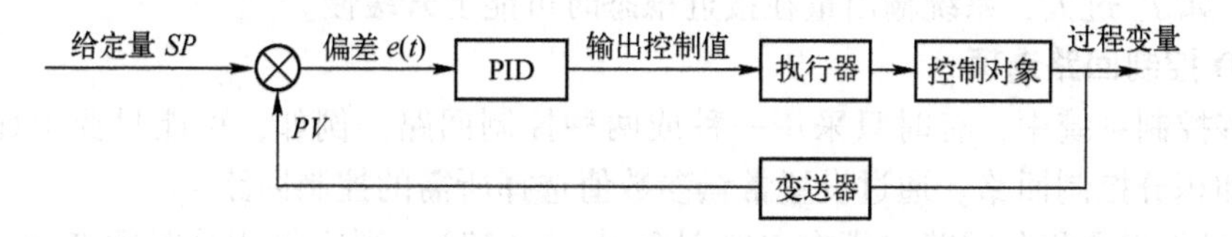

图 5-76　PID 控制的结构

PID 的三种作用是相互独立、互不影响的。改变一个参数，仅影响一种调节作用，而不影响其他调节作用。

2. PID 指令

运行 PID 控制指令，S7-200 PLC 将根据参数表中的输入测量值、控制设定值及 PID 参数，进行 PID 运算，求得输出控制值。参数表中有 9 个参数，全部为 32 位的实数，共占用 36 个字节。PID 控制回路的参数表见表 5-24。

表 5-24　PID 控制回路的参数表

地址偏移量	参数	数据格式	参数类型	说　明
0	过程变量当前值 PV_n	双字，实数	输入	必须在 0.0~1.0 范围内
4	给定值 SP_n	双字，实数	输入	必须在 0.0~1.0 范围内
8	输出值 M_n	双字，实数	输入/输出	在 0.0~1.0 范围内
12	增益 K_c	双字，实数	输入	比例常量，可为正数或负数
16	采样时间 T_s	双字，实数	输入	以 s 为单位，必须为正数
20	积分时间 T_i	双字，实数	输入	以 min 为单位，必须为正数
24	微分时间 T_d	双字，实数	输入	以 min 为单位，必须为正数
28	上一次的积分值 M_x	双字，实数	输入/输出	0.0~1.0 之间（根据 PID 运算结果更新）
32	上一次过程变量 PV_{n-1}	双字，实数	输入/输出	最近一次 PID 运算值

典型的 PID 算法包括 3 项：比例项、积分项和微分项。即输出=比例项+积分项+微分项。计算机在周期性地采样并离散化后进行 PID 运算，算法如下：

$$M_n = K_c * (SP_n - PV_n) + K_c * (T_s / T_i) * (SP_n - PV_n) + M_x + K_c * (T_d / T_s) * (PV_{n-1} - PV_n)$$

其中各参数的含义已在表 5-2 中描述。

- 比例项 $K_c * (SP_n - PV_n)$：能及时地产生与偏差（$SP_n - PV_n$）成正比的调节作用，比例系数 K_c 越大，比例调节作用越强，系统的稳态精度越高，但 K_c 过大会使系统的输出量振荡加剧，稳定性降低。
- 积分项 $K_c * (T_s / T_i) * (SP_n - PV_n) + M_x$：与偏差有关，只要偏差不为 0，PID 控制的输出就会因积分作用而不断变化，直到偏差消失，系统处于稳定状态，所以积分的作用是消除稳态误差，提高控制精度，但积分的动作缓慢，给系统的动态稳定带来不良影响，很少单独使用。从式中可以看出，积分时间常数增大，积分作用减弱，消除稳态误差的速度减慢。

- 微分项 $K_c*(T_d/T_s)*(PV_{n-1}-PV_n)$：根据误差变化的速度（即误差的微分）进行调节具有超前和预测的特点。微分时间常数 T_d 增大时，超调量减少，动态性能得到改善，如 T_d 过大，系统输出量在接近稳态时可能上升缓慢。

3. PID 控制回路选项

在很多控制系统中，有时只采用一种或两种控制回路。例如，可能只要求比例控制回路、比例和积分控制回路。通过设置常量参数值选择所需的控制回路。

1）如果不需要积分回路（即在 PID 计算中无“I”），则应将积分时间 T_i 设为无限大。由于有积分项 M_x 的初始值，虽然没有积分运算，积分项的数值也可能不为零。

2）如果不需要微分运算（即在 PID 计算中无“D”），则应将微分时间 T_d 设定为“0.0”。

3）如果不需要比例运算（即在 PID 计算中无“P”），但需要 I 或 ID 控制，则应将循环增益值 K_c 指定为 0.0。因为 K_c 是计算积分和微分项公式中的系数，将循环增益值设为 0.0 会导致在积分和微分项计算中使用的循环增益值为 1.0。

4. 回路输入量的转换和标准化

每个回路的给定值和过程变量都是实际数值，其大小、范围和工程单位可能不同。在 PLC 进行 PID 控制之前，必须将其转换成标准化浮点表示法。步骤如下。

（1）将数值从 16 位整数转换成 32 位浮点数或实数

下列指令说明如何将整数数值转换成实数。

```
XORD AC0,AC0          //将 AC0 清 0
ITD AIW0, AC0         //将输入数值转换成双字
DTR AC0, AC0          //将 32 位整数转换成实数
```

（2）将实数转换成 0.0~1.0 的标准化数值

可用下式：

实际数值的标准化数值=实际数值的非标准化数值或原始实数/取值范围的值+偏移量

取值范围的值=最大可能数值-最小可能数值

单极数值时的取值范围为 0~32 000，双极-32 000~32 000。单极数值时取值范围的值为 32 000，双极数值时取值范围的值为 64 000。

偏移量：对单极数值取 0.0，对双极数值取 0.5。

如将上述 AC0 中的双极数值（间距为 64 000）标准化：

```
/R 64000.0, AC0         //使累加器中的数值标准化
+R 0.5, AC0             //加偏移量 0.5
MOVR AC0, VD100         //将标准化数值写入 PID 回路参数表中
```

5. PID 回路输出转换为成比例的整数

程序执行后，PID 回路输出 0.0~1.0 的标准化实数数值，必须被转换成 16 位成比例整数数值，才能作为模拟量输出驱动负载。

PID 回路输出成比例实数数值=（PID 回路输出标准化实数值-偏移量）×取值范围

程序如下：

```
MOVR VD108, AC0         //将 PID 回路输出送入 AC0
```

```
-R 0.5, AC0                //双极数值减偏移量 0.5
*R 64000.0, AC0            //AC0 的值×取值范围的值,变为成比例实数数值
ROUND AC0,AC0              //将实数四舍五入取整,变为 32 位整数
DTI AC0, AC0               //32 位整数转换成 16 位整数
MOVW AC0, AQW0             //16 位整数写入 AQW0
```

6. PID 指令

PID 指令：使能有效时，根据回路参数表（TBL）中的输入测量值、控制设定值及 PID 参数进行 PID 计算。指令格式见表 5-25。

表 5-25　PID 指令格式

LAD	STL	说　明
PID EN　ENO ????-TBL ????-LOOP	PID TBL,LOOP	TBL：参数表起始地址为 VB；数据类型：字节 LOOP：回路号，为常量（0~7）；数据类型：字节

说明：

1）程序中可使用 8 条 PID 指令，分别编号 0~7，不能重复使用。

2）使 ENO = 0 的错误条件：0006（间接地址），SM1.1（溢出，参数表起始地址或指令中指定的 PID 回路号操作数超出范围）。

3）PID 指令不对参数表输入值进行范围检查。必须保证过程变量和给定值积分项前值和过程变量前值在 0.0~1.0。

5.3.3　PID 控制功能的应用

1. 控制任务

一恒压供水水箱，通过变频器驱动的水泵供水，维持水位在满水位的 70%。过程变量 PV_n为水箱的水位（由水位检测计提供），设定值为 70%，PID 输出控制变频器，即控制水箱注水的调速电动机的转速。要求开机后，先手动控制电动机，水位上升到 70%时，转换到 PID 自动调节。

2. PID 回路参数表（见表 5-26）

表 5-26　恒压供水 PID 控制参数表

地　址	参　数	数　值
VB100	过程变量当前值 PV_n	水位检测计提供的模拟量经 A/D 转换后的标准化数值
VB104	给定值 SP_n	0.7
VB108	输出值 M_n	PID 回路的输出值（标准化数值）
VB112	增益 K_c	0.3
VB116	采样时间 T_s	0.1
VB120	积分时间 T_i	30

（续）

地　址	参　数	数　值
VB124	微分时间 T_d	0（关闭微分作用）
VB128	上一次积分值 M_x	根据 PID 运算结果更新
VB132	上一次过程变量 PV_{n-1}	最近一次 PID 的变量值

3. 程序分析

1）I/O 分配（见表 5-27）。

表 5-27　I/O 分配表

输　入				输　出	
手动/自动切换开关	I0.0	模拟量输入	AIW0	模拟量输出	AQW0

2）程序结构。

由主程序、子程序、中断程序构成。主程序用来调用初始化子程序。子程序用来建立 PID 回路初始参数表和设置中断，由于定时采样，所以采用定时中断（中断事件号为 10），设置周期时间和采样时间相同（均为 0.1 s），并写入 SMB34。中断程序用于执行 PID 运算，I0.0=1 时，执行 PID 运算，本例标准化时采用单极性（取值范围为 0~32 000）。

4. 梯形图和语句表程序

恒压供水 PID 控制程序如图 5-77 所示。

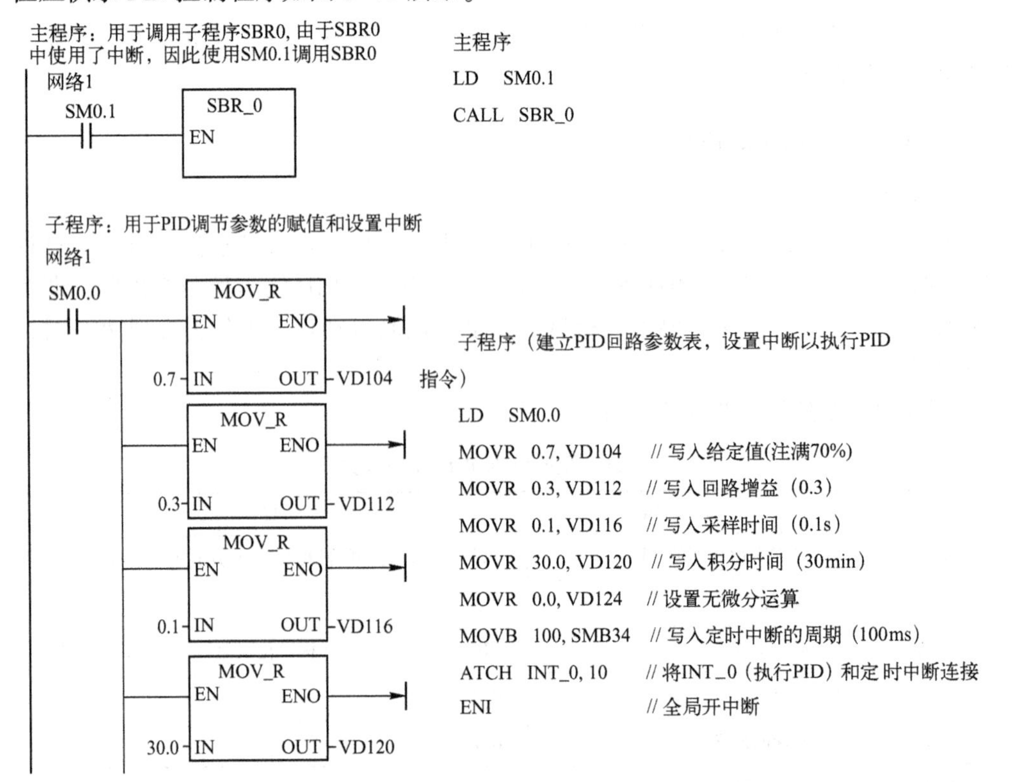

图 5-77　恒压供水 PID 控制程序

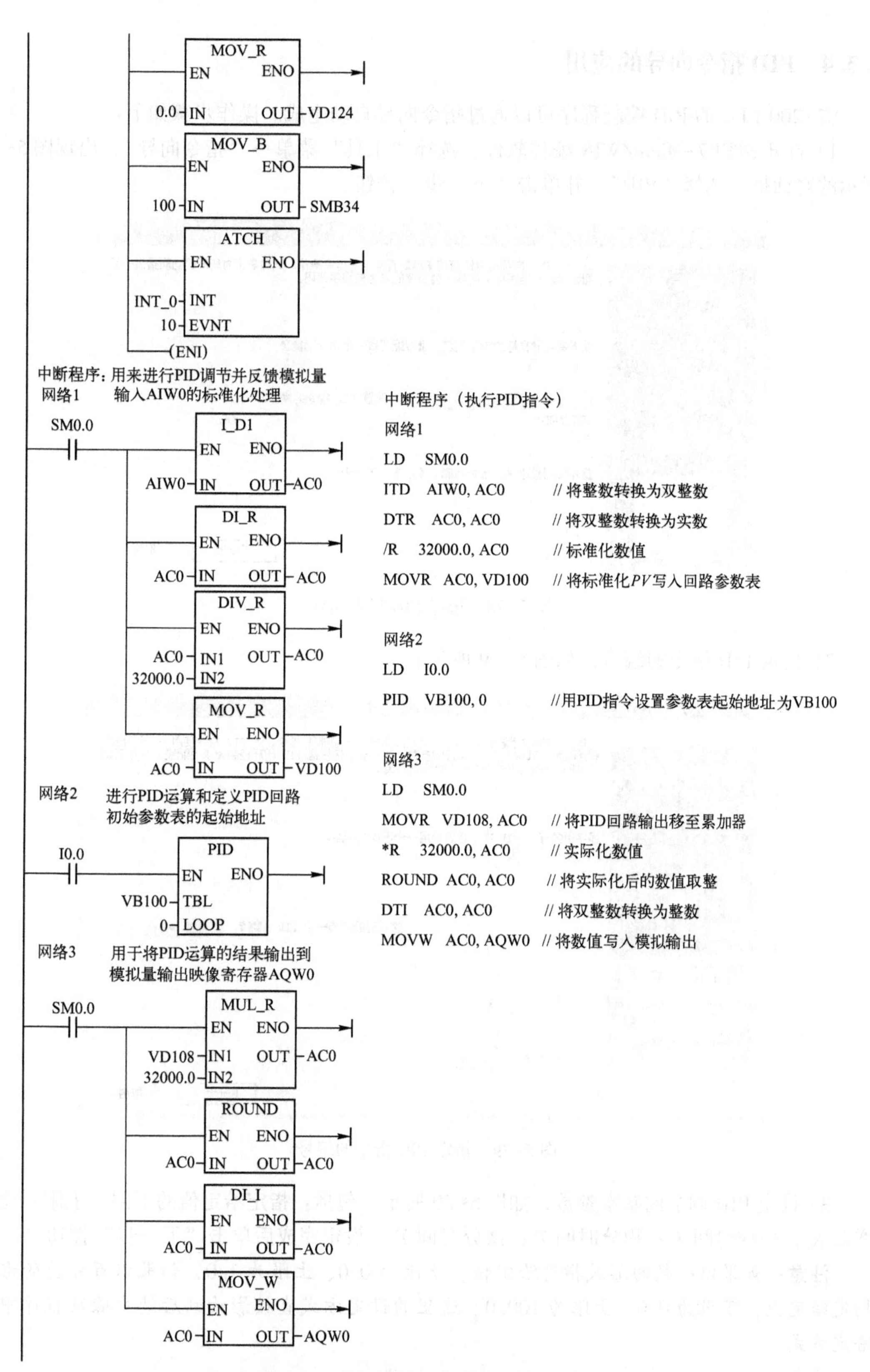

图 5-77 恒压供水 PID 控制程序（续）

5.3.4 PID 指令向导的应用

S7-200 PLC 的 PID 控制程序可以通过指令向导自动生成。操作步骤如下：

1）打开 STEP7-Micro/WIN 编程软件，选择“工具”菜单→“指令向导”，出现图 5-78 所示的对话框。选择“PID”，并单击“下一步”按钮。

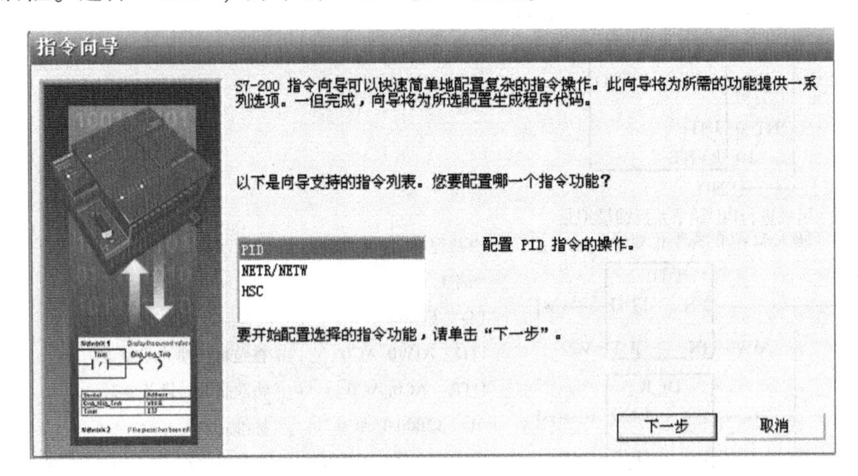

图 5-78　选择 PID 指令向导

2）指定 PID 指令的编号，如图 5-79 所示。

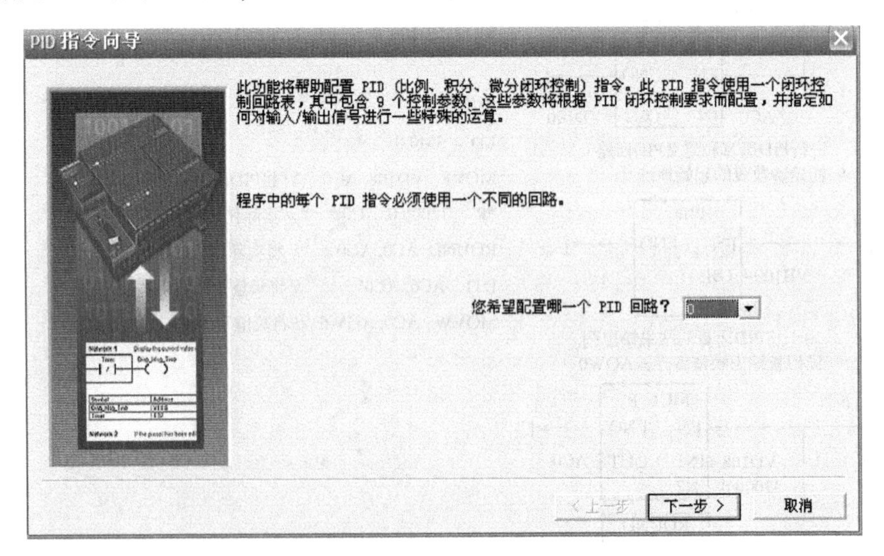

图 5-79　指定 PID 指令的编号

3）设定 PID 调节的基本参数，如图 5-80 所示。包括：指定给定值的下限、上限；比例增益 K_c；采样时间 T_s；积分时间 T_i；微分时间 T_d。设定完成后单击“下一步”按钮。

注意：如果以小数的形式指定给定值，下限为 0.0、上限为 1.0，如果以百分值的形式指定给定值，下限为 0.0、上限为 100.0。这里的设定方式直接影响到后续步骤及程序中的给定方式。

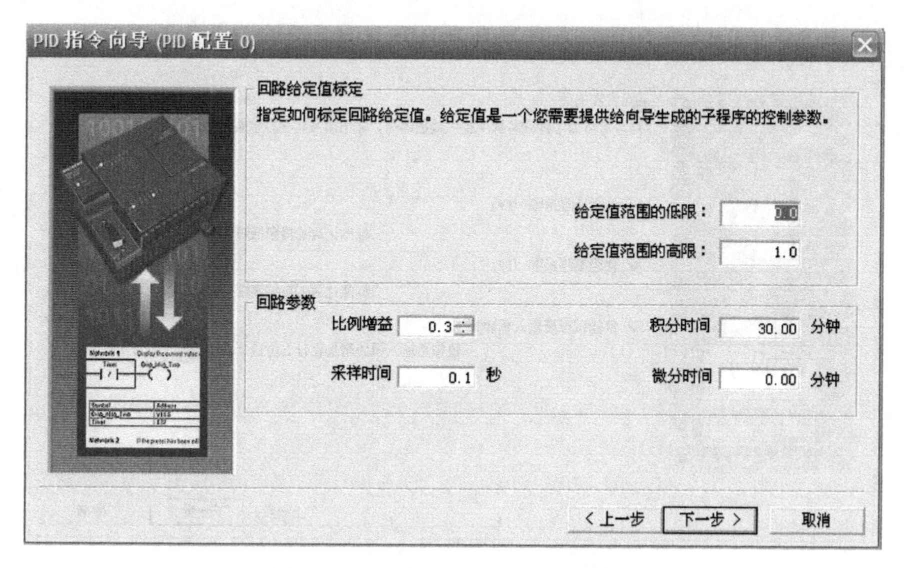

图 5-80　设定 PID 调节的基本参数

4）输入、输出参数的设定，如图 5-81 所示，在回路输入选项区中输入信号 A/D 转换数据的极性，可以选择单极性或双极性，单极性数值在 0～32 000 之间，双极性数值在 -32 000～32 000，可以选择使用或不使用 20%偏移量；在输出选项区中选择输出信号的类型：可以选择模拟量输出或数字量输出，输出信号的极性（单极性或双极性），选择是否使用 20%的偏移量，选择 D/A 转换数据的下限（可以输入 D/A 转换数据的最小值）和上限（可以输入 D/A 转换数据的最大值），设定完成后单击“下一步”按钮。

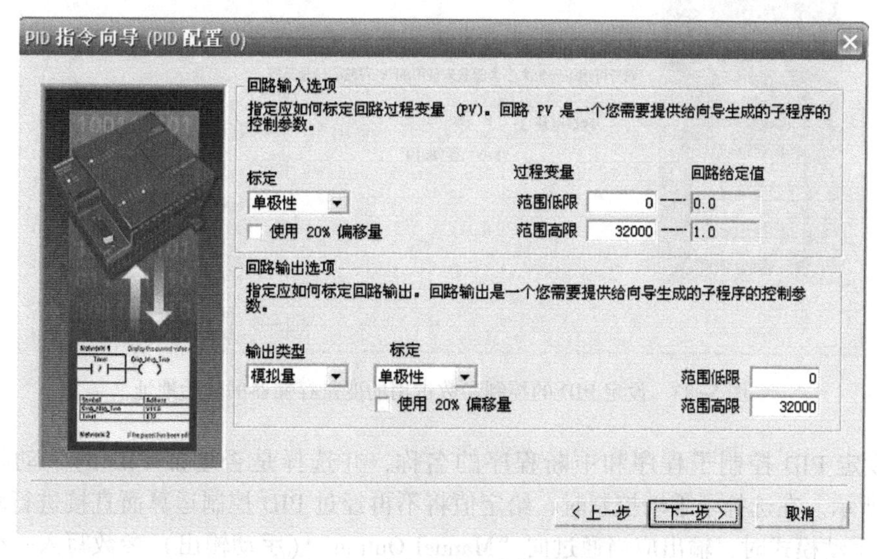

图 5-81　输入、输出参数的设定

5）输出报警参数的设定，如图 5-82 所示，选择是否使用输出下限报警，若选择则使用时应指定下限报警值；选择是否使用输出上限报警，若选择则使用时应指定上限报警值；选择是否使用模拟量输入模块错误报警，若选择则使用时指定模块位置。

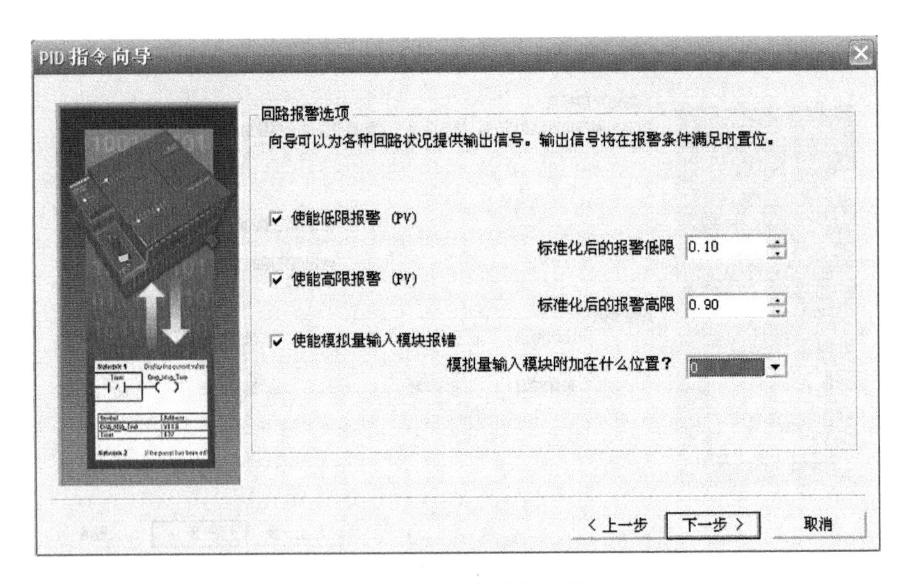

图 5-82　输出报警参数的设定

6）设定 PID 的控制参数占用的变量存储器的起始地址，如图 5-83 所示。

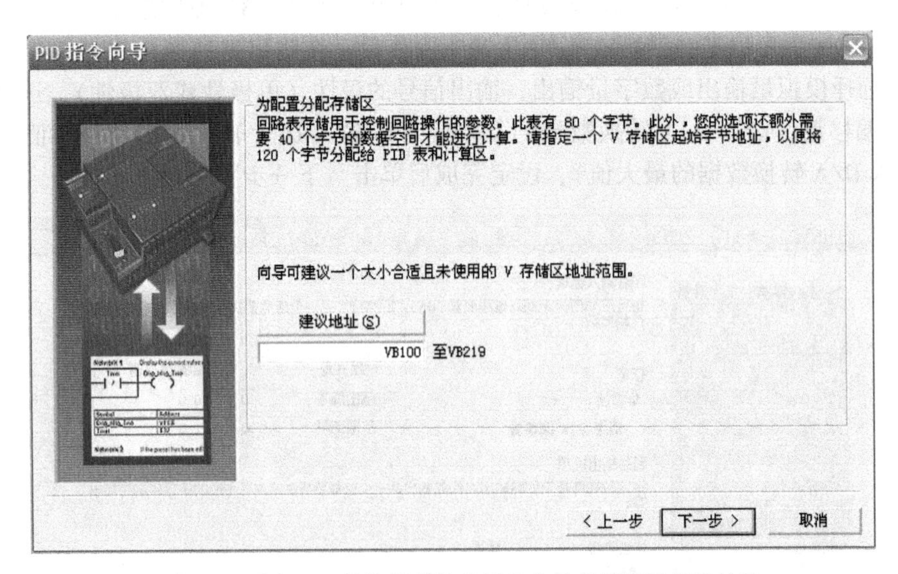

图 5-83　设定 PID 的控制参数占用的变量存储器的起始地址

7）设定 PID 控制子程序和中断程序的名称，并选择是否增加 PID 的手动控制，如图 5-84 所示。在选择了手动控制时，给定值将不再经过 PID 控制运算而直接进行输出，当 PID 位于手动模式时，输出应当通过向“Manual Output”（手动输出）参数写入一个标准化数值（0.00~1.00）的方法控制输出，而不是用直接改变输出的方法控制输出。这样会在 PID 返回自动模式时提供无扰动转换。

设定完成后单击“下一步”按钮，出现图 5-85 所示的对话框，单击“完成”按钮结束编程向导的使用。

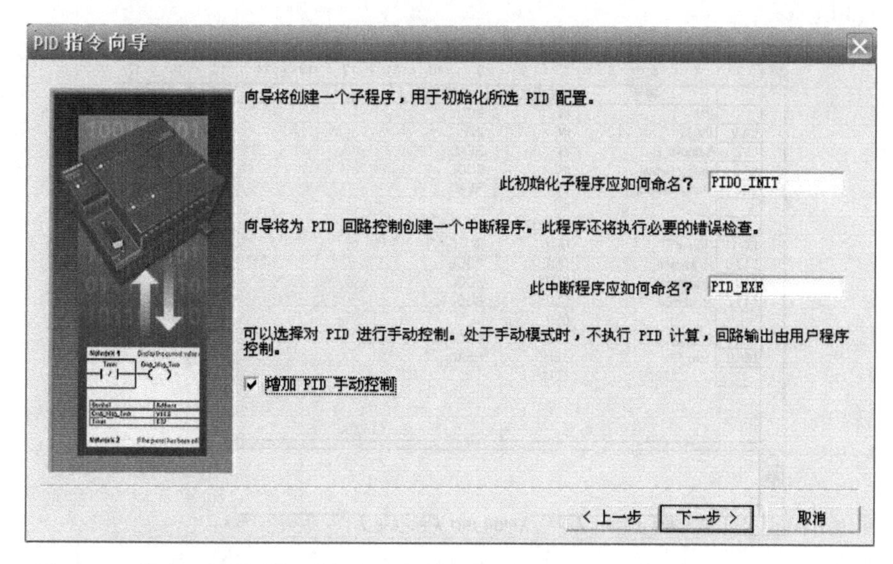

图 5-84　设定 PID 控制子程序和中断程序的名称并选择是否增加 PID 的手动控制

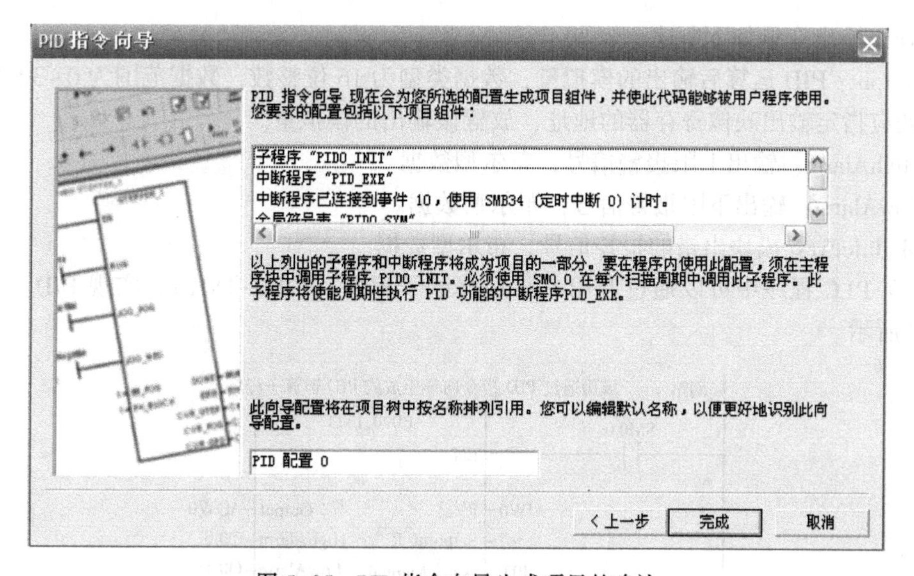

图 5-85　PID 指令向导生成项目的确认

8）PID 指令向导生成的子程序和中断程序是加密的程序，子程序中全部使用的是局部变量，其中的输入和输出变量需要在调用程序中按照数据类型的要求对其进行赋值，如图 5-86 所示。中断程序直接通过子程序启用，不需要控制信号和变量。

子程序中输入变量如下所述。

- EN：子程序使能控制端，通常使用 SM0.0 对子程序进行调用。
- PV_I：模拟量输入地址，输入为 16 位整数，取值范围为 0~32 000。
- Setpoint_R：给定值的输入，以小数表示，取值范围为 0.0~1.0；以百分值表示，取值范围为 0.0~100.0。
- Auto_Manual：自动与手动转换信号，布尔型数据，“0” 为手动，“1” 为自动。
- ManualOutput：手动模式时回路输出的期望值，数据类型为实数，数据范围为 0.0~1.0。

SIMATIC LAD

	符号	变量类型	数据类型	注释
	EN	IN	BOOL	
LW0	PV_I	IN	INT	过程变量输入：范围从 0 至 32000
LD2	Setpoint_R	IN	REAL	给定值输入：范围从 0.0 至 1.0
L6.0	Auto_Manual	IN	BOOL	自动/手动模式 (0 = 手动模式，1 = 自动模式)
LD7	ManualOutput	IN	REAL	手动模式时回路输出期望值：范围从 0.0 至 1.0
		IN		
		IN_OUT		
LW11	Output	OUT	INT	PID 输出：范围从 0 至 32000
L13.0	HighAlarm	OUT	BOOL	过程变量 (PV) > 报警高限 (0.90)
L13.1	LowAlarm	OUT	BOOL	过程变量 (PV) < 报警低限 (0.10)
L13.2	ModuleErr	OUT	BOOL	0 号位置的模拟量模块有错误
		OUT		
LD14	Tmp_DI	TEMP	DWORD	
LD18	Tmp_R	TEMP	REAL	
		TEMP		

主程序 SBR_0 INT_0 PID0_INIT PID_EXE

图 5-86　PID 运算的子程序的局部变量表

子程序输出变量如下所述。

- Output：PID 运算后输出的模拟量，数据类型为 16 位整数，数据范围为 0~32 000，此处应指定输出映像寄存器的地址，放置该输出的模拟量。
- HighAlarm：输出上限报警信号，布尔型数据。
- LowAlarm：输出下限报警信号，布尔型数据。
- ModuleErr：模块出错的报警信号，布尔型数据。

9）在 PLC 程序中可以通过调用 PID 运算的子程序（PID0-INIT），实现 PID 控制，如图 5-87 所示。

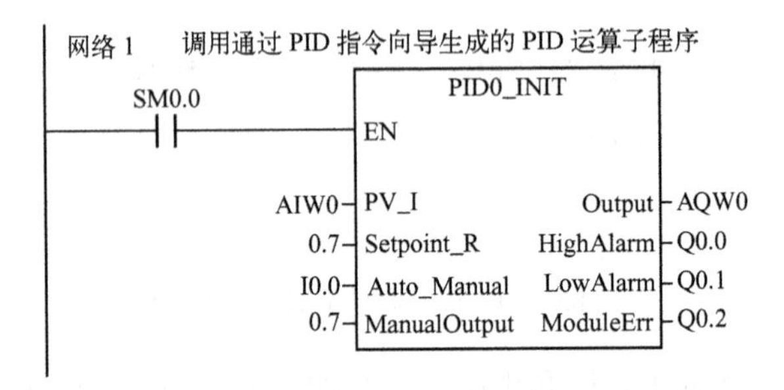

图 5-87　在 PLC 程序中调用 PID 运算的子程序实现 PID 控制

5.3.5　PID 参数的调整方法与 PID 调节控制面板

1. PID 参数的调整方法

编程软件 STEP 7-Micro/WIN V4. 0 内置了一个“PID 调节控制面板”工具，用于 PID 参数的调试，可以同时显示给定量 *SP*、反馈量 *PV* 和调节器输出 *MV* 的波形。对于固件版本 V2. 0 及以上的 CPU，可以用 PID 调节控制面板实现 PID 参数自动调节功能。对于没有参数自动调节功能的旧版 CPU，可以用 PID 调节控制面板进行手动调节。

在手动调节时，为了减少需要整定的参数，可以首先采用 PI 控制算法。为了保证系统的安全，避免出现系统不稳定或超调量过大的异常情况，在调试开始时应设置比较保守的参数，例如增益不要太大（可以小于1），积分时间不要太小。在给出一个阶跃给定信号后，观察系统输出量的波形。根据输出波形提供的系统性能指标的信息和PID参数与系统性能的关系，反复调节PID参数。

如果阶跃响应的超调量太大，经过多次振荡才能稳定或者根本不稳定，应减小增益、增大积分时间。如果阶跃响应没有超调量，但是被控量上升过于缓慢，过渡过程时间太长，则按相反的方向调整参数。

如果消除误差的速度较慢，可以适当减小积分时间。

如果反复调节 K_c 和 T_I，超调量仍然较大，可以加入微分，使 T_D 从0逐渐增大，应反复调节 K_c、T_I 和 T_D，直到实现最佳的效果。

总之，PID参数的调试是一个综合的过程，实际调试过程中的多次尝试是非常重要的，也是必要的。

可以将PID回路表的地址复制到状态表中，在监控模式下在线修改PID参数，而不必停机修改。

变频器一般也有PID控制功能。如果用S7-200 PLC控制变频器，并且需要控制的变量直接与变频器有关，例如用变频水泵控制水压，就可以优先考虑使用变频器的PID功能。

2. PID调节控制面板

S7-200 PLC具有PID参数自整定功能，结合V4.0版的编程软件STEP7-Micro/WIN中增加的PID调节控制面板，使用户能轻松地实现PID的参数自整定。PID自整定算法向用户推荐接近最优的增益、积分时间和微分时间。用PID调节控制面板可以启动、中止自整定过程，设置自整定的参数，并将推荐的整定值或用户设置的整定值应用到实际的控制中。控制面板用图形方式监视整定结果，还可以显示可能产生的错误或警告。图5-88给出了在自整定过程中PID控制器的给定值 *SP*、输出 *MV* 和过程变量 *PV* 的变化情况。

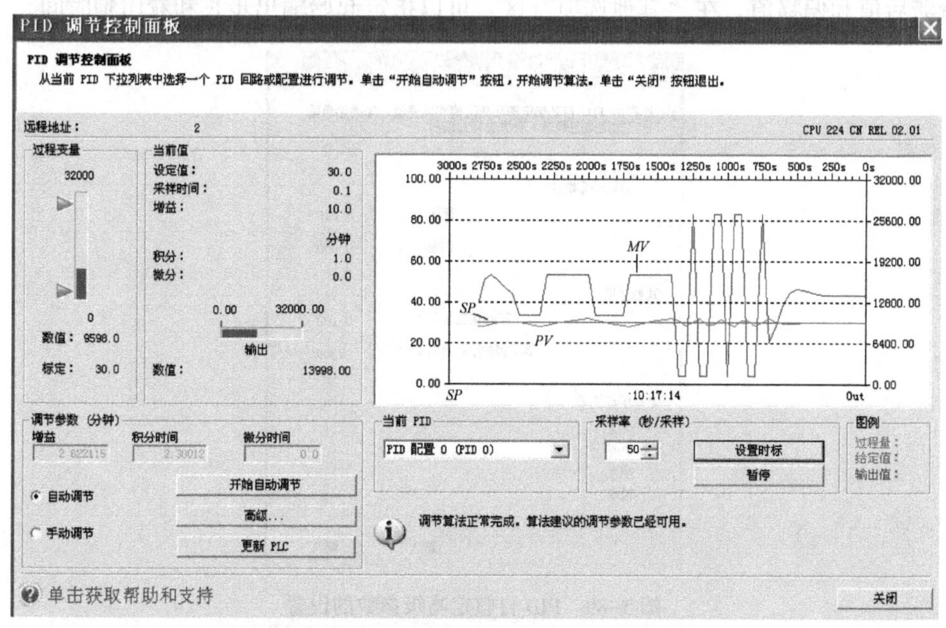

图5-88 PID调节控制面板的自整定过程波形图

使用控制面板时，首先至少有一个 PID 回路的用户程序下载到 PLC。为了显示 PID 回路的操作，STEP7-Micro/WIN 应与 S7-200 PLC 建立起通信连接，PLC 必须处于运行（RUN）模式。执行菜单命令“工具”→“PID 调节控制面板”，打开控制面板后，可以观察到过程变量 *PV*、控制器输出 *MV* 和设定值 *SP* 的变化曲线和当前的数值。

控制面板界面左上角显示连接的 PLC 的站地址（远程地址），右上角显示 PLC 的型号和版本号。远程地址下面是过程变量的条形图，条形图下面是过程变量的实际值和用百分数表示的相对值。

条形图右侧的“当前值”区显示了设定值、采样时间、增益、积分时间以及微分时间的数值。控制器的输出值用带数字值的水平条形图来表示。

“当前值”区右边的图形显示区用不同的颜色显示过程变量 *PV*、给定值 *SP* 和 PID 输出量 *MV* 相对于时间的曲线。左侧纵轴的刻度是用百分数表示的各变量的相对值，右侧纵轴的刻度是 PID 输出和过程变量的实际值。

界面的左下方是“调节参数”区，在这一区域显示和修改增益、积分时间和微分时间。用单选框选择显示自动调节或手动调节。如果要修改整定参数，应选择“手动”。

单击“更新 PLC”按钮，将显示的增益、积分时间和微分时间传送入 PLC 被监视的 PID 回路中。可以用“开始自动调节”按钮来启动 PID 参数自整定过程。

在界面下方的“当前 PID”用下拉式列表选择希望在控制面板中监视的 PID 回路。在“采样率”区，可以选择图形显示的采样时间间隔（1~480 s），用“设置时标”按钮来使修改后的采样速率生效。用“暂停”按钮停止和恢复曲线图的显示。在图形显示区右击，然后执行“clear”（清除）命令，可以清除图形。图形显示区的右下侧是图例，标出了过程量、给定值和输出值曲线的颜色。

单击“调节参数”区内的“高级”按钮，在弹出对话框中可以选择是否自动计算滞后值和偏移值，如图 5-89 所示。为了尽量减少自整定过程对控制系统的干扰，用户也可以自己设置滞后值和偏移值。在“其他选项”区，可以指定起始输出步长和看门狗时间。

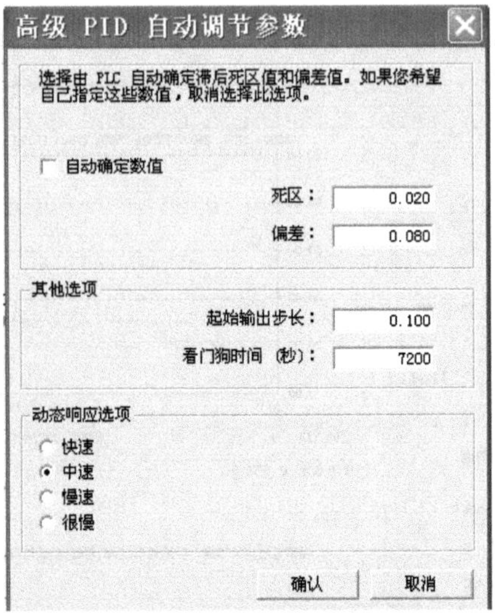

图 5-89　PID 自整定高级参数的设置

PID 参数的推荐值与“动态响应选项”区中的响应速度有关（见图 5-89）。“快速”响应可能产生超调；“中速”响应可能处于超调的边沿，“慢速”响应和“很慢”响应可能没有超调。

设置好参数后，单击“确定”按钮，返回 PID 调节控制面板的主窗口。

在完成自整定设定且已将建议的整定参数传输至 PLC 后，可以用控制面板来监视回路对阶跃变化的给定值的响应。在自整定结束后，在图 5-88 中，调节参数区给出了推荐的 PID 调节参数。单击“更新 PLC”按钮，将推荐参数写入 PLC。

5.3.6 温度检测的 PID 控制与 PID 调节控制面板使用实训

1. 实训目的

二维码 5-6

1）学会使用 PLC 的模拟量模块进行模拟量的控制，掌握模拟量模块的输入、输出的接线，输入模块的配置与校准。

2）学会使用 PID 指令向导编制程序。

3）学会 PID 参数的调整方法与 PID 调节控制面板的使用

2. 实训内容

用 PLC 构成的温度检测和控制系统的接线图及 PID 原理图如图 5-90 和图 5-91 所示。温度变送器将 0～100℃ 的温度转换为直流 0～10 V 的电压，送入 CPU 224+EM235 的模拟量输入通道 B（对应的模拟量输入映像寄存器 AIW2），并将其转换为 0～32 000 的数字量。加热电阻丝用 AQW0 输出的 0～10 V 的电压。

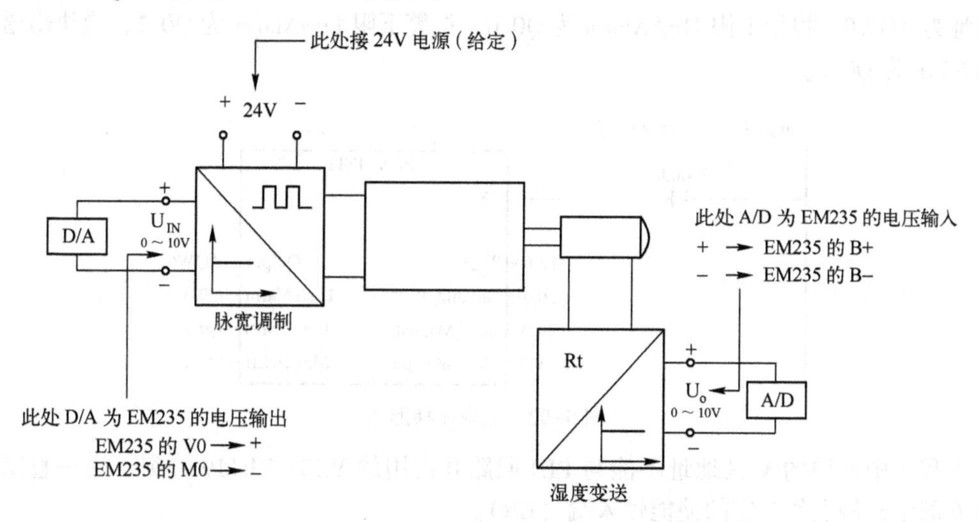

图 5-90 用 PLC 构成的温度检测与控制系统接线图

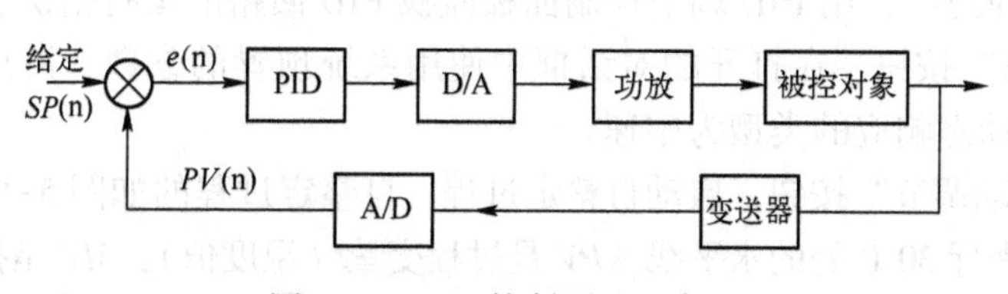

图 5-91 PID 控制原理示意图

温度控制原理：通过电压加热电热丝产生温度，温度再通过温度变送器变送为电压。加热电热丝时根据加热时间的长短可产生不一样的热能，这就需用到脉冲。输入电压不同就能产生不一样的脉宽，输入电压越大，脉宽越宽，通电时间越长，热能越大，温度越高，输出电压就越高。

PID 闭环控制：通过 PLC+A/D+D/A 实现 PID 闭环控制。比例、积分和微分系数取得合适系统就容易稳定，这些都可以通过 PLC 软件编程来实现。

3. 方法与步骤

1）按图 5-90 接线并进行按要求进行输入模块的配置与校准。模拟量模块用 EM235。接线并进行输入模块的配置与校准的方法参看 5.3.1 节。

2）用 PID 指令向导编制程序。在 PID 指令向导的对话框中，设置 PID 回路 0 的设定值范围为 0.0~100.0（百分值），增益为 1.0，采样周期为 0.1s，积分时间为 1.0min，微分时间为 0min（关闭微分作用）。设置 PID 的输入、输出量均为单极性，变化范围均为 0~32000。输出类型为模拟量，回路使用报警功能，报警下限为 0.1，报警上限为 0.9。占用 VB0~VB119，增加手动控制功能。

3）完成了向导中的设置工作后，将会自动生成子程序 PID0-INIT 和中断程序 PID-EXE。在编程时，在主程序中调用子程序\PID0-INIT，如图 5-92 所示，设置 PID0-INIT 的输入过程变量 PV_I 的地址为 AIW0，实数设定值 Setpoint_R 为 30.0（百分值），Auto_Manual 端接 I0.0 为自动与手动转换信号，“0”为手动，“1”为自动，手动模式时回路输出的值 ManualOutput 为 0.3，数据类型为实数（等于设定值）。PID 控制器的输出变量 Output 的地址为 AQW0，报警上限 HighAlarm 为 Q0.0，报警下限 LowAlarm 为 Q0.1，模块出错报警 ModuleErr 为 Q0.2。

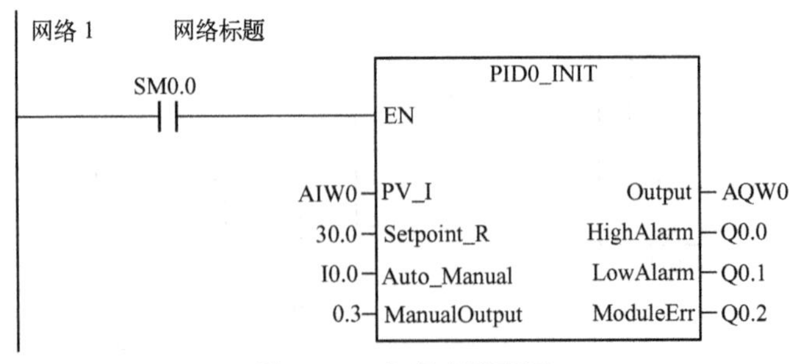

图 5-92　主程序梯形图

主程序中使用的 V 区地址不能与 PID 回路 0 占用的 VB0~VB119 冲突。用一直闭合的 SM0.0 的常开触点作为它的使能输入端（EN）。

将程序块和数据块下载到 PLC 后，将 PLC 切换到 RUN 模式，执行菜单命令“工具”→“PID 调节控制面板”，用 PID 调节控制面板监视 PID 回路的运行情况。在 PID 调节控制面板中单击“高级”按钮，在打开的对话框中使用系统预置的参数，滞后值和偏差值分别为 0.02 和 0.08，动态响应的类型为中速。

单击“开始自动调节”按钮，启动自整定过程。自整定过程的如图 5-93 所示。图中回路的设定值 *SP* 为纵坐标 30.0 处的水平线，*PV* 是过程变量（温度值），*MV* 是控制器的输出值。

自整定过程是从稳态开始的，在自整定过程中，当误差超出滞后区时，自动切换 *MV* 的方向，因此 *MV* 的波形近似为方波。

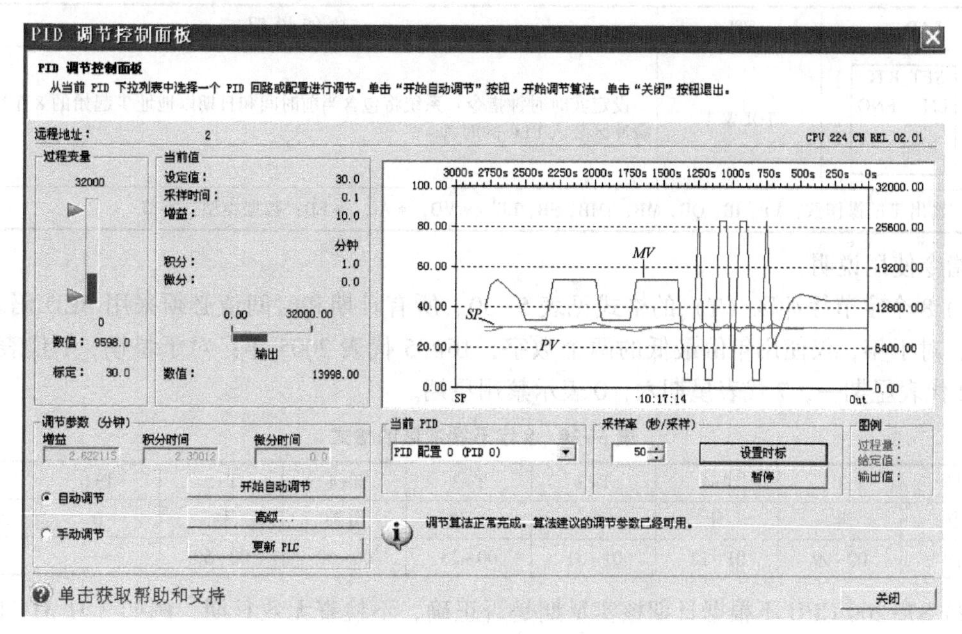

图 5-93　开始自整定的曲线 1

自整定结束后，“调节参数”区给出了推荐的控制器参数如图 5-88 所示。PID 指令初始参数和推荐的控制器参数比较见表 5-28。选择“手动调节”，单击“更新 PLC”，将新的参数下载致 PLC，用新的参数进行 PID 控制。

表 5-28　PID 指令初始参数和推荐的控制器参数表

	增　益	积分时间/min	微分时间/s
初始参数	1.0	1.0	0.0
推荐参数	2.622115	2.30012	0.0

4）观察用自整定的推荐参数将给定值由 30%跳变到 50%的阶跃响应的曲线，并进行分析。

5.4　时钟指令

利用时钟指令可以调用系统实时时钟或根据需要设定时钟，这对控制系统运行的监视、运行记录及和实时时间有关的控制等十分方便。时钟指令有两条：读实时时钟和设定实时时钟。指令格式见表 5-29。

表 5-29　读实时时钟和设定实时时钟指令格式

LAD	STL	功 能 说 明
READ_RTC EN　ENO ????-T	TODR T	读实时时钟指令：系统读取实时时钟当前时间和日期，并将其载入以地址 T 起始的 8 个字节的缓冲区

（续）

LAD	STL	功能说明
SET_RTC EN ENO ????-T	TODW T	设定实时时钟指令：系统将包含当前时间和日期以地址 T 起始的 8 个字节的缓冲区装入 PLC 的时钟
输入/输出 T 的操作数：VB，IB，QB，MB，SMB，SB，LB，*VD，*AC，*LD；数据类型：字节		

指令使用说明：

1）8 个字节缓冲区（T）的格式见表 5-30。所有日期和时间值必须采用 BCD 码表示。例如：对于年，仅使用年份最低的两个数字，16#05 代表 2005 年；对于星期，1 代表星期日，2 代表星期一，7 代表星期六，0 表示禁用星期。

表 5-30　8 字节缓冲区的格式

地址	T	T+1	T+2	T+3	T+4	T+5	T+6	T+7
含义	年	月	日	小时	分钟	秒	0	星期
范围	00~99	01~12	01~31	00~23	00~59	00~59	—	0~7

2）S7-200 CPU 不根据日期核实星期是否正确，不检查无效日期，例如 2 月 31 日为无效日期，但可以被系统接受，所以必须确保输入正确的日期。

3）不能同时在主程序和中断程序中使用 TODR/TODW 指令，否则将产生非致命错误。

4）对于没有使用过时钟指令或长时间断电或内存丢失后的 PLC，在使用时钟指令前，要通过 STEP-7 编程软件的“PLC”菜单对 PLC 时钟进行设定，然后才能开始使用时钟指令。时钟可以设定成与 PC 系统时间一致，也可用 TODW 指令自由设定。

【例 5-9】 编写程序，要求读时钟并以 BCD 码显示秒钟，程序如图 5-94 所示。

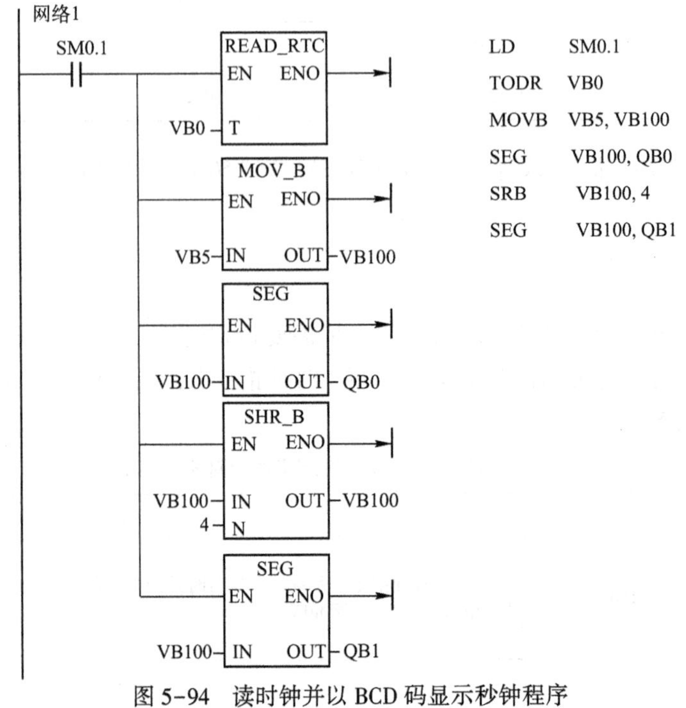

图 5-94　读时钟并以 BCD 码显示秒钟程序

说明：时钟缓冲区从VB0开始，VB5中存放着秒钟，第一次用SEG指令将字节VB100的秒钟低四位转换成七段显示码再由QB0输出，接着用右移位指令将VB100右移四位，将其高四位变为低四位，再次使用SEG指令，将秒钟的高四位转换成七段显示码再由QB1输出。

【例5-10】 编写程序，要求控制灯的定时接通和断开。要求18:00时开灯，06:00时关灯。时钟缓冲区从VB0开始。程序如图5-95所示。

```
网络1   读实时时钟，"小时"存放在VB3
LD      SM0.0
TODR    VB0
网络2   18:00点之后，06:00点之前开灯，时间用BCD码
LDB>=   VB3, 16#18
OB<=    VB3, 16#06
=       Q0.0
```

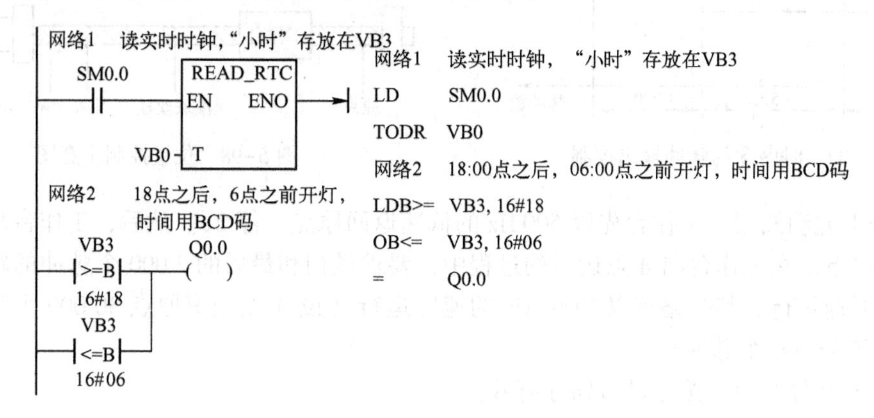

图5-95 控制灯的定时接通和断开程序

5.5 习题

1. 编写程序完成数据采集任务，要求每100 ms采集一个数。

2. 利用上升沿和下降沿中断，编制图5-96所示的对90°相位差的脉冲输入进行二分频处理的控制程序。出现I0.0上升沿或下降沿时Q0.0置位，出现I0.1上升沿或下降沿时Q0.0复位。

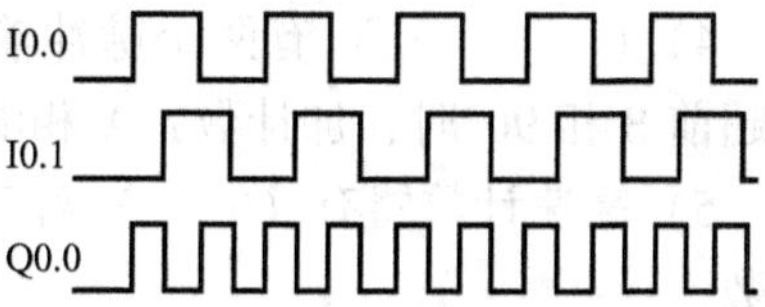

图5-96 控制要求

3. 编写一个输入/输出中断程序，要求实现：

1）从0~255的计数。

2）当输入端I0.0为上升沿时，执行中断程序0，程序采用加计数。

3）当输入端I0.0为下降沿时，执行中断程序1，程序采用减计数。

4）计数脉冲为SM0.5。

4. 编写实现脉宽调制PWM的程序。要求从PLC的Q0.1输出高速脉冲，脉宽的初始值为0.5s，周期固定为5s，其脉宽每周期递增0.5s，当脉宽达到设定的4.5s时，脉宽改为每周期递减0.5s，直到脉宽减为0，以上过程重复执行。

5. 编写一高速计数器程序，要求：

1）首次扫描时调用一个子程序，完成初始化操作。

2）用高速计数器HSC1实现加计数，当计数值=200时，将当前值清0。

6. 要求将高速计数器设置为单路加计数，内部方向控制，复位使能。现有一脉冲从I0.0端输入，试编写程序，使脉冲数为2 000时，Q0.3亮；脉冲数为3 000时，Q0.3灭，Q0.4亮；脉冲数为4 000时，停止计数。

7. 利用 PLC 脉冲输出功能编写程序实现图 5-97 所示的时序图的脉冲输出控制。

8. 上机利用指令向导编程实现图 5-98 所示的位置控制，要求：

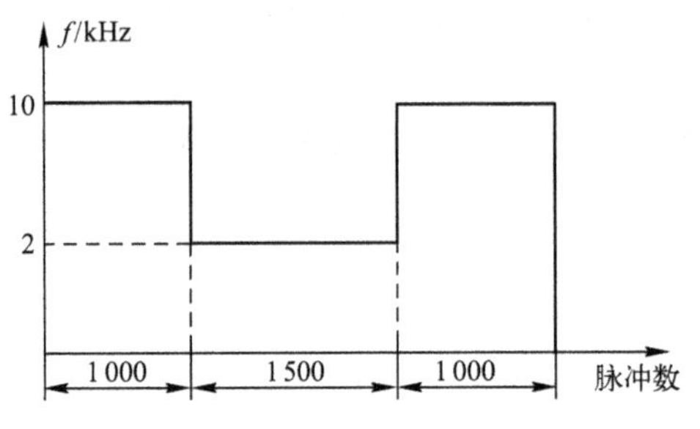

图 5-97 时序图的脉冲输出控制

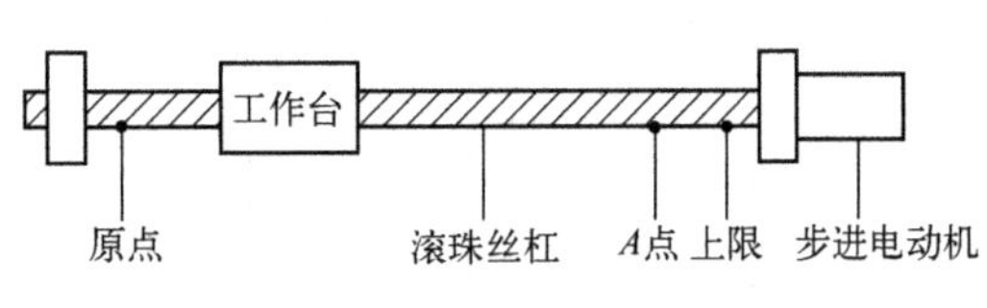

图 5-98 位置控制示意图

1）按下起动按钮，工作台先以 500 Hz 的低速返回原点，停 2 s。然后，工作台从原点运行到 A 点停下。在工作台向 A 点运行的过程中，要求最初和最后的 2 000 个脉冲的路程，以 500 Hz 的低速运行，其余路程以 2 000 Hz 的速度运行（设 A 点距离原点 30 000 个脉冲，上限距离原点 35 000 个脉冲）。

2）只有在停车时，按起动按钮才有效。

3）当工作台越限或按停止按钮，应立即停车。

9. 填空题

1）S7-200 系列可编程控制器最多有 34 个中断源，分为三大类：（　　　　）。

2）使用定时中断 0 时必须在（　　　　）中写入周期时间；使用定时中断 1 时必须在（　　　　）中写入周期时间。

3）S7-200（　　　　）输出型的 PLC 有 PTO 和 PWM 两台高速脉冲发生器。

4）（　　　　）有两个脉冲输入端，输入的两路脉冲 A 相和 B 相，相位互差 90°，A 相超前 B 相 90°时，加计数；A 相滞后 B 相 90°时，减计数。

5）高速计数器有（　　）种工作模式，（　　　　）采用两路脉冲输入的双相正交计数。

6）（　　　　）编码器是直接利用光电转换原理输出三组方波脉冲 A、B 和 Z 相；A、B 两组脉冲相位差 90，用于辩向：当 A 相脉冲超前 B 相时为（　　　　）方向，而当 B 相脉冲超前 A 相时则为（　　　　）方向。Z 相为每转一个脉冲，用于（　　　　）。

7）PLC 对步进电动机的速度控制有三个方面：对步进电动机运行（　　　　）的控制；对步进电动机起动、停止时（　　　　）的控制；对运转（　　　　）的控制。

8）伺服电动机的位置控制方式就是输入脉冲串来使电动机定位运行，电动机转速与（　　　　）相关，电动机转动的角度与（　　　　）相关。

9）模拟量输出模块中的数字量与模拟量之间通常为（　　　　）对应关系。如模拟量输出模块输出的 0~10 V 的电压信号对应的内部数字量为（　　　　），5 V 的电压信号则对应的数字量为（　　　　）。

第6章 PLC应用系统设计及综合实训

本章要点

- PLC应用系统设计的步骤及常用的设计方法
- 应用举例
- 传感器、气动元件、PLC安装接线及编程调试综合实训

6.1 程序设计常用方法及举例

在了解了PLC的基本工作原理和指令系统之后，可以结合实际进行PLC的设计。PLC的设计包括硬件设计和软件设计两部分。PLC设计的基本原则是：

1）充分发挥PLC的控制功能，最大限度地满足被控制的生产机械或生产过程的控制要求。

2）在满足控制要求的前提下，力求使控制系统经济、简单、维修方便。

3）保证控制系统安全可靠。

4）考虑到生产发展和工艺的改进，在选用PLC时，在I/O点数和内存容量上要适当留有余地。

5）软件设计主要是指编写程序，要求程序结构清楚，可读性强，程序简短，占用内存少，扫描周期短。

6.1.1 顺序控制设计法

根据功能流程图，以步为核心，从起始步开始一步一步地设计下去，直至完成。此法的关键是画出功能流程图。首先将被控制对象的工作过程按输出状态的变化分为若干步，并指出工步之间的转换条件和每个工步的控制对象。这种工艺流程图集中了工作的全部信息。在进行程序设计时，可以用中间继电器M来记忆工步，一步一步地顺序进行，也可以用顺序控制指令来实现。下面将详细介绍功能流程图的种类及编程方法。

（1）单流程及编程方法

功能流程图的单流程结构形式简单，如图6-1所示，其特点是：每一步后面只有一个转换，每个转换后面只有一步。各个工步按顺序执行，上一工步执行结束，转换条件成立，立即开通下一工步，同时关断上一工步。用顺序控制指令来实现功能流程图的编程方法，在前面的章节已经介绍过了，在这里将重点介绍用中间继电器M来记忆工步的编程方法。

当n-1为活动步时，转换条件b成立，则转换实现，n步变为活动步，同时n-1步关断。由此可见，第n步成为活动步的条件是：$X_{n-1}=1$，$b=1$；第n步关断的条件只有一个即$X_{n+1}=1$。用逻辑表达式表示功能流程图的第n步开通和关断条件为：

$X_n=(X_{n-1}\cdot b+X_n)\cdot\overline{X_{n+1}}$，式中等号左边的$X_n$为第n步的状态，等号右边$X_{n+1}$表示关断第n步的条件，$X_n$表示自保持信号，b表示转换条件。

【例6-1】 根据图6-2所示的功能流程图，设计出梯形图程序。下面结合本例介绍常用的编程方法。

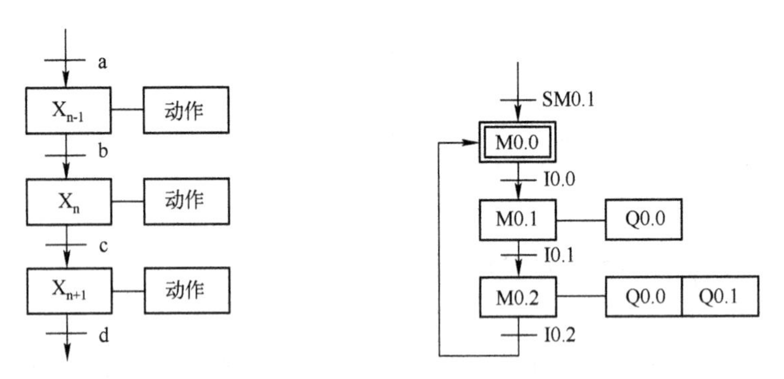

图6-1　单流程结构　　　　图6-2　例6-1的功能流程图

1）使用起保停电路模式的编程方法。

在梯形图中，为了实现当前级步为活动步且转换条件成立时，才能进行步的转换，总是将代表前级步的中间继电器的常开触点与转换条件对应的接点串联，作为后续步的中间继电器得电的条件。当后续步被激活，应将前级步关断，所以用代表后续步的中间继电器常闭触点串在前级步的电路中。

如图6-2所示的功能流程图，对应的状态逻辑关系为：

$M0.0=(SM0.1+M0.2\cdot I0.2+M0.0)\cdot\overline{M0.1}$

$M0.1=(M0.0\cdot I0.0+M0.1)\cdot\overline{M0.2}$

$M0.2=(M0.1\cdot I0.1+M0.2)\cdot\overline{M0.0}$

$Q0.0=M0.1+M0.2$

$Q0.1=M0.2$

对于输出电路的处理应注意：Q0.0输出继电器在M0.1、M0.2步中都被接通，应将M0.1和M0.2的常开触点并联去驱动Q0.0；Q0.1输出继电器只在M0.2步为活动步时才接通，所以用M0.2的常开触点驱动Q0.1。

使用起保停电路模式编制的梯形图程序如图6-3所示。

2）使用置位、复位指令的编程方法。

S7-200 PLC有置位和复位指令，且对同一个线圈置位和复位指令可分开编程，所以可以实现以转换条件为中心的编程。

当前步为活动步且转换条件成立时，用S指令将代表后续步的中间继电器置位（激活），同时用R指令将本步复位（关断）。

图6-2所示的功能流程图中，如用M0.0的常开触点和转换条件I0.0的常开触点串联

作为 M0.1 置位的条件，同时作为 M0.0 复位的条件。这种编程方法很有规律，每一个转换都对应一个 S/R 的电路块，有多少个转换就有多少个这样的电路块。用置位、复位指令编制的梯形图程序如图 6-4 所示。

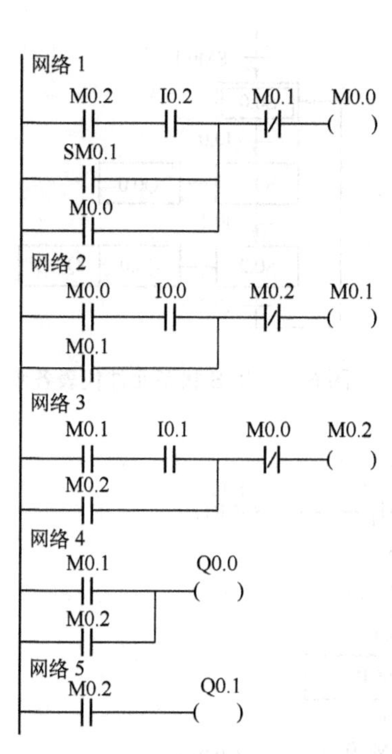

图 6-3　使用起保停电路模式编制的梯形图程序

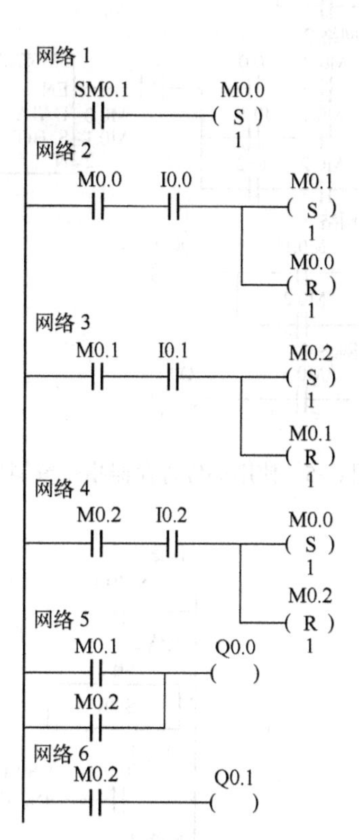

图 6-4　使用置位、复位指令编制的梯形图程序

3）使用移位寄存器指令编程的方法。

单流程的功能流程图各步总是顺序通断，并且同时只有一步接通，因此很容易采用移位寄存器指令实现这种控制。对于图 6-2 所示的功能流程图，可以指定一个两位的移位寄存器，用 M0.1、M0.2 代表有输出的两步，移位脉冲由代表步状态的中间继电器的常开触点和对应的转换条件组成的串联支路依次并联提供，数据输入端（DATA）的数据由初始步提供。对应的梯形图程序如图 6-5 所示。在梯形图中将对应步的中间继电器的常闭触点串联连接，可以禁止流程执行的过程中移位寄存器 DATA 端置“1”，防止产生误操作信号，从而保证了流程的顺利执行。

4）使用顺序控制指令的编程方法。

使用顺序控制指令编程，必须使用 S 状态元件代表各步，如图 6-6 所示。其对应的梯形图如图 6-7 所示。

（2）选择分支及编程方法

选择分支分为两种，图 6-8 所示为选择分支开始，图 6-9 所示为选择分支结束。

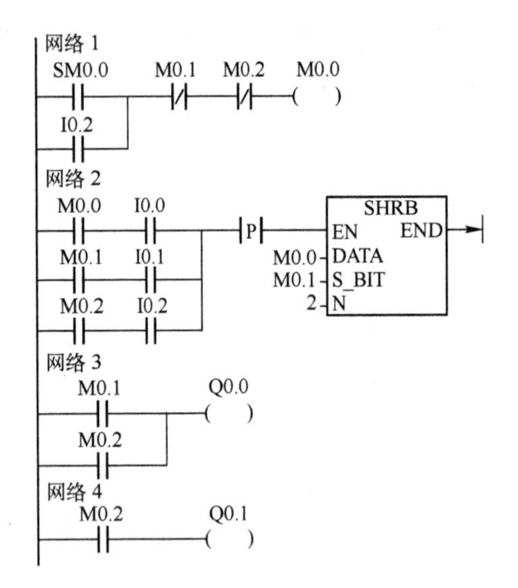

图 6-5　使用移位寄存器指令编制的梯形图

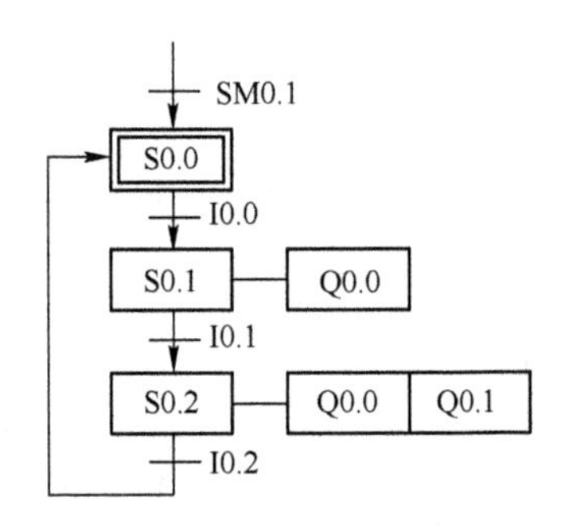

图 6-6　用 S 状态元件代表各步

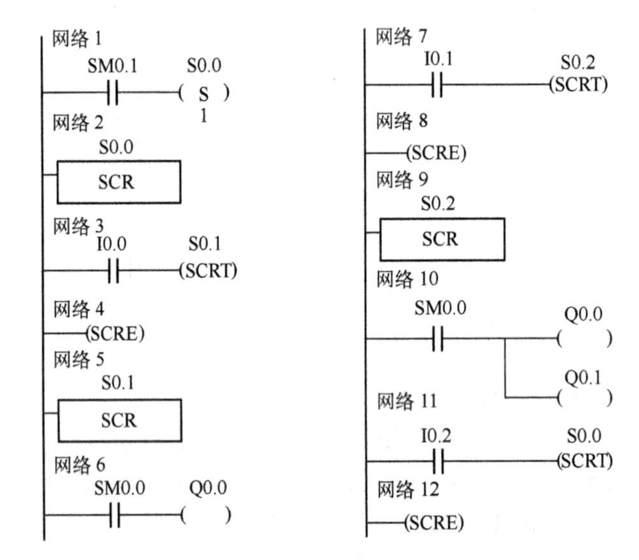

图 6-7　用顺序控制指令编程的梯形图

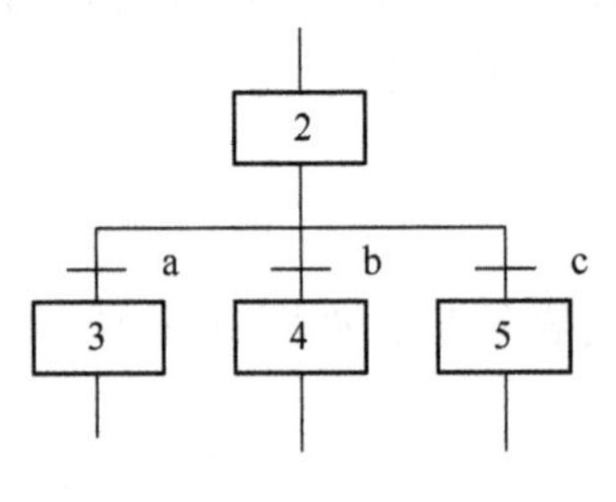

图 6-8　选择分支开始

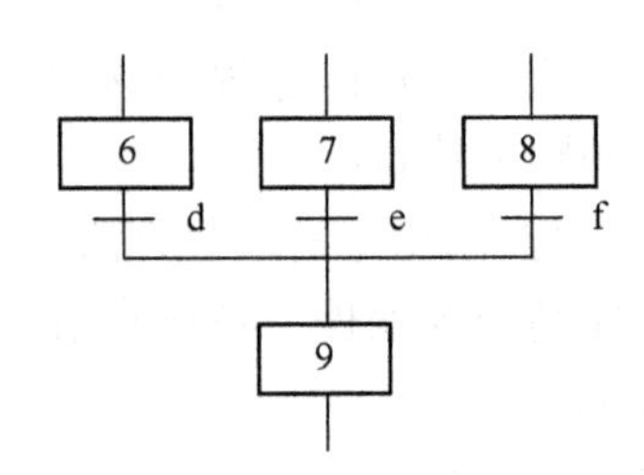

图 6-9　选择分支结束

选择分支开始是指一个前级步后面紧接着若干个后续步可供选择，各分支都有各自的转换条件，在图中则表示为代表转换条件的短划线在各自分支中。

选择分支结束又称为选择分支合并，是指几个选择分支在各自的转换条件成立时转换到一个公共步上。

在图 6-8 中，假设 2 为活动步，若转换条件 a=1，则执行工步 3；如果转换条件 b=1，则执行工步 4；转换条件 c=1，则执行工步 5。即哪个条件满足，则选择相应的分支，同时关断上一步 2。一般只允许选择其中一个分支。在编程时，若图 6-8 中的工步 2、3、4、5 分别用 M0.0、M0.1、M0.2、M0.3 表示，则当 M0.1、M0.2、M0.3 之一为活动步时，都将导致 M0.0=0，所以在梯形图中应将 M0.1、M0.2 和 M0.3 的常闭触点与 M0.0 的线圈串联，作为关断 M0.0 步的条件。

在图 6-9 中，如果步 6 为活动步，转换条件 d=1，则工步 6 向工步 9 转换；如果步 7 为活动步，转换条件 e=1，则工步 7 向工步 9 转换；如果步 8 为活动步，转换条件 f=1，则工步 8 向工步 9 转换。若工步 6、7、8、9 分别用 M0.4、M0.5、M0.6、M0.7 表示，则 M0.7（工步 9）的启动条件为：M0.4 · d+M0.5 · e+M0.6 · f，在梯形图中，则为 M0.4 的常开触点与 d 转换条件对应的触点串联、M0.5 的常开触点与 e 转换条件对应的触点串联、M0.6 的常开触点与 f 转换条件对应的触点串联，三条支路并联后作为 M0.7 线圈的启动条件。

【例 6-2】 根据图 6-10 所示的功能流程图，设计出梯形图程序。

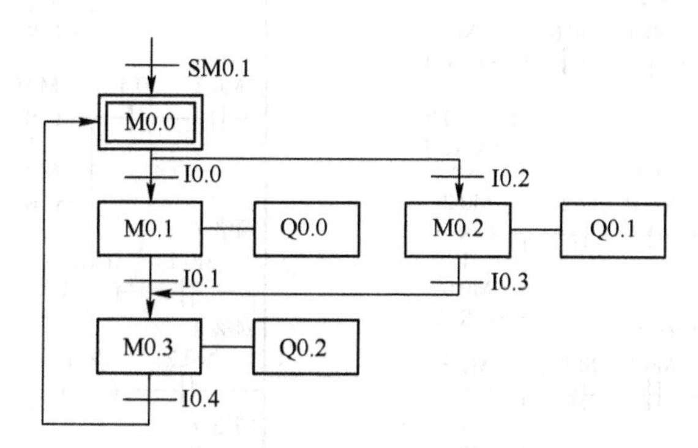

图 6-10 例 6-2 的功能流程图

① 使用起保停电路模式的编程。对应的状态逻辑关系为：

$M0.0=(SM0.1+M0.3 \cdot I0.4+M0.0) \cdot \overline{M0.1} \cdot \overline{M0.2}$

$M0.1=(M0.0 \cdot I0.0+M0.1) \cdot \overline{M0.3}$

$M0.2=(M0.0 \cdot I0.2+M0.2) \cdot \overline{M0.3}$

$Q0.3=(M0.1 \cdot I0.1+M0.2 \cdot I0.3+M0.3) \cdot \overline{M0.0}$

$Q0.0=M0.1$

$Q0.1=M0.2$

$Q0.2=M0.3$

对应的梯形图程序如图 6-11 所示。

② 使用置位、复位指令的编程。对应的梯形图程序如图 6-12 所示。

③ 使用顺序控制指令的编程。对应的功能流程图如图 6-13 所示。对应的梯形图程序如图 6-14 所示。

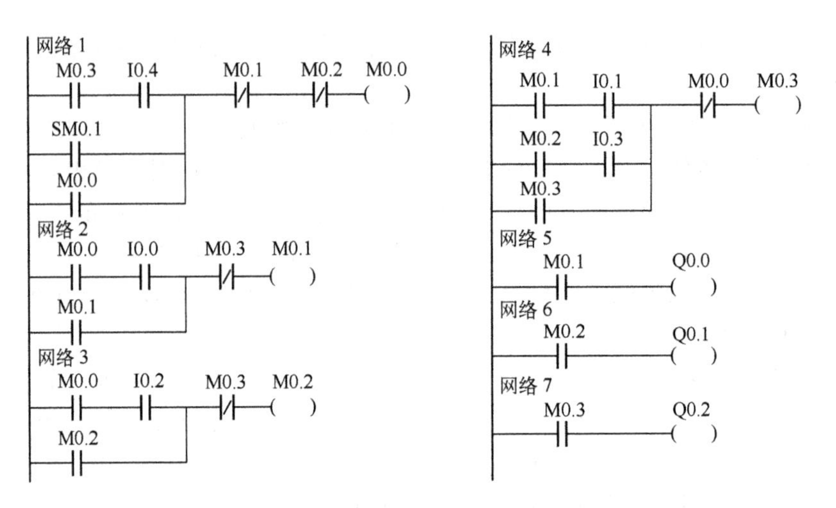

图 6-11　例 6-2 用起保停电路模式的编程梯形图程序

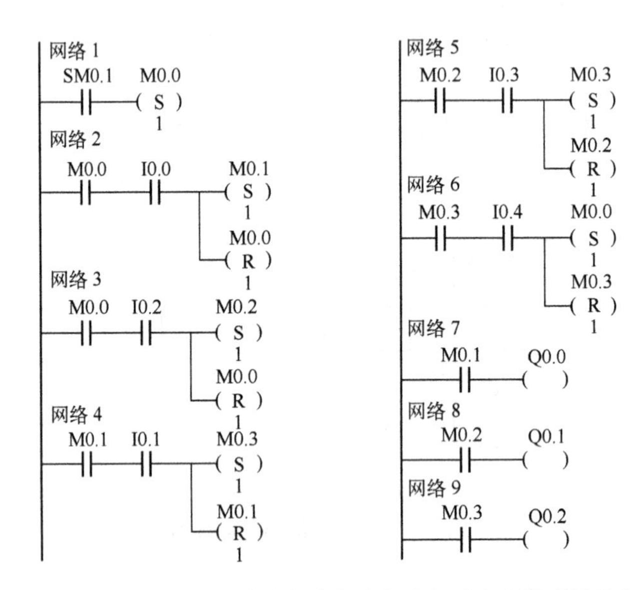

图 6-12　例 6-2 用置位、复位指令的编程对应的梯形图程序

（3）并行分支及编程方法

并行分支也分两种，图 6-15a 为并行分支的开始，图 6-15b 为并行分支的结束，也称为合并。并行分支的开始是指当转换条件实现后，同时使多个后续步激活。为了强调转换的同步实现，水平连线用双线表示。在图 6-15a 中，当工步 2 处于激活状态，若转换条件 e=1，则工步 3、4、5 同时启动，工步 2 必须在工步 3、4、5 都开启后，才能关断。并行分支的合并是指当前级步 6、7、8 都为活动步，且转换条件 f 成立时，开通步 9，同时关断步 6、7、8。

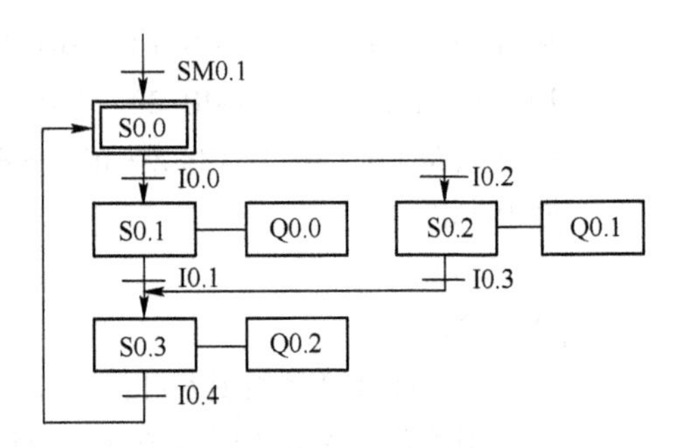

图 6-13　功能流程图

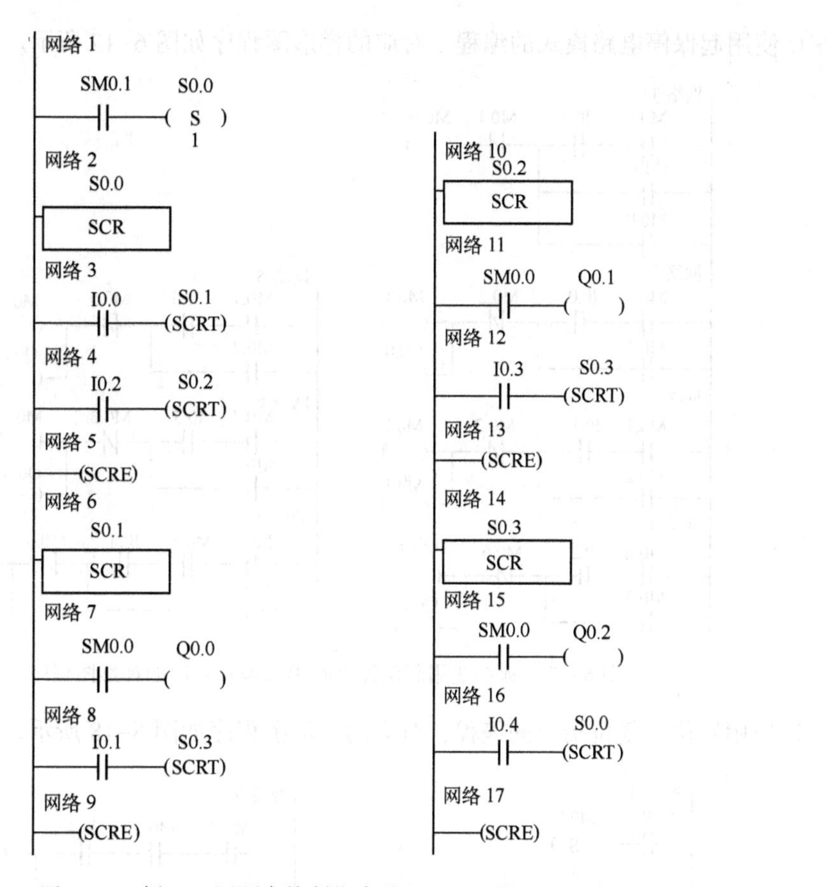

图 6-14　例 6-2 用顺序控制指令编程对应的梯形图程序

【例 6-3】 根据图 6-16 所示的功能流程图，设计出梯形图程序。

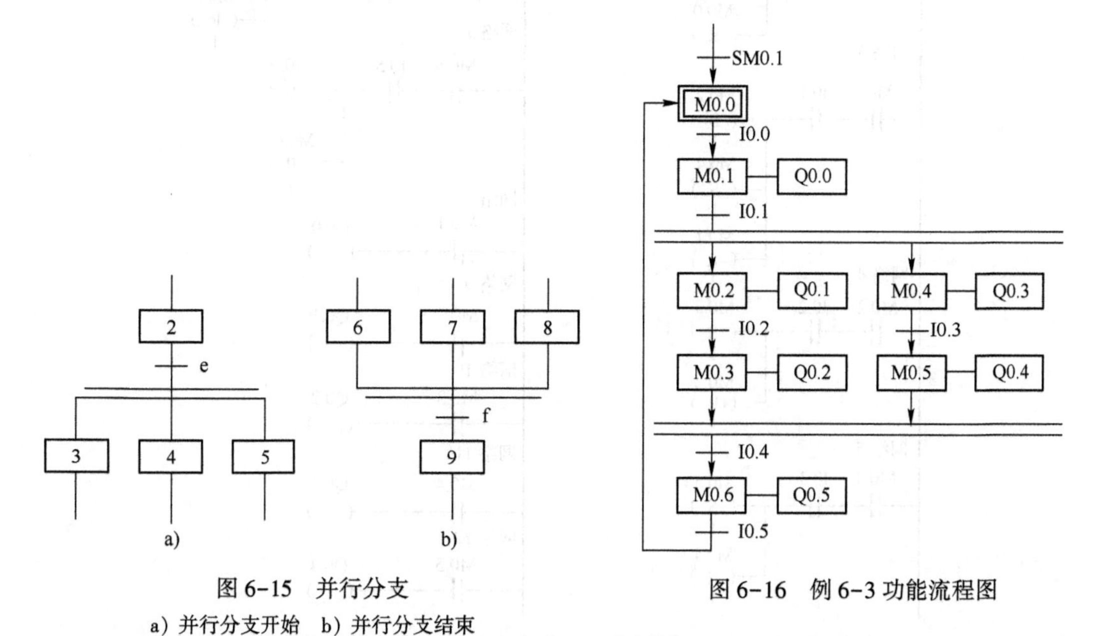

图 6-15　并行分支
a）并行分支开始　b）并行分支结束

图 6-16　例 6-3 功能流程图

① 使用起保停电路模式的编程，对应的梯形图程序如图 6-17 所示。

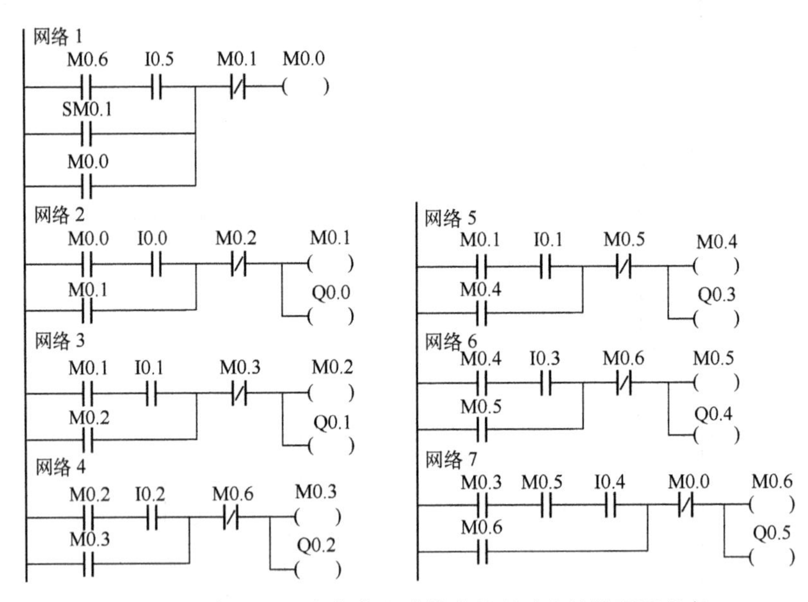

图 6-17　例 6-3 用起保停电路模式编程对应的梯形图程序

② 使用置位、复位指令的编程，对应的梯形图程序如图 6-18 所示。

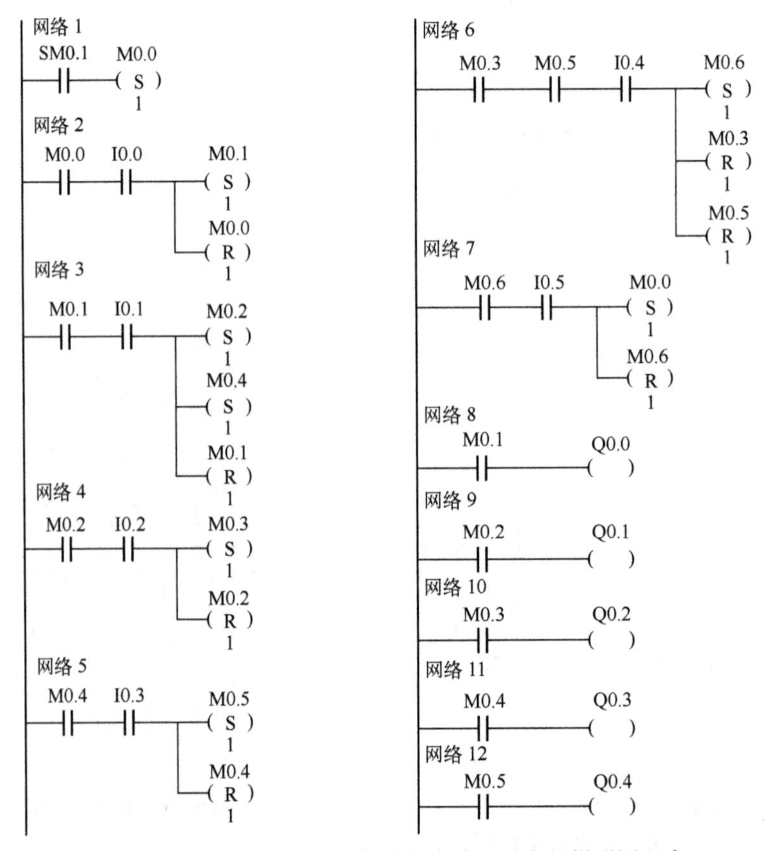

图 6-18　例 6-3 用置位、复位指令编程对应的梯形图程序

③ 使用顺序控制指令的编程，须用顺序控制继电器 S 来表示步。对应的梯形图程序如图 6-19 所示。

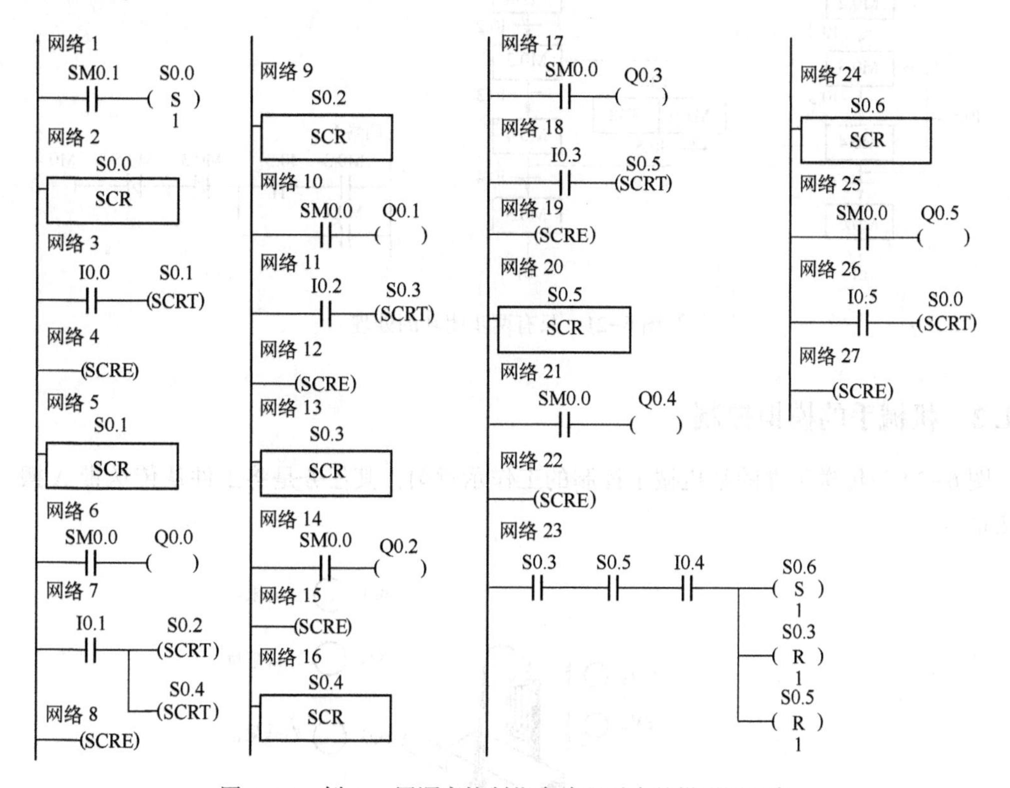

图 6-19　例 6-3 用顺序控制指令编程对应的梯形图程序

（4）循环、跳转流程及编程方法

在实际生产的工艺流程中，若要求在某些条件下执行预定的动作，则可用跳转程序。若需要重复执行某一过程，则可用循环程序，如图 6-20 所示。

① 跳转流程：当步 2 为活动步时，若条件 f=1，则跳过步 3 和步 4，直接激活步 5。

② 循环流程：当步 5 为活动步时，若条件 e=1，则激活步 2，循环执行。

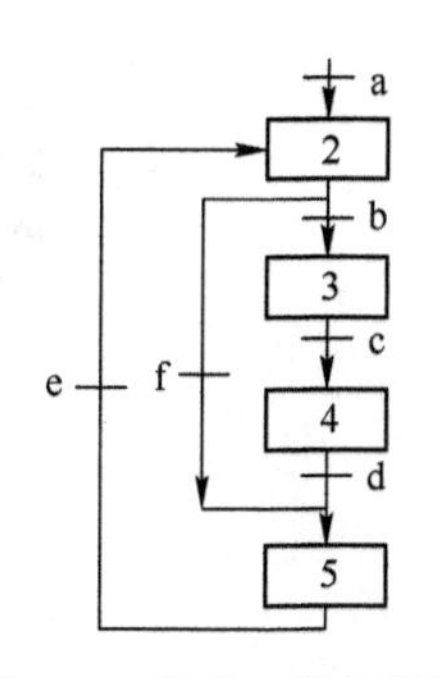

图 6-20　循环、跳转流程

编程方法和选择流程类似，不再详细介绍。

需要注意的是：

- 转换是有方向的，若转换的顺序是从上到下，即为正常顺序，可以省略箭头。若转换的顺序是从下到上，箭头不能省略。
- 只有两步的闭环的处理。在顺序功能图中只有两步组成的小闭环如图 6-21a 所示，因为 M0.3 既是 M0.4 的前级步，又是它的后续步，所以用起保停电路模式设计的梯形图程序如图 6-21b 所示。从梯形图中可以看出，M0.4 线圈根本无法通电。解决的办法是：在小闭环中增设一步，这一步只起短延时（≤0.1 s）作用，由于延时值取得很短，对系统的运行不会有什么影响，如图 6-21c 所示。

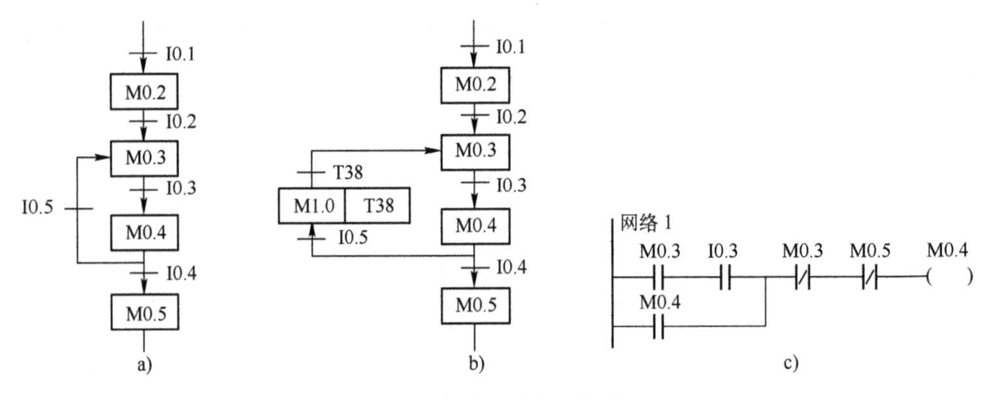

图 6-21　只有两步闭环的处理

6.1.2　机械手的模拟控制

图 6-22 为传送工件的某机械手控制的工作示意图，其任务是将工件从传送带 A 搬运到传送带 B。

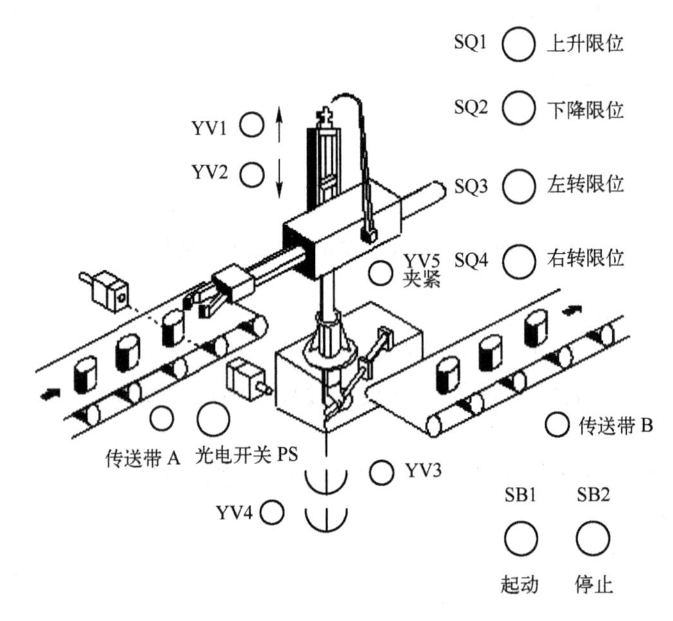

图 6-22　机械手控制的工作示意图

1. 控制要求

按起动按钮后，传送带 A 运行直到光电开关 PS 检测到物体才停止，同时机械手下降。下降到位后机械手夹紧物体，2 s 后开始上升，而机械手保持夹紧状态。上升到位左转（注：此处以机械手为主体，定左右），左转到位后下降，下降到位后机械手松开，2 s 后机械手上升。上升到位后，传送带 B 开始运行，同时机械手右转，右转到位，传送带 B 停止，此时传送带 A 运行直到光电开关 PS 再次检测到物体，才停止……依此往复循环 。

机械手的上升、下降和左转、右转的执行，分别由双线圈的两位电磁阀控制汽缸的运动控制。当下降电磁阀通电，机械手下降，若下降电磁阀断电，机械手停止下降，保持现有的动作状态。当上升电磁阀通电时，机械手上升。同样，左转/右转也是由对应的电磁阀控制。夹紧/放松则是由单线圈的两位电磁阀控制汽缸的运动来实现，线圈通电时执行夹紧动作，断电时执行放松动作。并且要求只有当机械手处于上限位时才能进行左/右转动，因此在左右转动时用上限条件作为联锁保护。由于上下运动、左右转动采用双线圈二位电磁阀控制，两个线圈不能同时通电，因此在上/下、左/右运动的电路中须设置互锁环节。

为了保证机械手动作准确，机械手上安装了限位开关SQ1、SQ2、SQ3、SQ4，分别对机械手进行下降、上升、左转、右转等动作的限位，并给出动作到位的信号。光电开关PS负责检测传送带A上的工件是否到位，到位后机械手开始动作。

2. I/O分配（见表6-1）

表6-1 I/O分配

输　入		输　出	
起动按钮	I0.0	上升YV1	Q0.1
停止按钮	I0.5	下降YV2	Q0.2
上升限位SQ1	I0.1	左转YV3	Q0.3
下降限位SQ2	I0.2	右转YV4	Q0.4
左转限位SQ3	I0.3	夹紧YV5	Q0.5
右转限位SQ4	I0.4	传送带A	Q0.6
光电开关PS	I0.6	传送带B	Q0.7

3. 控制程序设计

根据控制要求先设计出功能流程图，如图6-23所示。根据功能流程图再设计出梯形图程序，如图6-24所示。流程图是一个按顺序动作的步进控制系统，在本例中采用移位寄存器编程方法。用移位寄存器M10.1~M11.1位，代表流程图的各步，两步之间的转换条件满足时，进入下一步。移位寄存器的数据输入端DATA（M10.0）由M10.1~M11.1各位的常闭触点、上升限位的标志位M1.1、右转限位的标志位M1.4及传送带A检测到工件的标志位M1.6串联组成，即当机械手处于原位，各工步未起动时，若光电开关PS检测到工件，则M10.0置1，这作为输入的数据，同时这也作为第一个移位脉冲信号。以后的移位脉冲信号由代表步位状态的中间继电器的常开触点和代表处于该步位的转换条件的触点串联支路依次并联组成。在M10.0线圈回路中，串联M10.1~M11.1各位的常闭触点，是为了防止机械手在还没有回到原位的运行过程中移位寄存器的数据输入端再次置1，因为移位寄存器中的“1”信号在M10.1~M11.1之间依次移动时，各步状态位对应的常闭触点总有一个处于断开状态。当“1”信号移到M11.2时，机械手回到原位，此时移位寄存器的数据输入端重新置1，若起动电路保持接通（M0.0=1），机械手将重复工作。当按下停止按钮时，使移位寄存器复位，机械手立即停止工作。若按下停止按钮后机械手的动作仍然继续进行，直到完成一周期的动作后，回到原位时才停止工作，将如何修改程序。

4. 输入程序，调试并运行程序

1）输入程序，编译无误后，运行程序。依次按表 6-2 中的顺序按下各按钮记录观察到的现象。看是否与控制要求相符。

表 6-2　机械手模拟控制调试记录表

输　　入	输出现象	移位寄存器的状态位=1	输　　入	输出现象	移位寄存器的状态位=1
按下起动按钮（I0.0）			按下上升限位开关 SQ1（I0.1）		
按下光电检测开关 PS（I0.6）			按下右转限位开关 SQ4（I0.4）		
按下下降限位开关 SQ2（I0.2）			再按下光电检测开关 PS（I0.6）		
按下上升限位开关 SQ1（I0.1）			重复上述步骤观察		
按下左转限位开关 SQ3（I0.3）			按下停止按钮（I0.5）		
按下下降限位开关 SQ2（I0.2）					

2）建立状态图表，再重复上述操作，观察移位寄存器的状态位的变化，并记录。

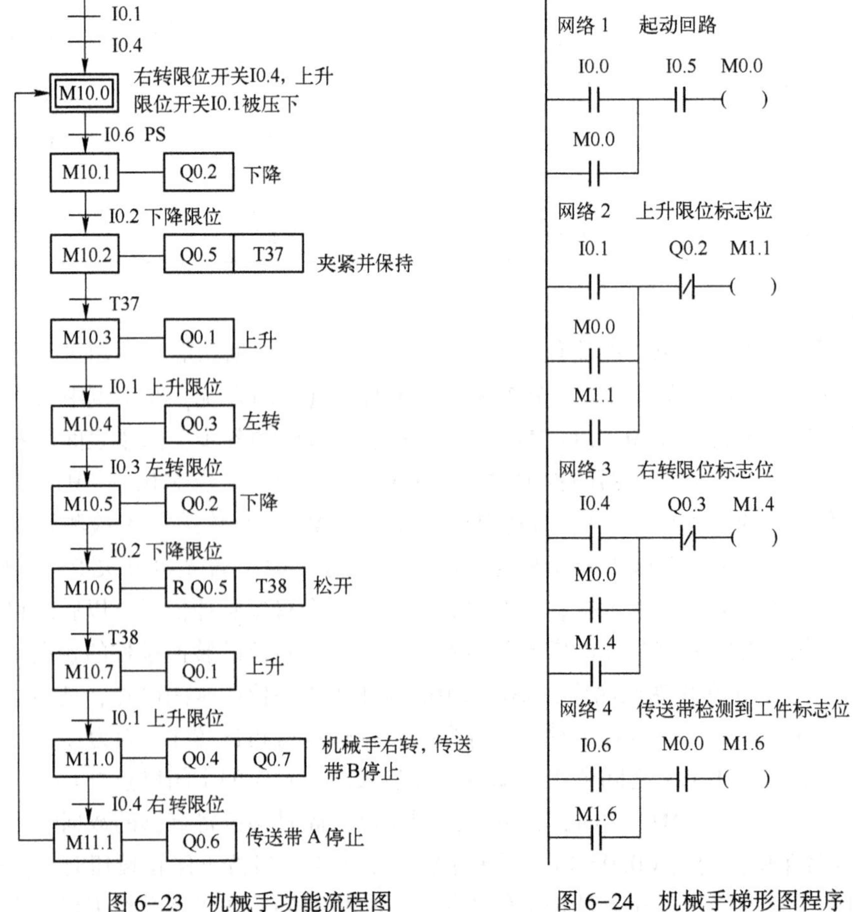

图 6-23　机械手功能流程图　　　图 6-24　机械手梯形图程序

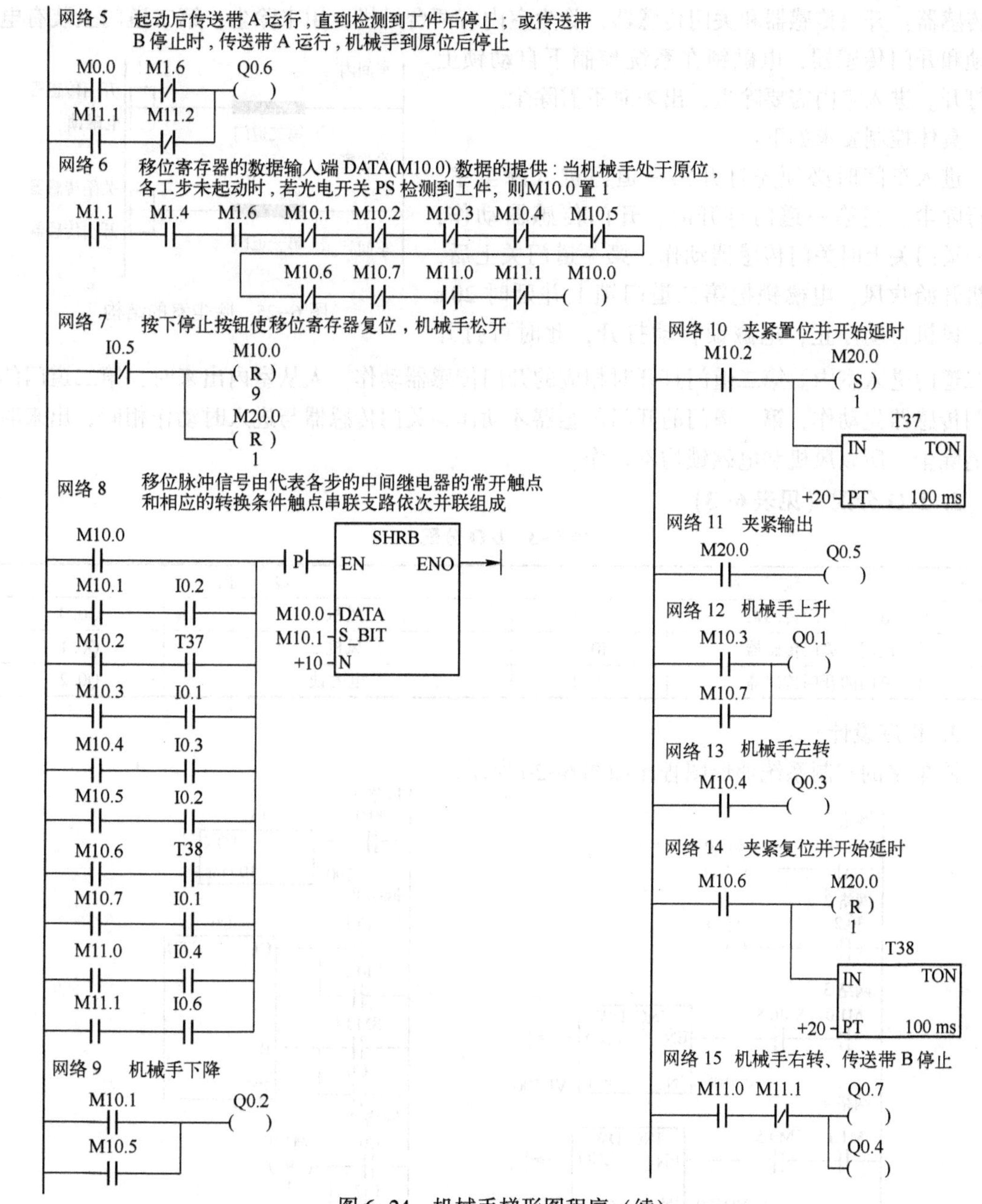

图 6-24　机械手梯形图程序（续）

6.1.3　除尘室 PLC 控制

在制药、水厂等一些对除尘要求比较严格的车间，人、物进入这些场合首先需要进行除尘处理。为了保证除尘操作的严格进行，避免人为因素对除尘要求的影响，可以用 PLC 对除尘室的门进行有效控制。下面介绍某无尘车间进门时对人或物进行除尘的过程。

1. 控制要求

人或物进入无污染、无尘车间前，首先在除尘室严格进行指定时间的除尘才能进入车间，否则门打不开，进入不了车间。除尘室的结构如图 6-25 所示。图中第一道门处设有两个传感器：开门传感器和关门传感器；除尘室内有两台风机，用来除尘；第二道门上装有电磁锁和开门传感器，电磁锁在系统控制下自动锁上或打开。进入室内需要除尘，出来时不需除尘。

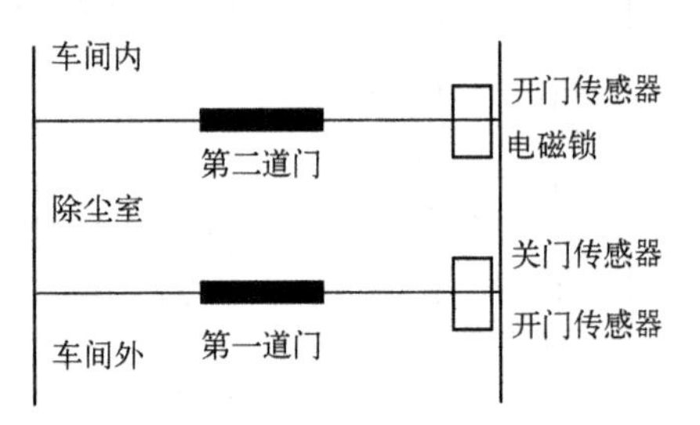

图 6-25　除尘室的结构

具体控制要求如下：

进入车间时必须先打开第一道门进入除尘室，进行除尘。当第一道门打开时，开门传感器动作，第一道门关上时关门传感器动作，第一道门关上后，风机开始吹风，电磁锁把第二道门锁上并延时 20 s 后，风机自动停止，电磁锁自动打开，此时可打开第二道门进入室内。第二道门打开时相应的开门传感器动作。人从室内出来时，第二道门的开门传感器先动作，第一道门的开门传感器才动作，关门传感器与进入时动作相同，出来时不需除尘，所以风机和电磁锁均不动作。

2. I/O 分配（见表 6-3）

表 6-3　I/O 分配

输　入		输　出	
第一道门的开门传感器	I0. 0	风机 1	Q0. 0
第一道门的关门传感器	I0. 1	风机 2	Q0. 1
第二道门的开门传感器	I0. 2	电磁锁	Q0. 2

3. 程序设计

除尘室的控制系统梯形图程序如图 6-26 所示。

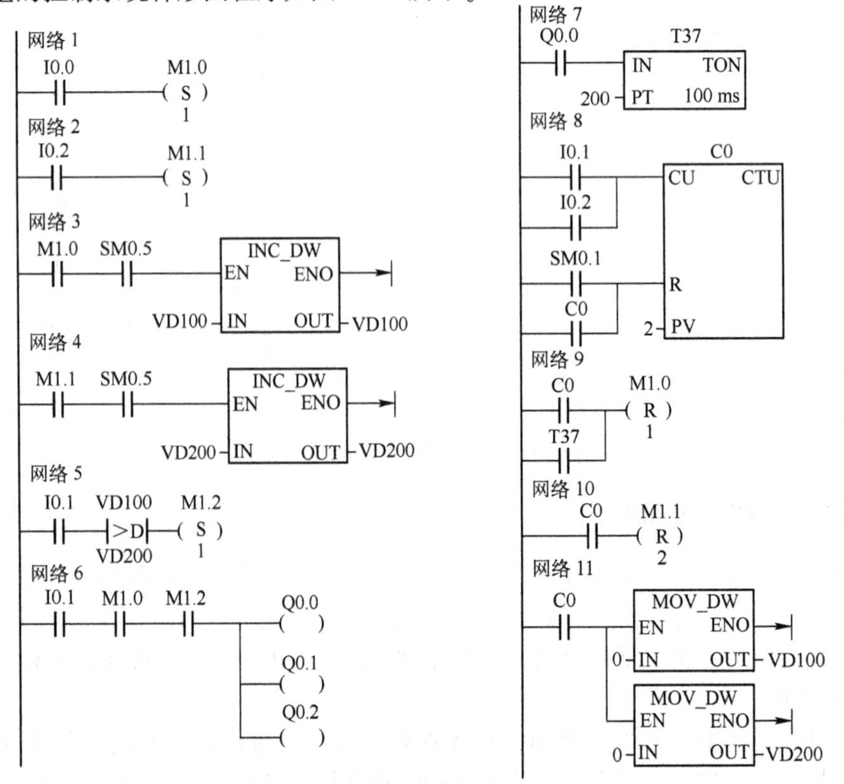

图 6-26　除尘室的控制系统梯形图程序

4. 程序的调试和运行

输入程序编译无误后，按除尘室的工艺要求调试程序，并记录结果。

6.1.4 水塔水位的模拟控制实训

用 PLC 构成水塔水位控制系统，如图 6-27 所示。在模拟控制中，用按钮 SB 来模拟液位传感器，用 L1 和 L2 指示灯来模拟抽水电动机。

1. 控制要求

按下 SB4，水池需要进水，灯 L2 亮；直到按下 SB3，水池水位到位，灯 L2 灭；按 SB2，表示水塔水位低需进水，灯 L1 亮，进行抽水；直到按下 SB1，水塔水位到位，灯 L1 灭，过 2 s 后，水塔放完水后，重复上述过程即可。

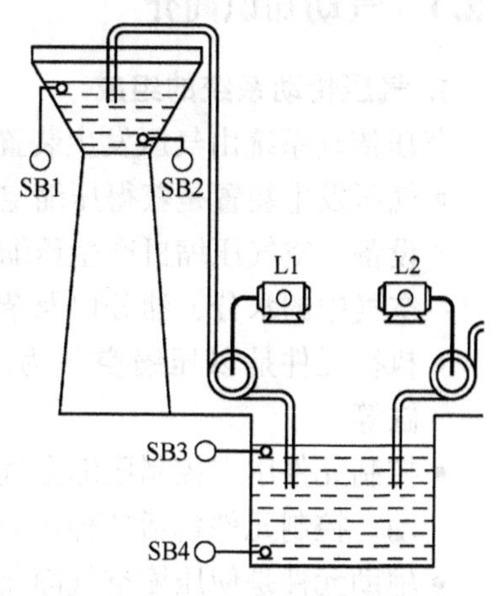

图 6-27 用 PLC 构成水塔水位控制系统示意图

2. I/O 分配（见表 6-4）

表 6-4 I/O 分配

输入		输出	
SB1	I0.1	L1	Q0.1
SB2	I0.2	L2	Q0.2
SB3	I0.3		
SB4	I0.4		

3. 程序设计

水塔水位控制流程图如图 6-28 所示，梯形图参考程序如图 6-29 所示。

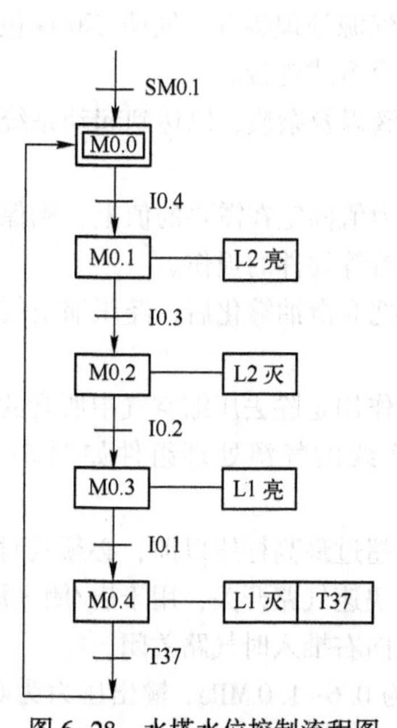

图 6-28 水塔水位控制流程图

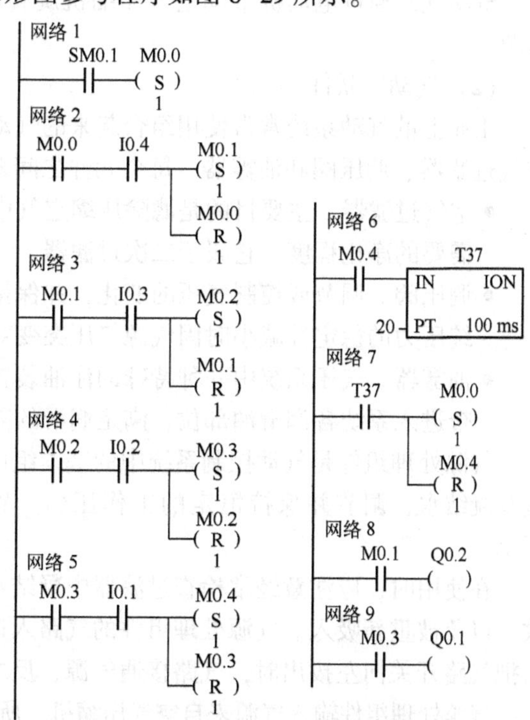

图 6-29 水塔水位控制梯形图参考程序

4. 程序的调试和运行

输入梯形图程序并按控制要求调试程序。试用其他方法编制程序。

6.2 气动元件的安装与连接

6.2.1 气动知识简介

1. 气压传动系统的组成

气压传动系统由气压发生装置、执行元件、控制元件、辅助元件和传动介质等组成。

- 气压发生装置是获得压缩空气的装置，其主体部分是空气压缩机，另外还有气源净化设备。空气压缩机产生压缩空气，气源净化设备用以降低压缩空气的温度，除去压缩空气中的水分、油分以及杂质等。
- 执行元件是以压缩空气为工作介质的各种气缸和气动马达，如直线往复运动的气缸等。
- 控制元件用来控制压缩空气流的压力、流量和流动方向等，使执行元件完成预定的运动。控制元件包括各种压力阀、方向阀和流量阀等。
- 辅助元件是使压缩空气净化、润滑、消声及元件间连接所需的一些装置，包括分水滤气器、油雾器、消声器以及各种管路附件等。

2. 气源处理组件

（1）电动气泵

电动气泵通过电动机带动空气压缩机旋转后输出压缩空气。压缩空气是一种重要的动力源。

（2）气动三联件

工业上的气动系统常常使用组合起来的气动三联件作为气源处理装置。气动三联件包括空气过滤器、调压阀和油雾器，每个元件之间采用模块式组合方式连接。

- 空气过滤器。主要目的是滤除压缩空气中的水分、油滴以及杂质，以达到起动系统所需要的净化程度，它属于二次过滤器。
- 调压阀。调节或控制气压的变化，并保持降压后的压力值固定在需要的值上，确保系统压力的稳定性减小时因气源气压突变对阀门或执行器等硬件的损伤。
- 油雾器。气压系统中一种特殊的注油装置，其作用是把润滑油雾化后，经压缩空气携带进入系统各润滑油部位，满足润滑的需要。

气源处理组件是气动控制系统中的基本组成器件，它的作用是除去压缩空气中所含的杂质及凝结水，调节并保持恒定的工作压力。YL-335B 生产线的气源处理组件如图 6-30 所示。

在使用时，应注意经常检查过滤器中凝结水的水位，在超过最高标线以前，必须及时排放，以免被重新吸入。气源处理组件的气路入口处安装一个快速气路开关，用于启/闭气源，当把气路开关向左拔出时，气路接通气源，反之把气路开关向右推入时气路关闭。

气源处理组件输入气源来自空气压缩机，所提供的压力为 0.6~1.0 MPa，输出压力为 0~0.8 MPa 可调。输出的压缩空气通过快速三通接头和气管输送到各工作单元。

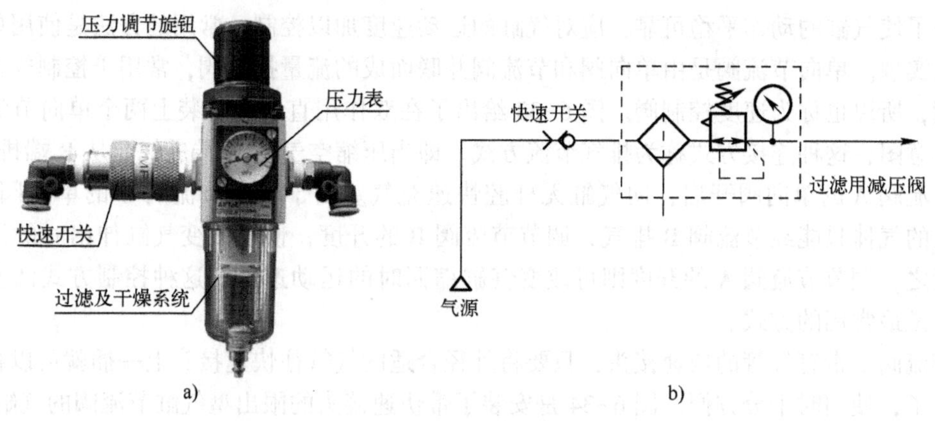

图 6-30　气源处理组件

a）气源处理组件实物图　b）气动原理图

3. 执行元件

气动执行元件是将压缩空气的压力转化为机械能的元件。执行元件驱动机构做直线往复运动、摆动或回转运动。气缸是气动系统使用最多的一种执行元件。

按压缩空气对活塞端面作用力的方向分为单作用气缸和双作用气缸，如图 6-31 所示。在气缸运动的两个方向上，按受气压控制的方向个数的不同，分为单作用气缸和双作用气缸。只有一个方向受气压控制而另一个方向依靠复位弹簧实现复位的气缸称为单作用气缸。两个方向都受气压控制的气缸称为双作用气缸。

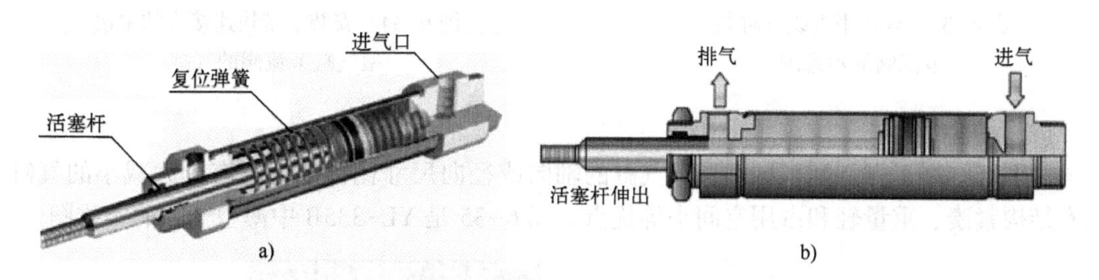

图 6-31　单作用和双作用气缸

a）单作用气缸　b）双作用气缸

（1）标准双作用直线气缸

双作用直线气缸是指活塞的往复运动均由压缩空气来推动。图 6-32 是标准双作用直线气缸的半剖面图。图中，气缸的两个端盖上都设有进/排气口，从无杆侧端盖气口进气时，推动活塞向前运动；反之，从杆侧端盖气口进气时，推动活塞向后运动。

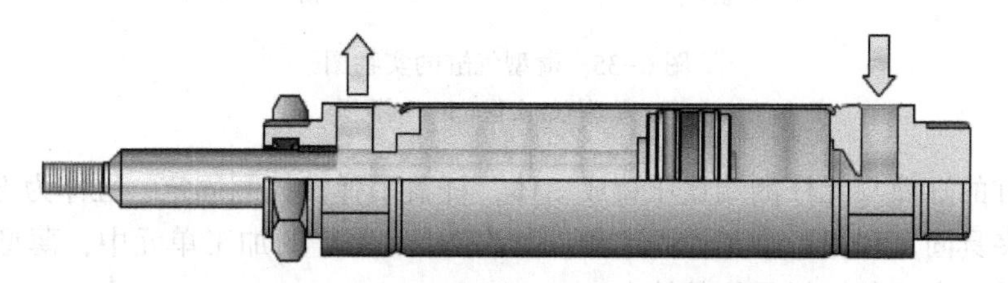

图 6-32　双作用直线气缸工作示意图

为了使气缸的动作平稳可靠，应对气缸的运动速度加以控制，常用的方法是使用单向节流阀来实现。单向节流阀是由单向阀和节流阀并联而成的流量控制阀，常用于控制气缸的运动速度，所以也称为速度控制阀。图 6-33 给出了在双作用直线气缸装上两个单向节流阀的连接示意图，这种连接方式称为排气节流方式。即当压缩空气从 A 端进气、从 B 端排气时，单向节流阀 A 的单向阀开启，向气缸无杆腔快速充气。由于单向节流阀 B 的单向阀关闭，有杆腔的气体只能经节流阀 B 排气，调节节流阀 B 的开度，便可改变气缸伸出时的运动速度。反之，调节节流阀 A 的开度则可改变气缸缩回时的运动速度。这种控制方式活塞运行稳定，是最常用的方式。

节流阀上带有气管的快速接头，只要将外径合适的气管往快速接头上一插就可以将气管连接好了，使用时十分方便。图 6-34 是安装了带快速接头的限出型气缸节流阀的气缸。

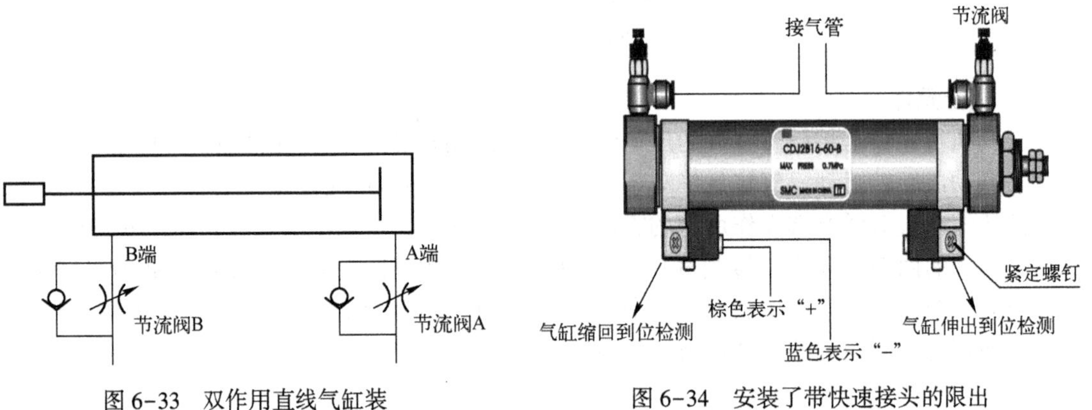

图 6-33　双作用直线气缸装节流阀的示意图

图 6-34　安装了带快速接头的限出型气缸节流阀的气缸

（2）薄型气缸

薄型气缸属于省空间气缸类，即气缸的轴向或径向尺寸比标准气缸有较大减小的气缸。具有结构紧凑、重量轻和占用空间小等优点。图 6-35 是 YL-335B 中薄型气缸的实物图。

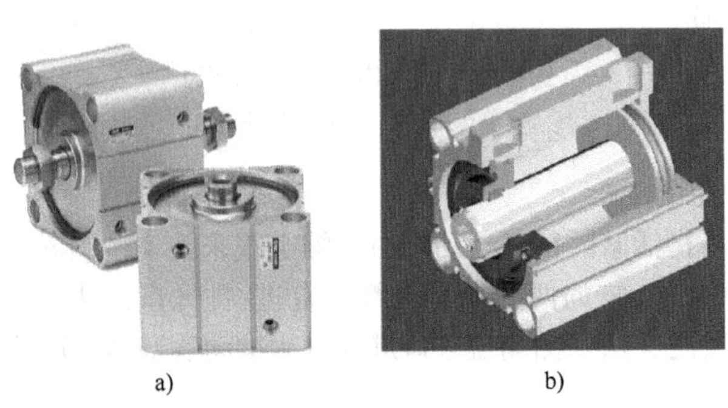

a)　　b)

图 6-35　薄型气缸的实物图

a）薄型气缸实物　b）剖视图

薄型气缸的缸筒与无杆侧端盖压铸成一体，杆盖用弹性挡圈固定，缸体为方形。这种气缸通常用于夹具固定和搬运中工件固定等。如在 YL-335B 的加工单元中，薄型气缸用于冲压，这主要是考虑该气缸行程短的特点。

（3）气动手指（气爪）

气爪用于抓取、夹紧工件。气爪通常有滑动导轨型、支点开闭型和回转驱动型等工作方式。YL-335B 中加工单元所使用的是滑动导轨型气爪，如图 6-36a 所示。其工作原理可从其中剖面图图 6-36b 和图 6-36c 看出。

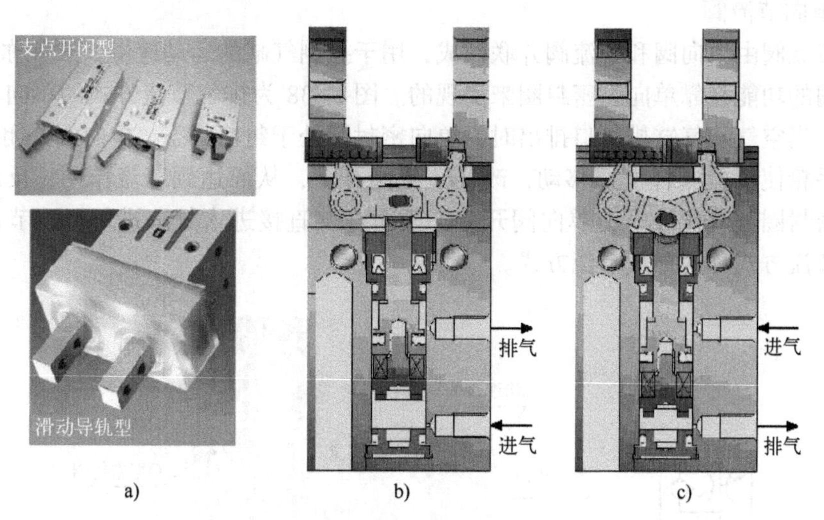

图 6-36　气爪实物和工作原理

a）气动手指实物　b）气爪松开状态　c）气爪夹紧状态

（4）气动摆台

气动摆台是由直线气缸驱动齿轮齿条机构实现回转运动，回转角度能在 0°~90°和 0°~180°之间任意可调，而且可以安装磁性开关，用以检测旋转到位信号，多用于方向和位置需要变换的机构，如图 6-37 所示。

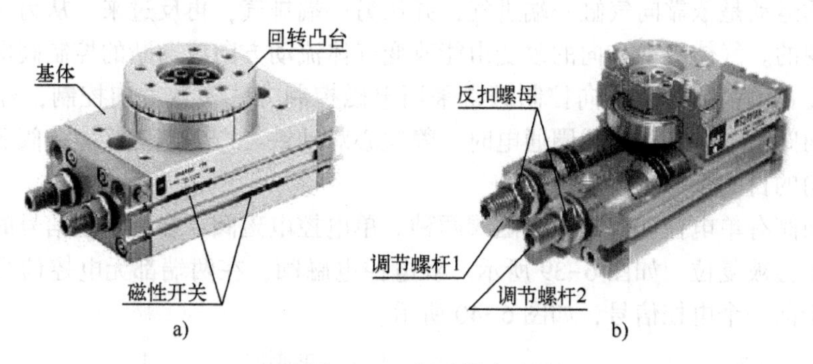

图 6-37　气动摆台

a）实物图　b）剖视图

气动摆台的摆动回转角度能在 0°~180°范围任意可调。当需要调节回转角度或调整摆动位置精度时，应首先松开调节螺杆上的反扣螺母，通过旋入和旋出调节螺杆，从而改变回转凸台的回转角度，调节螺杆 1 和调节螺杆 2 分别用于左旋和右旋角度的调整。当调整好摆动角度后，应将反扣螺母与基体进行反扣锁紧，防止调节螺杆松动。造成回转精度降低。回转到位的信号是通过调整气动摆台滑轨内的 2 个磁性开关的位置实现的。

4. 气动控制元件

在气压传动系统中的控制元件是控制和调节压缩空气的压力、流量、流动方向和发送信号的重要元件，利用控制元件可以组成各种气动控制回路，使气动执行元件按设计进行正常的工作。

（1）单向节流阀

单向节流阀由单向阀和节流阀并联而成，用于控制气缸的运动速度，故常称为速度控制阀。单向阀的功能是靠单向型密封圈来实现的。图 6-38 为排气节流方式的单向节流阀剖切后示意图。当空气从气缸排气口排出时，单向密封圈处于封堵状态，单向阀关闭，这时只能通过调节手轮使节流阀杆上下移动，改变节流阀开度，从而达到节流作用；反之，在进气时，单向密封圈被气流冲开，单向阀开启，压缩空气直接进入气缸进气口，节流阀不起作用。这种节流方式称为排气节流方式。

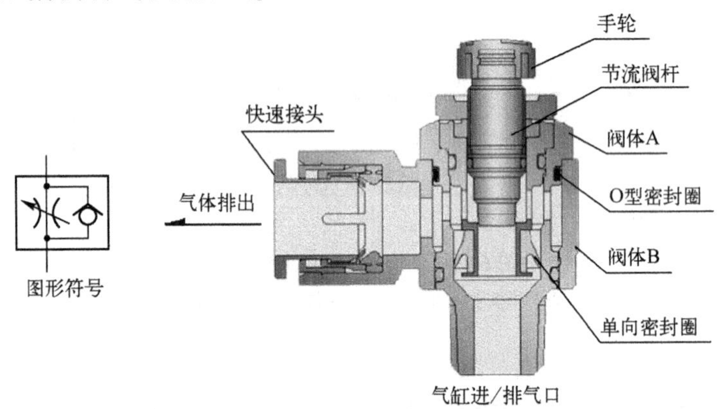

图 6-38　排气节流方式的单向节流阀剖切后示意图

（2）电磁换向阀及电磁阀组

缸活塞的运动是依靠向气缸一端进气，并从另一端排气，再反过来，从另一端进气，一端排气来实现的。气体流动方向的改变由能改变气体流动方向或通断的控制阀即方向控制阀加以控制。在自动控制中，方向控制阀常采用电磁控制方式实现方向控制，称为电磁换向阀。电磁换向阀是利用其电磁线圈通电时，静铁心对动铁心产生电磁吸力使阀芯切换，达到改变气流方向的目的。

电磁换向阀有单电控和双电控电磁阀两种。单电控电磁阀，在无电控信号时，阀芯在弹簧力的作用下会被复位，如图 6-39 所示。双电控电磁阀，在两端都无电控信号时，阀芯的位置是取决于前一个电控信号，如图 6-40 所示。

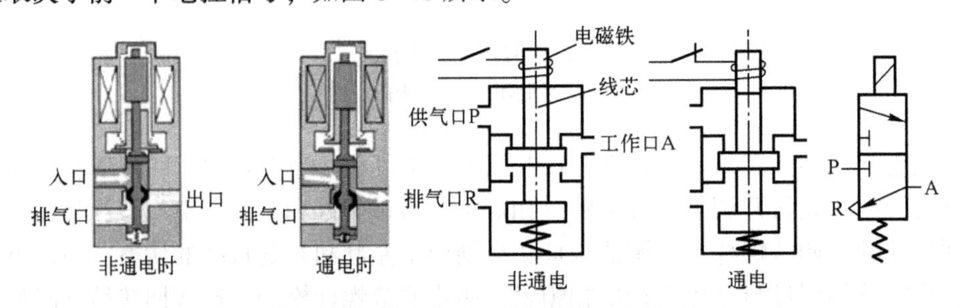

图 6-39　单电控电磁换向阀的工作原理

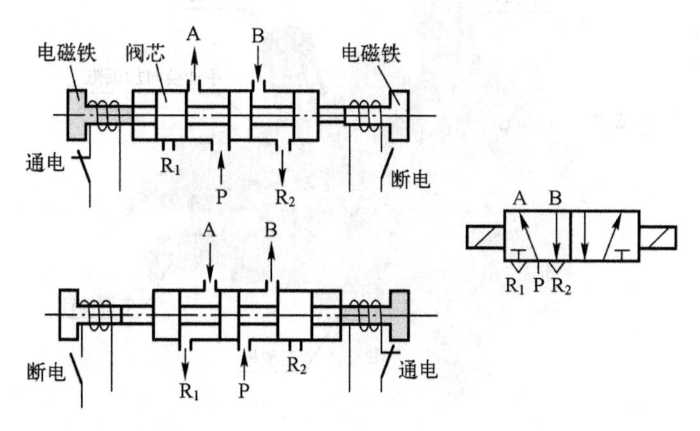

图 6-40 双电控电磁换向阀的工作原理

图 6-39 中，只有两个工作位置，具有供气口 P、工作口 A 和排气口 R，故为二位三通阀。所谓“位”指的是为了改变气体方向阀芯相对于阀体所具有的不同的工作位置。“通”的含义则指换向阀与系统相连的通口，有几个通口即为几通。

图 6-41 分别给出二位三通、二位四通和二位五通单控电磁换向阀的图形符号，图形中有几个方格就是几位，方格中的“┬”符号表示各接口互不相通。

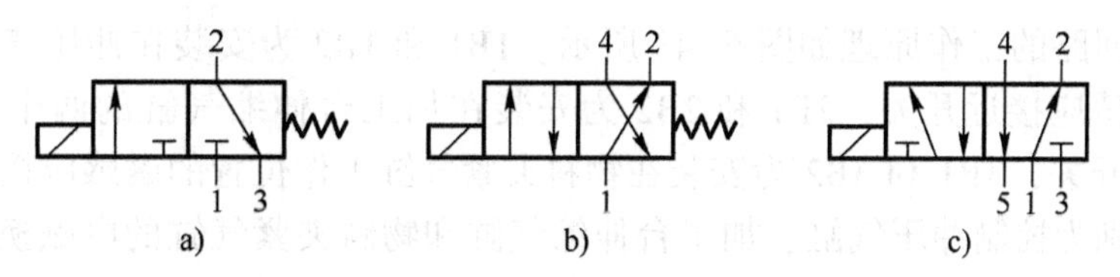

图 6-41 部分单电控电磁换向阀的图形符号

a）二位三通阀 b）二位四通阀 c）二位五通阀

如果气缸为双作用气缸，控制它们工作的电磁阀需要有二个工作口、二个排气口以及一个供气口，故使用二位五通电磁阀。

电控电磁换向阀带有手动换向加锁钮，有锁定（LOCK）和开启（PUSH）两个位置。用小螺钉旋具把加锁钮旋到 LOCK 位置时，手控开关向下凹进去，不能进行手动操作。只有在 PUSH 位置，可用工具向下按，信号为“1”，等同于该侧的电磁信号为“1”；常态时，手控开关的信号为“0”。在进行设备调试时，可以使用手控开关对阀进行控制，从而实现对相应气路的控制，达到调试的目的。

图 6-42 所示两个电磁换向阀集中安装在汇流板上构成电磁换向阀组。汇流板中两个排气口末端均连接了消声器，消声器的作用是减少压缩空气在向大气排放时的噪声。这种将多个阀与消声器、汇流板等集中在一起构成的一组控制阀的集成称为阀组，而每个阀的功能是彼此独立的。

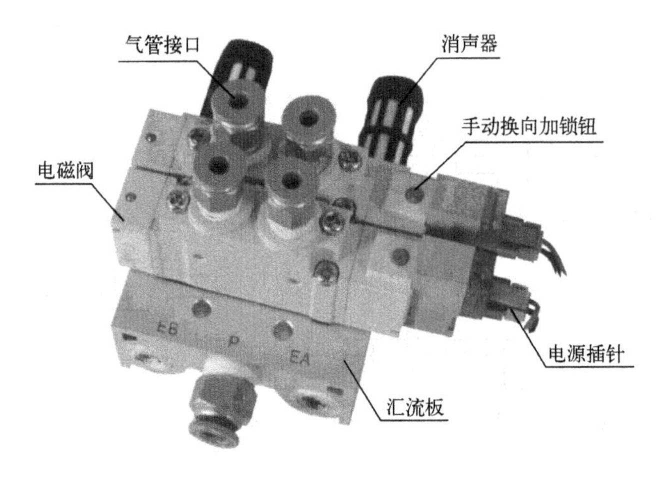

图 6-42　电磁换向阀组

6.2.2　气动控制回路

能传输压缩空气并使各种气动元件按照一定的规律动作的通道即为气动回路。

【例 6-4】　YL-335B 加工单元气动控制回路的气动控制元件均采用二位五通单电控电磁换向阀，各电磁阀均带有手动换向加锁钮。它们集中安装成阀组并固定在冲压支撑架后面。

气动控制回路的工作原理如图 6-43 所示。1B1 和 1B2 为安装在冲压气缸的两个极限工作位置的磁感应接近开关，2B1 和 2B2 为安装在加工台伸缩气缸的两个极限工作位置的磁感应接近开关，3B1 和 3B2 为安装在物料夹紧气缸工作位置的磁感应接近开关。1Y1、2Y1 和 3Y1 分别为控制冲压气缸、加工台伸缩气缸和物料夹紧气缸的电磁换向阀的电磁控制端。

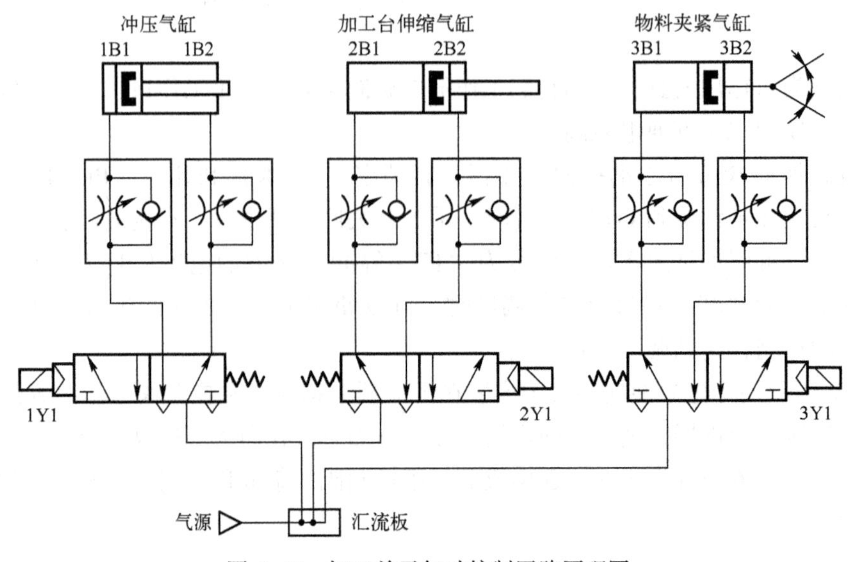

图 6-43　加工单元气动控制回路原理图

6.2.3 气路的连接实训

1. 实训目的

1）学会设计气缸控制回路并合理选择气动元件。

2）会正确连接气动控制电路。

3）进行气动控制回路的调节。

2. 实训内容

本实训是进行 YL-335B 供料单元气动控制回路的连接和调试。气动控制回路的工作原理如图 6-44 所示。图中 1A 和 2A 分别为推料气缸和顶料气缸。1B1 和 1B2 分别为安装在推料气缸的两个极限工作位置的磁感应接近开关，2B1 和 2B2 分别为安装在顶料气缸的两个极限工作位置的磁感应接近开关。1Y1 和 2Y1 分别为控制推料气缸和顶料气缸的电磁阀的电磁控制端。通常这两个气缸的初始位置均设定在缩回状态。

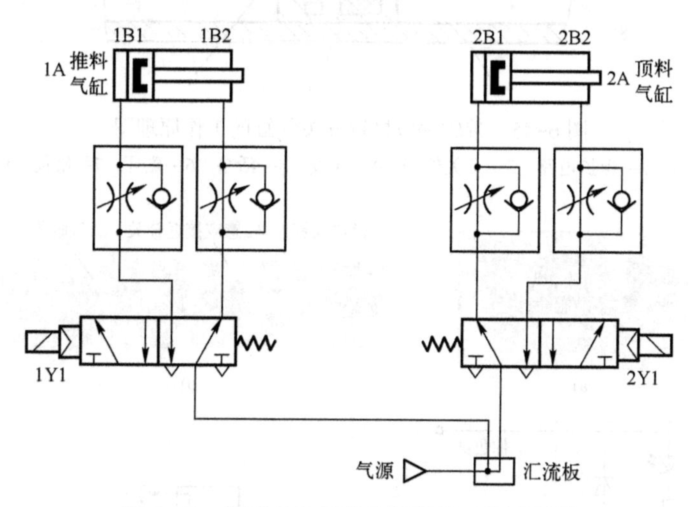

图 6-44　供料单元气动控制回路工作原理图

1）YL-335B 供料单元气路连接步骤。

① 从汇流板开始，按图 6-43 所示的气动控制回路原理图连接电磁阀、气缸。连接时注意气管走向应按序布置，均匀美观，不能交叉、打折。

② 气管要在快速接头中插紧，不能够有漏气现象。

2）气路调试方法。

① 用电磁换向阀上的手动换向加锁钮验证顶料气缸和推料气缸的初始位置和动作位置是否正确。

② 调整气缸的节流阀以控制活塞杆的往复运动速度，活塞伸出速度以不推倒工件为宜。

6.3 生产线常用的传感器及安装接线

1. 磁感应接近开关

磁感应接近开关用来检测气缸活塞位置的，即检测活塞的运动行程的。气缸的活塞上安装一个用永久磁铁制作的磁环，从而提供一个反映气缸活塞位置的磁场。而安装在气缸外侧的磁感应接近开关是用舌簧开关作为磁场检测元件。当气缸中随活塞移动的磁环靠近开关时，舌簧开关的两根簧片被磁化而相互吸引，触点闭合；当磁环移开开关后，簧片失磁，触点断开。触点闭合或断开即提供了气缸活塞伸出或缩回的位置。带磁感应接近开关气缸的工作原理图如图 6-45 所示。磁感应接近开关实物及内部电路原理图如图 6-46 所示。

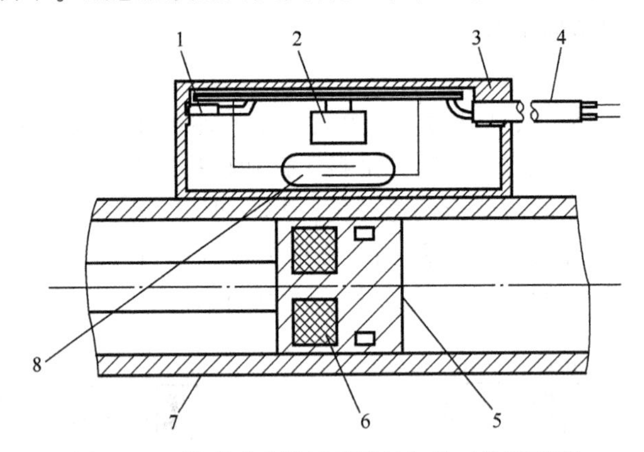

图 6-45　带磁感应接近开关气缸的工作原理图

1—动作指示灯　2—保护电路　3—开关外壳　4—导线　5—活塞　6—磁环　7—缸筒　8—舌簧开关

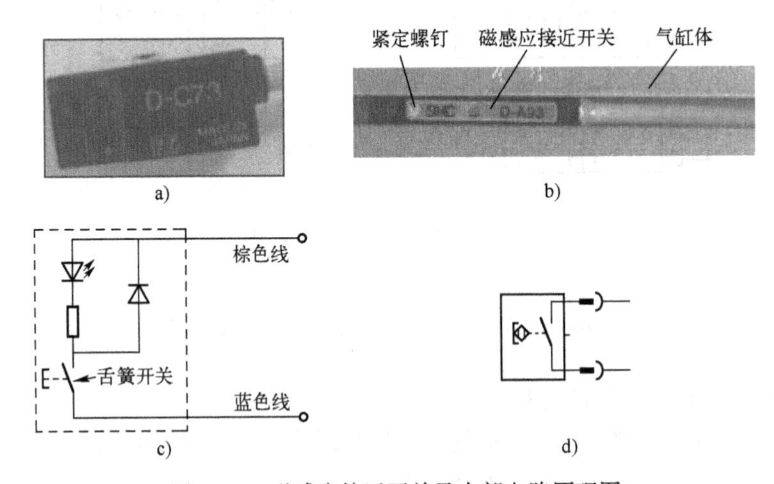

图 6-46　磁感应接近开关及内部电路原理图

a）D-C73 型磁感应接近开关　b）D-A93 型磁感应接近开关　c）内部电路原理图　d）图形符号

磁感应接近开关安装位置的调整方法是松开它的紧定螺钉，让磁感应接近开关顺着气缸滑动，到达指定位置后，再旋紧紧定螺钉。

磁感应接近开关的输出为棕色（+）和蓝色（-）2 根线，连接时蓝色线连接直流电源“-”，棕色线连接 PLC 的输入点。

2. 电感式接近开关

电感式接近开关是利用电涡流效应制造的传感器，当被测金属物体接近电感线圈时产生了涡流效应，引起振荡器振幅或频率的变化，由传感器的信号调理电路（包括检波、放大、整形和输出等电路）将该变化转换成开关量输出，从而达到检测目的。其工作原理框图如

图 6-47 所示。

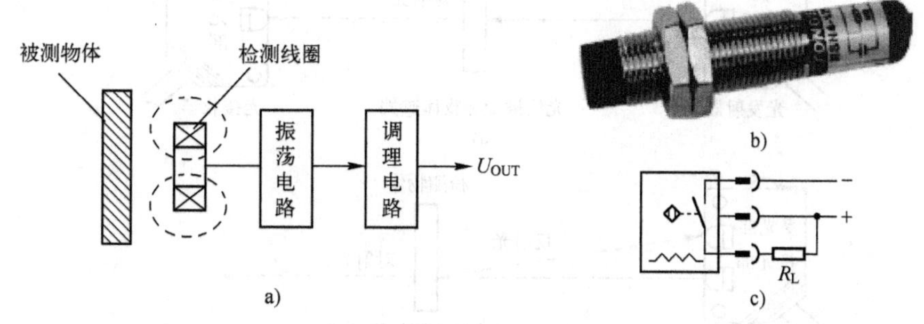

图 6-47　电感式传感器

a）原理图　b）实物图　c）图形符号

在接近开关的选用和安装中，必须认真考虑检测距离、设定距离，保证生产线上的传感器可靠动作。安装距离说明如图 6-48 所示。

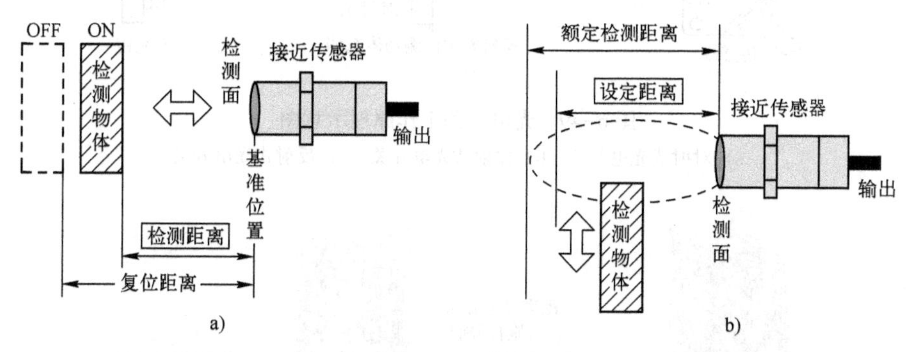

图 6-48　安装距离说明

a）检测距离　b）设定距离

3. 光电传感器

光电传感器是利用光的各种性质，检测物体的有无和表面状态变化等的传感器。其中输出形式为开关量的传感器为光电开关。如果光发射器发射的光线因检测物体不同而被遮挡或反射时，到达接收器的光量将会发生变化。光接收器的敏感元件将检测出这种变化，并转换为电气信号进行输出。光电开关大多使用红外线。按照光接收器接收光的方式不同，光电开关可分为对射式、反射式和漫射式三种，如图 6-49 所示。

漫射式光电开关是利用光照射到被测物体上后反射回来的光线而工作的，由于物体反射的光线为漫射光，故称为漫射式光电开关。它的光发射器与光接收器处于同一侧位置，且为一体化结构。在工作时，光发射器始终发射检测光，若接近开关前方一定距离内没有物体，则没有光被反射到接收器，接近开关处于常态而不动作；反之若接近开关的前方一定距离内出现物体，只要反射回来的光强度足够，则接收器接收到足够的漫射光就会使接近开关动作而改变输出的状态。图 6-49b 为漫射式光电接近开关的工作原理示意图。

OMRON 公司的 E3Z-L61 型放大器内置型光电开关（细小光束型，NPN 型晶体管集电极开路输出），如图 6-50 所示。该光电开关的外形和顶端面上的调节旋钮和显示灯如图 6-50b 所示。

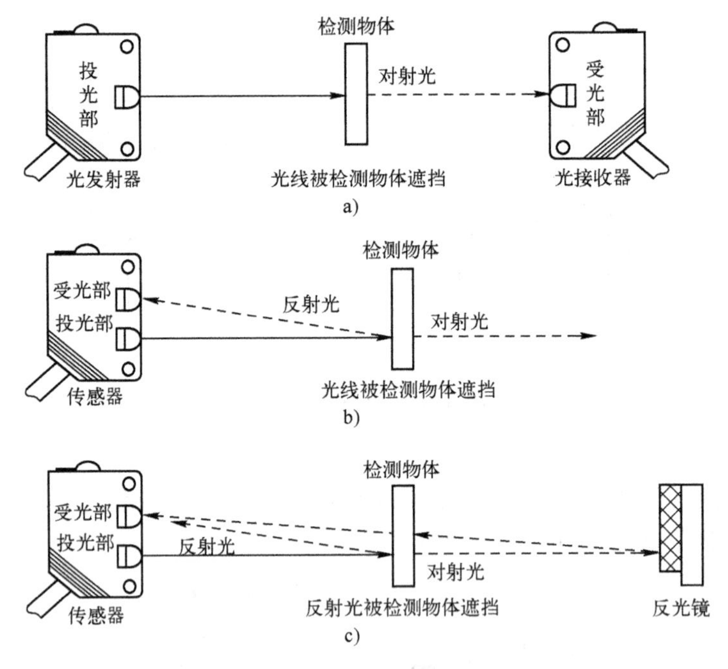

图 6-49　光电开关工作原理示意图

a）对射式光电开关　b）漫射式光电开关　c）反射式光电开关

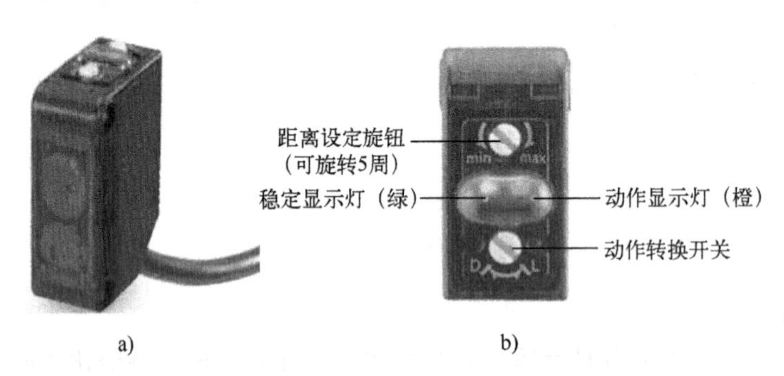

图 6-50　E3Z-L61 光电开关

a）E3Z-L61 型光电开关外形　b）调节旋钮和指示灯

1）动作转换开关的功能是选择受光动作（Light）或遮光动作（Drag）模式。即当此开关按顺时针方向充分旋转时（L 侧），则进入检测 ON 模式；当此开关按逆时针方向充分旋转时（D 侧），则进入检测 OFF 模式。

2）距离设定旋钮是 5 周回转调节器，调整距离时注意逐步轻微旋转，否则调节器会空转。调整的方法是，首先按逆时针方向将距离调节器充分旋到最小检测距离（E3Z-L61 的约 20mm），然后根据要求距离放置检测物体，按顺时针方向逐步旋转距离调节器，找到传感器进入检测条件的点；拉开检测物体距传感器的距离，按顺时针方向进一步旋转距离调节器，找到传感器再次进入检测条件的点，一旦进入，向后旋转距离设定旋钮直到传感器回到非检测状态的点。两点之间的中点为稳定检测物体的最佳位置。该光电开关的内部电路原理示意图如图 6-51 所示。

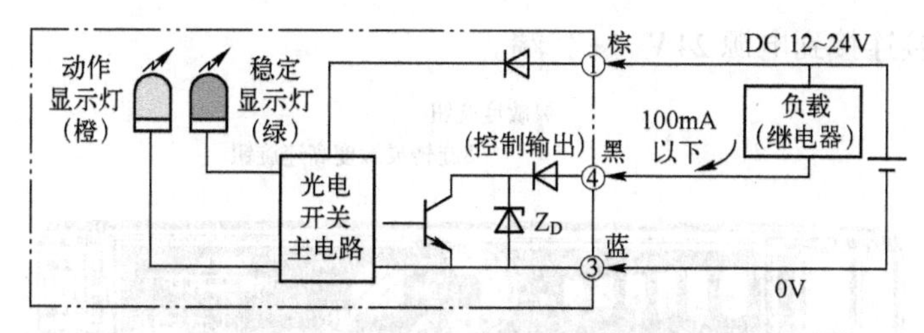

图 6-51　光电开关的内部电路原理示意图

光电开关的输出为棕色（+）、蓝色（-）黑色（NO）3 根线，棕色线连接直流电源的“+”，蓝色线连接直流电源的“-”，黑色线连接 PLC 的输入点。

4. 光纤传感器

光纤传感器由光纤检测头、光纤放大器两部分组成，光纤传感器组件及放大器的安装示意图如图 6-52 所示。放大器和光纤检测头是分离的两个部分，光纤检测头的尾端分成两条光纤，使用时分别插入放大器的两个光纤孔。

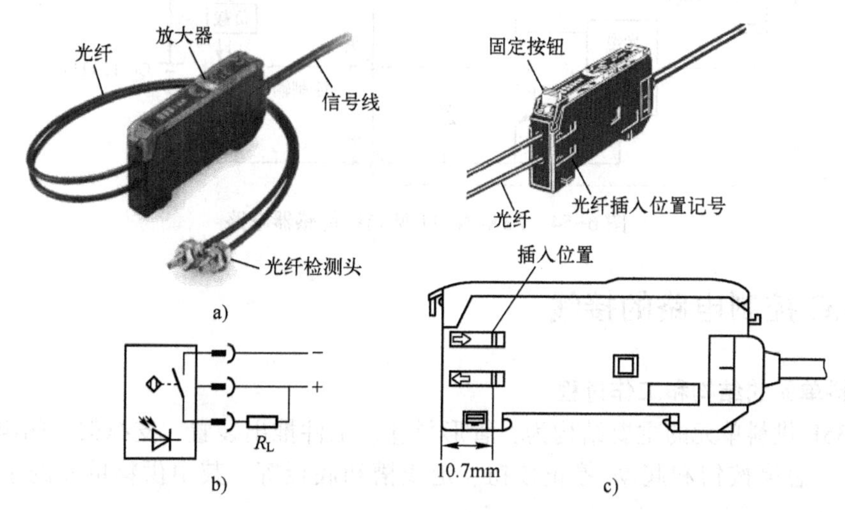

图 6-52　光纤传感器组件外形及放大器的安装示意图
a）光纤传感器组件　b）图形符号　c）放大器安装示意图

光纤传感器也是光电传感器的一种。

利用光纤传感器中放大器灵敏度的调节范围可实现对不同颜色物体的检测。当光纤传感器灵敏度调得较小时，对于反射性较差的黑色物体，光电探测器无法接收到反射信号；而反射性较好的白色物体，光电探测器就可以接收到反射信号。反之，若调高光纤传感器灵敏度，则即使对反射性较差的黑色物体，光电探测器也可以接收到反射信号。

光纤传感器中放大器单元如图 6-53 所示。调节“8 旋转灵敏度高速旋钮”就能进行放大器灵敏度调节（顺时针旋转灵敏度增大）。调节时，会看到“入光量显示灯”发光的变化。当探测器检测到物料时，“动作显示灯”会亮，提示检测到物料。

E3X-NA11 型光纤传感器电路如图 6-54 所示，光纤传感器的输出为棕色（+）、蓝色（-）和黑色（NO）3 根线，棕色线连接直流电源的“+”，蓝色线连接直流电源的“-”，黑色线连接 PLC 的输入点。接线时请注意根据导线颜色判断电源极性和信号输出线，切勿把信号输出线直接连接到电源 24 V “+” 端。

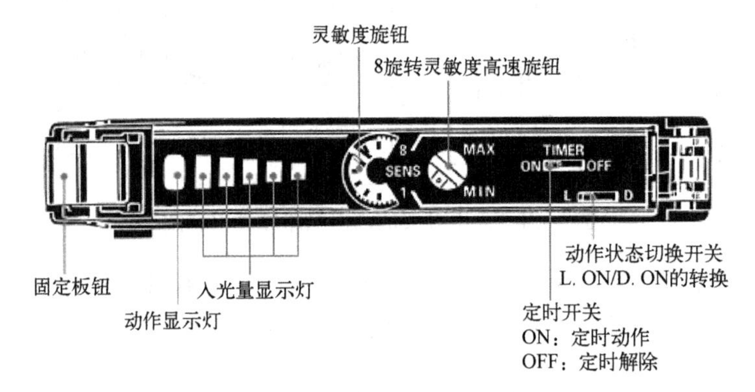

图 6-53　光纤传感器中放大器单元

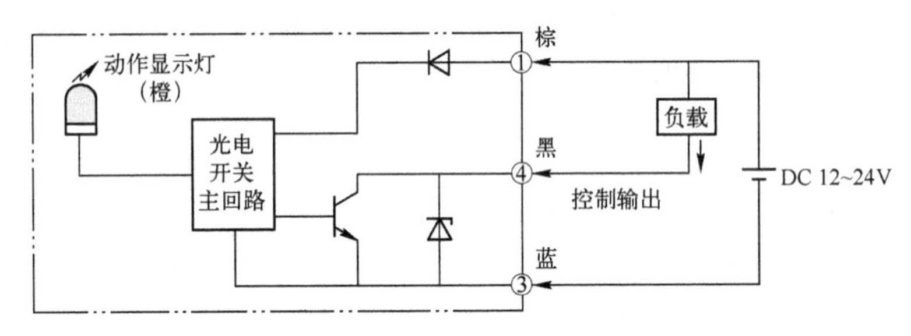

图 6-54　E3X-NA11 型光纤传感器电路

6.4　PLC 控制电路的接线

1. 供料单元的结构和工作过程

YL-335B 供料单元的主要结构为：管形料仓、工件推出装置、支撑架、阀组、端子排组件、PLC、急停按钮和起动/停止按钮、走线槽和底板等。其中供料单元的主要结构如图 6-55 所示。

其中，管形料仓和工件推出装置用于储存工件原料，并在需要时将料仓中最下层的工件推到出料台上。工件推出装置主要由推料气缸、顶料气缸、磁感应接近开关、漫射式光电开关组成。

该部分的工作原理是：工件垂直叠放在料仓中，推料气缸处于料仓的底层并且其活塞杆可从料仓的底部通过。当活塞杆在退回位置时，它与最下层工件处于同一水平位置，而顶料气缸则与次下层工件处于同一水平位置。需要将工件推到出料台上时，首先使顶料气缸的活塞杆推出而压住次下层工件；然后使推料气缸活塞杆推出，从而把最下层工件推到出料台上。在推料气缸返回并从料仓底部抽出后，再使顶料气缸返回，松开次下层工件。这样料仓中的工件在重力的作用下，就自动向下移动一个工件，为下一次推出工件做好准备。

在底座和管形料仓间的第 4 层工件位置，分别安装一个漫射式光电开关。它们的功能是检测料仓中有无储料或储料是否足够。若该部分机构内没有工件，则处于底层和第 4 层位置的两个漫射式光电开关均处于常态；若从底层起仅有 3 个工件，则底层处光电开关动作而第 4 层处光电开关保持常态，表明工件已经快用完了。这样料仓中有无储料或储料是否足够，就可用这两个光电开关的信号状态反映出来。

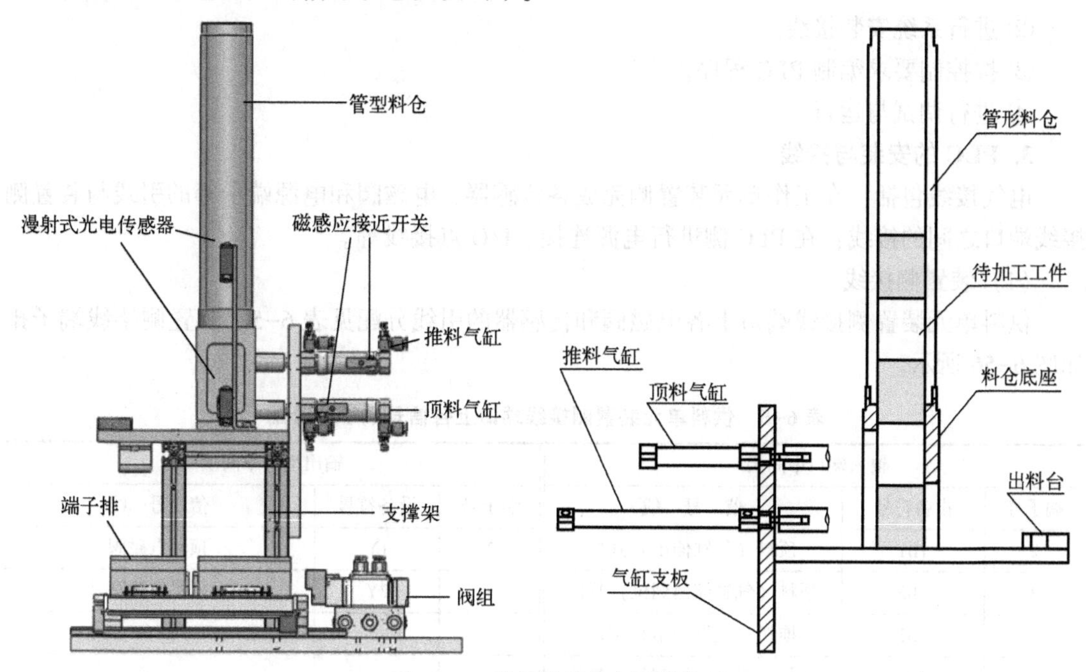

图 6-55　供料单元的主要结构

推料气缸把工件推到出料台上。出料台面开有小孔，出料台下面设有一个圆柱形漫射式光电开关，工作时向上发出光线，从而透过小孔检测是否有工件存在，以便向系统提供本单元出料台有无工件的信号。在输送单元的控制程序中，就可以利用该信号状态来判断是否需要驱动机械手装置来抓取此工件。

2. 工作任务

本任务是实现 YL-335B 供料单元设备运行的控制。工作单元的主令信号和工作状态显示信号来自按钮/指示灯模块，其上的工作方式选择开关 SA 应置于“单站方式”位置。具体的控制要求为：

① 设备上电和气源接通后，若工作单元的两个气缸均处于缩回位置，且料仓内有足够的待加工工件，则“正常工作”指示灯 HL1 常亮，表示设备准备好。否则该指示灯以 1 Hz 频率闪烁。

② 若设备准备好，按下起动按钮，工作单元起动，“设备运行”指示灯 HL2 常亮。起动后，若出料台上没有工件，则应把工件推到出料台上。出料台上的工件被人工取出后，若没有停止信号，则进行下一次推出工件操作。

③ 若在运行中按下停止按钮，则在完成本工作周期任务后，各工作单元停止工作，HL2 指示灯熄灭。

④ 若在运行中料仓内工件不足，则工作单元继续工作，但“正常工作”指示灯 HL1 以 1 Hz 的频率闪烁，“设备运行”指示灯 HL2 保持常亮。若料仓内没有工件，则 HL1 指示灯和 HL2 指示灯均以 2 Hz 频率闪烁。工作站在完成本周期任务后停止。除非向料仓补充足够的工件，否则工作站不能再起动。

要求完成如下任务：

① 规划 PLC 的 I/O 分配及接线端子分配。

② 进行系统安装接线。

③ 按控制要求编制 PLC 程序。

④ 进行调试与运行。

3. PLC 的安装与接线

电气接线包括：在工作单元装置侧完成各传感器、电磁阀和电源端子等的引线与装置侧接线端口之间的接线；在 PLC 侧进行电源连接、I/O 点接线等。

（1）装置侧接线

供料单元装置侧接线端口上各电磁阀和传感器的引线分配见表 6-5。装置侧接线端子排如图 6-56 所示。

表 6-5　供料单元装置侧接线端口上各信号端子的分配

输入端口中间层			输出端口中间层		
端子号	设备符号	信　号　线	端子号	设备符号	信　号　线
2	1B1	顶料（气缸伸出）到位	2	1Y	顶料电磁阀
3	1B2	顶料（气缸缩回到位）复位	3	2Y	推料电磁阀
4	2B1	推料（气缸伸出）到位			
5	2B2	推料（气缸缩回到位）复位			
6	SC1	出料台物料检测			
7	SC2	供料不足检测			
8	SC3	缺料检测			
9	SC4	金属工件检测			
10#～17#端子没有连接			4#～14#端子没有连接		

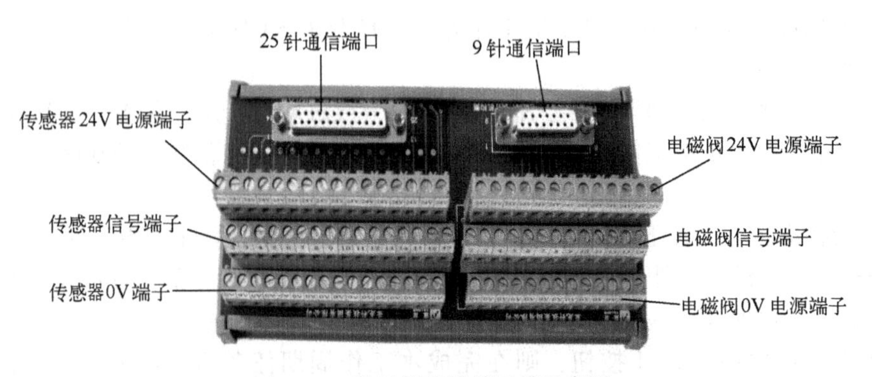

图 6-56　装置侧接线端子排示意图

接线时应注意，装置侧接线端口中，输入端子的上层端子（24 V “+” 端）只能作为传感器的正电源端，切勿用于电磁阀等执行元件的负载。电磁阀等执行元件的正电源端和 0 V 端应连接到输出端子下层端子的相应端子上。装置侧接线完成后，应用扎带绑扎，力求整齐美观。

（2）PLC 侧的接线

包括电源接线、PLC 的 I/O 点与 PLC 侧接线端子排之间的连线、PLC 的 I/O 点与按钮指示灯模块的端子之间的连线。PLC 侧的接线端子采用两层端子结构，如图 6-57 所示。上层端子用以连接各信号线，其端子号与装置侧接线端子相对应。底层端子用以连接 DC 24 V 电源的+24 V 端和 0 V 端。

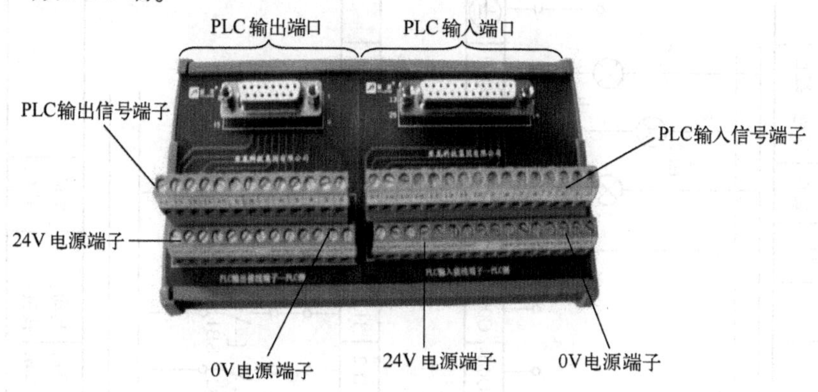

图 6-57　PLC 侧接线端子排

装置侧接线端口与 PLC 侧接线端口之间通过专用电缆连接。其中 25 针接头电缆连接 PLC 的输入信号，15 针接头电缆连接 PLC 的输出信号。

电气接线的工艺应符合国家职业标准的规定，例如，导线连接到端子时，采用压紧端子的压接方法；连接线须有符合规定的标号；每一端子连接的导线不超过 2 根等。

供料单元 PLC 选用 S7-224 AC/DC/RLY 主单元，共 14 点输入和 10 点继电器输出。PLC 的 I/O 信号分配见表 6-6，接线原理图如图 6-58 所示。

表 6-6　供料单元 PLC 的 I/O 信号分配表

输入信号				输出信号			
序号	PLC 输入点	信号名称	信号来源	序号	PLC 输出点	信号名称	信号来源
1	I0.0	顶料气缸伸出到位	装置侧	1	Q0.0	顶料电磁阀	装置侧
2	I0.1	顶料气缸缩回到位		2	Q0.1	推料电磁阀	
3	I0.2	推料气缸伸出到位		3	Q0.2	—	—
4	I0.3	推料气缸缩回到位		4	Q0.3	—	—
5	I0.4	出料台物料检测		5	Q0.4	—	—
6	I0.5	供料不足检测		6	Q0.5	—	—
7	I0.6	缺料检测		7	Q0.6	—	—
8	I0.7	金属工件检测		8	Q0.7	正常工作指示	—
9	I1.0	—	—	9	Q1.0	运行指示	按钮/指示灯模块
10	I1.1	—		10	Q1.1	—	
11	I1.2	停止按钮	按钮/指示灯模块				
12	I1.3	起动按钮					
13	I1.4						
14	I1.5	工作方式选择					

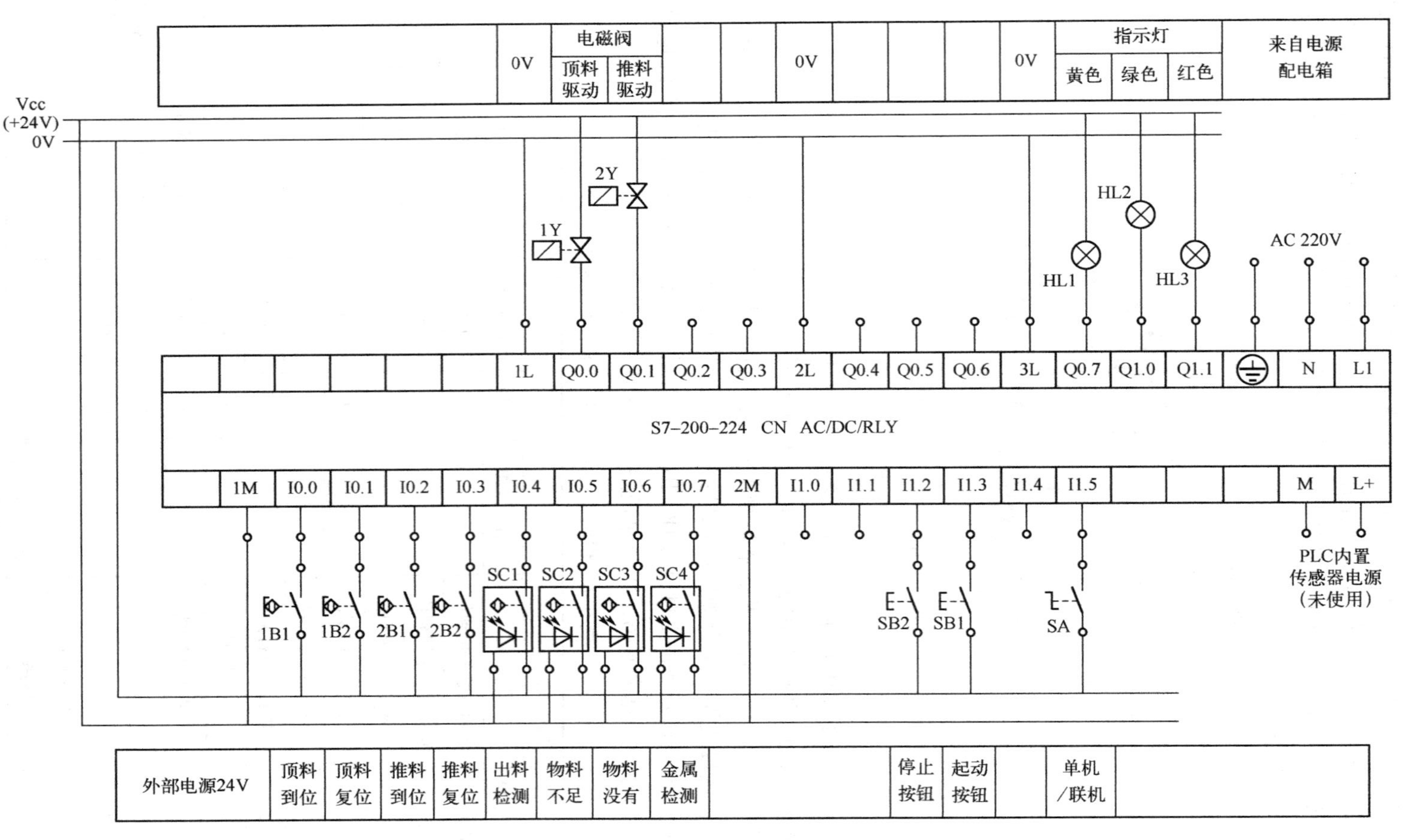

图6-58 供料单元PLC的I/O接线原理图

6.5 PLC 控制梯形图及调试

1. 供料单元单站控制的编程思路

1）程序结构：有两个子程序，一个是系统状态显示子程序，另一个是供料控制子程序。主程序在每一扫描周期都调用系统状态显示子程序，仅当在运行状态已经建立时才可能调用供料控制子程序。

2）PLC 上电后应首先进入初始状态检查阶段，确认系统已经准备就绪后，才允许投入运行，这样可及时发现存在的问题，避免出现事故。例如，若两个气缸在上电和气源接入时不在初始位置，这是气路连接错误的缘故，显然在这种情况下不允许系统投入运行。这是 PLC 控制系统的常规要求。

3）供料单元运行的主要过程是供料控制，它是一个步进顺序控制过程。

4）如果没有停止要求，顺控过程将周而复始地不断循环。常见的顺序控制系统正常停止的要求是接收到停止指令后，系统在完成本工作周期任务即返回到初始步后才停止下来。

5）当料仓中最后一个工件被推出后，将发生缺料报警。推料气缸复位到位，即完成本工作周期任务就返回到初始步时停止下来。

按上述分析，可画出如图 6-59 所示的系统主程序。

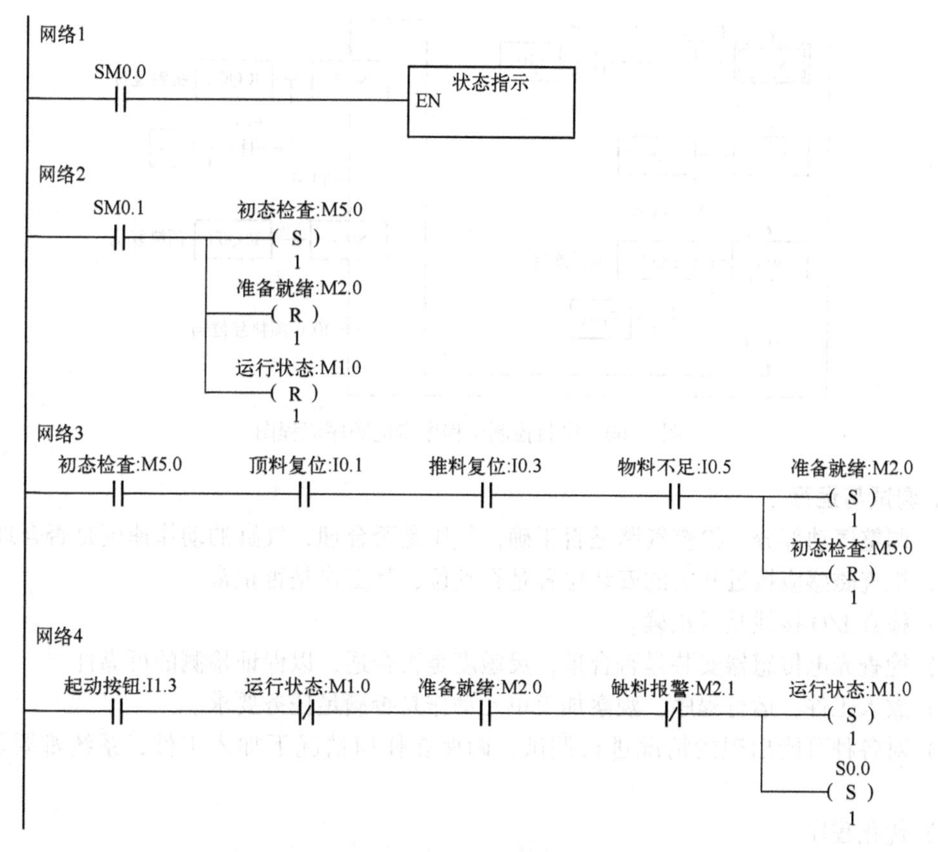

图 6-59　主程序梯形图

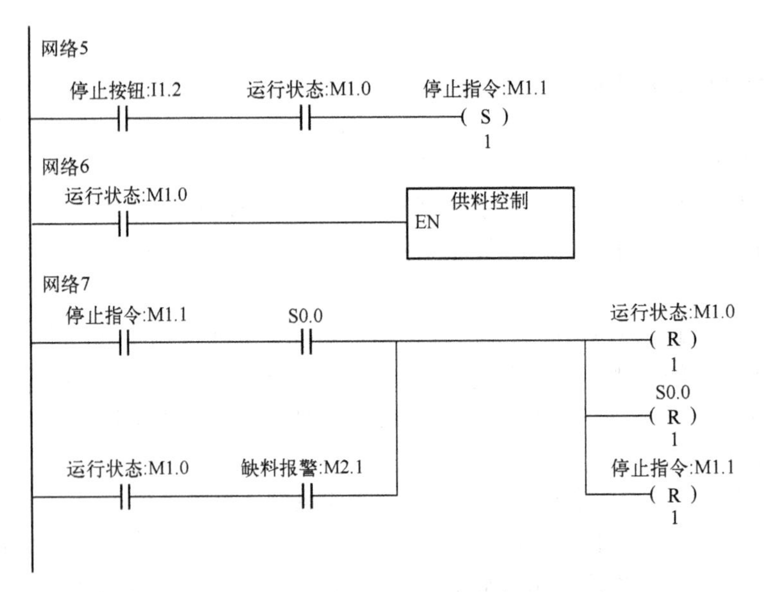

图 6-59　主程序梯形图（续）

供料控制子程序的步进顺序流程如图6-60所示。其中初始步S0.0在主程序中，当系统准备就绪且接收到启动脉冲时被置位。

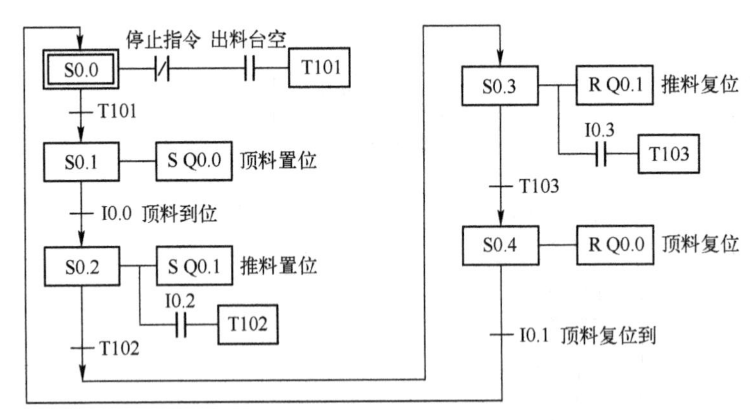

图 6-60　供料控制子程序步进顺序流程图

2. 调试与运行

1）调整气动部分，检查气路是否正确，气压是否合理，气缸的动作速度是否合理。

2）检查磁感应接近开关的安装位置是否到位，其工作是否正常。

3）检查I/O接线是否正确。

4）检查光电传感器安装是否合理，灵敏度是否合适，以保证检测的可靠性。

5）放入工件，运行程序，观察加工单元动作是否满足任务要求。

6）对各种可能出现的情况进行调试，确保在任何情况下加入工件，系统都要能可靠工作。

7）优化程序。

6.6 习题

1. 用 PLC 构成液体混合模拟控制系统，如图 6-61 所示。控制要求如下：按下起动按钮，电磁阀 Y1 闭合，开始注入液体 A，按 L2 按钮表示液体到了 L2 的高度，停止注入液体 A。同时电磁阀 Y2 闭合，注入液体 B，按 L1 按钮表示液体到了 L1 的高度，停止注入液体 B，起动搅拌机 M，搅拌 4 s，停止搅拌。同时 Y3 为 ON，开始放出液体至液体高度为 L3，再经 2 s 停止放出液体。同时液体 A 注入，开始循环。按停止按钮，所有操作都停止，须重新起动。要求列出 I/O 分配表，编写梯形图程序并上机调试程序。

2. 用 PLC 构成四节传送带控制系统，如图 6-62 所示。控制要求如下：起动后，先起动最末位的皮带机 M4，1 s 后再依次起动其他的皮带机；停止时，先停止最初的皮带机 M1，1 s 后再依次停止其他的皮带机；当某条皮带机发生故障时，该机及前面的皮带机应立即停止，后面的皮带机按每隔 1 s 顺序停止；当某条皮带机有重物时，该皮带机前面的皮带机应立即停止，该皮带机运行 1 s 后停止，再 1 s 后接下去的一台停止，以此类推。要求列出 I/O 分配表，编写四节传送带故障设置控制梯形图程序和载重设置控制梯形图程序并上机调试程序。

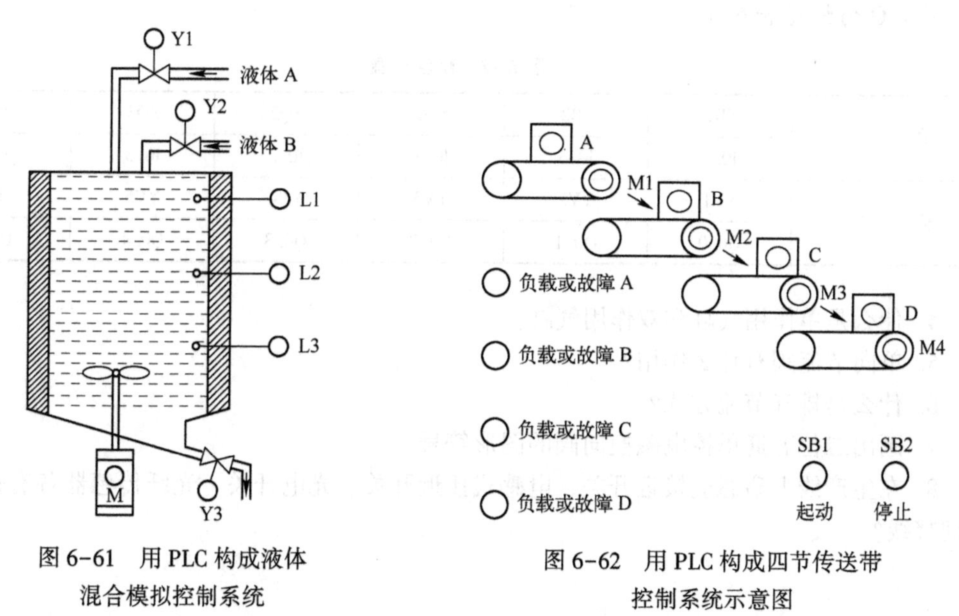

图 6-61 用 PLC 构成液体混合模拟控制系统

图 6-62 用 PLC 构成四节传送带控制系统示意图

3. 用数据移位指令来实现机械手动作的模拟，编程后上机运行并调试程序。图 6-63a 为一个将工件由 *A* 处传送到 *B* 处的机械手，上升/下降和左移/右移的执行用双线圈两位电磁阀推动气缸完成。当某个电磁阀线圈通电，就一直保持现有的机械动作，例如一旦下降的电磁阀线圈通电，机械手下降，即使线圈再断电，仍保持现有的下降动作状态，直到相反方向的线圈通电为止。另外，夹紧/放松由单线圈两位电磁阀推动气缸完成，线圈通电执行夹紧动作，线圈断电时执行放松动作。设备装有上、下限位开关和左、右限位开关，它的工作过程如图 6-63b 所示，共有 8 个动作，为：

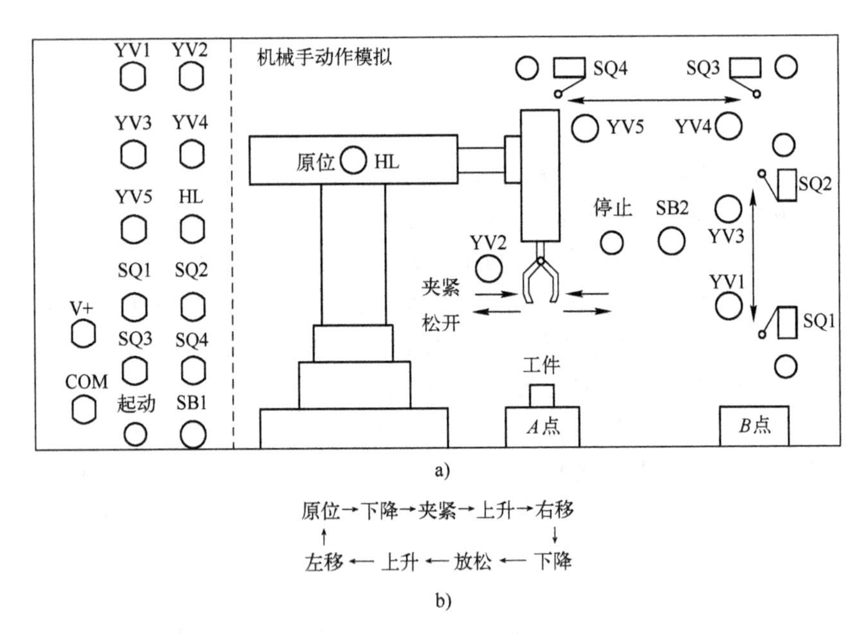

图 6-63　机械手动作模拟图

其 I/O 分配见表 6-7。

表 6-7　I/O 分配

输　入	SB1	SB2	SQ1	SQ2	SQ3	SQ4
	I0. 0	I0. 5	I0. 1	I0. 2	I0. 3	I0. 4
输　出	YV1	YV2	YV3	YV4	YV5	HL
	Q0. 0	Q0. 1	Q0. 2	Q0. 3	Q0. 4	Q0. 5

4. 什么是单作用气缸和双作用气缸？
5. 单向节流阀有什么作用？
6. 什么是排气节流方式？
7. 画出二位五通单控电磁换向阀的图形符号。
8. 在生产线上磁感应接近开关、电感式接近开关、光电开关、光纤传感器各有何作用？如何接线？

第7章　S7-200 PLC的通信与网络

本章要点

- S7-200 PLC 通信部件的介绍
- S7-200 PLC 的通信协议与通信
- S7-200 PLC 的通信实例

7.1　S7-200 PLC 通信部件介绍

在本节中将介绍S7-200通信的有关部件，包括通信端口、PC/PPI和PROFIBUS电缆、网络连接器和中继器及相应通信扩展模块等。

7.1.1　通信端口

S7-200系列PLC内部集成的PPI接口的物理特性为RS-485串行接口，为9针D型，该端口也符合欧洲标准EN50170中PROFIBUS标准。S7-200 CPU上的通信端口外形如图7-1所示。

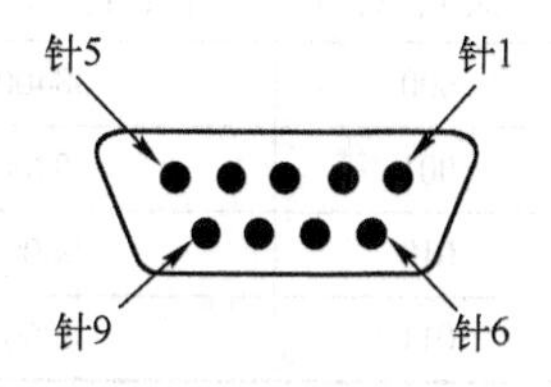

图7-1　S7-200 CPU上的通信端口外形

在进行调试时，将S7-200 PLC接入网络时，该端口一般是作为端口1出现的，作为端口1时端口各个引脚的名称及其表示的意义见表7-1。端口0为所连接的调试设备的端口。

表7-1　S7-200 PLC 通信端口各引脚名称

引脚	名　称	端口0/端口1	引脚	名　称	端口0/端口1
1	屏蔽	机壳接地	6	+5 V	+5 V、100 Ω 串联电阻
2	24 V 返回	逻辑接地	7	+24 V	+24 V
3	RS-485 信号 B	RS-485 信号 B	8	RS-485 信号 A	RS-485 信号 A
4	发送申请	RTS（TTL）	9	不用	10 位协议选择（输入）
5	5 V 返回	逻辑接地	连接器外壳	屏蔽	机壳接地

7.1.2　PC/PPI 电缆

用计算机编程时，一般用PC/PPI（个人计算机/点对点接口）电缆连接计算机与PLC，这是一种低成本的通信方式。PC/PPI电缆外形如图7-2所示。

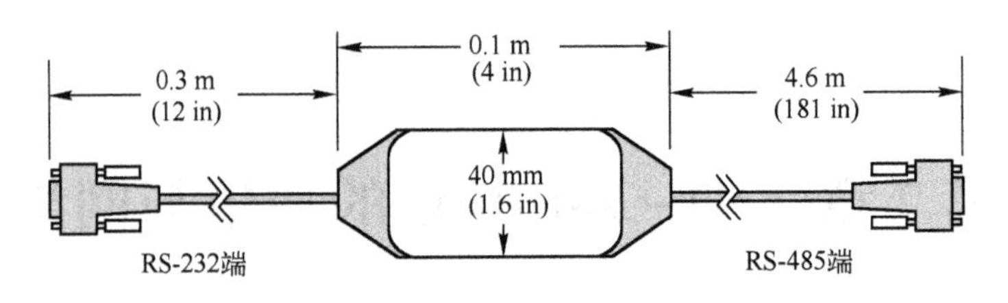

图 7-2　PC/PPI 电缆外形

1. PC/PPI 电缆的连接

将 PC/PPI 电缆有“PC”的 RS-232 端连接到计算机的 RS-232 通信接口，标有“PPI”的 RS-485 端连接到 PLC 的 CPU 模块的通信接口，拧紧两边螺钉即可。

PC/PPI 电缆上的 DIP 开关对应的波特率（见表 7-2）应与编程软件中设置的波特率一致。初学者可选通信速率的默认值 9600 bit/s。4 号开关为 1，选择 10 位模式，4 号开关为 0 就是 11 位模式；5 号开关为 0，选择 RS-232 口设置为数据通信设备（DCE）模式，5 号开关为 1，选择 RS-232 口设置为数据终端设备（DTE）模式。未用调制解调器时，4 号开关和 5 号开关均应设为 0。

表 7-2　DIP 开关设置与波特率的关系

开关 1、2、3	传输速率/(bit/s)	转换时间/ms	开关 1、2、3	传输速率/(bit/s)	转换时间/ms
000	38400	0.5	100	2400	7
001	19200	1	101	1200	14
010	9600	2	110	600	28
011	4800	4			

2. PC/PPI 电缆通信设置

在 STEP7-Micro/WIN 32 的指令树中单击“通信”图标，或从菜单中选择“检视”→“通信”选项，将出现“通信设置”对话框（“→”表示菜单的上下层关系）。在对话框中双击“PC/PPI”电缆的图标，将出现“PC/PG 接口属性”的对话框。单击其中的“属性(Properties)”按钮，出现“PC/PPI 电缆属性”对话框。初学者可以使用默认的通信参数，在“PC/PPI 电缆属性”对话框中按“Default”（默认）按钮可获得默认的参数。

1）计算机和 PLC 在线连接的建立。在 STEP7-Micro/WIN 32 的浏览条中单击“通信”图标，或从菜单中选择“检视”→“通信”选项，将出现“通信连接”对话框，显示尚未建立通信连接。用鼠标双击对话框中的刷新图标，编程软件检查可能与计算机连接的所有 S7-200 CPU 模块（站），在对话框中显示已建立起连接的每个站的 CPU 图标、CPU 型号和站地址。

2）PLC 通信参数的修改。计算机和 PLC 建立起在线连接后，就可以核实或修改 PLC 的通信参数。在 STEP7-Micro/WIN 32 的浏览条中单击“系统块”图标，或从主菜单中选择“检视”→“系统块”选项，将出现“系统块”对话框，单击对话框中的“通信口”选项卡，可设置 PLC 通信接口的参数，默认的站地址是 2，波特率为 9600 bit/s。设置好参数后，单击“确认”按钮退出系统块。设置好后，需将系统块下载到 PLC，设置的参数才会起作用。

3）PLC 信息的读取。要想了解 PLC 的型号和版本、工作方式、扫描速率、I/O 模块配置以及 CPU 和 I/O 模块错误，可选择菜单命令“PLC”→“信息”，将显示出 PLC 的 RUN/STOP 状态、扫描速率、CPU 的版本、错误的情况和各模块的信息。

“复位扫描速率”按钮用来刷新最大扫描速率、最小扫描速率和最近扫描速率。如果 CPU 配有智能模块，要查看智能模块信息时，选中要查看的模块，单击“智能模块信息”按钮，将出现一个对话框，以确认模块类型、模块版本模块错误和其他有关的信息。

7.1.3 网络连接器

利用西门子公司提供的两种网络连接器可以把多个设备容易地连到网络中。两种连接器都有两组螺钉端子，可以连接网络的输入和输出。通过网络连接器上的选择开关可以对网络进行偏置和终端匹配。两个连接器中的一个连接器仅提供连接到 CPU 的接口，而另一个连接器增加了一个编程接口（如图 7-3 所示）。带有编程接口的连接器可以把 SIMATIC 编程器或操作面板增加到网络中，而不用改动现有的网络连接。编程接口连接器把 CPU 的信号传到编程接口（包括电源引线），这个连接器对于连接从 CPU 取电源的设备（例如 TD200 或 OP3）很有用。

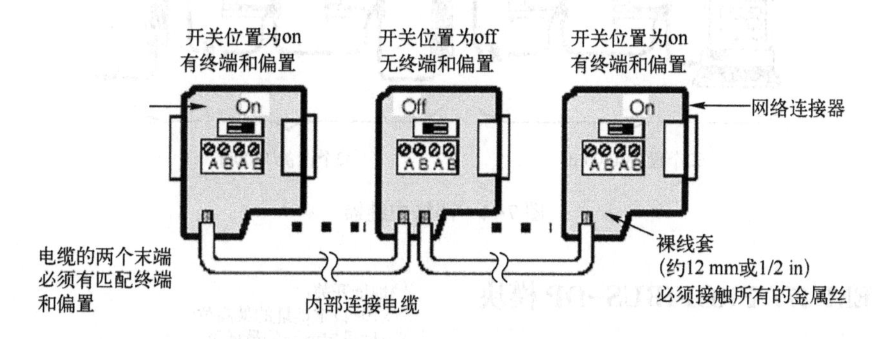

图 7-3　网络连接器

进行网络连接时，连接的设备应共享一个共同的参考点。参考点不同时，在连接电缆中会产生电流，这些电流会造成通信故障或损坏设备。或者将通信电缆所连接的设备进行隔离，以防止不必要的电流。

7.1.4 PROFIBUS 网络电缆

当通信设备相距较远时，可使用 PROFIBUS 电缆进行连接。表 7-3 列出了 PROFIBUS 网络电缆的性能指标。

表 7-3　PROFIBUS 网络电缆的性能指标

通用特性	规　范	通用特性	规　范
类型	屏蔽双绞线	电缆容量	<60 pF/m
导体截面积	24AWG（0.22 mm²）或更粗	阻抗	100~200 Ω

PROFIBUS 网络的最大长度有赖于波特率和所用电缆的类型。表 7-4 中列出规范电缆网络段的最大长度。

表 7-4 PROFIBUS 网络的最大长度

传输速率/(bit/s)	网络段的最大电缆长度/m	传输速率/(bit/s)	网络段的最大电缆长度/m
9.6~93.75 k	1200	1~1.5 M	200
187.5 k	1000	3~12 M	100
500 k	400		

7.1.5 网络中继器

西门子公司提供连接到 PROFIBUS 网络环的网络中继器，如图 7-4 所示。利用中继器可以延长网络通信距离，允许在网络中加入设备，并且提供了一种隔离不同网络环的方法。在波特率是 9600 bit/s 时，PROFIBUS 允许在一个网络环上最多有 32 个设备，这时通信的最长距离是 1200 m。每个中继器允许加入另外 32 个设备，而且可以把网络再延长 1200 m。在网络中最多可以使用 9 个中继器。每个中继器为网络环提供偏置和终端匹配。

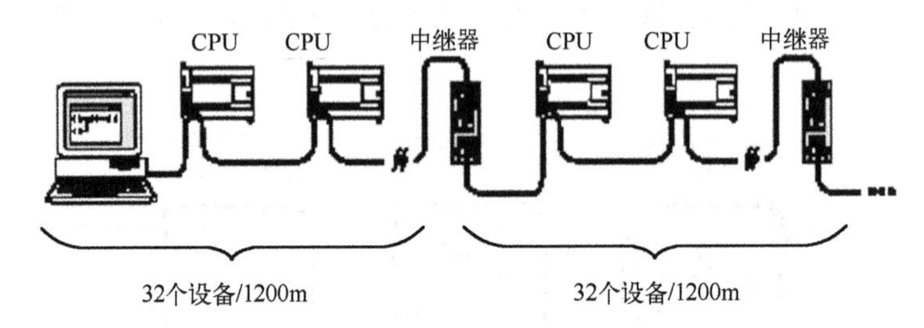

图 7-4 网络中继器

7.1.6 EM 277 PROFIBUS-DP 模块

EM 277 PROFIBUS-DP 模块是专门用于 PROFIBUS-DP 的智能扩展模块。它的外形如图 7-5 所示。EM277 机壳上有一个 RS-485 接口，通过接口可将 S7-200 系列 CPU 连接至网络，它支持 PROFIBUS-DP 和 MPI 从站协议。其上的地址选择开关可进行地址设置，地址范围为 0~99。

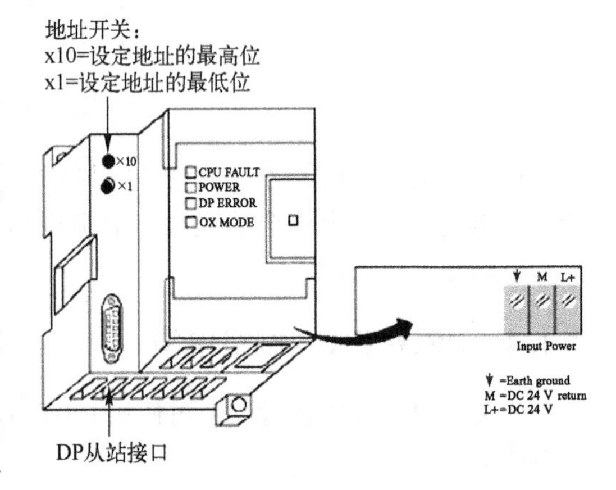

图 7-5 EM 227 PROFIBUS-DP 模块外形

PROFIBUS-DP 是由欧洲标准 EN50170 和国际标准 IEC 61158 定义的一种远程 I/O 通信协议。遵守这种标准的设备，即使是由不同公司制造的，也是兼容的。DP 表示分布式外围设备，即远程 I/O。PROFIBUS 表示过程现场总线。EM 277 模块作为 PROFIBUS-DP 的从站，实现通信功能。

除以上介绍的通信模块外，还有其他的通信模块。如用于本地扩展的 CP 243-2 通信处理器，利用该模块可增加 S7-200 系列 CPU 的输入、输出点数。

通过 EM 277 PROFIBUS-DP 从站扩展模块，可将 S7-200 CPU 连接到 PROFIBUS-DP 网络。EM 277 经过串行 I/O 总线连接到 S7-200 CPU。PROFIBUS 网络经过其 DP 通信端口，

连接到 EM 277 PROFIBUS-DP 模块。这个端口可运行于 9600 bit/s~12 Mbit/s 之间的 PROFIBUS 支持的波特率。

作为 DP 从站，EM277 模块接受从主站来的多种不同的 I/O 配置，向主站发送和接收不同数量的数据，这种特性使用户能修改所传输的数据量，以满足实际应用的需要。

与许多 DP 站不同的是，EM 277 模块不仅是传输 I/O 数据，还能读/写 S7-200 CPU 中定义的变量数据块，这样使用户能与主站交换任何类型的数据。首先，将数据移到 S7-200 CPU 中的变量存储器，就可将输入计数值、定时器值或其他计算值传送到主站。类似地，从主站来的数据存储在 S7-200 CPU 中的变量存储器内，并可移到其他数据区。

EM 277 PROFIBUS-DP 模块的 DP 端口可连接到网络上的一个 DP 主站上，但仍能作为一个 MPI 从站与同一网络上（如 SIMATIC 编程器或 S7-300/400 CPU 等）其他主站进行通信。

图 7-6 表示有一个 CPU 224 和一个 EM 277 PROFIBUS-DP 模拟的 PROFIBUS 网络。在这种场合，CPU-315-2 是 DP 主站，并且已通过一个带有 STEP 7 编程软件的 SIMATIC 编程器进行组态。CPU 224 是 CPU 315-2 所拥有的一个 DP 从站，ET 200I/O 模块也是 CPU 315-2 的从站，S7-400 CPU 连接到 PROFIBUS 网络，并且借助于 S7-400 CPU 用户程序中的 XGET 指令，可从 CPU 224 读取数据。

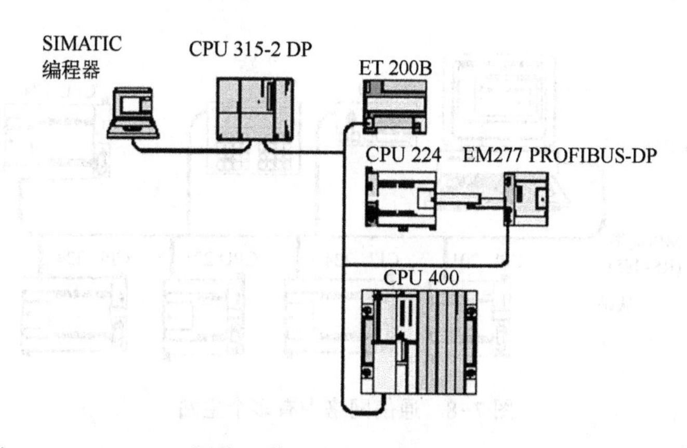

图 7-6　PROFIBUS 网络上的 EM 277 PROFIBUS-DP 模块和 CPU 224

7.2　S7-200 PLC 的通信

7.2.1　概述

S7-200 的通信功能强，有多种通信方式可供用户选择。在运行 Windows 或 Windows NT、Win 7、Win 10 操作系统的个人计算机（PC）上安装了编程软件后，PC 可作为通信中的主站。

1. 单主站方式

单主站与一个或多个从站相连，如图 7-7 所示，SETP-Micro/WIN 每次只与一个 S7-200 CPU 通信，但是它可以访问网络上的所有 CPU。

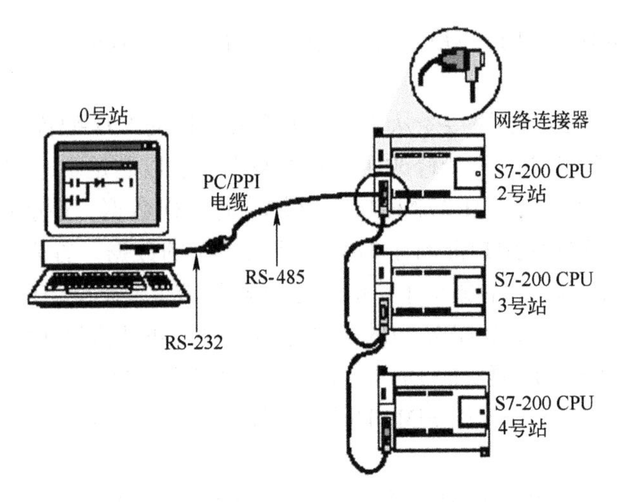

图 7-7　单主站与一个或多个从站相连

2. 多主站方式

通信网络中有多个主站，一个或多个从站。图 7-8 中带 CP 通信卡的计算机和文本显示器 TD 200、操作面板 OP 15 是主站，S7-200 CPU 可以是从站或主站。

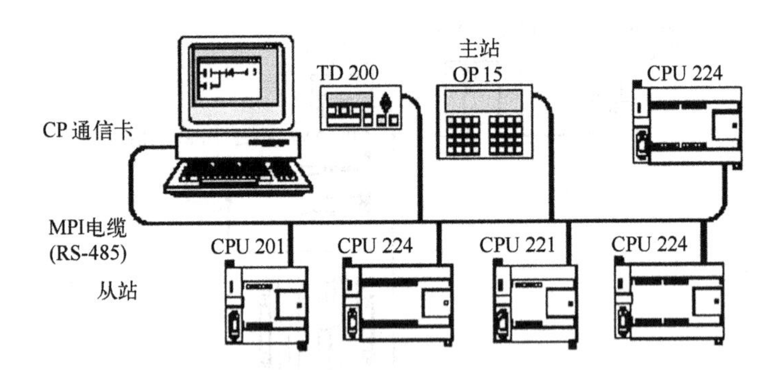

图 7-8　通信网络中有多个主站

3. 使用调制解调器的远程通信方式

利用 PC/PPI 电缆与调制解调器连接，可以增加数据传输的距离。串行数据通信中，串行设备可以是数据终端设备（DTE），也可以是数据发送设备（DCE）。当数据从 RS-485 传送到 RS-232 口时，PC/PPI 电缆是接收模式（DTE），需要将 DIP 开关 5 设置为 1 的位置，当数据从 RS-232 传送到 RS-485 口时，PC/PPI 电缆是发送模式（DCE），需要将 DIP 开关的第 5 个设置为 0 的位置。

S7-200 PLC 单主站通过 11 位调制解调器（Modem）与一个或多个作为从站的 S7-200 CPU 相连，或单主站通过 10 位调制解调器与一个作为从站的 S7-200 CPU 相连。

4. S7-200 通信的硬件选择

表 7-5 给出了可供用户选择的 SETP-Micro/WIN 32 支持的通信硬件和波特率。除此之外，S7-200 PLC 还可以通过 EM 277 PROFIBUS-DP 连接到现场总线网络，各 CP 通信卡提供一个与 PROFIBUS 网络相连的 RS-485 通信口。

表 7-5　SETP-Micro/WIN 32 支持的硬件配置和波特率

支持的硬件	类　型	支持的波特率/(kbit/s)	支持的协议
PC/PPI 电缆	到 PC 通信口的电缆连接器	9.6、19.2	PPI 协议
CP 5511	Ⅱ型，PCMCIA 卡	9.6、19.2、187.5	支持用于笔记本计算机的 PPI，MPI 和 PROFIBUS 协议
CP 5611	PCI 卡（版本 3 或更高）		支持用于 PC 的 PPI、MPI 和 PROFIBUS 协议
MPI	集成在编程器中的 PC ISA 卡		

S7-200 CPU 可支持多种通信协议，如点到点（Point-to-Point）的协议（PPI）、多点协议（MPI）及 PROFIBUS 协议。这些协议的结构模型都是基于开放系统互连参考模型（OSI）的 7 层通信结构。

PPI 协议和 MPI 协议通过令牌环网实现。令牌环网遵守欧洲标准 EN 50170 中的过程现场总线（PROFIBUS）标准。它们都是异步、基于字符的协议，传输的数据带有起始位、8 位数据、奇校验和一个停止位。每组数据都包含特殊的起始和结束标志、源站地址和目的站地址、数据长度和数据完整性检查几部分。只要相互的波特率相同，3 个协议可在同一网络上运行而不互相影响。

自由通信口方式是 S7-200 PLC 的一个很有特色的功能。它使 S7-200 PLC 可以与任何通信协议公开的其他控制器进行通信，即 S7-200 PLC 可以由用户自己定义通信协议，例如 ASCII 协议，波特率最高为 38.4 kbit/s 且可调整，因此使可通信的范围大大增加，使控制系统配置更加灵活方便，可以与任何具有串行接口的外设，如打印机或条形码阅读器、变频器、调制解调器（Modem）、上位机等进行通信。S7-200 系列微型 PLC 用于两个 CPU 间简单的数据交换，用户可通过编程来编制通信协议实现交换数据，例如具有 RS-232 接口的设备可用 PC/PPI 电缆连接起来，进行自由通信方式的通信。利用 S7-200 的自由通信口及有关的网络通信指令，可以将 S7-200 CPU 加入以太网络。

7.2.2　利用 PPI 协议进行网络通信

PPI 协议是西门子专为 S7-200 PLC 开发的一个通信协议，可通过普通的两芯屏蔽双绞线电缆进行联网，波特率为 9.6 kbit/s、19.2 kbit/s 和 187.5 kbit/s 。S7-200 系列 CPU 上集成的编程口同时就是 PPI 通信联网接口。利用 PPI 通信协议进行通信非常简单方便，只用 NETR 和 NETW 两条语句，即可进行数据信号的传递，不需额外再配置模块或软件。

PPI 通信网络是一个令牌传递网，在不加中继器的情况下，最多可以由 31 个 S7-200 系列 PLC、TD 200、OP/TP 面板（或上位机插 MPI 卡）为站点构成 PPI 网。

网络读/写指令 NETR（Network Read）/NETW（Network Write）的格式如图 7-9 所示。

- TBL：缓冲区首地址，操作数为字节。
- PROT：操作端口，CPU 226 的为 0 或 1，其他只能为 0。

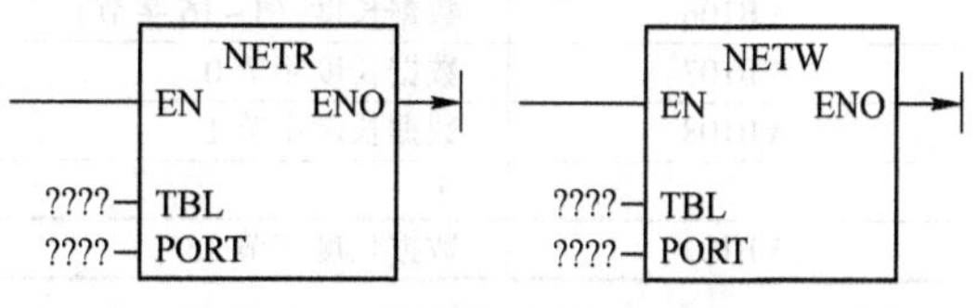

图 7-9　网络读/网络写指令 NETR/ NETW 格式

网络读（NETR）指令是通过端口（PROT）接收远程设备的数据并保存在表（TBL）中。可从远方站点最多读取 16 字节的信息。

网络写（NETW）指令是通过端口（PROT）向远程设备写入表（TBL）中的数据。可向远方站点最多写入 16 字节的信息。

在程序中可以有任意多 NETR/NETW 指令，但在任意时刻最多只能有 8 个 NETR 及 NETW 指令有效。TBL 表的参数定义见表 7-6。表中各参数的意义如下所述。

- 远程站点的地址：被访问的 PLC 地址。
- 数据区指针（双字）：指向远程 PLC 存储区中的数据的间接指针。
- 数据长度：远程站点被访问数据的字节数（1~16）。
- 接收或发送数据区：保存数据的 1~16 个字节，其长度在“数据长度”字节中定义。对于 NETR 指令，此数据区是指执行 NETR 后存放从远程站点读取的数据存储区。对于 NETW 指令，此数据区是指执行 NETW 前发送给远程站点的数据存储区。

表中首字节各位的意义如下所述。

- D：操作已完成。0 表示未完成，1 表示功能完成。
- A：激活（操作已排队）。0 表示未激活，1 表示激活。
- E：错误。0 表示无错误，1 表示有错误。
- 4 位错误代码的说明如下所述。

  0：无错误。

  1：超时错误。远程站点无响应。

  2：接收错误。有奇偶校验错误等。

  3：离线错误。重复的站地址或无效的硬件引起冲突。

  4：排队溢出错误。多于 8 条 NETR/NETW 指令被激活。

  5：违反通信协议。没有在 SMB30 中允许 PPI，就试图使用 NETR/NETW 指令。

  6：非法参数。

  7：没有资源。远程站点忙（正在进行上载或下载）。

  8：第七层错误。违反应用协议。

  9：信息错误。错误的数据地址或错误的数据长度。

表 7-6　TBL 表的参数定义

VB100	D	A	E	0	4 位错误代码
VB101	远程站点的地址				
VB102	指向远程站点的数据区指针				
VB103					
VB104					
VB105					
VB106	数据长度（1~16 字节）				
VB107	数据长度字节 0				
VB108	数据长度字节 1				
⋮	⋮				
VB122	数据长度字节 15				

在 PPI 网络中作为主站的 PLC 程序中，必须在上电第 1 个扫描周期，用特殊存储器 SMB30 指定其主站属性，从而使能其主站模式。SMB30、SMB130 分别是 S7-200 PLC Port0、Port1 自由通信口的控制字节，其各位的含义见表 7-7。

表 7-7　SMB30 和 SMB130 各位的含义

bit7	bit6	bit5	bit4	bit3	bit2	bit1	Bit0
p	p	d	b	b	b	m	m
pp：校验选择。 • 00=不校验 • 01=偶校验 • 10=不校验 • 11=奇校验		d：每个字符的数据位 0=8 位 1=7 位	bbb：自由口波特率（单位：波特）。 • 000=38400 • 001=19200 • 010=9600 • 011=4800		• 100=2400 • 101=1200 • 110=600 • 111=300	mm：协议选择。 • 00=PPI/从站模式 • 01=自由口模式 • 10=PPI/主站模式 • 11=保留（未用）	

在 PPI 模式下，控制字节的 2~7 位是忽略掉的，即 SMB30=0000 0010，用于定义 PPI 主站。SMB30 中协议选择的默认值是 00=PPI 从站，因此从站侧不需要初始化。

【例 7-1】 用 NETR 指令实现两台 PLC 之间的数据通信，用 2 号机的 IB0 控制 1 号机 QB0。1 号机为主站，站地址为 2，2 号机为从站，站地址为 3，编程用计算机的站地址为 0。

从站在通信中是被动的，不需要通信程序。

本例中 1 号机读取 2 号机的 IB0 值并写入本机的 QB0。1 号机的网络读缓冲区内的地址安排见表 7-8。主机中的通信程序如图 7-10 所示。

表 7-8　网络读缓冲区的地址安排

状 态 字 节	远程站地址	指向远程站点的数据指针	数 据 长 度	数 据 字 节
VB100	VB101	VD102	VB106	VB107

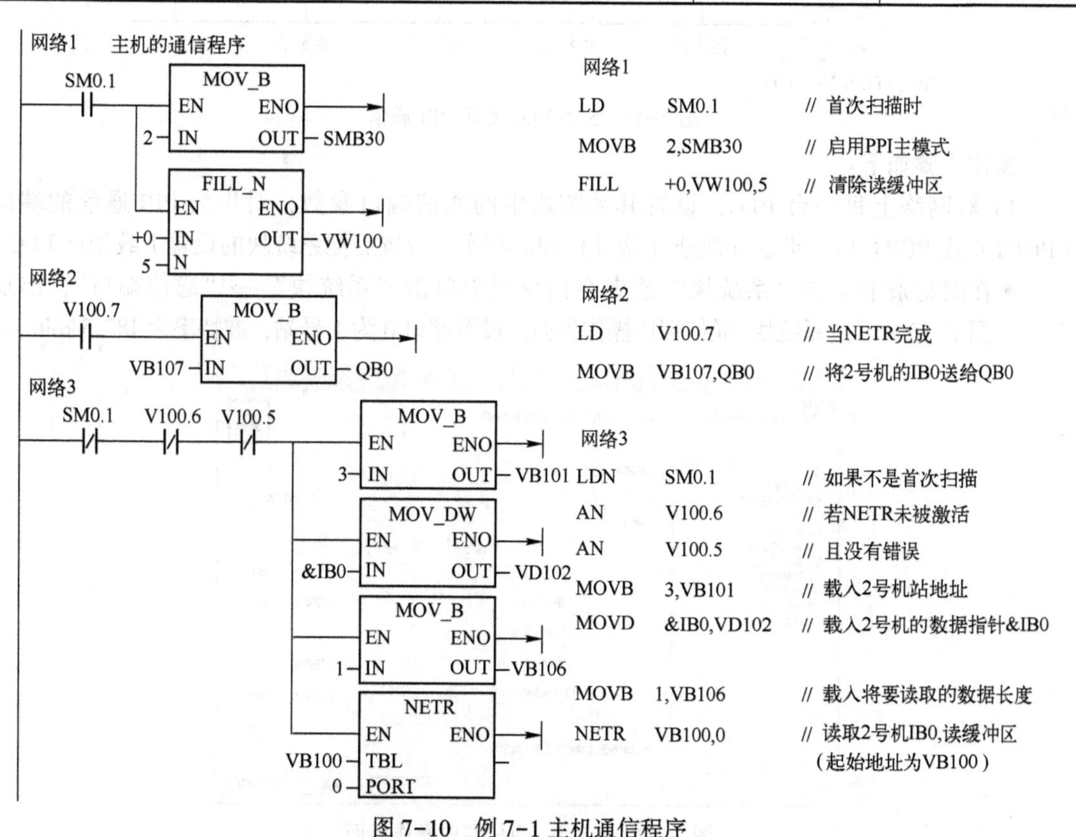

图 7-10　例 7-1 主机通信程序

7.3　S7-200 PLC 的通信实训

1. 实训目的

1）掌握利用网络连接器进行接线的方法。

2）掌握网络读/写指令的使用方法。

3）掌握网络读/写指令向导的使用方法。

2. 实训内容及指导

PPI 协议是 S7-200 CPU 最基本的通信方式，通过原来自身的端口（PORT 0 或 PORT 1）就可以实现通信，是 S7-200 PLC 默认的通信方式。

PPI 是一种主-从协议通信，主-从站在一个令牌环网中，主站发送要求到从站，从站响应；从站不发信息，只是等待主站的要求并对该要求给出响应。如果在用户程序中使能 PPI 主站模式，就可以在主站程序中使用网络读/写指令来读写从站信息，而从站程序没有必要使用网络读/写指令。

如图 7-11 所示的 5 个站，输送站（1 号站）是主站，供料站（2 号站）、加工站（3 号站）、装配站（4 号站）和分拣站（5 号站）为从站。要求各站 PLC 之间要使用 PPI 协议实现通信。

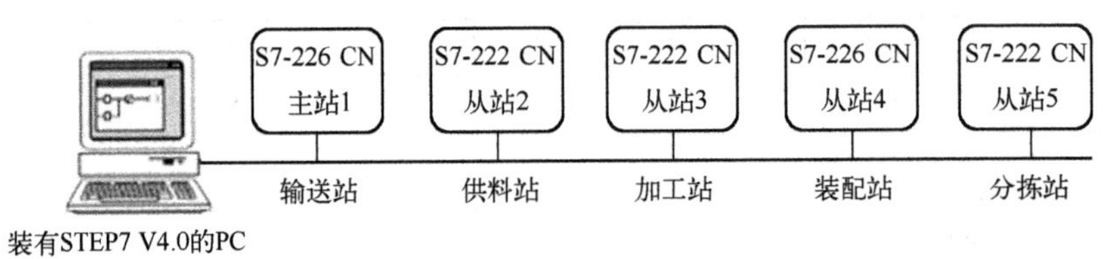

图 7-11　5 个 PLC 实现 PPI 通信

操作步骤如下：

1）对网络上每一台 PLC，设置其系统块中的通信端口参数，对作为 PPI 通信的端口（PORT 0 或 PORT 1），指定其地址（站号）和波特率。设置后把系统块的设置下载到该 PLC。

- 在浏览条中单击“系统块”或者在指令树中单击“系统块”→“通信端口”，出现图 7-12 所示的系统块/通信端口操作界面。设置端口 0 为 1 号站，波特率为 187.5 kbit/s。

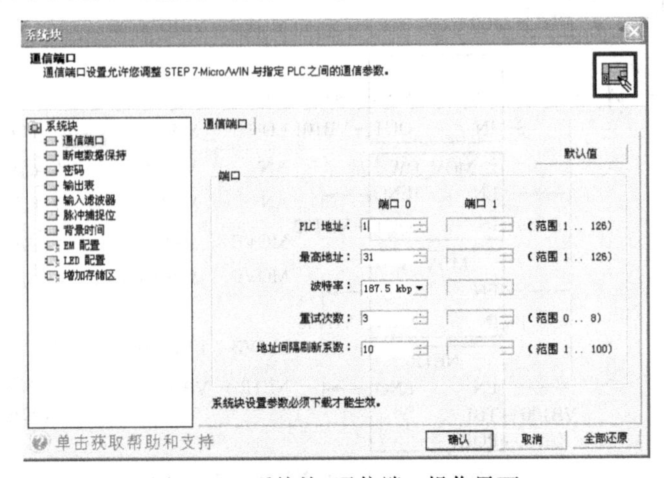

图 7-12　系统块/通信端口操作界面

● 利用PPI/RS-485编程电缆单独地把输送站PLC系统块的设置下载到输送站的PLC。

同样方法设置供料站PLC端口0为2号站，波特率为187.5 kbit/s；加工站PLC端口0为3号站，波特率为187.5 kbit/s；装配站PLC端口0为4号站，波特率为187.5 kbit/s；最后设置分拣站PLC端口0为5号站，波特率为187.5 kbit/s。分别把系统块设置下载到各站相应的PLC中。

注意：各站PLC波特率一定要保持一致，默认为9.6kbit/s；各站PLC的地址不能重复，如有PLC地址重复，PLC将亮起红灯提示；S7-CPU 226 PLC有两个端口（PORT0或PORT1），如果要与其他器件连接，仍然要保持地址一致。

2）利用网络接头（带编程接口的连接器）和网线把各台PLC中用做PPI通信的端口0连接。网络接头如图7-13所示。使用的网络接头中，2~5号站用的是标准网络连接器。

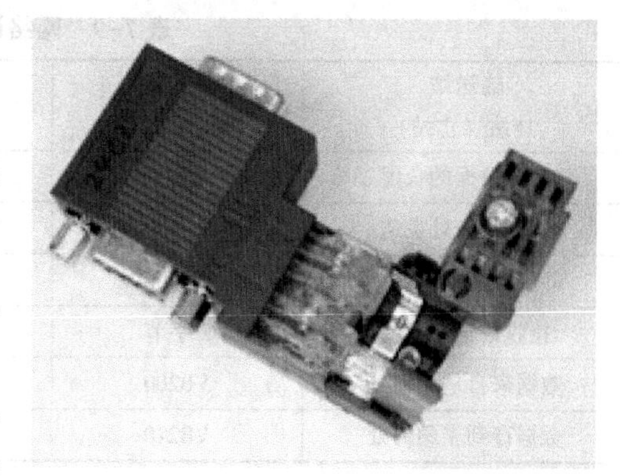

图7-13　带编程接口的连接器

用专用网线连接各站PLC的端口0后，用PC/PPI编程电缆连接网络连接器的编程接口，将主站的运行开关拨到STOP状态。利用SETP7 V4.0软件搜索网络中的5个站，如图7-14所示。如果能全部搜索到，表明网络连接正常。

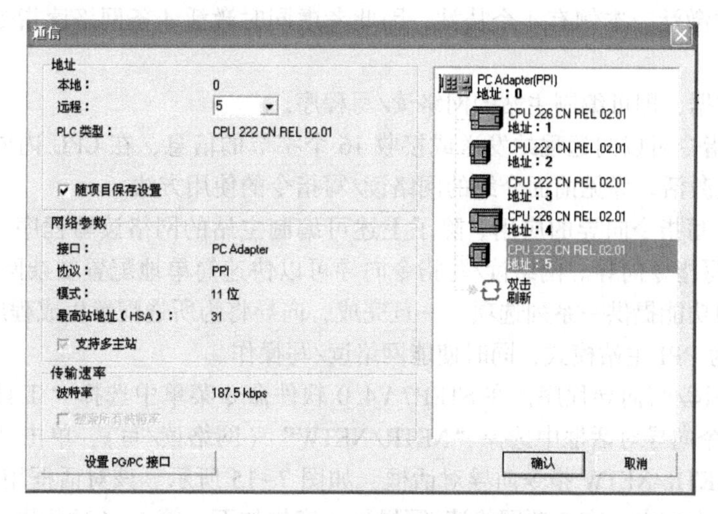

图7-14　PPI网络上的5个站

3）在PPI网络中作为主站的PLC程序中，必须在上电第1个扫描周期，用特殊存储器SMB30指定其主站属性，从而使能其主站模式，即SMB30=0000 0010，用以定义PPI主站。

SMB30中协议选择的默认值是00=PPI从站，因此从站侧不需要初始化。

4）编写主站网络读/写程序段。如前所述，在PPI网络中只有主站程序中使用网络读/写指令来读写从站信息，而从站程序没有必要使用网络读/写指令。

在编写主站的网络读/写程序前，应预先规划好下列数据：

① 主站向各从站发送数据的长度（字节数）。

② 发送的数据位于主站何处。

③ 数据发送到从站的何处。

④ 主站从各从站接收数据的长度（字节数）。

⑤ 主站在从站的何处读取数据。

⑥ 接收到的数据放在主站何处。

以上数据，应根据系统工作要求和信息交换量等统一规划。本实训中所规划的数据见表 7-9。

表 7-9　网络读/写数据规划实例

输送站 1#站（主站）	供料站 2#站（从站）	加工站 3#站（从站）	装配站 4#站（从站）	分拣站 5#站（从站）
发送数据的长度	2 字节	2 字节	2 字节	2 字节
从主站何处发送	VB100	VB100	VB100	VB100
发往从站何处	VB100	VB100	VB100	VB100
接收数据的长度	2 字节	2 字节	2 字节	2 字节
数据来自从站何处	VB200	VB200	VB200	VB200
数据存到主站何处	VB220	VB230	VB240	VB250

网络读/写指令可以向远程站发送或接收 16 个字节的信息，在 CPU 内同一时间最多可以有 8 条指令被激活。本例有 4 个从站，因此考虑同时激活 4 条网络读指令和 4 条网络写指令。

根据上述数据，即可编制主站的网络读/写程序。

网络读/写指令可以向远程站发送或接收 16 个字节的信息，在 CPU 内同一时间最多可以有 8 条指令被激活。详见前面介绍的网络读/写指令的使用方法。

5）网络读/写指令向导的应用。除了上述可编制主站的网络读写程序，更简便的方法是借助网络读/写指令向导。网络读/写指令向导可以快速简单地配置复杂网络的读/写指令操作，为所需的功能提供一系列选项。一旦完成，向导将为所选配置生成程序代码，并初始化指定的 PLC 为 PPI 主站模式，同时使能网络读/写操作。

要启动网络读/写向导程序，在 STEP7 V4.0 软件命令菜单中选择“工具”→“指令向导”，并且在指令向导对话框中选择“NETR/NETW”（网络读/写），单击“下一步”按钮后，就会出现 NETR/NETW 指令向导对话框，如图 7-15 所示。该对话框用以配置网络读/写操作总数。在本例中，有 8 项网络读/写操作，安排如下：第 1~4 项为网络读操作，主站读取各从站数据；第 5~8 项为网络写操作，主站向各从站发送数据。输入“8”后单击“下一步”按钮，出现图 7-16 所示的对话框。

该对话框用以指定进行读/写操作的通信端口和配置完成后生成的子程序名字，完成这些设置后，单击“下一步”按钮，将进入对每一条网络读/写指令的参数进行配置的对话框，如图 7-17 所示。

图 7-17 为第 1 项操作配置（对 2 号站的网络读操作），选择 NETR 操作，按规划填写读取的数据地址。单击“下一项操作”按钮，以此类推，其他单元站网络读操作的配置相似，完成对 4 个从站读操作的参数填写。

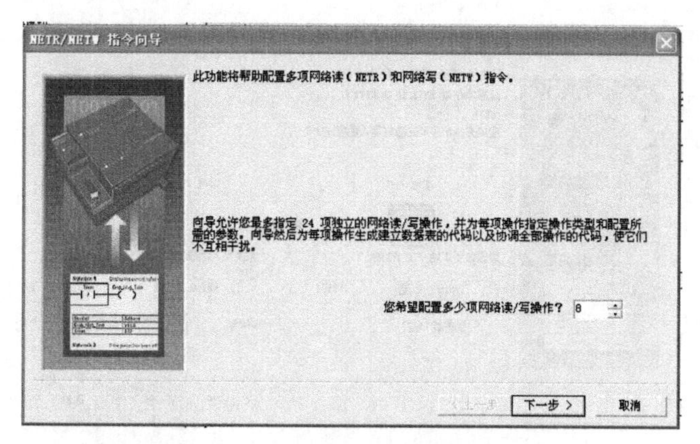

图 7-15　配置的网络读/写操作总数

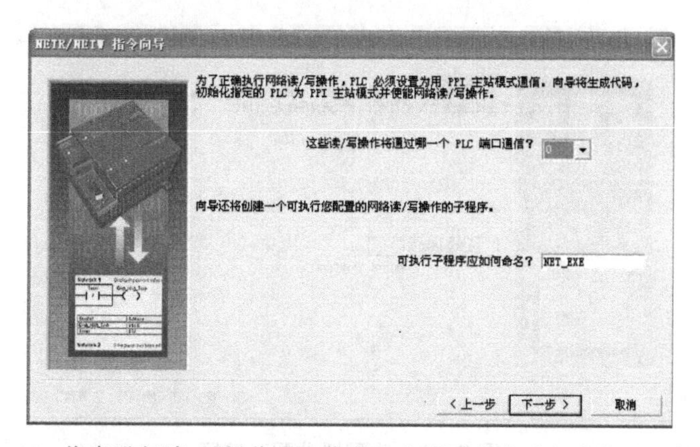

图 7-16　指定进行读/写操作的通信端口和配置完成后生成的子程序名字

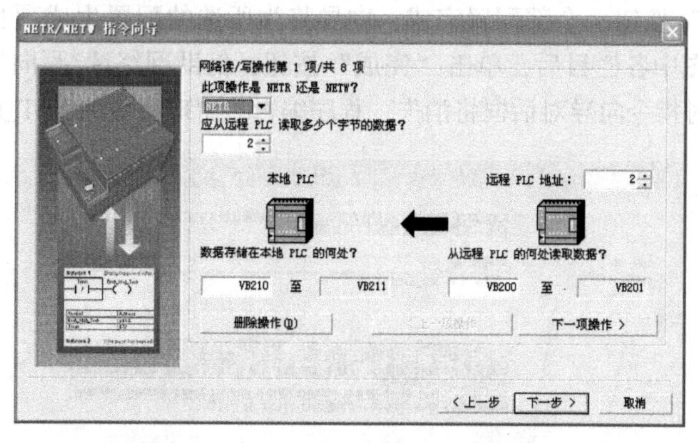

图 7-17　对 2 号站的网络读操作配置

继续单击“下一项操作”按钮，进入第 5 项配置（对 2 号站的网络写操作配置），第 5~第 8 项（网络读/写操作）都选择网络写操作，按事先各站规划逐项填写数据，直至第 8 项（网络读/写操作）配置完成。图 7-18 是对 2 号单元站的网络写操作配置。

第 8 项配置完成后，单击“下一步”按钮，向导程序将要求指定一个 V 存储区的起始地址，以便将此配置放入 V 存储区。这时若在选择框中填入一个 VB 值（例如 VB1075），单击“建议地址”按钮，程序自动建议一个大小合适且未使用的 V 存储区地址范围，如图 7-19 所示。

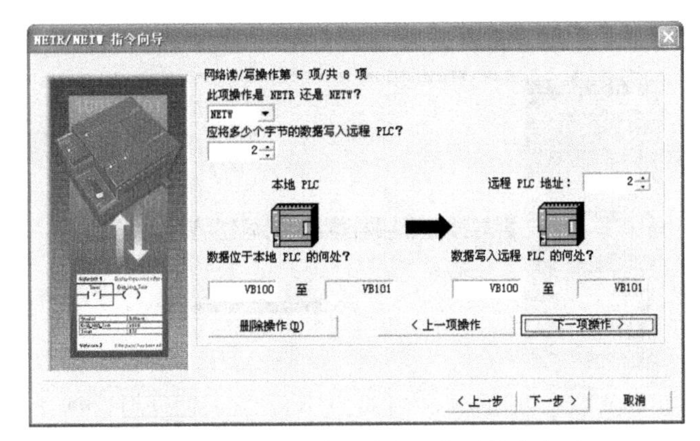

图 7-18　对 2 号单元站的网络写操作配置

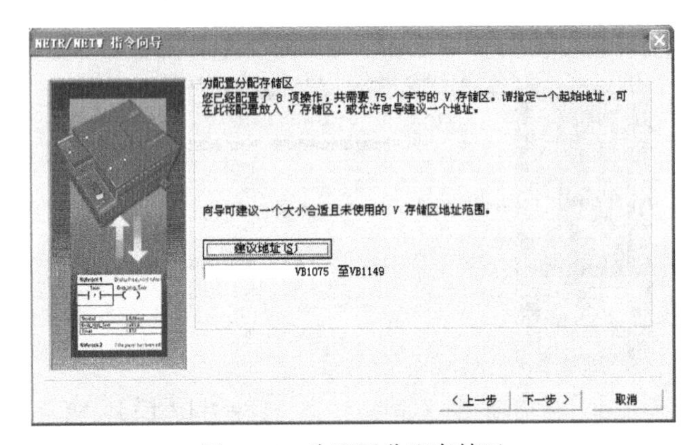

图 7-19　为配置分配存储区

单击“下一步”按钮，全部配置完成，向导将为所选的配置生成项目组件，如图 7-20 所示。修改或确认图中各栏目后，单击“完成”按钮，借助网络读/写向导配置网络读/写操作的过程结束。这时指令向导对话框将消失，程序编辑器窗口将增加 NET_EXE 子程序选项卡。

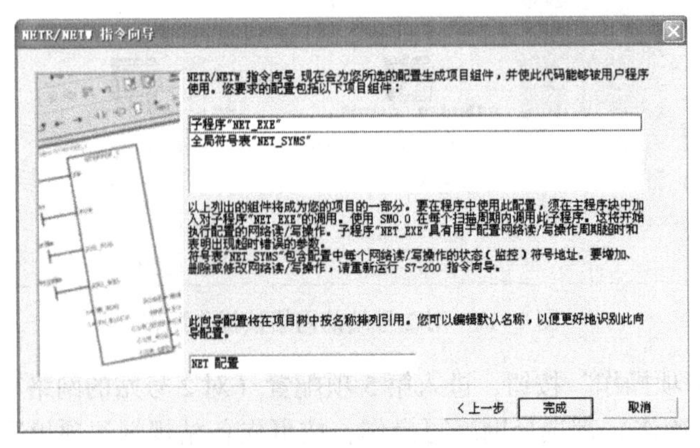

图 7-20　生成项目组件

单击“NET_EXE 子程序”选项卡，显示 NET_EXE 子程序，如图 7-21 所示，这是一个加密的带参数的子程序。应在主程序中调用子程序 NET_EXE，并根据该子程序局部变量表中定义的数据类型对其输入/输出变量进行赋值。使用 SM0.0 在每个扫描周期内调用此子程序，将开始执行配置的网络读/写操作。主程序的梯形图如图 7-22 所示。

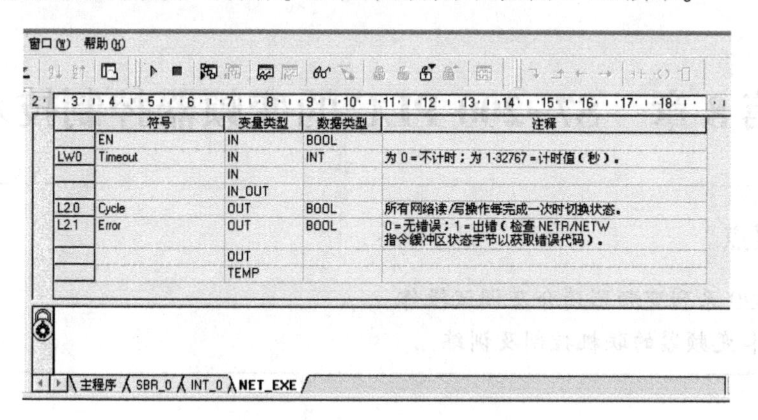

	符号	变量类型	数据类型	注释
	EN	IN	BOOL	
LW0	Timeout	IN	INT	为 0 = 不计时；为 1-32767 = 计时值（秒）。
		IN		
		IN_OUT		
L2.0	Cycle	OUT	BOOL	所有网络读/写操作每完成一次时切换状态。
L2.1	Error	OUT	BOOL	0 = 无错误；1 = 出错（检查 NETR/NETW 指令缓冲区状态字节以获取错误代码）。
		OUT		
		TEMP		

图 7-21　NET_EXE 子程序

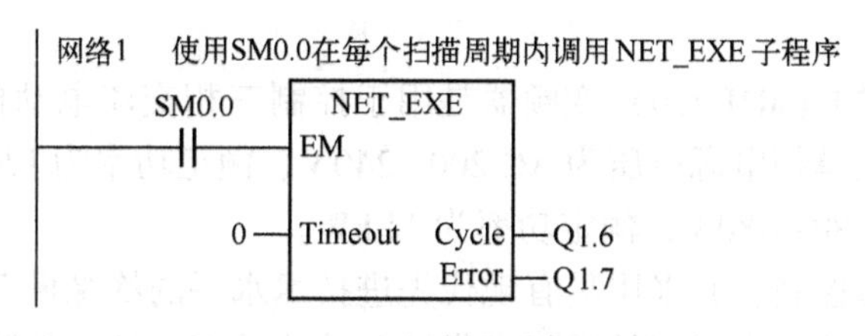

图 7-22　主程序的梯形图

由图 7-21 可见，NET_EXE 有 Timeout、Cycle、Error 等几个参数，它们的含义如下所述。

- Timeout：设定的通信超时时限，1~32 767 s，若为 0，则不计时。
- Cycle：开关量输出，所有网络读/写操作每完成一次切换状态。
- Error：发生错误时报警输出。

本例中 Timeout 设定为 0，Cycle 输出到 Q1. 6，故网络通信时，Q1. 6 所连接的指示灯将闪烁。Error 输出到 Q1. 7，当发生错误时，所连接的指示灯将亮。

6）编写主站和从站网络读/写程序段，确定通信数据传输是否成功。

给主站的 VB100 通过数据块赋初值，并将该值通过 PPI 通信送到各从站。给各从站的 VB200 赋初值，通过 PPI 通信写入到主站制定的存储区。

3. 思考题

用指令向导实现：主站的 IB0 控制 2 号站的 QB0；用 3 号站的 IB0 控制主站的 QB0。

7.4　习题

1. PC/PPI 电缆上的 DIP 开关如何设定？

2. NETR/NETW 指令中各操作数的含义是什么？如何应用？

3. 用 NETW 指令实现两台 PLC 之间的数据通信，用 1 号机的 IB0 控制 2 号机的 QB0。1 号机为主站，站地址为 2，2 号机为从站，站地址为 3，编程用的计算机的站地址为 0。

第8章　S7-200 PLC的变频器控制技术

本章要点

- MM 420系列变频器简介及调试操作
- PLC和变频器的联机控制及训练

8.1　MICROMASTER 420变频器简介

MICROMASTER 420（MM 420）变频器是用于控制三相交流电动机速度的变频器系列。该系列有多种型号，从单相电源电压为AC 200~240 V、额定功率为120 W，到三相电源电压为AC 200~240 V/AC 380~480 V、额定功率为11 kW。

变频器由微处理器控制，并采用具有现代先进技术水平的绝缘栅双极型晶体管（IGBT）作为功率输出器件，因此具有很高的运行可靠性和功能的多样性。其脉冲宽度调制的开关频率是可选的，因而降低了电动机运行的噪声。全面而完善的保护功能为变频器和电动机提供了良好的保护。

MM 420既可用于单机驱动系统，也可集成到“自动化系统”中。MM 420有多种可选件供用户选用：用于与PC通信的通信模块，基本操作面板（BOP），高级操作面板（AOP），用于进行现场总线通信的PROFIBUS通信模块。

8.1.1　MM 420系列变频器的配线

变频器采用恒转矩、V/F控制方式，输出频率的范围为0~650 Hz。MM 420还有内部PID调节功能，改善了调节性能；并增加了二进制连接（BICO）的功能。变频器的接线端子分为主电路端子和控制电路端子，主电路为变频器与工作电源、电动机之间的接线，控制电路的控制信号为微弱的电压、电流信号。MM 420的基本配线如图8-1所示。

变频器可以通过外部模拟量输入接口（3、4），通过0~10 V的模拟量输入信号、3点开关量输入信号（5、6、7）与1点开关量输出信号（10、11）进行控制；12、13端子为模拟量输出0~20 mA信号，其功能也是可编程的，用于输出显示运行频率、电流等。

变频器提供了三种频率设定方式：外接电位器设定、0~10 V电压设定和4~20 mA电流设定。当用电压或电流设定时，最大的电压或电流对应变频器输出频率设定的最大值。变频器有两路频率设定通道，开环控制时只用AIN1通道，闭环控制时使用AIN2通道作为反馈输入，两路频率设定可进行叠加。

14、15为通信接口端子，是一个标准的RS-485接口。S7-200/300/400系列PLC通过此通信接口，可以实现对变频器的远程控制，包括运行/停止及频率设定控制，也可以与端子控制进行组合完成对变频器的控制。

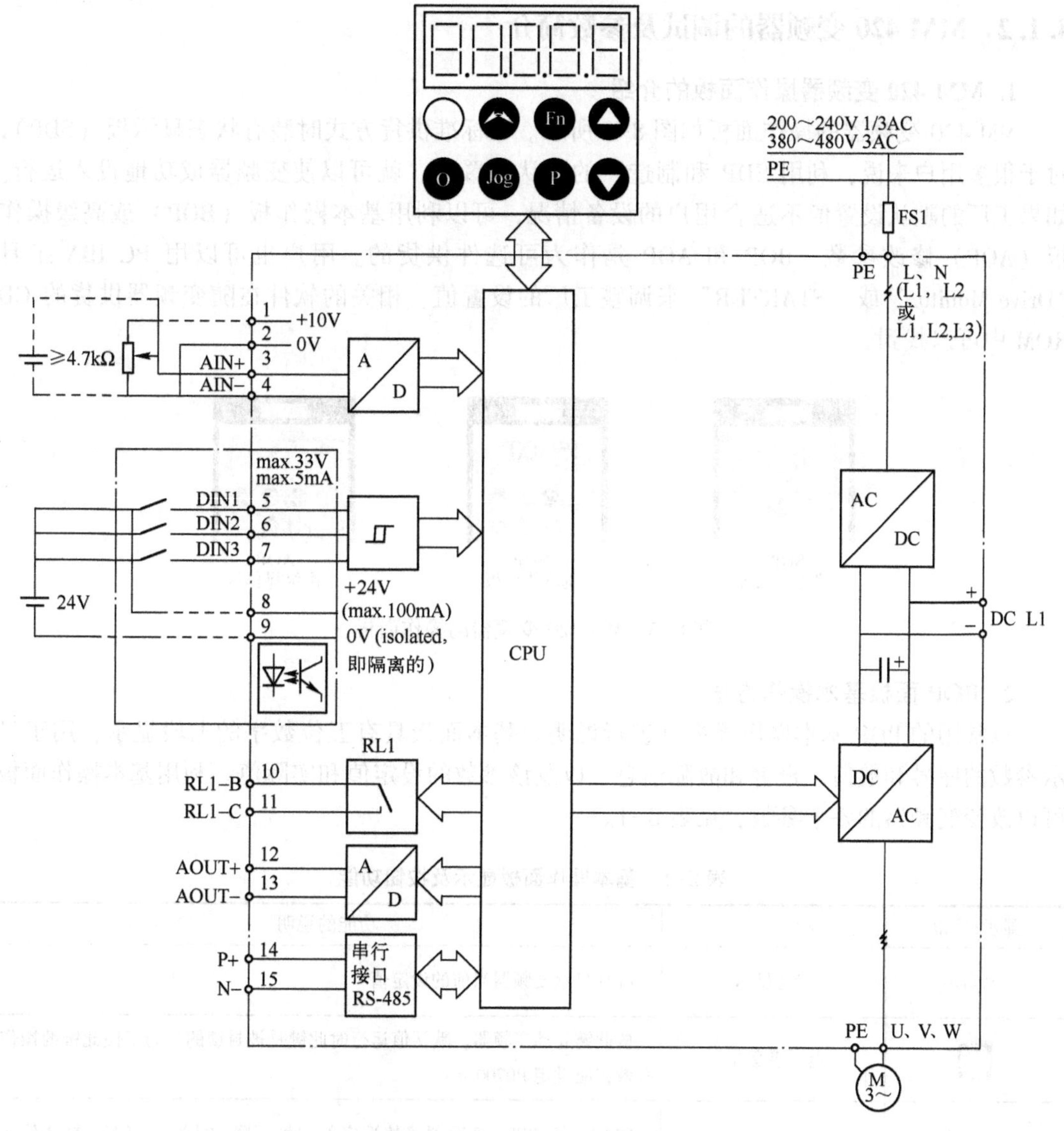

图 8-1　MM 420 的基本配线

变频器可使用数字操作面板控制，也可使用端子控制，还可使用 RS-485 通信接口对其远程控制。

模拟量输入回路可以另行组态，用以提供一个附加的数字量输入（DIN4），如图 8-2 所示。

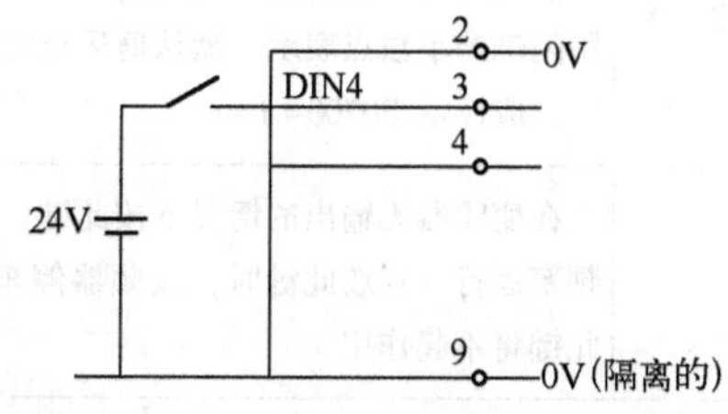

图 8-2　模拟量输入回路可以另行组态以提供一个附加的数字量输入（DIN4）

8.1.2 MM 420 变频器的调试及参数简介

1. MM 420 变频器操作面板的介绍

MM 420 变频器的操作面板如图 8-3 所示。在标准供货方式时装有状态显示板（SDP），对于很多用户来说，利用 SDP 和制造厂的默认设置值，就可以使变频器成功地投入运行。如果工厂的默认设置值不适合用户的设备情况，可以利用基本操作板（BOP）或高级操作板（AOP）修改参数。BOP 和 AOP 是作为可选件供货的。用户也可以用 PC IBN 工具“Drive Monitor”或“STARTER”来调整工厂的设置值。相关的软件在随变频器供货的 CD ROM 中可以找到。

SDP
状态显示板

BOP
基本操作板

AOP
高级操作板

图 8-3　MM 420 变频器的操作面板

2. BOP 面板基本操作方法

以常用的 BOP 基本操作板为例进行说明。基本面板具有五位数字的七段显示，用于显示参数的序号和数值、报警和故障信息、以及该参数的设定值和实际值。利用基本操作面板可以改变变频器的各个参数，见表 8-1。

表 8-1　基本操作面板显示及按钮功能

显示/按钮	功　　能	功能的说明
r0000	状态显示	LED 显示变频器当前的设定值
I	起动变频器	按此键起动变频器。默认值运行时此键是被封锁的。为了使此键的操作有效，应设定 P0700 =1
0	停止变频器	OFF1：按此键，变频器将按选定的斜坡下降方式减速停车。默认值运行时此键禁用；为了允许此键操作，应设定 P0700=1 OFF2：按此键两次（或一次，但时间较长），电动机将在惯性作用下自由停车 此功能总是“使能”的
	改变电动机的转动方向	按此键可以改变电动机的转动方向。电动机的反向用负号（-）表示或用闪烁的小数点表示。默认值运行时此键是禁用的，为了使此键的操作有效，应设定 P0700=1
jog	电动机点动	在变频器无输出的情况下按此键，将使电动机起动，并按预设定的点动频率运行。释放此键时，变频器停车。如果变频器/电动机正在运行，按此键将不起作用

（续）

显示/按钮	功　能	功能的说明
Fn	功能	1. 此键用于浏览辅助信息。变频器运行过程中，在显示任何一个参数时按下此键并保持 2 s 不动，将显示以下参数值（在变频器运行中，可从任何一个参数开始）： ● 直流回路电压（用 d 表示，单位：V）。 ● 输出电流（A）。 ● 输出频率（Hz）。 ● 输出电压（用 o 表示，单位：V）。 ● 由 P0005 选定的数值［如果（P0005 选择显示上述参数中的任何一个，这里将不再显示］。连续多次按下此键，将轮流显示以上参数。 2. 跳转功能 在显示任何一个参数（rXXXX 或 PXXXX）时若短时间按下此键，将立即跳转到 r0000，如果需要的话，可以接着修改其他的参数。跳转到 r0000 后，按此键将返回原来的显示点
P	访问参数	按此键即可访问参数
▲	增加数值	按此键即可增加面板上显示的参数数值
▼	减少数值	按此键即可减少面板上显示的参数数值

3. MM 420 变频器参数简介

（1）MM 420 变频器参数分类

MM 420 变频器参数可以分为显示参数和设定参数两大类。

显示参数为只读参数，以 r××××表示，典型的显示参数为频率给定值、实际输出电压和实际输出电流等。

设定参数为可读/写的参数，以 p××××表示。设定参数可以用基本操作面板、高级操作面板或通过串行通信接口进行修改，使变频器实现一定的控制功能。

变频器的参数有四个用户访问级：“1” 标准级、“2” 扩展级、“3” 专家级和“4” 维修级。访问的等级由参数 P0003 来选择。对于大多数应用对象，只要访问标准级（P0003＝1）和扩展级（P0003＝2）参数就足够了。第四级的参数只是用于内部的系统设置，是不能修改的。第四级参数只有得到授权的人员才能修改。

（2）变频器常用的参数设定

1）**P0003** 用于定义用户访问级，P0003 的设定值如下所述。

● P0003＝1：标准级，可以访问最经常使用的参数。

● P0003＝2：扩展级，允许扩展访问参数的范围。

● P0003＝3：专家级，只供专家使用。

● P0003＝4：维修级，只供授权的维修人员使用，具有密码保护。

2）**P0004** 为参数过滤器，用于过滤参数，按功能的要求筛选（过滤）出与该功能相关的参数，这样可以更方便地进行调试。P0004 的访问级为 1。参数过滤器 P0004 的设定值如下所述。

● P0004＝0：全部参数。

● P0004=2：变频器参数。

● P0004=3：电动机参数。

● P0004=7：选择命令源，二进制 I/O。

● P0004=8：ADC（模-数转换）和 DAC（数-模转换）。

● P0004=10：设定值通道 / RFG（斜坡函数发生器）。

● P0004=12：驱动装置的特征。

● P0004=13：电动机的控制。

● P0004=20：通信。

● P0004=21：报警/警告/监控。

● P0004=22：工艺参量控制器（例如 PID）。

3）**P0010** 为变频器工作方式的选择，P0010 的访问级为 P0003=1。

● P0010=0：运行。

● P0010=1：快速调试。

● P0010=30：恢复工厂默认的设置值。

在 P0010=1 时，变频器的调试可以非常快速和方便地完成。这时只可以设置一些重要的参数（例如 P0304、P0305 等）。这些参数设置完成时，当 P3900 设定为 1~3 时，快速调试结束后立即开始变频器参数的内部计算，然后自动把参数 P0010 复位为 0。

4）**P0100** 用于确定功率设定值的单位是“kW”还是“hp”，以及电动机铭牌的额定频率。P0100 只有在快速调试 P0010=1 时才能被修改，参数的访问级为 P0003=1。可能的设定值如下所述。

● P0100=0：功率设定值的单位为 kW，频率默认值为 50 Hz（我国适用）。

● P0100=1：功率设定值的单位为 hp，频率默认值为 60 Hz。

● P0100=2：功率设定值的单位为 kW，频率默认值为 60 Hz。

5）**P0300** 用于选择电动机的类型。P0100 只有在快速调试 P0010=1 时才能被修改，参数的访问级为 P0003=2。可能的设定值如下。

● P0300=1：异步电动机。

● P0300=2：同步电动机。

6）**P0304** 为电动机的额定电压（V），应根据所选用电动机铭牌上的额定电压设定。本参数的访问级为 1，只有在快速调试 P0010=1 时才能被修改。

7）**P0305** 为电动机额定电流（A），根据电动机铭牌上的额定电流设定，本参数只能在 P0010=1（快速调试）时进行修改，访问级为 1。

8）**P0307** 为电动机额定功率，应根据电动机铭牌上的额定功率（kW/hp）设定。P0100=0（功率的单位为 kW，频率默认值为 50 Hz）时，本参数的单位为 kW。本参数只能在 P0010=1（快速调试）时才可以修改，访问级为 1。

9）**P0308** 为电动机的额定功率因数，根据电动机铭牌上的额定功率因数设定，本参数只能在 P0010=1（快速调试）时进行修改，而且只能在 P0100=0 或 2（输入的功率以 kW 为单位）时才能见到。但参数的设定值为 0 时，将由变频器内部来计算功率因数（见 r0332）。本参数的访问级为 2。

10）**P0310** 为电动机的额定频率，设定值的范围为 12~650 Hz，默认值是 50 Hz，根据电动机铭牌上的额定频率设定。本参数只能在 P0010=1（快速调试）时进行修改，访问级为 1。

11）**P0311** 为电动机的额定速度（r/min），本参数只能在 P0010=1（快速调试）时进行修改。参数的设定值为 0 时，将由变频器内部来计算电动机的额定速度。对于带有速度控制器的矢量控制和 *V/f* 控制方式，必须有这一参数值。如果这一参数进行了修改，变频器将自动重新计算电动机的极对数。访问级为 1。

12）**P0700** 用于选择命令源，即变频器运行控制指令的输入方式，访问级为 1，可能的设定值如下所述。

- P0700=0：工厂的默认设置。
- P0700=1：由变频器的基本面板 BOP 设置。
- P0700=2：由变频器的开关量输入端（DIN1~DIN4）进行控制，DIN1~DIN4 的控制功能通过参数 P0701~P0704 定义。
- P0700=4：通过 BOP 链路的 USS 设置。
- P0700=5：通过 COM 链路的 USS 设置。
- P0700=6：通过 COM 链路的通信板（CB）设置。

改变这一参数时，同时也使所选项目的全部设置值复位为工厂的默认设置值。例如，把它的设定值由 1 改为 2 时，所有的数字输入都将复位为默认的设置值。

13）**P0701** 为数字量输入 DIN 1 的功能。

14）**P0702** 为数字量输入 DIN 2 的功能。

15）**P0703** 为数字量输入 DIN 3 的功能。

16）**P0704** 为数字量输入 DIN 4 的功能。

P0701~P0704 的访问级为 2，设定值如下所述。

- 0：禁止数字输入，即不使用该端子。
- 1：ON/OFF1（接通正转 / 停车命令 1）。
- 2：ON reverse /OFF1（接通反转 / 停车命令 1）。
- 3：OFF2（停车命令 2），电动机按惯性自由停车。
- 4：OFF3（停车命令 3），电动机快速停车。
- 9：故障确认。
- 10：正向点动。
- 11：反向点动。
- 12：反转。
- 13：MOP（电动电位计）升速（增加频率）。
- 14：MOP 降速（减少频率）。
- 15：固定频率设定值（直接选择）。
- 16：固定频率设定值（直接选择+ON 命令）。
- 17：固定频率设定值（二进制编码的十进制数（BCD 码）选择+ON 命令）。
- 21：机旁/远程控制。
- 25：直流注入制动。
- 29：由外部信号触发跳闸。
- 33：禁止附加频率设定值。

• 99：使能 BICO 参数化（仅用于特殊用途）。

17）**P0970** 用于出厂复位。P0970=1 时所有的参数都复位到它们的默认值。出厂复位前，首先要设定 P0010=30（出厂设定值），且变频器停车。访问级为 1。

可能的设定值如下所述。

• P0970=0：禁止复位。

• P0970=1：参数复位。

18）**P1000** 用于频率设定值的选择，访问级为 1，常用的设定值如下所述。

• P1000=1：MOP 设定值。

• P1000=2：模拟设定值。

• P1000=3：固定频率。

• P1000=4：通过 BOP 控制面板，由连接总线以 USS 串行通信协议设定。

• P1000=5：通过 COM 链路的 USS 设定，即由 RS-485 接口通过连接总线以 USS 串行通信协议，由 PLC 设定。

• P1000=6：通过 COM 链路的 CB 设定，即由通信接口模块通过连接总线进行设定。

19）**P1001~P1007** 用于定义固定频率 1~7 的设定值。访问级为 2。为了使用固定频率功能，需要用 P1000=3 选择固定频率的操作方式。

有 3 种选择固定频率的方法。

• 直接选择（P0701-P0703=15）。

在这种操作方式下，一个数字量输入选择一个固定频率，还需要一个 ON 命令才能使变频器投入运行。如果有几个固定频率输入同时被激活（数字量输入端接通，为 1），选定的频率是它们的总和。例如：FF1+FF2+FF3。

• 直接选择+ON 命令（P0701-P0703=16）。

选择固定频率时，既有选定的固定频率，又带有 ON 命令，把它们组合在一起。

在这种操作方式下，一个数字量输入选择一个固定频率。如果有几个固定频率输入同时被激活，选定的频率是它们的总和。例如：FF1+FF2+FF3。

• 二进制编码的十进制数（BCD 码）选择+ON 命令（P0701-P0703 =17）。

使用这种方法最多可以选择 7 个固定频率。各个固定频率的数值根据表 8-2 选择。

表 8-2　二进制编码的十进制数（BCD 码）选择+ON 命令的 7 段频率数值设定

		DIN3	DIN2	DIN1
	OFF	0	0	0
P1001	FF1	0	0	1
P1002	FF2	0	1	0
P1003	FF3	0	1	1
P1004	FF4	1	0	0
P1005	FF5	1	0	1
P1006	FF6	1	1	0
P1007	FF7	1	1	1

20）**P1080** 为变频器输出的最低频率（Hz）。其范围为 0.00~650.00 Hz，出厂默认值为 0 Hz。本参数访问级为 1。

21）**P1082** 为变频器输出的最高频率（Hz）。其范围为 0.00~650.00 Hz，出厂默认值为 50 Hz。本参数访问级为 1。

22）**P1120** 为斜坡上升时间（即电动机从静止状态加速到最高频率 P1082 设定值所用的时间），其设定范围为 0~650 s，出厂默认值是 10 s，本参数的用户访问级为 1。

23）**P1121** 为斜坡下降时间（即电动机从最高频率 P1082 设定值减速到静止状态所用的时间），其设定范围为 0~650 s，出厂默认值是 10 s，如果设定的斜坡下降时间太短，就有可能导致变频器跳闸。本参数访问级为 1。

24）**P1300** 为变频器的控制方式，控制电动机的速度和变频器的输出电压之间的相对关系，当 P1300=0 时为线性特性的 *V/f* 控制。本参数访问级为 2。

25）**P3900** 用于结束快速调试，本参数只是在 P0010=1（快速调试）时才能改变。本参数访问级为 2。可能的设定值如下所述。

- P3900=0：不用快速调试。
- P3900=1：结束快速调试，并按出厂设置使参数复位。
- P3900=2：结束快速调试。
- P3900=3：结束快速调试，只进行电动机数据的计算。

（3）变频器参数恢复为出厂默认参数

当变频器的参数设定错误，将影响变频器的正常运行，可以使用基本面板或高级面板操作，将变频器的所有参数恢复到出厂默认值，步骤如下：设定 P0010=30，设定 P0970=1，完成复位过程至少要 3 min。

8.1.3 变频器的调试实训

1. 实训目的

1）掌握 MM 420 变频器基本参数输入的方法。

2）掌握 MM 420 变频器参数恢复为出厂默认值的方法。

3）掌握快速调试的内容及方法。

2. 实训内容

（1）用基本操作面板（BOP）修改参数的数值

下面说明如何改变 P0003“访问级”的数值。操作步骤见表 8-3。

表 8-3　修改参数 P0003 访问级的步骤

	操作步骤	显示结果
1	按Ⓟ键访问参数	r0000
2	按▲键，直到显示出 P0003	P0003
3	按Ⓟ键，进入参数访问级	1
4	按▲或▼键，达到所要求的数值（例如 3）	3
5	按Ⓟ键，确认并存储参数的数值	P0003
6	现在已设定访问级为 3，使用者可以看到第 1~3 级的全部参数	

（2）改变参数数值的操作

为了快速修改参数的数值，可以一个个地单独修改显示出的数字，操作步骤如下：

当已处于某一参数数值的访问级（参看上一步“用 BOP 修改参数的数值”）。

① 按Fn键（功能键），最右边的一个数字闪烁。

② 按▲/▼键，修改这位数字的数值。

③ 再按Fn（功能键），相邻的下一位数字闪烁。

④ 执行 2~4 步，直到显示出所要求的数值。

⑤ 按P键，退出参数数值的访问级。

（3）快速调试（P0010=1）

利用快速调试功能使变频器与实际使用的电动机参数相匹配，并对重要的技术参数进行设定。在快速调试的各个步骤都完成以后，应选定 P3900，如果它置 1，将执行必要的关于电动机的计算，并使其他所有的参数（P0010=1 不包括在内）恢复为出厂默认值。只有在快速调试方式下才进行这一操作。快速调试的操作步骤见表 8-4。

表 8-4　快速调试的操作步骤

步骤	参数号及说明	参数设置值及说明	出厂默认值	备　　注
1	用 P0003 为选择访问级	1 为第 1 访问级	1	
2	用 P0010 是开始快速调试	1 为快速调试	0	在电动机投入运行之前，P0010 必须回 0。但是，如果调试结束后选定 P3900=1，那么，P0010 回零的操作是自动进行的
3	用 P0100 用于选择工作地区（欧洲/北美）	0 为功率单位，kW；f 的默认值为 50 Hz	0	P0100 的设定值 0 应该用 DIP 开关来更改，使其设定的值固定不变 60 Hz 50 Hz 设定电源频率的DIP开关
4	P0304 是电动机的额定电压	根据电动机铭牌键入的电动机的额定电压（V）		
5	P0305 是电动机的额定电流	根据电动机铭牌键入的电动机额定电流（A）		
6	P0307 是电动机的额定功率	根据电动机铭牌键入的电动机额定功率（kW）		
7	P0310 是电动机的额定频率	根据电动机铭牌键入的电动机额定频率（Hz）		
8	P0311 是电动机的额定速度	根据铭牌键入的电动机额定速度（r/min）		

（续）

步骤	参数号及说明	参数设置值及说明	出厂默认值	备　注
9	用 P0700 用于选择命令源	1 为 BOP 基本操作面板	2	选择命令信号源： 0—出厂时的默认设置 1—BOP（变频器键盘） 2—由端子排输入 4—通过 BOP 链路的 USS 设置 5—通过 COM 链路的 USS 设置 6—通过 COM 链路的 CB 设置
10	用 P1000 用于选择频率设定值	1 为用 BOP 控制频率的升降（↑、↓）	2	选择频率设定值： 1—MOP（电动电位计）设定值 2—模拟设定值 3—固定频率设定值 4—通过 BOP 链路的 USS 设置 5—通过 COM 链路的 USS 设置 6—通过 COM 链路的 CB 设置
11	P1080 为电动机最小频率	键入电动机的最低频率，单位：Hz	0	输入电动机的最低频率，达到这一频率时，电动机的运行速度将与频率的设定值无关。这里设置的值对电动机的正转和反转都是适用的
12	P1082 为电动机最大频率	最大频率（键入电动机的最高频率，单位：Hz）	50	输入电动机的最高频率，达到这一频率时，电动机的运行速度将与频率的设定值无关。这里设置的值对电动机的正转和反转都是适用的
13	P1120 为斜坡上升时间	电动机从静止停车加速到最大电动机频率所需的时间	10 s	—
14	P1121 为斜坡下降时间	电动机从其最大频率减速到静止停车所需的时间	10 s	—
15	P3900 为结束快速调试	1　结束快速调试，进行电动机计算和复位为工厂默认设置值（推荐的方式）	0	快速调试结束： 0—不进行快速调试（不进行电动机数据计算） 1—开始进行快速调试，并复位为出厂时的默认设置值 2—开始进行快速调试 3—仅对电动机数据开始进行快速调试

8.1.4　用变频器的输入端子实现电动机的正、反转控制实训

1. 实训目的

1）学会 MM 420 变频器基本参数的设置。

2）学会用 MM 420 变频器输入端子 DIN1、DIN2 实现电动机正、反转控制。

3）通过 BOP 面板观察变频器的运行过程。

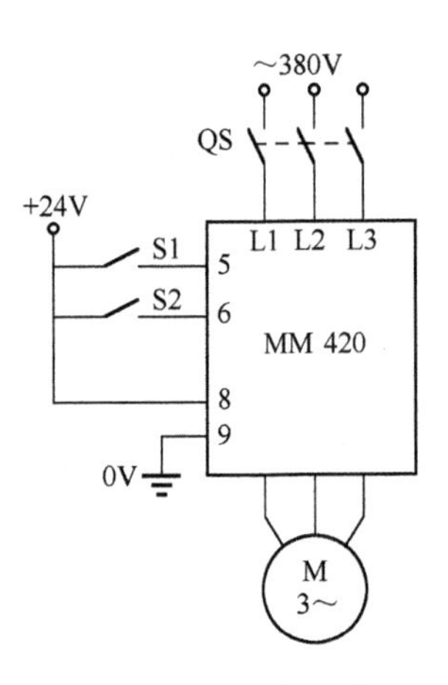

图 8-4　变频器输入端子控制电路接线

2. 实训内容

用开关 S1 和 S2 控制 MM 420 变频器，实现电动机正转和反转功能，电动机加、减速时间为 5 s。DIN1 端口设为正转控制，DIN2 端口设为反转控制。

1）电路接线如图 8-4 所示。检查无误后合上 QS。

2）恢复变频器出厂默认值。设定 P0010=30 和 P0970=1，按下〈P〉键，开始复位，复位过程大约为 3 min，这样就保证了变频器的参数恢复到出厂默认值。

3）设置电动机的参数。为了使电动机与变频器相匹配，需要设置电动机的参数。电动机的型号为 WDJ24（实验室配置），其额定参数为：额定功率为 40 W，额定电压为380 V，额定电流为 0.2 A，额定频率为 50 Hz，转速 1 430 r/min，三角形联结。电动机参数设置见表 8-5。电动机参数设置完成后，设 P0010=0，变频器当前处于准备状态，可正常运行。

表 8-5　电动机参数设置

参数号	出厂值	设置值	说明
P0003	1	1	设用户访问级为标准级
P0010	0	1	快速调试
P0100	0	0	工作地区：功率以 kW 表示，频率为 50 Hz
P0304	230	380	电动机的额定电压（V）
P0305	3.25	0.2	电动机的额定电流（A）
P0307	0.75	0.04	电动机的额定功率（kW）
P0308	0	0	电动机额定功率因数（由变频器内部计算电动机的功率因数）
P0310	50	50	电动机额定频率（Hz）
P0311	0	1430	电动机的额定转速（r/min）

4）设置数字量输入控制端口参数，见表 8-6。

表 8-6　数字量输入控制端口参数

参数号	出厂值	设置值	说明
P0003	1	1	设用户访问级为标准级
P0004	0	7	命令和数字量 I/O
P0700	2	2	命令源选择由端子排输入
P0003	1	2	设用户访问级为扩展级
P0004	0	7	命令和数字量 I/O
P0701	1	1	ON 为接通正转，OFF 为停止
P0702	1	2	ON 为接通反转，OFF 为停止
P0003	1	1	设用户访问级为标准级
P0004	0	10	设定值通道和斜坡函数发生器

（续）

参数号	出厂值	设置值	说明
P1000	2	1	由MOP（电动电位计）输入设定值
P1080	0	0	电动机的最低运行频率（Hz）
P1082	50	50	电动机运行的最高频率（Hz）
P1120	10	5	斜坡上升时间（s）
P1121	10	5	斜坡下降时间（s）
P0003	1	2	设用户访问级为扩展级
P0004	0	10	设定通道和斜坡函数发生器
P1040	5	40	设定键盘控制频率

5）操作控制。

① 电动机正向运行。当接通S1时，变频器数字量输入端口DIN1为“ON”，电动机按P1120所设置的15 s斜坡上升时间正向起动，经5 s后稳定运行在1 144 r/min的转速上，此转速与P1040所设置的40 Hz频率对应。断开开关S1，数字量输入端口DIN1为“OFF”，电动机按P1121所设置的5 s斜坡下降时间停车，经5 s后电动机停止运行。

② 电动机反向运行。接通开关S2，变频器数字量输入端口DIN2为“ON”，电动机按P1120所设置的5 s斜坡上升时间反向起动，经过5 s后稳定运行在1 144 r/min的转速上，此转速与P1040所设置的40 Hz频率相对应。断开开关S2，数字量输入端口DIN2为“OFF”，电动机按P1121所设置的5 s斜坡下降时间停车，经15 s后电动机停止运行。

③ 在上述的操作中，通过BOP面板的操作功能键 Fn 观察电动机运行的频率。

3. 训练题

1）利用变频器外部端子实现电动机的正、反转及点动控制，设置DIN1为点动控制，DIN2为正转，DIN3为反转，加、减速时间为5 s。要求点动运行时的频率为10 Hz，正转时的频率为20 Hz，反转时的频率为30 Hz。画出外部接线图，写出参数设置。

2）利用变频器的基本操作面板（BOP）实现电动机的正、反转及点动的控制，按BOP面板上的 ▲ 或 ▼ 键控制电动机运行的频率。写出参数设置。

8.1.5 变频器的模拟信号操作控制实训

1. 实训目的

1）学会用MM 420变频器的模拟量信号输入端控制电动机的转速。

2）掌握MM 420变频器基本参数的设置方法。

3）通过BOP面板观察变频器频率的变化。

2. 实训内容

用开关S1和S2控制MM 420变频器，实现电动机正转和反转功能，由模拟量输入端控制电动机转速的大小。DIN1端口设为正转控制，DIN2端口设为反转控制。

1）电路接线如图8-5所示。MM 420变频器的“1”（+10 V）、“2”（0 V）输出端为用户的给定单元提供了一个高精度的+10 V直流稳压电源。转速调节电位器RPl串接在电路中，调节RP1时，输入端口AINI+给定的模拟量输入电压改变，变频器的输出量紧紧跟踪给定量的变化，从而平滑无级地调节电动机转速的大小。MM 420变频器为用户提供了一对模拟量输入端口 AIN1+和 AIN1-，即端口“3”和“4”，如图 8-5 所示。

按图 8-5 所示连接电路。检查电路正确无误后，合上主电源开关 QS。

2）恢复变频器出厂默认值。设定 P0010=30 和 P0970 =1，按下 P 健，开始复位，复位过程大约为 3 min，这样就保证了变频器的参数恢复到出厂默认值。

3）设置电动机参数。电动机参数设置见表 9-5。设置完成后，设 P0010 =0，变频器当前处于准备状态，可正常运行。

4）按表 8-7 设置模拟量信号操作控制参数。

5）操作控制。

① 电动机正转。按下电动机正转开关 S1，模拟量输入端口 DIN1 为“ON”，电动机正转运行，转速由外接电位器 RP1 来控制，模拟电压信号在 0~10 V 变化，对应变频器的频率在 0~50 Hz 变化（通过 BOP 面板观察），对应电动机的转速在 0~额定转速之间变化。当松开 S1 时，电动机停止运转。

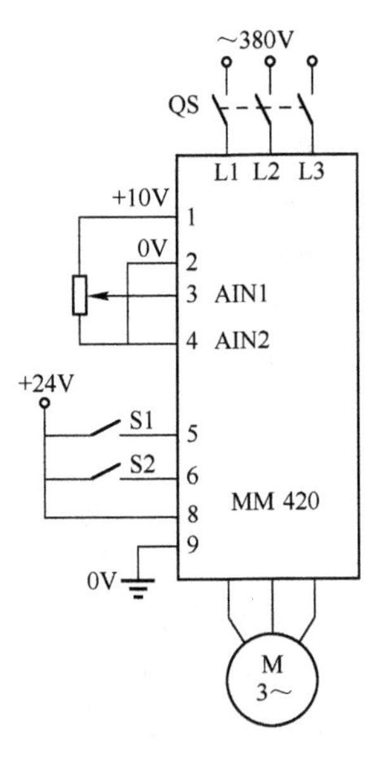

图 8-5 模拟量信号输入端对电动机转速的控制

② 电动机反转。按下电动机反转开关 S2，模拟量输入端口 DIN2 为“ON”，电动机反转运行，其他操作与电动机正转相同。

表 8-7 模拟量信号操作控制参数

参数号	出厂值	设置值	说明
P0003	1	1	设用户访问级为标准级
P0004	0	7	命令和模拟量 I/O
P0700	2	2	命令源选择由端子排输入
P0003	1	2	设用户访问级为扩展级
P0004	0	7	命令和模拟量 I/O
P0701	1	1	ON 为接通正转，OFF 为停止
P0702	1	2	ON 为接通反转，OFF 为停止
P0003	1	1	设用户访问级为标准级
P0004	0	10	设定值通道和斜坡函数发生器
P1000	2	2	频率设定值为模拟量输入
P1080	0	0	电动机的最低运行频率（Hz）
P1082	50	50	电动机运行的最高频率（Hz）

8.1.6 变频器的多段速频率控制实训

1. 实训目的

1）学会变频器多段速频率控制方式。

2）熟练掌握变频器的运行操作过程。

2. 实训内容

利用 MM 420 变频器控制实现电动机三段速频率运转。DIN3 端口设为电动机起停控制，DIN1 和 DIN2 端口用于三段速频率输入，三段速度设置如下所述。

第一段速：输出频率为 20 Hz。第二段速：输出频率为 30 Hz。第三段速：输出频率为 50 Hz。

1）电路接线如图 8-6 所示。检查电路正确无误后，合上主电源开关 QS。

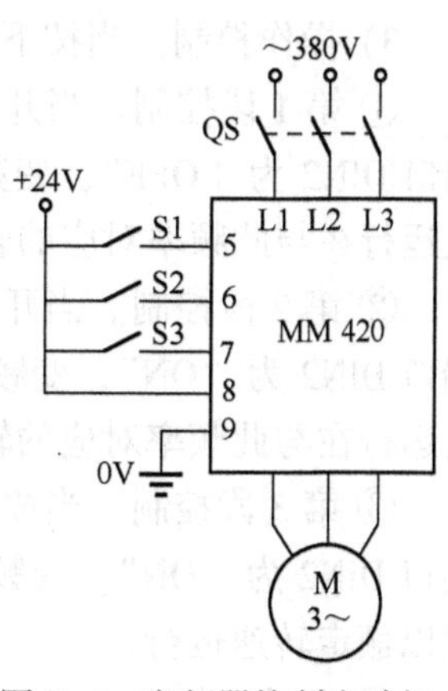

图 8-6　变频器控制电动机三段速频率运转

2）参数设置

① 恢复变频器出厂默认值。设定 P0010 = 30 和 P0970 = 1，按下 P 键，开始复位，复位过程大约为 3 min，这样就保证了变频器的参数恢复到出厂默认值。

② 设置电动机参数。电动机参数设置完成后，设 P0010=0，变频器当前处于准备状态，可正常运行。

③ 设置三段速固定频率控制参数，见表 8-8。MM 420 变频器的 3 个数字量输入端口（DIN1 ~ DIN3），可以通过 P0701 ~ P0703 设置实现多频段控制。每一频段的频率可分别由 P1001 ~ P1007 设置，最多可实现 7 段频率控制。在多段频率控制中，电动机的转速方向是由 P1001 ~ P1007 参数所设置的频率正负决定的。3 个数字量输入端口，哪一个作为电动机运行、停止控制，哪些作为多段频率控制，是可以由用户任意确定的。一旦确定了某一数字量输入端口的控制功能，其内部参数的设置值必须与端口的控制功能相对应。其参数详细内容见 8. 1. 2 节，对 P1001 ~ P1007 参数设置。

表 8-8　三段速固定频率控制参数表

参　数　号	出　厂　值	设　置　值	说　　明
P0003	1	1	设用户访问级为标准级
P0004	0	7	命令和数字量 I/O
P0700	2	2	命令源选择由端子排输入
P0003	1	2	设用户访问级为扩展级
P0004	0	7	命令和数字量 I/O
P0701	1	17	选择固定频率
P0702	1	17	选择固定频率
P0703	1	1	ON 为接通正转，OFF 为接通停止
P0003	1	1	设用户访问级为标准级
P0004	0	10	设定值通道和斜坡函数发生器
P1000	2	3	选择固定频率设定值
P0003	1	2	设用户访问级为扩展级
P0004	0	10	设定值通道和斜坡函数发生器
P1001	0	20	设置固定频率 1（Hz）
P1002	5	30	设置固定频率 2（Hz）
P1003	10	50	设置固定频率 3（Hz）

3）操作控制。当按下开关 S3 时，数字量输入端口 DIN3 为“ON”，允许电动机运行。

① 第 1 段控制。当开关 S1 接通、S2 断开时，变频器数字量输入端口 DIN1 为“ON”，端口 DIN2 为“OFF”，变频器工作在由 P1001 参数所设定的频率为 20 Hz 的第 1 段上，电动机运行在与此频率对应的转速上。

② 第 2 段控制。当开关 S1 断开、S2 接通时，变频器数字量输入端口 DIN1 为“OFF”，端口 DIN2 为“ON”，变频器工作在由 P1002 参数所设定的频率为 30 Hz 的第 2 段上，电动机运行在与此频率对应的转速上。

③ 第 3 段控制。当按钮 S1 接通、S2 接通时，变频器数字量输入端口 DIN1 为“ON”，端口 DIN2 为“ON”，变频器工作在由 P1003 参数所设定的频率为 50 Hz 的第 3 段上，电动机以额定转速运行。

④ 电动机停车。当按钮 SB1、SB2 都断开时，变频器数字量输入端口 DIN1、DIN2 均为“OFF”，电动机停止运行。或在电动机正常运行的任何频段，将 SB3 断开使数字量输入端口 DIN3 为“OFF”，电动机也能停止运行。

3. 训练题

用变频器实现电动机 7 段速频率运转。7 段速设置分别为：第 1 段输出频率为 5 Hz；第 2 段输出频率为-10 Hz；第 3 段输出频率为 15 Hz；第 4 段输出频率为 10 Hz；第 5 段输出频率为-5 Hz；第 6 段输出频率为-20 Hz；第 7 段输出频率为 50 Hz。画出变频器外部接线图，写出参数设置。

8.2 PLC 和变频器的联机控制

8.2.1 PLC 与变频器的联机方式和要求

1. PLC 对变频器的控制方式

PLC 对变频器的控制方式可以分为两大类，一类是外部端子控制，另一类是通信控制方式。

（1）第一类控制方式

在一般条件下，变频器首先通过参数设定，使变频器与控制的电动机匹配；然后通过变频器的模拟量输入端，输入给定频率或通过数字量输入端设定频率；最后通过开关量输入端，输入变频器的控制命令（如正转、反转和停止等）。这种控制方式的优点是直观，便于信号的检查，但其缺点是不利于网络化控制，变频器无法与外部进行信息交换。

（2）第二类控制方式

PLC 对变频器的通信控制方式也称 USS 方式，频率的给定及控制命令通过 RS-485 接口输入，此时用于变频器控制的 PLC 指令也称为“USS 协议指令”。这种控制方式 PLC 的通信接口（端口 0）将用于变频器的控制。为了系统调试的需要，可以选择 CPU 224XP、CPU 226 或选配 EM 277 扩展接口模块，通过 PROFIBUS-DP 接口，同时连接变频器与编程器，以便对 PLC 进行监控。

2. PLC 和变频器的联机注意事项

变频器在运行中会产生较强的电磁干扰，为保证 PLC 不因变频器主电路中断路器及开关元器件等产生的噪声而出现故障，将变频器与 PLC 相连接时应该注意以下几点：

1）对 PLC 本身应按规定的接线标准和接地条件进行接地，而且应注意避免与变频器使用共同的接地线，且在接地时使两者尽可能分开。

2）当电源条件不太好时，应在 PLC 的电源模块及输入/输出模块的电源线上接入噪声滤波器和降低噪声用的变压器等。另外若有必要在变频器一侧也应采取相应的措施。

3）当把变频器和 PLC 安装于同一操作柜中时，应尽可能使与变频器有关的电线和与 PLC 有关的电线分开。

4）通过使用屏蔽线和双绞线以提高抗噪声干扰水平。

8.2.2 PLC 与变频器联机的正、反转控制实训

1. 实训目的

1）熟练掌握 PLC 与变频器联机操作方法。

2）熟练掌握 PLC 与变频器联机调试方法。

2. 实训内容

通过 S7-224 型 PLC 和 MM 420 变频器联机，实现电动机正、反转控制运转。按下正转按钮 SB2，电动机起动并运行，频率为 35 Hz。按下反转按钮 SB3，电动机反向运行，频率为 35 Hz。按下停止按钮 SB1，电动机停止运行。电动机加减速时间为 10 s。

1）I/O 分配（见表 8-9）。

表 8-9　I/O 分配

输入		输出	
I0.0	电动机停止按钮	Q0.0	电动机正转
I0.1	电动机正转按钮	Q0.1	电动机反转
I0.2	电动机反转按钮		

2）电路接线图及程序如图 8-7 所示。

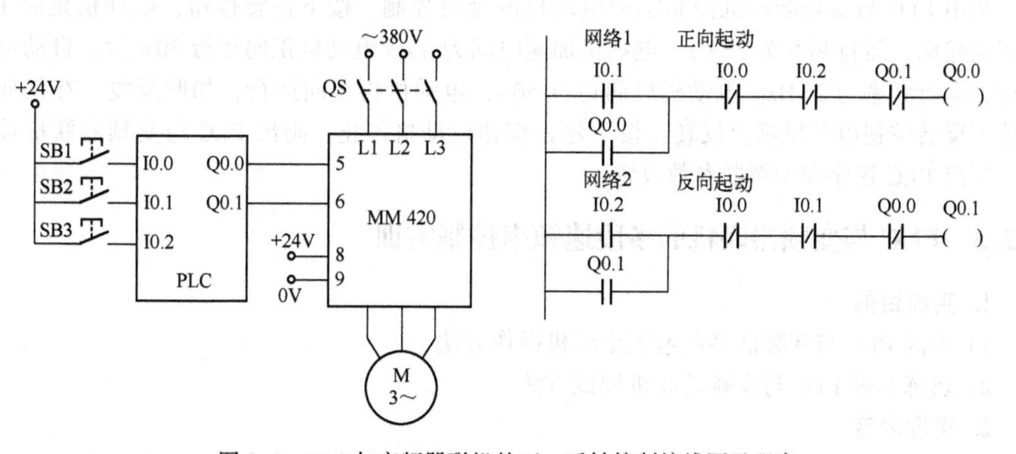

图 8-7　PLC 与变频器联机的正、反转控制接线图及程序

3）变频器参数设置见表 8-10。

表 8-10　变频器参数设置表

参数号	出厂值	设置值	说明
P0003	1	1	设用户访问级为标准级
P0004	0	7	命令和数字量 I/O
P0700	2	2	由端子排输入

（续）

参 数 号	出 厂 值	设 置 值	说 明
P0003	1	2	设用户访问级为扩展级
P0004	0	7	命令和数字量 I/O
P0701	1	1	ON 为接通正转，OFF 为接通停止
P0702	1	2	ON 为接通反转，OFF 为接通停止
P0703	9	10	正向点动
P0704	15	11	反向点动
P0003	1	1	设用户访问级为标准级
P0004	0	10	设定值通道和斜坡函数发生器
P1000	2	1	频率设定值为键盘（MOP）设定值
P1080	0	0	电动机运行的最低频率（Hz）
P1082	50	50	电动机运行的最高频率（Hz）
P1120	10	10	斜坡上升时间（s）
P1121	10	10	斜坡下降时间（s）
P0003	1	2	设用户访问级为扩展级
P0004	0	10	设定值通道和斜坡函数发生器
P1040	5	35	设定键盘控制的频率值（Hz）

3. 训练题

利用 PLC 与变频器联机控制实现电动机的延时控制。按下正转按钮，电动机延时 10 s 后正向起动，运行频率为 25 Hz，电动机加速时间为 8 s。电动机正向运行 30 s 后，自动反向运行，运行频率为 25 Hz。电动机反向运行 50 s，电动机再正向运行，如此反复。在任何时刻按下反转按钮电动机都会反转，按下停止按钮电动机停止。画出 PLC 与变频器联机接线图，写出 PLC 程序和变频器参数设置。

8.2.3 PLC 与变频器联机的多段速频率控制实训

1. 实训目的

1）掌握 PLC 与变频器多段速频率联机操作方法。

2）熟练掌握 PLC 与变频器联机调试方法。

2. 实训内容

通过 S7-224 型 PLC 和 MM 420 变频器联机，实现电动机三段速频率运转控制。按下起动按钮 SB1，电动机起动并运行在第一段速，频率为 10 Hz，延时 20 s 后电动机运行在第二段速，频率为 20 Hz，再延时 10 s 后电动机反向运行在第三段速，频率为 50 Hz。按下停车按钮，电动机停止运行。

表 8-11 I/O 分配表

输 入		输 出	
I0.0	电动机停止按钮	Q0.0	DIN1
I0.1	电动机起动按钮	Q0.1	DIN2
		Q0.2	DIN3

1）I/O 分配表（见表 8-11）。变频器数字输入 DIN1、DIN2 端口通过 P0701、P0702 参数设为三段速固定频率控制端，每一频段速的频率可分别由

P1001、P1002 和 P1003 参数设置。变频器数字量输入 DIN3 端口设为电动机运行、停止控制端，可由 P0703 参数设置。

2）电路接线图及程序如图 8-8 所示。

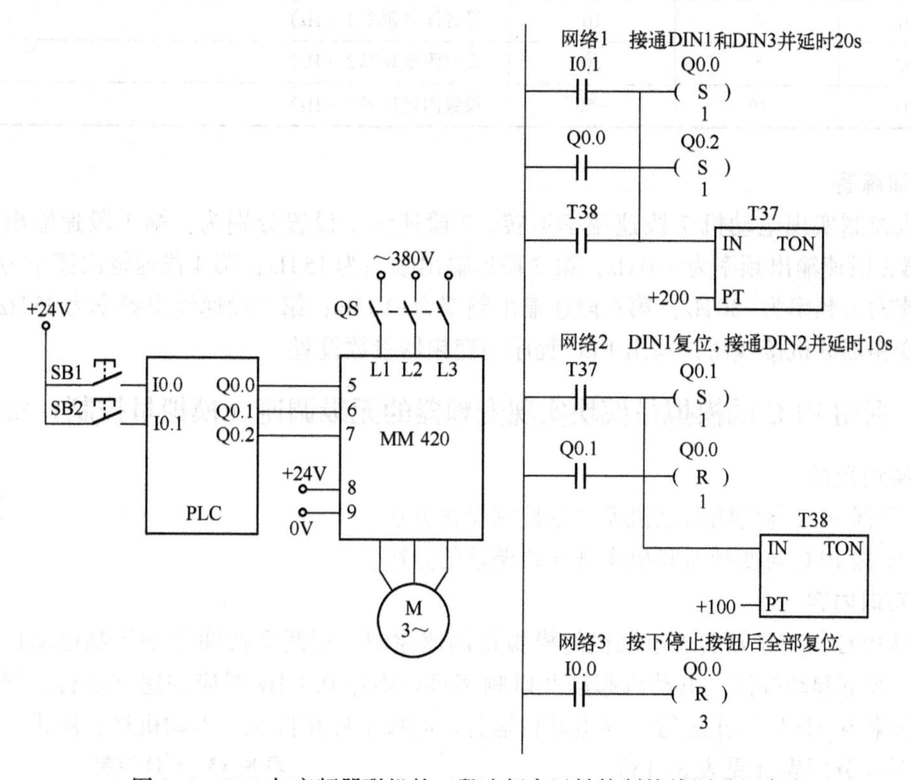

图 8-8 PLC 与变频器联机的三段速频率运转控制接线图及程序

3）变频器参数设置表见表 8-12。

表 8-12 变频器参数设置表

参 数 号	出 厂 值	设 置 值	说 明
P0003	1	1	设用户访问级为标准级
P0004	0	7	选择命令源和数字量 I/O
P0700	2	2	命令源选择由端子排输入
P0003	1	2	设用户访问级扩展级
P0004	0	7	选择命令源和数字量 I/O
P0701	1	17	选择固定频率
P0702	1	17	选择固定频率
P0703	1	1	ON 为接通正转，OFF 为停止
P0003	1	1	设用户访问级为标准级
P0004	0	10	设定值通道和斜坡函数发生器
P1000	2	3	选择固定频率设定值
P0003	1	2	设用户访问级扩展级

（续）

参 数 号	出 厂 值	设 置 值	说 明
P0004	0	10	设定值通道和斜坡函数发生器
P1001	0	10	设置固定频率 1（Hz）
P1002	5	20	设置固定频率 2（Hz）
P1003	10	-50	设置固定频率 3（Hz）

3. 训练题

联机控制实现电动机 7 段速频率运转。7 段速频率设置分别为：第 1 段速输出频率为 5 Hz；第 2 段速输出频率为-10 Hz；第 3 段速输出频率为 15 Hz；第 4 段速输出频率为 20 Hz；第 5 段速输出频率为-30 Hz；第 6 段速输出频率为-10 Hz；第 7 段速输出频率为 25 Hz。画出 PLC 与变频器联机接线图，写出 PLC 程序与变频器参数设置。

8.2.4 利用 PLC 的模拟量模块实现变频器的无级调速（模拟量控制）实训

1. 实训目的

1）掌握 PLC 与变频器联机模拟量控制操作方法。

2）掌握 PLC 与变频器联机实现无级调速的方法。

2. 实训内容

利用 PLC 与变频器实现电动机的模拟量调速控制。用两个按钮分别控制电动机的起动与停止。按下起动按钮，电动机起动并以频率每秒增加 0. 1 Hz 对应的速度运行，增加到最大输出频率 50 Hz 后停止运行。在电动机运行期间按下停止按钮，电动机将会停止。

1）I/O 分配表（见表 8-13）。

表 8-13 I/O 控制

输 入		输 出	
I0. 0	电动机起动按钮	Q0. 0	电动机正转
I0. 1	电动机停止按钮	AQW0	模拟量电压的输出

2）电路接线图及程序如图 8-9 所示。输入端口 AINI+给定的模拟输入电压改变，变频器的输出量紧紧跟随给定量的变化，从而平滑无级地调节电动机转速的大小。MM 420 变频器为用户提供了一对模拟量输入端口 AINl+和 AINl-，即端口“3”“4”，分别连接模拟量扩展模块 EM 235 的电压模拟量输出端 V0 和 M0，EM235 模块使用时需将 L+和 M 端接 24 V 直流电源。

程序分析：电动机起动并以频率每秒增加 0. 1 Hz 对应的速度运行，直到最大输出频率 50 Hz，需要用时 500 s。变频器模拟量输入端口 AINl+和 AINl-间的电压由 0 V 增加到 10 V 时，变频器频率由 0 Hz 上升到 50 Hz。EM235 模块 V0 和 M0 间输出电压 0~10 V 时，输出映像寄存器 AQW0 对应的数值为 0~32000。因此，为了使电动机起动后在 500 s 内以频率每秒增加 0. 1 Hz 对应的速度运行增加到最大输出频率 50 Hz，AQW0 中数值需要在 500 s 内以每秒增加 64 的速度增加至 32000。接线图和程序如图 8-9b 所示。

按图 8-9a 连接电路。检查电路正确无误后，合上主电源开关 QS。

3）恢复变频器出厂默认值。设定 P0010 = 30 和 P0970 = 1，按下〈P〉键，开始复位，复位过程大约为 3 min，这样就保证了变频器的参数恢复到出厂默认值。

4）设置电动机参数。电动机参数设置同表 8-5。设置完成后，设 P0010 = 0，变频器当前处于准备状态，可正常运行。

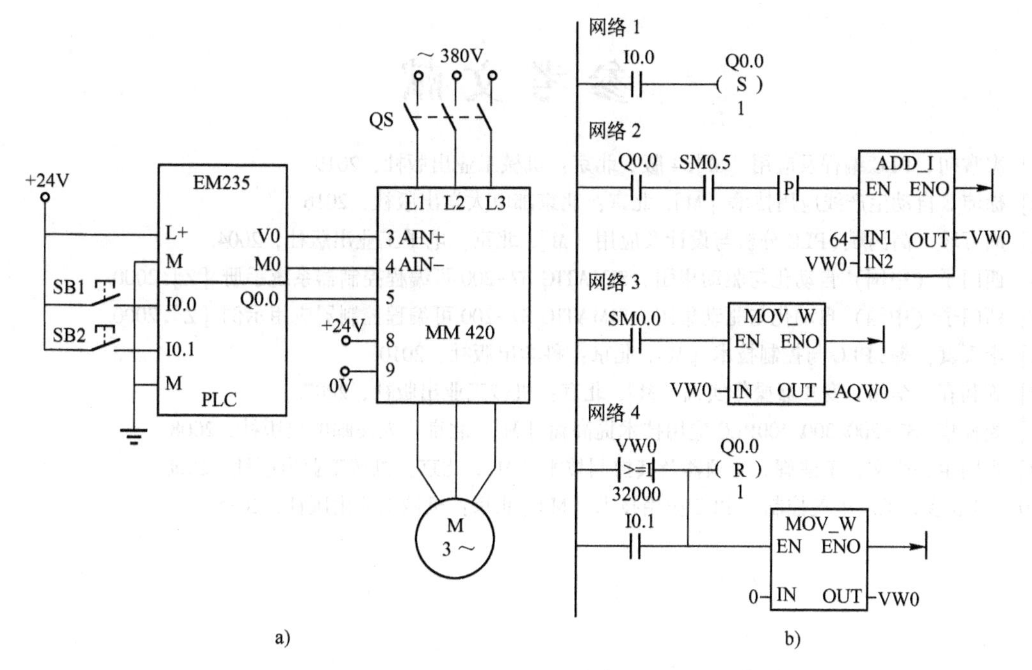

图 8-9　PLC 和变频器联机实现电动机的模拟量调速控制接线图和程序

a）接线图　b）梯形图程序

5）变频器参数设置。P700=2，P701=1，P1000=2。

6）模拟量模块实现电动机无级调速控制的操作步骤。起动：按下〈SB1〉键，电动机起动并以频率每秒增加 0.1 Hz 的速度运行，增加到最大输出频率 50 Hz 后停止运行。在运行过程中按〈SB2〉键，电动机将停止运行。

8.3　习题

1. 怎样将变频器的参数恢复为出厂设置值？

2. 变频器的用户访问级有几级，如何设置？

3. 要求变频器能输出 30 Hz、40 Hz 和 50 Hz 共 3 个固定频率，用 3 个按钮对应 3 个频率，不用停止就能任意切换，试设计程序，并设定变频器的参数设定值。

4. PLC 与变频器的联机控制：小车自动往返运动，工艺要求小车按图 8-10 所示的轨迹运动，小车只有按水平线上的箭头所指的方向进行水平运动，没有垂直运动，小车的运动方向转换时要经过 5 s 的延时。用三个限位开关 SQ1 ~ SQ3 分别作为 *A*、*B*、*C* 三点的位置检测信号，SB1 为起动按钮，SB2 为停止按钮。要求画出外部控制电路图，设计 PLC 的程序，写出变频器的设置参数。

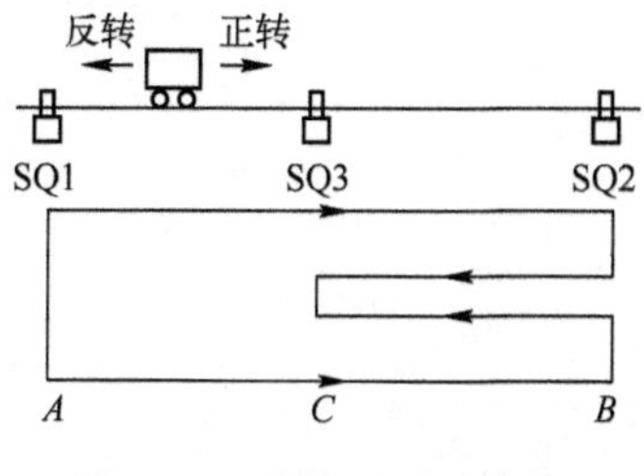

图 8-10　小车运动示意图

参 考 文 献

[1] 廖常初. PLC 编程及应用 [M]. 4 版. 北京：机械工业出版社，2019.
[2] 徐沛. 自动生产线应用技术 [M]. 北京：北京邮电大学出版社，2016.
[3] 周万珍，高鸿斌. PLC 分析与设计及应用 [M]. 北京：电子工业出版社，2004.
[4] 西门子（中国）自动化与驱动集团. SIMATIC S7-200 可编程控制器系统手册 [Z]. 2000.
[5] 西门子（中国）自动化与驱动集团. SIMATIC S7-200 可编程控制器应用示例 [Z]. 2000.
[6] 李天真，等. PLC 与控制技术 [M]. 北京：科学出版社，2010.
[7] 施利春. 李伟. 变频器操作实训 [M]. 北京：机械工业出版社，2007.
[8] 龚仲华. S7-200/300/400PLC 应用技术提高篇 [M]. 北京：人民邮电出版社，2008.
[9] 肖朋生，张文，王建辉. 变频器及其控制技术 [M]. 北京：机械工业出版社，2008.
[10] 田淑珍. 工厂电气控制与 PLC 应用技术 [M]. 北京：机械工业出版社，2015.